Android
应用开发教程（上册）
——基于Android Studio的案例开发全析

张冬玲　张光显　编著

清华大学出版社
北京

内容简介

本书以Android 11为系统平台，以Studio 4.0.1为开发环境，全面介绍Android应用开发的相关知识和技术。全书共15章，分上、下两册。上册主要涉及Android入门级基础内容：第1～3章，主要介绍Android平台概述及基本概念；第4～8章，主要介绍Android应用项目页面的常见布局管理器、控件的使用及事件处理等技术。上册内容覆盖了Android应用的用户界面编程全部内容。下册主要涉及Android进阶技术：第9～14章分别介绍Android的数据存储、后台处理、多媒体应用、手机基本功能、网络通信和第三方开发包应用开发，覆盖了Android应用开发中涉及的数据处理技术和逻辑控制技术；第15章介绍"我的音乐盒"实战项目的完整开发过程，对实际应用开发极具参考价值。本书精心设计出各章后面的练习题，汇合集成之后便是下册最后的实例项目的主要功能模块。本书内容全面，案例丰富，实践性强。各章节内容讲述透彻，注重知识的来龙去脉，案例解析清晰。章与章之间环环相扣，内容由浅入深，引导读者逐步步入Android应用开发的奇妙世界。

本书不仅可作为本科院校、大中专院校、IT技能开发培训机构的相关课程的教材，也可作为移动应用开发设计人员的参考用书。

图书在版编目(CIP)数据

Android应用开发教程：基于Android Studio的案例开发全析. 上册/张冬玲，张光显编著. —北京：清华大学出版社，2021.6
ISBN 978-7-302-57805-5

Ⅰ. ①A… Ⅱ. ①张… ②张… Ⅲ. ①移动终端－应用程序－程序设计－教材 Ⅳ. ①TN929.53

中国版本图书馆CIP数据核字(2021)第055392号

责任编辑：刘向威　常晓敏
封面设计：文　静
责任校对：焦丽丽
责任印制：宋　林

出版发行：清华大学出版社
网　　址：http://www.tup.com.cn，http://www.wqbook.com
地　　址：北京清华大学学研大厦A座　　**邮　　编**：100084
社 总 机：010-62770175　　**邮　　购**：010-83470235
投稿与读者服务：010-62776969，c-service@tup.tsinghua.edu.cn
质量反馈：010-62772015，zhiliang@tup.tsinghua.edu.cn
课件下载：http://www.tup.com.cn，010-83470236
印 装 者：三河市铭诚印务有限公司
经　　销：全国新华书店
开　　本：185mm×260mm　　**印　　张**：24.25　　**字　　数**：588千字
版　　次：2021年6月第1版　　**印　　次**：2021年6月第1次印刷
印　　数：1～1500
定　　价：69.00元

产品编号：089632-01

前言

在移动应用开发中，Android 仍是一个优秀的开源开发平台。本书以 Android 11 为系统平台，使用 Android Studio 4.0.1 为开发集成工具，介绍在 Android 平台上进行原生开发的知识和技术。Android 由于其开源性特点，版本的升级十分频繁，每年皆有数次版本更新，Android 的 API 支持库也更新到了 AndroidX。本书以 2013 年出版的《Android 应用开发教程》为基础，引入当前最新的 Android 版本和最新的 Android Studio 开发环境，全面介绍 Android 的原生开发知识与技术，包括当前流行的较新技术。本书依据实际开发中经常使用的应用技术，吸纳 Android 开发设计类书籍的优点，从教学的角度全面介绍 Android 应用程序的开发设计，深浅适宜，实例丰富，不仅可作为本科院校、大中专院校、IT 培训机构相关课程的教材，而且也可作为 Android 系统开发人员的参考用书。

全书共 15 章，分上、下两册。上册包括第 1～8 章，下册包括第 9～15 章。

第 1～3 章介绍 Android 概述、Android 项目的开发基础。主要内容涉及 Android 平台概要介绍，开发环境搭建，应用项目的目录结构，Android 项目的生命周期，项目的控件机制及项目组件之间的联系。

第 4～8 章介绍项目用户界面的开发入门。主要内容涉及用户界面的布局管理器，以及布局在其上的各种控件的添加、设置属性、添加绑定数据、适配数据，对控件交互的监听及事件处理，包括在布局上设置标签栏、导航栏、菜单、对话框及绘制图形和动画技术。

第 9～14 章介绍 Android 项目的开发进阶。主要内容涉及数据存储、后台处理、多媒体应用、手机基本功能、网络通信及第三方 SDK 应用等内容。掌握这些技术就可以实现对应用项目中的页面内容进行数据处理和控制处理。

第 15 章讲述综合应用实例开发。该章以项目开发周期为主线，从需求分析开始，逐一对项目设计开发的步骤展开介绍。

Android 课程内容十分丰富，实践性强，教学课时建议不低于 100 学时，并且需要保证充足的实践课时数，建议实践课时不低于 50 学时。

本书作者张冬玲从事计算机本科教学数十年，另一作者张光显从事 Android 项目开发数十年。教程内容凝聚了两位作者多年的教学与移动应用开发经验，讲解深入透彻，论述通俗易懂，注重知识的来龙去脉，案例解析清晰透彻。凡具备编程基础的人员，都可以通过本书的学习，掌握 Android 的应用编程。

本书的主要章节由张冬玲编写。张光显完成大部分案例的技术支持、第 15 章实例开发和主要内容的编写。全书由张光显统审，张冬玲统稿与定稿。在此还要感谢杨宁、张泽宾、刘涛涛等同事的支持和帮助，没有他们的鼎力相助，本书无法按期顺利完成。

由于作者水平有限，书中难免会有疏漏与错误，敬请各位读者与专家批评指正。

张冬玲

2020 年 12 月

目录

第 1 章 Android开发起步

1.1 Android 移动开发平台概述

1.1.1 认识 Android

Android 系统是由 Google 公司推出的手机操作系统，专为移动智能设备而设计。它的标志是一个小机器人，这个机器人的出处来自法国作家利尔·亚当在 1886 年发表的科幻小说《未来夏娃》中，作者为小说里的机器人起名为 Android。其实，Android 系统诞生于美国旧金山的一家名为 Android 的高科技企业，公司的 CEO 安迪·鲁宾(Andy Rubin)等人为开发一套针对数码相机的智能操作系统而研发 Android 系统。2005 年，Google 公司收购了这家仅成立 22 个月的公司，并聘任 Andy Rubin 为 Google 公司的工程部副总裁，继续负责 Android 项目的研发。

2007 年 11 月 5 日，Google 公司正式向外界展示了 Android 操作系统，并且宣布将建立一个全球性的联盟组织，该组织由摩托罗拉、索尼爱立信、三星电子、LG 电子、HTC、中国移动、意法半导体、英特尔、Skype(eBay)等 34 家手机制造商、软件开发商、电信运营商以及芯片制造商共同组成。这一联盟将支持 Google 公司发布的手机操作系统以及应用软件，将共同开发 Android 系统的开放源代码。2008 年 9 月，Google 公司正式发布了 Android 1.0 系统，这也是 Android 系统最早的版本。从此，Google 公司开启了一个新的手机系统辉煌时代。

2013 年 3 月，Android 从 Andy Rubin 转由原领导 Chrome 的 Sundar Pichai 接手负责，而 Android 也由工程导向转为营利导向，开放与制约并举。Android 更强烈地主导其 UI 显示的一致性，并与各家手机制造商签订约束性的协议，强加 Google 的相关应用服务于 Android 系统上。在这种情况下，Android 设备制造商必须打造出自己独特的生态系统(如跨手机、平板电脑、电视等)。现在，Android 系统不再仅是一款手机操作系统，而且越来越广泛地应用于平板电脑、可佩戴设备、电视、数码相机、汽车仪表盘、虚拟现实头盔、医疗设备以及家用电器等移动设备和物联网设备中。从其生态的发展趋势来看，对 Android 软件人才的需求将仍然持续增加。

1.1.2 Android 的发展

2007 年 11 月，Google 公司正式向外界宣布了基于 Linux 平台的开源手机操作系统，项目代号为 Android。同一天，Google 公司建立了共同开发 Android 系统的全球性的联盟组织。每个 Android 平台里都有一个专属的 SDK(Software Development Kit)。SDK 的完整名称是软件开发工具包，它是用于为特定的软件包、软件框架、硬件平台、操作系统等建立应用软件的开发工具的集合。没有 Android SDK，就无法进行 Android 开发。由于 Android 系统的开放性，导致 Android SDK 的版本升级异常迅速。

1. Android 系统发展历程

Google 公司对 Android SDK 平均一年发布一个版本级别，每个级别内还有若干子级别。通常所说的 Android 版本，就是指 Android SDK 版本，并从 2009 年开始为每个版本命名一个甜点代号。

1) Android 1.0

2008 年 3 月，Android SDK 发布，代号为 m5-rc15；同年 8 月，Android 0.9 SDK beta 版本发布，代号为 m5-0.9；同年 9 月 23 日，美国运营商 T-Mobile 在纽约正式发布第一款 Android 手机 T-Mobile G1，它成为 Android 1.0 代表机型。该款手机由中国台湾宏达电子(HTC)代工制造，是世界上第一部使用 Android 操作系统的手机，支持 WCDMA 网络，并支持 Wi Fi；当天，Android 1.0 SDK 发布。

2) Android 1.5

2009 年 2 月，Android 1.1 SDK 发布；同年 5 月，Android 1.5 SDK 发布，其代表机型为 HTC G2，G1 和 G2 逐渐被市场接受。从 Android 1.5 版本开始，Google 公司每发布一个 Android 版本，都用甜点名称为系统版本命名，并且按照 26 个字母顺序。Android 1.5 被命名为 Cupcake(纸杯蛋糕)。该系统与 Android 1.0 相比有了很大的改进。如：摄/播放影片，并支持上传到 YouTube；最新的采用 WebKit 技术的浏览器，支持复制/粘贴和页面中搜索；提供屏幕虚拟键盘；应用程序自动随着手机旋转；短信、Gmail、日历，浏览器的用户接口大幅改进，如 Gmail 可以批量删除邮件；来电照片显示等。

3) Android 1.6

2009 年 9 月，Android 1.6 SDK 发布，其代表机型为 HTC Hero G3，HTC Hero G3 成为最受欢迎的机型。Android 1.6 被命名为 Donut(甜甜圈)。Android 1.6 改进如下：重新设计的 Android Market 手势，支持 CDMA 网络，文字转语音系统(Text-to-Speech)，快速搜索框，全新的拍照接口，查看应用程序耗电，支持虚拟专用网络(VPN)，支持更多的屏幕分辨率，支持 OpenCore 2 媒体引擎，新增面向视觉或听觉困难人群的易用性插件等。

4) Android 2.0～2.1

2009 年 10 月，Android 2.0 操作系统发布，2010 年 1 月，Android 2.1 发布，并推出 Google 旗下第一款自主品牌手机 Nexus One，该机成为 Android 2.1 的代表机型，由 HTC 代工生产。此时，众多厂商加盟支持，机型越来越多，市场占有率越来越高。Android 2.0 至 Android 2.1 系统的版本被统称为 Eclair(松饼)，新系统与旧系统相比进行了较大的改进。Android 2.0～2.1 改进如下：优化硬件速度，改良的用户界面，新的浏览器的用户接口和支持 HTML5，改进 Google Maps 3.1.2，支持内置相机闪光灯，支持数码变焦，改进的虚拟键盘，支持蓝牙 2.1，支持动态桌面的设计等。

5）Android 2.2

2010 年 5 月，Android 2.2 SDK 发布，其代表机型为 DHD 和 GALAXY S，命名为 Froyo（冻酸奶）。Android 2.2 操作系统在当时受到了广泛的关注，根据美国 NDP 集团调查显示，在当时 Android 系统已占据了美国移动系统市场 28%的份额，在全球占据了 17%的市场份额。到 2010 年 9 月，Android 系统的应用数量已经超过了 9 万个，Google 公司公布每日销售的 Android 系统设备的新用户数量达到 20 万，Android 系统取得了巨大的成功。Android 2.2 改进如下：整体性能大幅度提升，3G 网络共享功能，支持 Flash、App2sd 功能，全新的软件商店，更多的 Web 应用 API 的开发。

6）Android 2.3

2010 年 10 月，Google 公司宣布 Android 系统达到了第一个里程碑，即电子市场上获得官方数字认证的 Android 应用数量已经达到了 10 万个，Android 系统的应用增长非常迅速。2010 年 12 月，Google 公司正式发布了 Android 2.3 操作系统 Gingerbread（姜饼），其代表机型是三星的 GALAXYS Ⅱ 和 HTC Sensation。Android 2.3 改进如下：增加了新的垃圾回收和优化处理事件，原生代码可直接存取输入和感应器事件，EGL/OpenGL ES，新的管理窗口和生命周期的框架，支持 VP8 和 WebM 视频格式，提供 AAC 和 AMR 宽频编码，提供了新的音频效果器，支持前置摄像头、SIP/VOIP 和 NFC（近距离无线通信），简化界面，速度提升，一键文字选择和复制/粘贴，改进的电源管理系统，新的应用管理方式等。

7）Android 3.0

2011 年 1 月，第一款采用 Android 3.0 平台的平板计算机问世。同年 2 月，Android 3.0 SDK 发布。Android 3.0 是专门针对平板计算机进行优化的操作系统。Android 进入平板计算机时代。

8）Android 4.0

2011 年 7 月，Google 公司称每日 Android 设备新用户数量达到了 55 万部，而 Android 系统设备的用户总数达到了 1.35 亿，Android 系统已经成为智能手机领域占有量最高的系统。2011 年 9 月，Google 公司发布了全新的 Android 4.0 操作系统，Android 4.0 的代表机型是 NEXUS Prime 和 Droid Razr。这版系统被命名为 Ice Cream Sandwich（冰淇淋三明治）。这版全新的 Android 系统结合了 Android 2.3 与 Android 3.0 的优点，支持手机设备与平板设备。Android 4.0 系统拥有全新的系统解锁界面，小插件也进行了重新设计，最特别的就是系统的任务管理器可以显示出程序的缩略图，便于用户准确快速地关闭无用的程序。

9）Android 4.1～4.2

2012 年 6 月 28 日，在 Google 公司的 I/O 开发者大会上，Android 4.1 横空出世，被命名为 Jelly Bean（果冻豆）。Android 4.1 系统使用了全新的处理架构，并针对四核处理器进行了更好的优化，发挥了强劲的性能。其次，Android 4.1 框架将所有的绘图和动画统一使用 VSYNC 计时，应用渲染、触摸事件、画面构图、显示刷新等操作都锁定在 16ms 响应时间内，特效动画的帧速提高至 60f/s，为用户提供一个流畅、直观的界面。新版本让更多手机厂商更倾向 Android 系统的使用。同年 10 月，Android 4.2 在网上发布，并且沿用了 Android

4.1 的 Jelly Bean 名称，新版本与 Android 4.1 极其相似，只在细节上做了一些改进与升级。例如：Photo Sphere 全景拍照，键盘手势输入，Miracast 无线显示共享，手势放大缩小屏幕，以及为盲人用户设计的语音输出和手势模式导航功能等。

10）Android 5.0

2014 年 10 月 15 日，Google 公司发布了 Android 5.0，系统被命名为 Lollipop（棒棒糖），或称为 Android L。随着 Android 5.0 的发布，Android 系统迈入了全新的版本周期：全新 MaterialDesign 设计风格，Google 公司希望能够给用户带来纸张化的体验；抛弃 Dalvik Java 虚拟机模式，使用 ART 运行环境，大幅度提升 Android 系统运行效率；支持 64 位计算，使得运算速度更快，可以轻松管理大内存；支持 Android Extension Pack，为高端 Android 设备带来 PC 级别的游戏画面；提出了解决 Android 的安全和碎片化问题新方案，使其升级更快更安全；与 Android Wear 智能手表系统、Android TV 系统以及 Android Auto 汽车系统共同构成全方位包围人们生活的安卓生态圈。

11）Android 6.0

2015 年 9 月 30 日，Google 公司在 I/O 2015 大会上发布了 Android 6.0，被命名为 Marshmallow（棉花糖），或称为 Android M。Android 6.0 在软件权限管理、网页体验方面有较大提升，并支持 App 关联、安卓支付、指纹和电量管理等功能。

12）Android 7.0

2016 年 8 月 22 日，Google 公司发布 Android 7.0 Nougat（牛轧糖），在捆绑通知、屏保程序名、快捷多任务等方面，较之前版本都有较大改进。

13）Android 8.0～8.1

2017 年 8 月 22 日，Google 公司发布了 Android 8.0 的正式版 Oreo（奥利奥），新版本在功能上的聚焦重点是电池续航能力、速度和安全，让用户能够更好地控制各种应用程序。同年 12 月，Android 8.1 发布，新增了 Android Go、神经网络 API、自动填充增强和共享内存 API 等功能。Android Oreo 8.1 还推出了 Gero Go 版，可运行在低内存配置的设备上。

14）Android 9

2018 年 8 月 7 日，Google 公司发布 Android 9 系统正式版，并宣布系统版 Android P 被正式命名为代号“Pie”。新功能包括：Google 公司统一推送升级、深度集成 Project Treble 模式、更加封闭、原生支持通话录音等。Android 9 利用人工智能技术，在手势操作、电池寿命、分屏功能、声音控制、屏幕截图等方面都为用户带来了令人满意的体验。

从 Android P 之后，Google 公司改变了这一传统的命名规则，弱化了以甜品代号来命名 Android，而是直接采用数字来命名系统。

15）Android 10

2019 年 9 月 4 日，Google 公司发布 Android 10 系统正式版，并首先面向 Pixel 系列设备推送。Android 10 聚焦于隐私可控、手机自定义与使用效率，此版本主要带来了十大新特性，尤其是完整的手势导航、黑暗主题模式和其他机器学习支持等功能。

16）Android 11

2020 年 9 月 9 日，Google 公司发布 Android 11 系统正式版。新版本为用户提供了更多控件和选项，最让人期待的功能是内置屏幕录像功能。

2. Android 的系统演进

纵览 Android 发展历程，在十余年时间里，Android 系统版本更新频繁，在用户体验、流畅性、续航、安全、隐私、机器学习等方面都取得较大的改进。

1）功能与性能

从 Android 1.0 发展到 Android 4.0，系统各项功能和特性迭代到一个较完善的阶段；从 4.1 系统开始，解决 Android 系统用户界面在交互上的滞后情况；Android 4.4 系统，力求降低 Android 系统的内存使用，解决低端机型升级难的问题；Android 5.0 系统，力求提升续航能力；Android 6.0 系统，让用户能够更好地了解和控制权限，进一步提升电池续航能力，新增夜间模式，大幅改进通知栏，让通知更简洁；Android 7.0 系统，提升节省存储空间和加快更新速度；Android 8.0 系统，力求彻底解决 Android 碎片化这一老大难的问题；Android 9 系统，引入神经网络 API，采用机器学习的思路来预测用户使用习惯来做省电优化，继续强化 Treble 计划；Android 10 系统，强化用户隐私、系统安全与兼容性，支持人脸识别。随着每个大版本的更新迭代，系统的功能和性能发生了翻天覆地的变化。

2）技术的演进

使用 Android 系统来开发应用程序，应用要求的功能越来越丰富，开发所用的开源库不断增加，新技术层出不穷。下面简单介绍开发中用到的部分技术的演进。

（1）Android 应用架构。

从 MVC（Model-View-Controller）模式到 MVP（Model-View-Presenter）模式，再到 MVVM（Model-View-ViewModel）模式。MVC 中 Activity 类过于臃肿；MVP 对此有所改进，但需要手动对 View 和 Model 同步；MVVM 提供 View 和 Model 双向绑定机制，解决 MVP 中的问题。

（2）App 与资源包。

随着应用不断演讲，功能越来越复杂，应用资源都打包在同一个 App 中，导致应用包不断增大。2018 年 Google 公司在 I/O 大会讲述 Android 引入新的 App 动态化框架（即 Android App Bundle，缩写为 AAB），可显著缩小应用体积，减少对存储空间的占用。

（3）移动端跨平台技术。

从最开始依赖于 WebView 的 Hybrid 混合开发技术，到将 JS 转为 Native 的桥接技术，再到最新的 Flutter 技术。Flutter 是 Google 公司发布的全新的移动跨平台 UI 框架，逻辑处理使用 Dart 语言，执行效率比 JavaScript 高，可以支持 Android、iOS 以及未来的 Fuchsia。

（4）开发语言。

在 Android 发展之初，只允许使用 Java 作为编程语言来开发应用程序。随着 Android 的快速发展，已打破单一局面，允许开发者通过 Android NDK 使用 C/C++ 来开发应用程序，也可通过 SL4A 使用其他各种脚本语言进行编程（如 Python、Lua、Tcl、PHP 等），但是 Java 仍是主流的开发语言。直到 2017 年，Google I/O 大会宣布 Kotlin 成为 Android 的又一官方开发语言。Kotlin 是一种在 Java 虚拟机上运行的静态类型编程语言，由 JetBrains 设计开发并开源。Kotlin 简洁安全，开发效率高，可以编译成 Java 字节码，也可以编译成 JavaScript，方便在没有 JVM 的设备上运行。如果是编程初学者，建议使用 Java 语言来学习 Android 开发，因为目前 Java 已拥有自己强大的开源社区，当遇到问题时很容易从中获得帮助；如果是Java开发人员，想学习Android App开发，那么强烈推荐选用Kotlin。本书是写给初学者的，所以书中的开发语言选择Java。

（5）Android API。

API（Application Programming Interface，应用程序编程接口）定义了一种能力接口的规范，为应用程序和开发人员提供基于某软件或硬件的访问例程的接口。Android系统在刚刚面世的时候，不可能从一开始就将它的API考虑得非常周全。随着Android系统版本不断迭代更新，每个版本中都会加入很多新的API，但是新增的API在老版系统中并不存在，因此这就出现了一个向下兼容的问题。为此，Android团队推出了一个鼎鼎大名的Android Support Library，用于提供向下兼容的功能，例如support-v4、appcompat-v7都隶属于Android Support Library，它们的包名都是以android. support. * 开头。

Google 2018 I/O大会推出了新扩展库AndroidX，用于替换原来的Android Support Library。Android团队官方态度是，未来都会以AndroidX为主，对Android Support Library将逐渐停止维护。AndroidX的重大升级主要体现在以下两个方面。

第一，包名。之前Android Support Library中的API，它们的包名都在android. support. * 下面，而AndroidX库中所有API的包名都改在androidx. * 下面。这一重大变化意味着：以后凡是android. * 包下面的API都随着Android操作系统发布；凡是androidx. * 包下面的API则随着扩展库发布，而不会依赖于操作系统的具体版本。

第二，命名规则。吸取了之前命名规则的弊端，AndroidX所有库的命名规则里都不会再包含具体操作系统API的版本号。例如，appcompat-v7库含有版本号v7，而在AndroidX中，则是appcompat库。

Android系统的更新使得用户版本发布呈碎片化，这就意味着一些老设备根本无法获得Google的系统更新。所以，应用程序的兼容性是Android新系统重点考虑的问题之一。

1.1.3 Android各版本的分布

从Android 1.0至今，Android系统每个版本演进的过程及内容都很多，SDK的开发集成包的功能也不断增强；同时，在SDK环境下会经常使用API数据接口，不同的Android SDK版本对应不同的API。SDK可以包含这些API以及API的实现，但是SDK还有很多其他辅助性的功能。另外，Android平台运行在各种应用设备上，设备中的传感器和芯片间的驱动存在向上/向下的兼容问题。为此，在对Android进行应用开发时，需要考虑的一个问题是：使用哪个版本，才可以尽可能多地运行在不同的Android设备上。Android SDK版本与API级别对照及适用设备的市场占有情况见表1-1。

表1-1 Android系统各版本代号及市场占比分布

平台版本（SDK版本）	API级别	版本名称（代号）	市场占有率（2020年7月）
Android 1.0	1		N/A
Android 1.1	2		N/A
Android 1.5	3	Cupcake（纸杯蛋糕）	N/A

续表

平台版本（SDK 版本）	API 级别	版本名称（代号）	市场占有率（2020 年 7 月）
Android 1.6	4	Donut（甜甜圈）	N/A
Android 2.0	5	Eclair（松饼）	N/A
Android 2.0.1	6	Eclair_0_1（松饼）	N/A
Android 2.1x	7	Eclair_MR1（松饼）	N/A
Android 2.2x	8	Froyo（冻酸奶）	N/A
Android 2.3/2.3.1/2.3.2	9	Gingerbread（姜饼）	N/A
Android 2.3.3/2.3.4	10	Gingerbread_MR1（姜饼）	N/A
Android 3.0x	11	Honeycomb（蜂巢）	N/A
Android 3.1x	12	Honeycomb_MR1（蜂巢）	N/A
Android 3.2	13	Honeycomb_MR2（蜂巢）	N/A
Android 4.0/4.0.1/4.0.2	14	Ice Cream Sandwich（冰淇淋三明治）	0.2%
Android 4.0.3/4.0.4	15	Ice Cream Sandwich_MR1（冰淇淋三明治）	
Android 4.1x	16	Jelly Bean（果冻豆）	1.7%
Android 4.2x	17	Jelly Bean_MR1（果冻豆）	
Android 4.3	18	Jelly Bean_MR2（果冻豆）	
Android 4.4	19	KitKat（奇巧巧克力）	4%
Android 4.4w	20	KitKat_Watch（奇巧巧克力）	
Android 5.0	21	Lollipop（棒棒糖）（Android L）	9.2%
Android 5.1	22	Lollipop_MR1（棒棒糖）（Android L）	
Android 6.0	23	Marshmallow（棉花糖）（Android M）	11.2%
Android 7.0	24	Nougat（牛轧糖）（Android N）	12.9%
Android 7.1	25	Nougat_MR1（牛轧糖）（Android N）	
Android 8.0	26	Oreo（奥利奥）（Android O）	21.3%
Android 8.1	27	Oreo_MR1（奥利奥）（Android O）	
Android 9	28	Pie（红豆派）（Android P）	31.3%
Android 10	29	Quince Tart（昆斯馅饼）（Android Q）	8.2%
Android 11	30	Red Velvet Cake（红丝绒蛋糕）（Android R）	<1%

从表 1-1 中可以看到，截至 2020 年 7 月份，各版本市场占有率的最新数据可以在官网上查询。市场上开发的应用对 Android 4.0 以下的版本基本上已经不支持了，同时可以看出，较新的系统版本占有率比较高。这就要求开发者尽早地针对新版本进行学习和适配，从而使得应用能支持新的版本，带给用户更新的功能特性体验。

1.1.4 Android 平台特点

Android 平台用户数量能在短时间内迅速激增与它所具有的特点分不开。从其架构的角度来看，Android 平台具有以下几个特点。

1. 开放性

谈到 Android 平台的特点首先就是其开放性。首先从 Android 源码上开放，使得每个应用程序可以调用其内部的任何核心应用源码；其次是平台上开放，Android 平台不存在任何阻碍移动产业创新的专有权限制，任何联盟厂商都可以根据自己的需要自行定制基于 Android 操作系统的手机产品；再次是运营上开放，手机使用什么方式接入什么网络，已不再依赖运营商的控制，用户可以更加方便地连接网络；等等。这些显著的开放性可以使其拥有更多的开发者，随着用户和应用的日益丰富，一个崭新的平台也将很快走向成熟。

2. 应用程序平等

在 Android 平台中，其内部的核心应用和第三方应用是完全平等的，用户能完全根据自己的喜好使用它们来定制手机服务系统；其应用程序框架支持组件的重用与替换，程序员可以完全平等地调用其内部核心程序或第三方应用程序。

3. 支持丰富的硬件

Android 平台支持丰富的硬件，这一点还是与 Android 平台的开放性相关，由于 Android 的开放性，众多的厂商会推出千奇百怪、功能特色各异的多种产品。

4. 众多的开发商

Android 平台提供给第三方开发商一个十分宽泛、自由的环境，因此不会受到各种条条框框的阻挠，可想而知，会有多少新颖别致的软件诞生。但与此同时，也有些不健康的、恶意的程序和游戏出现，如何控制它们正是 Android 的难题之一。

5. 强大的 Google 应用

从搜索巨人到全面的互联网渗透，Google 服务如地图、邮件、搜索等已经成为连接用户和互联网的重要纽带，而 Android 平台手机将无缝结合这些优秀的 Google 服务。

1.1.5 Android 的应用发展前景

Android 的最大特点就是开源性。这一特性使得 Android 迅速发展壮大，一路开疆辟壤，出现在越来越多的移动设备上，现在 Android 的市场占有份额已高出 iOS 6 倍多，2019 年运行 Android 操作系统的智能手机市场份额已达 87%。

1. Android 的应用领域

目前，虽然智能手机仍是 Android 在移动互联网方面的主流应用，但是 Android 已经广泛地应用在除手机之外的更多领域，如拍摄、音视频、智能穿戴、虚拟现实(VR)、增强现实(AR)、车联网、物联网、智能电视等技术领域，是名副其实的终端霸主。

2014 年，Google 公司发布 Android Wear 智能手表系统、Android TV 电视系统以及 Android Auto 汽车系统。Android Wear 是连接智能手机和可穿戴产品的一个平台，是设计、开发可穿戴设备的智能应用。穿戴式智能设备包括眼镜、手套、手表、服饰及鞋等。Android Auto 将会成为下一代连接智能手机与汽车系统的桥梁，它可以直接将 Android 系统手机与汽车的控制系统同步，让普通的汽车瞬间变成“智能汽车”。

2016 年发布的 Android Things 智能设备，加速向物联网领域进军。可以看到各种各样内置 Android 系统的厨房电器、智能家居设备、智能物流、云端打印设备等。如松下的基于 Android 系统和云服务的微波炉，它可以自动搜索食谱及解冻食品；三星的智能冰箱 T9000，在门上镶嵌了一款搭载 Android 系统的触摸显示屏，不仅拥有平板电脑的功能，同时还可以直接通过 Android 系统对冰箱的温度和功能进行控制。惠普曾经推出了 Photosmart eStation c150 多功能打印机，配备了 3.45 英寸的 Android 系统显示屏，可以直接运行应用程序、游戏及用来扫描文件。

2. Android 的发展前景

Android 发展至今，已成为全球用户量最广泛的移动操作系统，在手机应用层面的发展已经见顶。如今，Android 生态系统已呈现出复杂的多元性。Android 从开始的手机操作系统，现在发展成为移动智能设备的操作系统，例如 PDA、MID 产品、平板电脑、智能穿戴、共享设备、IoT（Internet of Things，物联网）设备等。

自 2017 年以来的两年时间内，Google 公司在汽车领域大力发展，使得 Android Auto 在 2019 年用户增长了 250%，汽车的智能化和互联网化是未来一大趋势。随着人工智能的技术发展，5G 通信网络的普遍，人工智能的奇点即将来临。新的技术应用或将重新定义人类的生活方式。在人工智能和 5G 的赋能下，Android 将全方位构建系统平台的生态圈，智能汽车、智能家居、IoT 都将是 Android 发展的广阔市场。

1.2 Android 框架简介

Android 是一种基于 Linux 的开放源代码软件栈，为各类设备和机型而创建。Android 平台采用了整合的策略思想、层次化的系统架构。官方公布的标准架构包括 5 个层次，Android 系统在不断演进，但整体架构基本没有改变，如图 1-1 所示。

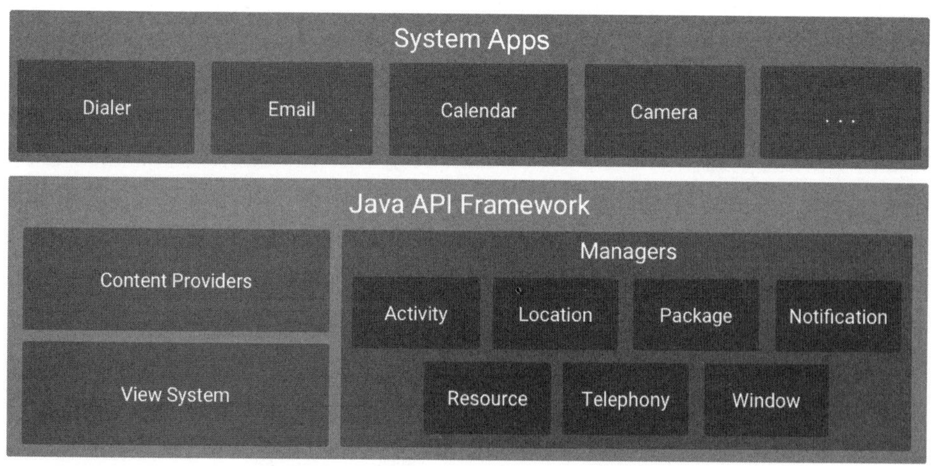

图 1-1　Android 操作系统的平台架构

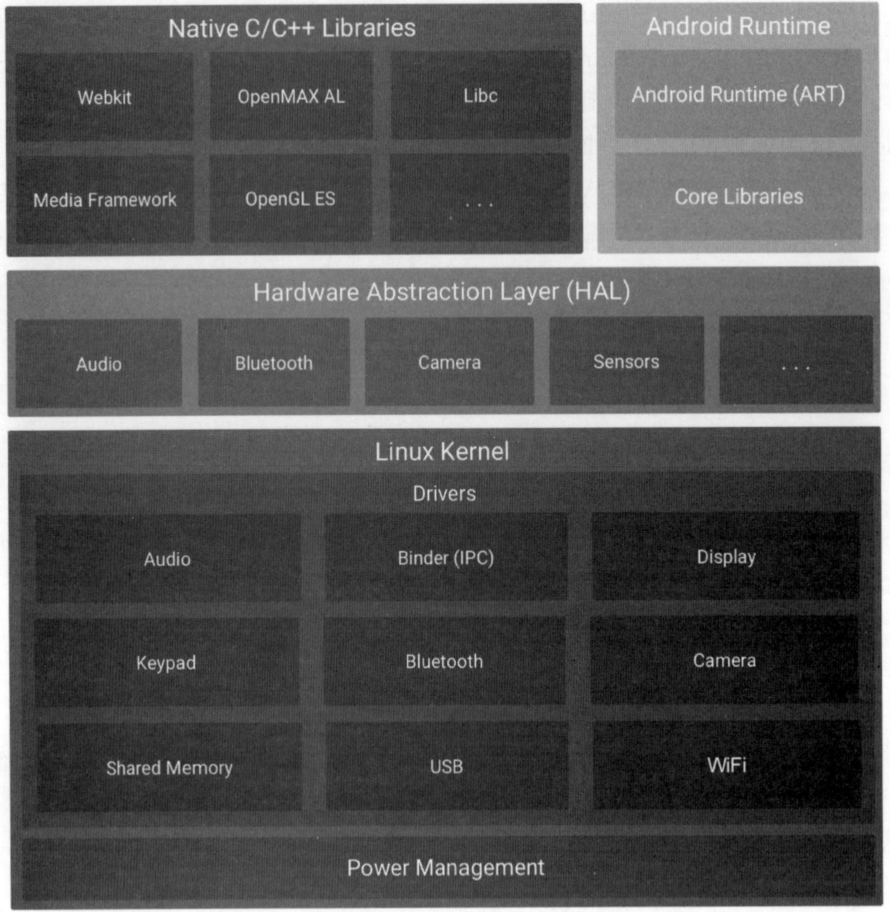

图 1-1 （续）

从图 1-1 可以看出，Android 操作系统的平台架构由下到上依次是：底层的 Linux 内核与驱动，然后是硬件抽象层，中间层的 C/C++本地库和 Android 运行时环境，中间件层 Java 应用程序框架，系统应用层。下面分别给出简单说明。

1.2.1 Linux 内核

Linux 内核层是基础。Android 的核心系统服务基于 Linux 2.6 内核，由 C 语言实现。在此基础上添加了部分 Android 专用的驱动，如 Binder IPC 驱动、WiFi 驱动、蓝牙驱动等驱动程序，为系统运行提供了基础性支持。Android Runtime（ART）依靠 Linux 内核来执行底层功能，例如线程和低层内存管理。Android 的核心系统服务如安全性、内存管理、进程管理、网路协议以及驱动模型都依赖于 Linux 内核。

1.2.2 硬件抽象层

硬件抽象层（HAL）提供标准界面，向更高级别的 Java API 框架显示设备硬件功能。HAL 包含多个库模块，其中每个模块都为特定类型的硬件组件实现一个界面，例如相机或蓝牙模块。当框架 API 要求访问设备硬件时，Android 系统将为该硬件组件加载库模块。硬件抽象层相当于一个介于硬件层和系统中其他软件组之间的一个抽象层。

1.2.3 系统运行库

系统运行库层由两部分组成，分别是原生 C/C++库和 Android 运行时环境。

1. 原生 C/C++库

原生 C/C++库是系统类库，许多核心 Android 系统组件和服务(例如 ART 和 HAL)构建自原生代码，大部分由 C/C++编写，所提供的功能通过 Android 应用程序框架为开发者所使用。例如，可以通过 Android 框架的 Java OpenGL API 访问 OpenGL ES，以支持在应用中绘制和操作 2D 和 3D 图形。

在系统类库之外，还有 Android NDK(Native Development Kit)，即 Android 原生库，也十分重要。NDK 为开发者提供了直接使用 Android 系统资源，并采用 C 或 C++语言编写程序的接口。因此，第三方应用程序可以不依赖于 Dalvik 虚拟机进行开发。实际上，NDK 提供了一系列从 C 或 C++生成原生代码所需要的工具，为开发者快速开发 C 或 C++的动态库提供方便，并能自动将生成的动态库和 Java 应用程序一起打包成应用程序包文件，即.apk 文件。

系统类库是应用程序框架的支撑，是连接应用程序框架层与 Linux 内核层的重要纽带。

2. Android 运行时

在 Android 5.0(API 级别 21)之前，Dalvik 虚拟机是 Android Runtime，每个 Android 应用都运行在自己的进程上，享有 Dalvik 虚拟机为它分配的专有实例，并在该实例中执行。Dalvik 在一个设备中可以同时高效运行多个虚拟系统，它依赖于 Linux 内核的一些功能，例如线程机制和底层内存管理机制等。

在 Android 5.0 版本之后，Dalvik 虚拟机被 ART 取代。ART(Android Runtime)通过执行 DEX 文件在低内存设备上运行多个虚拟机，DEX 文件是一种专为 Android 设计的字节码格式，经过优化，使用的内存很少。编译工具链(如 Jack)将 Java 源代码编译为 DEX 字节码，使其可在 Android 平台上运行。ART 的部分主要功能如下。

(1) 预先(AOT)和即时(JIT)编译。

(2) 优化的垃圾回收(GC)。

(3) 在 Android 9(API 级别 28)及更高版本的系统中，支持将应用软件包中的 Dalvik Executable 格式(DEX)文件转换为更紧凑的机器代码。

(4) 更好的调试支持，包括专用采样分析器、详细的诊断异常和崩溃报告，并且能够设置观察点以监控特定字段。

ART 的机制与 Dalvik 不同。在 Dalvik 下，应用每次运行的时候，字节码都需要通过即时编译器转换为机器码，这会拖慢应用的运行效率，而在 ART 环境中，每个应用都在其自己的进程中运行，并且有其自己的 ART 实例，应用在第一次安装的时候，字节码就会预先编译成机器码。如果应用在 ART 上运行效果很好，那么它应该也可在 Dalvik 上运行，但反过来不一定。

1.2.4 Java API 框架

Java API 框架是应用程序框架层，它是从事 Android 开发的基础，是编写核心应用所使用的 API 框架。所有应用框架都是一系列的类库，使用这些类库，程序员可以直接使用其提供的组件来进行快速的应用程序开发，也可以通过继承而实现个性化的拓展，但必须遵守该框架的开发原则。Java API 框架包括以下组件和服务。

（1）丰富、可扩展的视图系统，可用以构建应用的 UI，包括列表、网格、文本框、按钮甚至可嵌入的网络浏览器。

（2）资源管理器，用于访问非代码资源，例如本地化的字符串、图形和布局文件。

（3）通知管理器，可让所有应用在状态栏中显示自定义提醒。

（4）Activity 管理器，用于管理应用的生命周期，提供常见的导航返回栈。

（5）内容提供程序，可让应用访问其他应用（例如“联系人”应用）中的数据或者共享其自己的数据。

1.2.5 应用程序

Android 平台不仅是操作系统，也预装了一组核心应用程序，包括通话、E-mail 客户端、短信服务、日历日程、地图服务、浏览器、联系人和其他应用程序。所有应用程序都是采用 Java 编程语言编写的。

不仅如此，这些应用程序都可以被程序员用自己编写的应用程序所替换，这点不同于其他手机操作系统固化在系统内部的系统软件，Android 系统更加灵活和个性化。这个替换的机制实际是由应用程序框架来保证的。

1.3 Android 环境搭建

Android 软件开发包可以在 Windows（如 Windows XP、Vista、Windows 7 或 Windows 10）、Linux、Mac OSX 和 Throme OS 上安装运行。然后将在这些操作系统中开发的 Android 应用程序部署到任意的 Android 设备上。

要在 Windows 操作系统上开发 Android 应用程序，必须要有四个工具软件：一是 JDK，Android 主要使用 Java 语言来开发应用程序，所以必须要有 JDK 开发包；二是 Android 集成开发环境；三是 SDK（Software Development Kit），是专门用于开发 Android 应用的软件开发工具包；四是 Gradle，是构建应用程序的构建工具。

1.3.1 Android 集成开发环境

在 2013 年以前，使用较为广泛的 Android 集成开发环境（Integrated Development Environment，IDE）是 Eclipse。世界上大多数的 Android 开发者使用 Eclipse＋ADT＋SDK 三个组件整合作为开发环境。2013 年 5 月 16 日，Google 公司在 I/O 大会上推出新的

Android 开发环境 Android Studio。从此，Android Studio 便成为 Google 官方推荐的 IDE 了。

1. Eclipse

Eclipse 是一个使用非常广泛的开发工具，能够开发很多 Java 项目，但是用于开发 Android 项目时，需要安装 ADT(Android Development Tools)插件。之所以 Eclipse 能成为当时最受欢迎的工具，一方面是因为它是开源开发工具，另一方面是它与 ADT 插件的强大组合功能。

2. Android Studio

Android Studio 是 Google 公司专门为 Android"量身订做"的，是一款基于 IntelliJ IDEA 改造的 IDE。Studio 有良好的人机交互 UI，自带的 Darcula 主题的炫酷黑界面，还有更高效、更智能的开发环境，为 Android 开发者带来前所未有的福音。

Android Studio 刚开始发布时还有各种 bug，安装部署比较复杂，现在的版本已经比较稳定了。如果用惯了 Eclipse 环境，转用 Android Studio 也没有什么困难，Android Studio 对 Eclipse 实现了兼容，既可以将原来 Eclipse 编写的代码导入 Android Studio 中，也可以切换到 Android 模式，使得 Android Studio 环境下的代码目录结构、整体操作以及使用和 Eclipse 环境差不多。但是，Android Studio 没有像 Eclipse 那样的一键添加本机支持(Add Native Support)，相对来说进行 NDK 开发比较麻烦。

Android Studio 和 Eclipse ADT 相比，Eclipse 好比是田径赛中的铁人五项，非常全面，Android Studio 好比是其中一项的世界纪录保持者。在专业性上面 Eclipse 是无法比的。早些时候，在 Android 官网首页还能看到 Eclipse ADT 的下载，现在只有 Android Studio 下载了，这一细节说明，Google 公司已经放弃了对 Eclipse 的支持。所以，本书只针对 Android Studio 的开发环境搭建进行介绍。

1) Android Studio 的优势

较之 Eclipse，Android Studio 的主要优势在于以下几点。

(1) 所见即所得的 UI 编辑器。Android Studio 编辑器除了吸收 Eclipse+ADT 的优点之外，还自带了多分辨率多设备的实时预览，开发者可以在编写程序的同时看到自己的应用在不同尺寸屏幕中显示的样子，可方便地调整在各个分辨率设备上的应用。

(2) 更加高效。Eclipse 的启动速度、响应速度、内存占用一直被诟病，而且经常遇到卡死状态。Studio 不管哪一个方面都全面领先 Eclipse。如：更快的 Android 模拟器，支持 C++编辑和查错功能，单击 Instant Run 执行新程序的速度是以往的 50 倍，提供了 Beta Testing，可以让开发者很方便试运行。

(3) 更加智能。提示补全更加智能。比如自定义 theme 有个名字叫作 light_play_card_bg. xml，如果在 eclipse 中必须输入 light 开头才能提示下面的，而在 Android Studio 中只需输入其中的任意一段，如 play，下面就会出现提示了。并且提供智能保存，再也不需要按 Ctrl+S 组合键来保存了。

(4) 更完善的插件系统。Studio 下支持各种插件，如 Git、Markdown、Gradle 等，想要什么插件，直接搜索下载即可。

(5) 整合了 Gradle 构建工具。Gradle 是一个新的构建工具，它以 Groovy 语言为基础，主要面向的是 Java 语言开发。Gradle 集合了 Apache Ant 和 Apache Maven 的优点，Android Studio 引入 Gradle，无论在配置、编译，还是打包方面都表现得异常优秀。

2）Gradle 插件与 Gradle 版本

Android Studio 构建系统以 Gradle 为基础，并且 Android Gradle 插件添加了几项专用于构建 Android 应用的功能。Android 内部的 Gradle 插件通常会与 Android Studio 的更新步调保持一致，在更新 Android Studio 时，将会收到 Android Gradle 插件自动更新为最新可用版本的提示。这里可以选择接受该更新，也可以根据项目的构建要求手动指定版本。

Android Gradle 插件版本与 Gradle 版本有匹配对应关系。如果要在开发中获得 Gradle 的最佳性能，就需要使用 Gradle 和插件的最新版本。各个 Android Gradle 插件版本与所需的 Gradle 版本、Android Studio 版本对应关系见表 1-2。

表 1-2　Android Gradle 插件与 Gradle 和 Android Studio 版本对照

Android Gradle 插件版本	所需的 Gradle 版本	Android Studio 版本	时　间
1.0.0～1.1.3	2.2.1～2.3	1.0.1～1.1.0	2014 年 12 月
1.2.0～1.3.1	2.2.1～2.9	1.2.0～1.4.1	2015 年 4 月
1.5.0	2.2.1～2.13	1.5.0～1.5.1	2015 年 11 月
2.0.0～2.1.2	2.10～2.13	2.0～2.1.2	2016 年 4 月
2.1.3～2.2.3	2.14.1+	2.1.3～2.3.1	2016 年 8 月
2.3.0+	3.3+	2.3.2+	2017 年 2 月
3.0.0+	4.1+	3.0.0+	2017 年 10 月
3.1.0+	4.4+	3.1.0+	2018 年 3 月
3.2.0～3.2.1	4.6+	3.2.0+	2018 年 9 月
3.3.0～3.3.2	4.10.1+	3.3.0+	2019 年 1 月
3.4.0～3.4.1	5.1.1+	3.4.0+	2019 年 4 月
3.5.0～3.5.3	5.4.1+	3.5.0+	2019 年 8 月
3.6.0+	5.6.4+	3.6.0+	2020 年 2 月
4.0.0+	6.1.1+	4.0.0+	2020 年 5 月

如果在 Android Studio 项目中配置 Gradle 版本为上面的 4.0.1，则实际下载的 Gradle 文件版本为 gradle-6.1.1-all.zip。

1.3.2　下载 Android 开发工具

搭建 Windows 操作系统下 Android 的开发环境，需要以下工具软件：JDK、Android Studio、SDK 和 Gradle。这些工具软件都可以从一些专业网站中免费下载。由于现代软件行业的发展变化，以及这些软件版本的不断升级，其下载网址和文件名以及安装配置过程都有可能会发生变化。本书所介绍的 Android 开发环境是至 2020 年 9 月，从官方网站下载的最新的可用版本，供大家在实践中参考。

1. 下载 JDK

在网址为 https://www.oracle.com/java/technologies/javase-downloads.html 的网

页中，可以看到 Java SE 发布的版本系列。现在，最新的 Android Studio 版本支持所有 Java 7 语言功能，以及部分 Java 8 语言功能（具体因平台版本而异）。要使用 Java 8 语言功能，Android 的插件必须更新到 3.0.0 以上，本书选择 Java SE 8 下载，在页面上找到 Java SE 8，这里只有 Java SE 8 系列的最终版本 Java SE 8u261 可供下载，单击右边的 JDK Download，进入开发工具包 JDK 的下载页面，在该网页的下部可以看到下载文件，如图 1-2 所示。

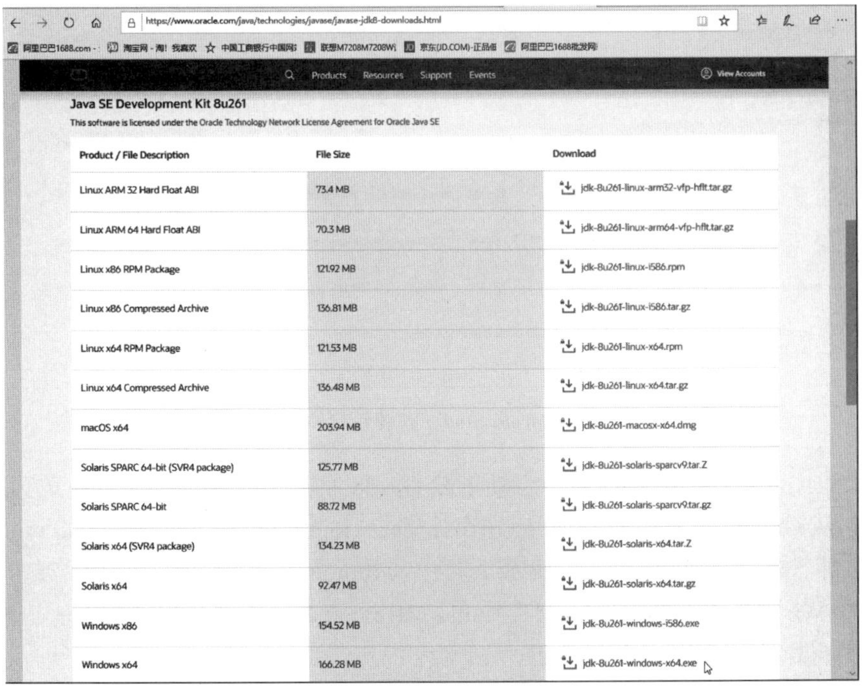
https://www.oracle.com/java/technologies/javase/javase-jdk8-downloads.html
Products
Resources
Support
Events
View Accounts
Java SE Development Kit 8u261
This software is licensed under the Oracle Technology Network License Agreement for Oracle Java SE
Product / File Description
File Size
Download
Linux ARM 32 Hard Float ABI
73.4 MB
jdk-8u261-linux-arm32-vfp-hflt.tar.gz
Linux ARM 64 Hard Float ABI
70.3 MB
jdk-8u261-linux-arm64-vfp-hflt.tar.gz
Linux x86 RPM Package
121.92 MB
jdk-8u261-linux-i586.rpm
Linux x86 Compressed Archive
136.81 MB
jdk-8u261-linux-i586.tar.gz
Linux x64 RPM Package
121.53 MB
jdk-8u261-linux-x64.rpm
Linux x64 Compressed Archive
136.48 MB
jdk-8u261-linux-x64.tar.gz
macOS x64
203.94 MB
jdk-8u261-macosx-x64.dmg
Solaris SPARC 64-bit (SVR4 package)
125.77 MB
jdk-8u261-solaris-sparcv9.tar.Z
Solaris SPARC 64-bit
88.72 MB
jdk-8u261-solaris-sparcv9.tar.gz
Solaris x64 (SVR4 package)
134.23 MB
jdk-8u261-solaris-x64.tar.Z
Solaris x64
92.47 MB
jdk-8u261-solaris-x64.tar.gz
Windows x86
154.52 MB
jdk-8u261-windows-i586.exe
Windows x64
166.28 MB
jdk-8u261-windows-x64.exe

图 1-2 Oracle 官方网站上的 JDK 下载页面

在 Java SE Development Kit 8u261 表中，选择下载 jdk-8u261-windows-x64.exe，保存在计算机本机的文件夹中。现在的计算机操作系统大多是 64 位，早期的 JDK 有支持 Windows 32 位操作系统的，如果您的计算机操作系统是 32 位的，可选择下载 jdk-8u261-windows-i586.exe。注意，在 Oracle 公司官方网站上下载文件，需要注册 Oracle 账户并登录。

2. 下载 Android Studio

在 Google 公司的开发网站（https://developer.android.google.cn/studio）提供了 Android Studio 的安装程序下载。从 Android Studio 3.6（2020 年 2 月）开始，就不再支持 32 位操作系统了，只提供 64 位操作系统的安装程序。安装包不包含 SDK。下载页面的下部可以看到下载文件，如图 1-3 所示。该页面列出了 Windows、Mac、Linux 和 Chrome OS 四类 64 位操作系统的安装软件包。本书选择 Windows 64 位操作系统栏中的第一个安装程序 android-studio-ide-193.6626763-windows.exe，这个安装程序不包括 Android SDK。

下载安装包文件前，必须首先阅读相关条款，接受并遵守相关条件，才可以进入下载操作流程。在该页面下载的任何文件和资源，都必须遵守相关条件。

3. 下载 SDK 和 Gradle

SDK 是 Android 开发必备的资源包，下载 Android Studio 新版本后一般只会自动下载

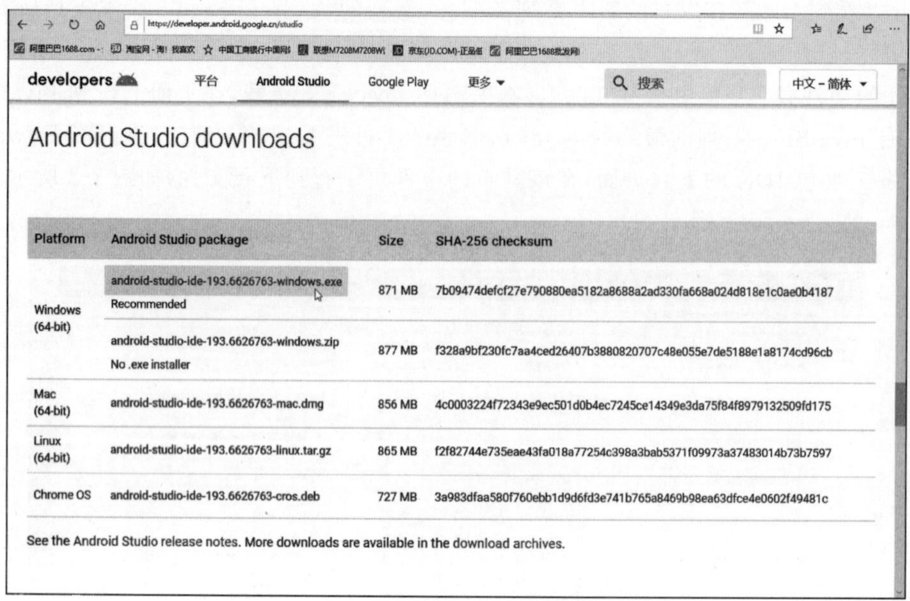

图 1-3　Android Studio 安装包软件下载页面

最新版本的 Android SDK，同时也会自动下载 Gradle 的最新匹配版本。如果要下载这些工具包，可以从 Google 公司的开发网站（https://developer.android.google.cn/studio）页面的下部找到下载资源包，如图 1-4 所示。其中，commandlinetools-win-6609375_latest.zip 是最新的 Windows 系统下 SDK 工具包，offline-android-gradle-plugin-preview.zip 是 Android Gradle Plugin 的最新插件包。

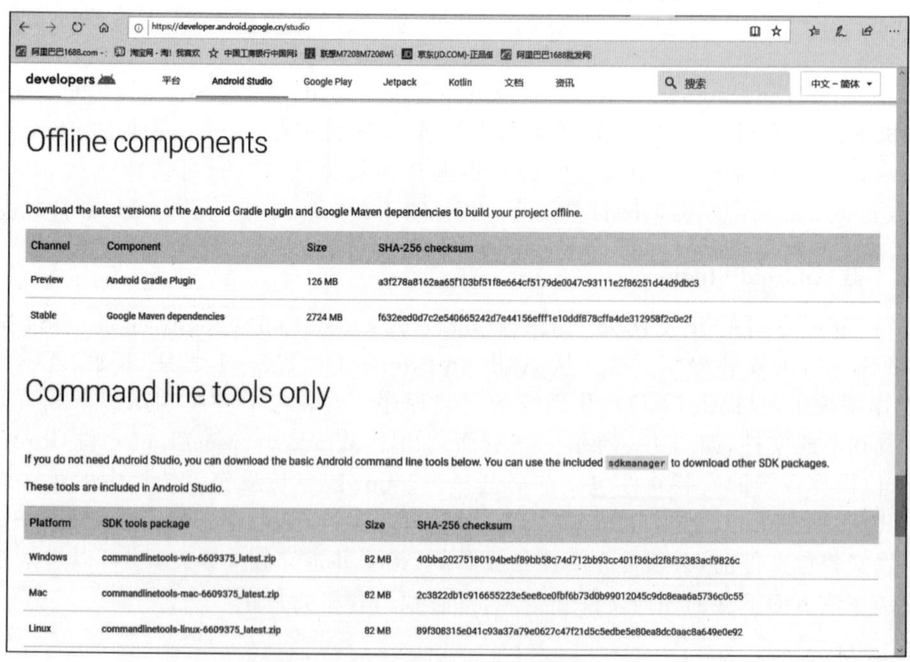

图 1-4　Android Studio 资源包下载页面

新安装 Android Studio 系统，会自动下载同步到满足需要的最新 Gradle 版本。如果是对较早的 Android Studio 版本升级，也可以手动匹配 Gradle。需要的 Gradle 版本可以从 Gradle 网站中下载，网址是 https://services.gradle.org/distributions/，如图 1-5 所示。

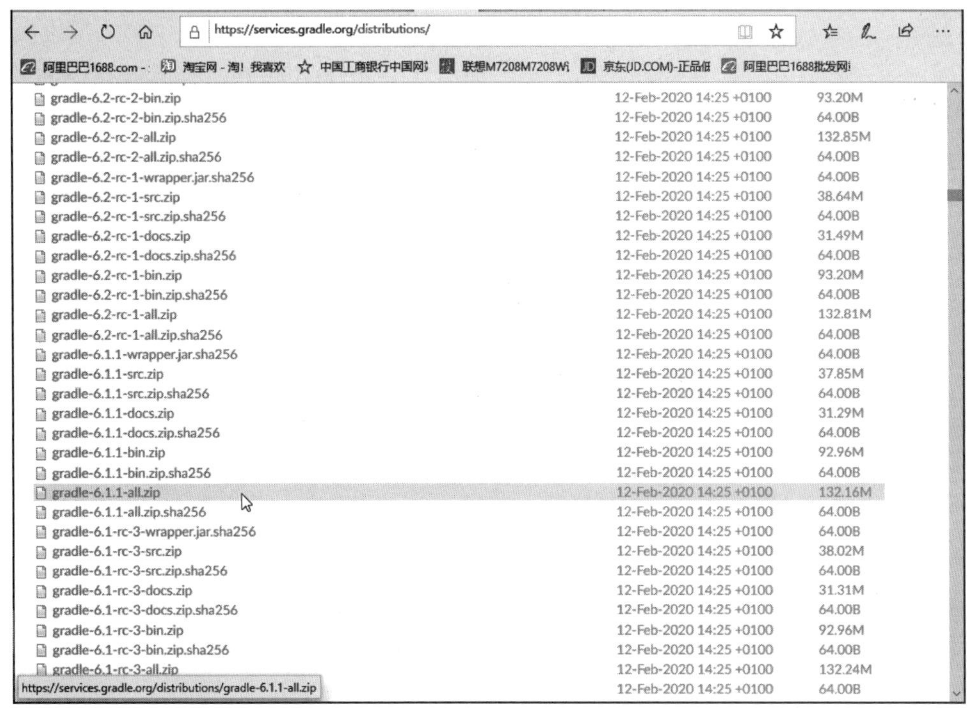

图 1-5　Gradle 各版本的下载页面

本书所使用的 Android Studio 版本是 4.0.1，所以从该页面上选择 gradle-6.1.1-all.zip 文件下载，保存到本机的 Gradle 默认文件夹中，本书的默认文件夹是 C:\Users\dell\.gradle\wrapper\dists\。

1.3.3　开发环境的安装与配置

1. 安装 JDK

在安装 Android Studio 之前，应首先安装 JDK 并配置好。这一步不可缺少。

1）运行 JDK 的安装程序

运行下载的 jdk-8u261-windows-x64.exe 文件，进入安装向导。单击“下一步”按钮，确定 JDK 安装的位置。默认是安装在 C 盘上，本书准备更改为 D 盘的指定文件夹，单击“更改...”按钮，修改安装目标位置为 D:\Program Files\Java\jdk1.8.0_261\文件夹，如图 1-6 所示。然后单击“下一步”按钮，按照向导逐步完成安装。

jdk-8u261-windows-x64.exe 文件还包含有 Java 开发工具，会在 JDK 安装完之后紧接着安装，同样需要指定安装位置，本书指定安装目标位置为 D:\Program Files\Java\jre1.8.0_261\文件夹，如图 1-7 所示。

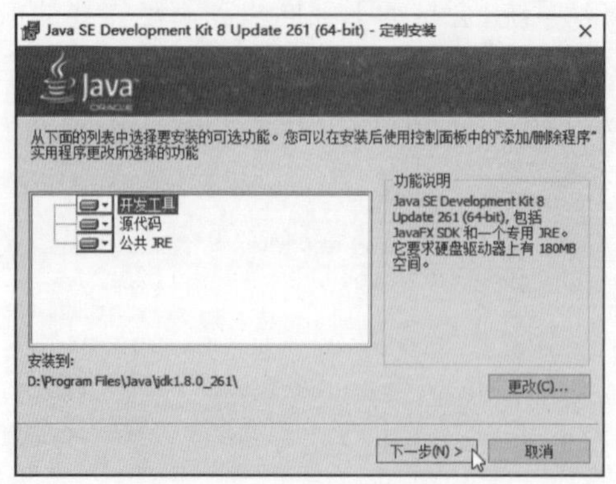

图 1-6　JDK 的安装文件夹

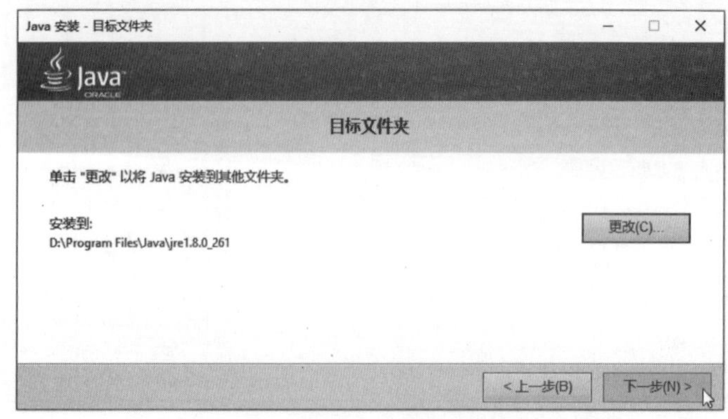

图 1-7　Java 的安装文件夹

为了检查 JDK 安装是否成功，可使用如下方法进行检验。

（1）以 Windows 10 系统为例，右击“开始”菜单，选择“运行(R)”菜单项，在“运行”对话框中输入“cmd”命令，进入命令行状态。

（2）在命令行状态提示符后输入命令“java -version”，然后按 Enter 键。如果得到如图 1-8 所示的信息，则表示安装成功。

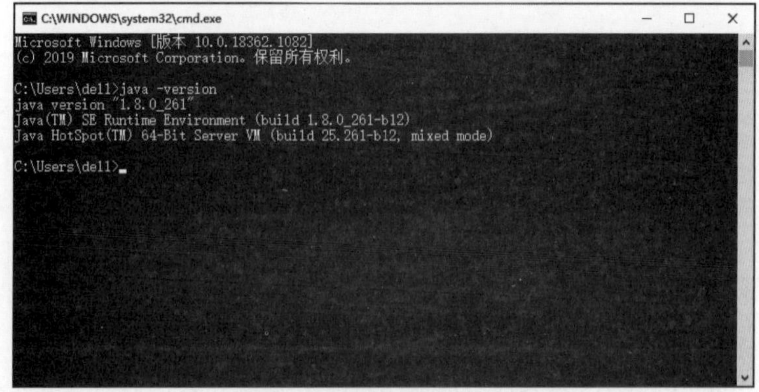

图 1-8　检验 JDK 安装成功的信息

2）配置 Java 环境变量

在 JDK 安装目录下的 bin 目录中会提供一些开发 Java 程序时必备的工具程序。为了保证在 Android 的开发过程中顺利地调用这些工具，必须在 Windows 10 系统中配置好环境变量。操作方法是在 Windows 的桌面上选择“此电脑”图标，右击，弹出菜单，选择“属性”菜单项，在打开的系统对话框左侧选择“高级系统设置”，打开“系统属性”对话框，在该对话框中单击“环境变量”按钮，进入系统的环境变量的设置对话框。在这里需要做以下三项配置。

（1）创建 JAVA_HOME 变量。

通常 JDK 文件夹所在路径比较长，难以书写，也难以记住，通常自定义一个系统变量 JAVA_HOME 来代替它。在环境变量对话框的系统变量区域单击“新建”按钮，创建 JAVA_HOME 变量，变量值为 JDK 在本机上的所在路径，如图 1-9 所示。

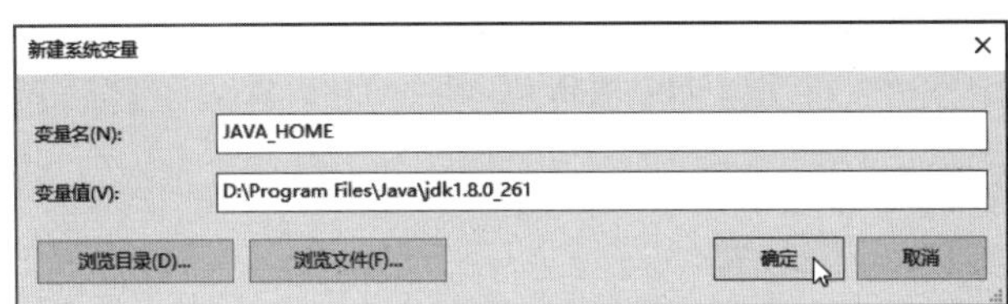

图 1-9　创建 JAVA_HOME 变量

（2）设置 Path 变量。

为了让操作系统知道 JDK 的工具程序位于 bin 目录下，必须在 Path 变量中添加 JDK 的 bin 路径。在系统变量列表里找到 Path 变量，选择 Path 变量，单击“编辑”按钮，在“编辑环境变量”对话框添加“%JAVA_HOME%\bin”，如图 1-10 所示。使得系统可以在任何路径下识别 Java 命令。

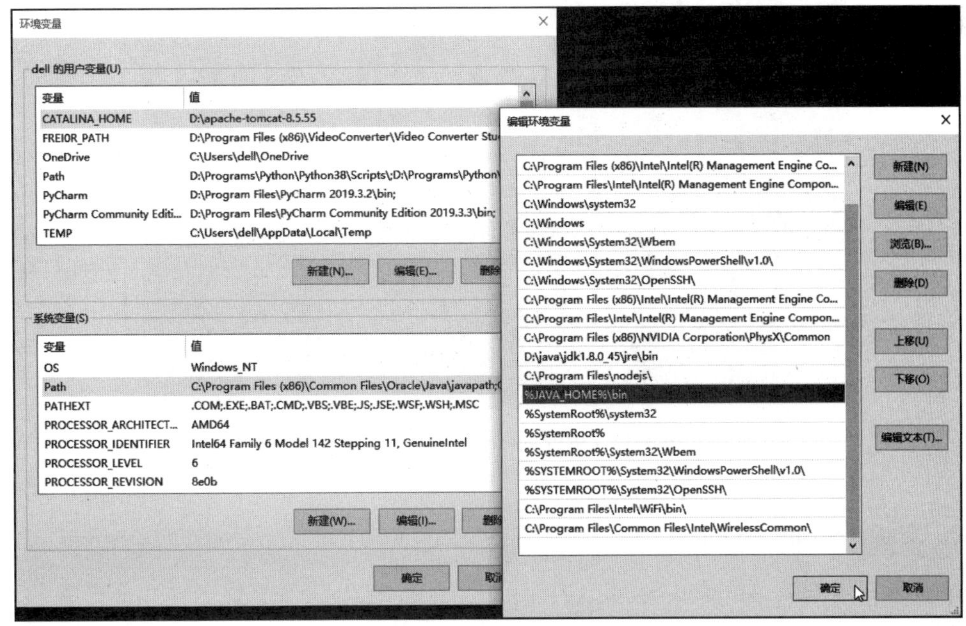

图 1-10　编辑 Path 变量

(3) 设置 CLASSPATH 变量。

Java 执行环境本身就是一个平台,执行这个平台上的程序是已编译完成的 Java 程序,Java 程序编译完成之后,会以. class 文件存在。如果将 Java 执行环境比喻为操作系统,则设置 CLASSPATH 的目的就是让 Java 执行环境找到指定的 Java 程序。

在系统变量列表里查看 CLASSPATH 变量,如果不存在,则新建变量 CLASSPATH。选中该变量,单击"编辑"按钮,在"编辑系统变量"的"变量值"文本框中添加". ;%JAVA_HOME%\lib;%JAVA_HOME%\lib\tools. jar",如图 1-11 所示。

图 1-11 编辑 CLASSPATH 变量

配置完成这三项之后,在环境变量对话框中单击"确定"按钮,退出环境变量设置,然后需要重启 Windows 系统。

在重启系统后,需要测试一下刚才的设置是否成功。方法是在命令行状态提示符后输入命令"javac",然后按 Enter 键,如果出现如图 1-12 所示的信息说明配置成功。

图 1-12 运行 javac 命令后的正常信息

2. 安装 Android Studio

在计算机上安装 Andorid Studio,内存至少 4GB,建议 8GB 或以上; Intel 酷睿 i3 以上的处理器; Android Studio 至少需要 2GB 空间安装,因为考虑到应用程序的兼容性,一般会安装多个 SDK 版本。在计算机上模拟运行 Android 应用的虚拟设备 AVD 还需要占空间，所以硬盘剩余空间至少 5GB 以上，才能保证 Andorid Studio 的正常运行。如果需要运行流畅，则需要更多的硬盘空间。

运行 android-studio-ide-193.6626763-windows.exe 程序，进入如图 1-13 所示的安装向导。

在这个向导中将完成 Android Studio 的 IDE 安装、SDK 的安装、Gradle 的安装与同步、新建项目、创建模拟器 AVD(Android Virtual Device)等。

在安装向导中单击 Next 按钮，进入组件安装选择对话框，选中所有项，如图 1-14 所示。选中 Android Studio 和 Android Virtual Device 项，在这个安装过程中将完成这两个组件的安装。

图 1-13 Android Studio 安装向导

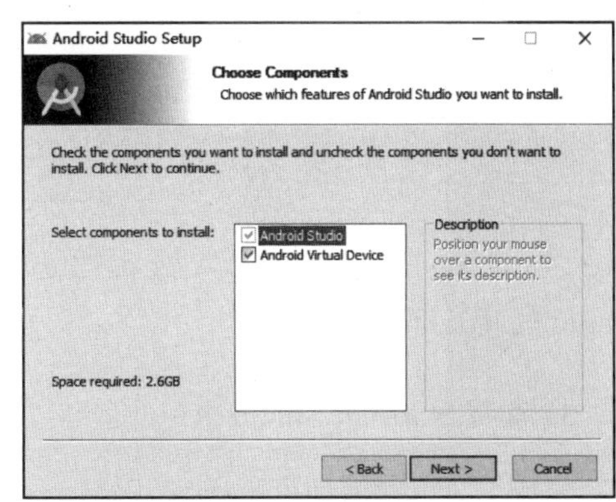

图 1-14 选择安装组件

单击 Next 按钮，进入安装位置设置对话框，如图 1-15 所示。在此选择 Android Studio 的安装位置，可以改变其安装路径，可根据自己的文件夹规划，将它们安装在指定的位置。本书选择在 D:\Program Files\Android\下安装。

单击 Next 按钮，进入开始菜单的设置对话框，在此可以设置开始菜单的菜单名称，以及是否选用热键方式。本书选择默认方式，如图 1-16 所示。

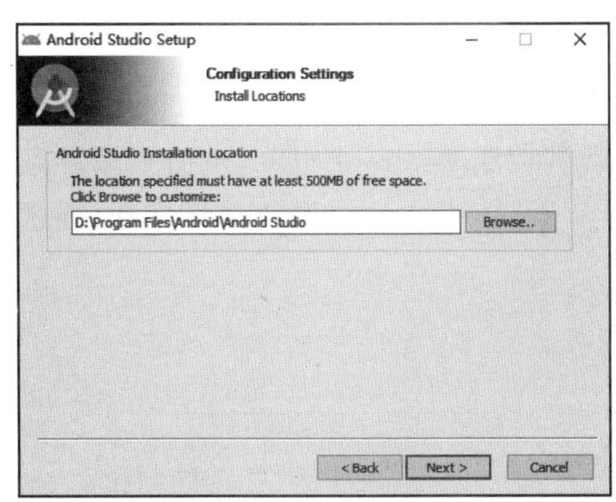

图 1-15 选择安装路径

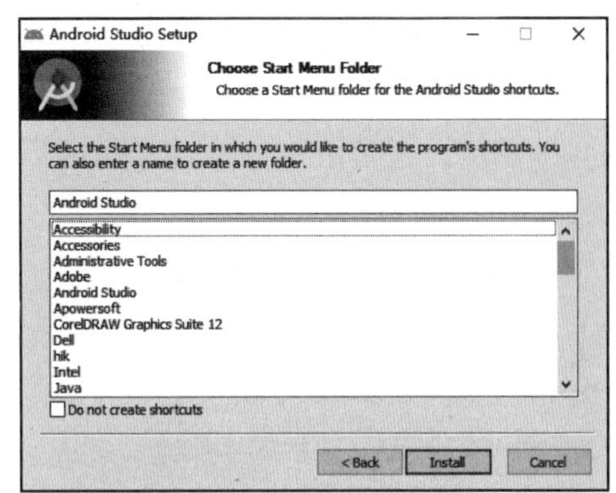

图 1-16 设置开始菜单项

单击 Install 按钮，开始安装，如图 1-17 所示。这一过程将等待几分钟时间，让计算机完成安装。期间，也可以单击 Show details 按钮查看安装的详细信息。

安装完毕，Next 按钮呈可选状态。单击 Next 按钮，进入完成对话框，如图 1-18 所示。安装程序默认是直接启动 Android Studio（选中 Start Android Studio）。

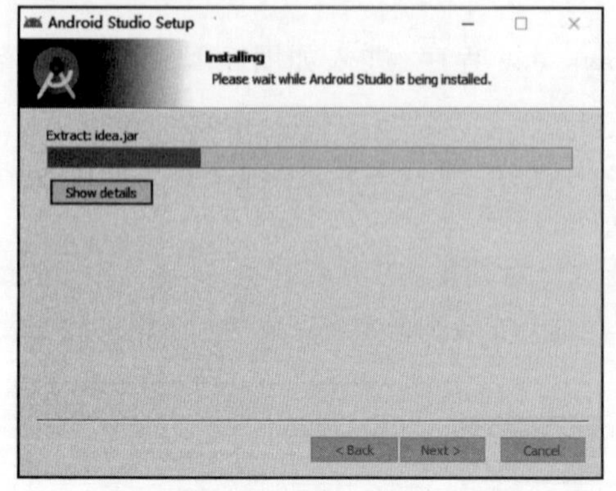

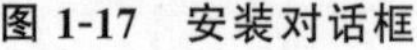
图 1-17　安装对话框

图 1-18　完成安装

单击 Finish 按钮，结束 Android Studio 的安装。但是安装向导将继续完成 Android Studio 的开发环境配置。

3. 配置 Android Studio

完成了 Android Studio 的安装好比有了房子，这房子能否使用还必须安装水电，配置家具。所以配置 Android Studio 是十分重要的环节。

1）配置 IDE

系统安装向导会检测计算机中是否安装过低版本的 Android Studio 及其设置，然后给出提示信息，如图 1-19 所示。不同的计算机环境，可能给出的提示信息有所不同。如果以前安装过较低版本，可选择导入已有的设置（即选择 Previous version 或 Custom location），也可以选择全新安装（即选择 Do not import settings）。本书选择全新安装，单击 OK 按钮。

注意：在配置 Android Studio 过程中，系统需要不断访问网络信息、下载相关的网络资源。在整个安装过程中要保证计算机持续联网。

首次启动 Android Studio 时，系统会给出不能够访问 SDK add-on 列表的提示信息，如图 1-20 所示。这是由于 Android Studio 运行时联网检测 Android SDK，被防火墙屏蔽了 Google 的某些地址，导致出现这个错误。可以选择 Setup Proxy 来设置网络代理，或选择 Cancel 取消，在此选择 Cancel。

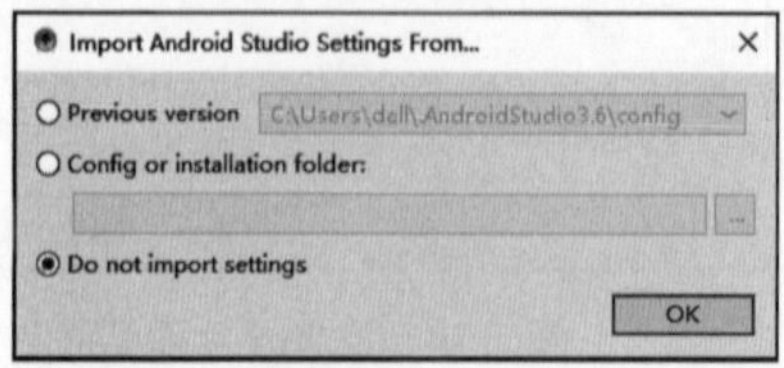

图 1-19　选择是否导入低版本配置或全新配置

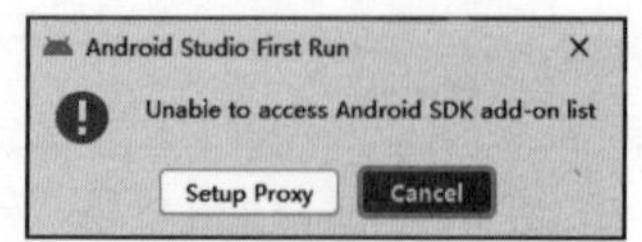

图 1-20　首次访问 SDK 提示信息

接下来进入如图 1-21 所示的配置向导对话框，对 Android Studio 的开发环境进行配置。单击 Next 按钮，进入配置方式对话框，如图 1-22 所示。Standard 是标准方式，它将选择大多数用户常用的选项来配置；Custom 是定制方式。建议大家选择 Standard。

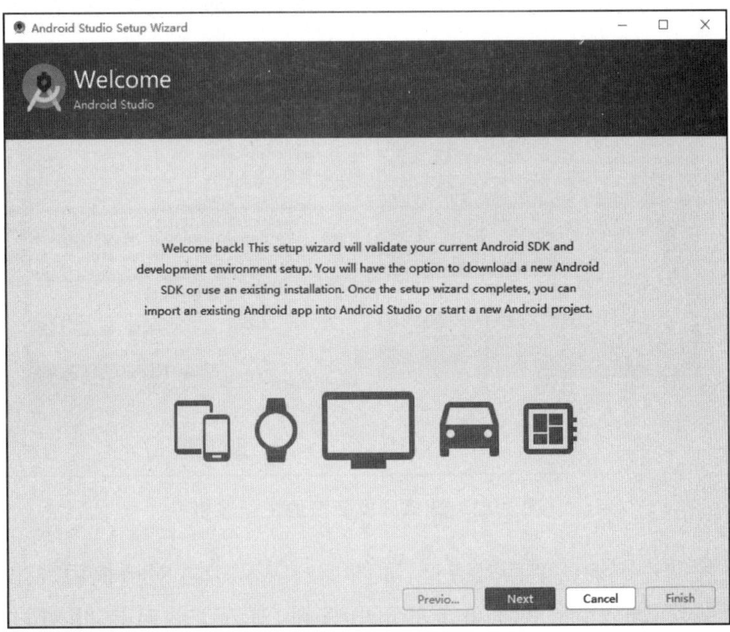

图 1-21　配置 Android Studio 向导

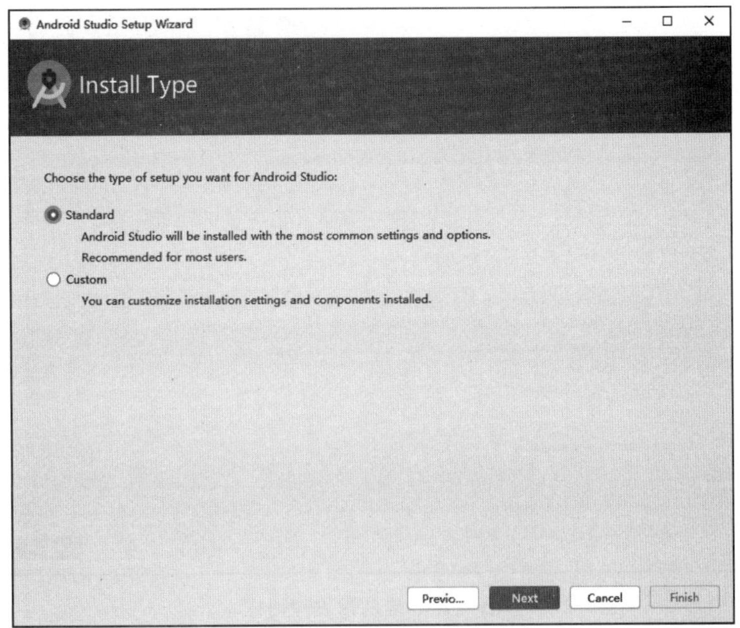

图 1-22　选择配置方式向导

单击 Next 按钮进入选择 Android Studio 的开发界面主题风格对话框，如图 1-23 所示。本书选择 Light 风格。

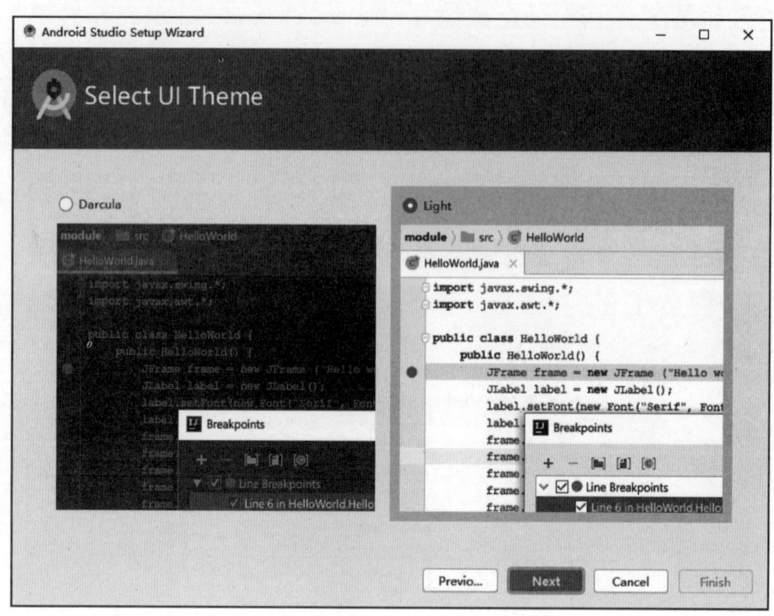

图 1-23　选择开发环境的主题风格

单击 Next 按钮进入确认配置对话框，如图 1-24 所示。在对话框中列出了当前需要的开发工具和组件的列表清单。在此单击 Finish 按钮，进入下载向导，下载过程需要一些时间，请耐心等待。下载结束后的完成对话框如图 1-25 所示。

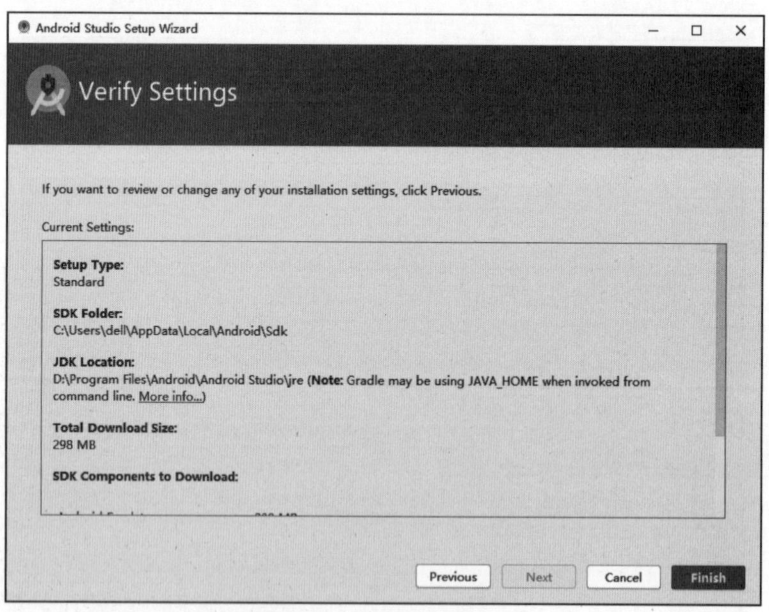

图 1-24　确认配置对话框

下载完成后，单击 Finish 按钮，进入 Android Studio 的欢迎对话框，如图 1-26 所示。

见到欢迎对话框，是不是大功告成了呢？别急，前面只是下载了部分相关工具，SDK 还需要配置呢。

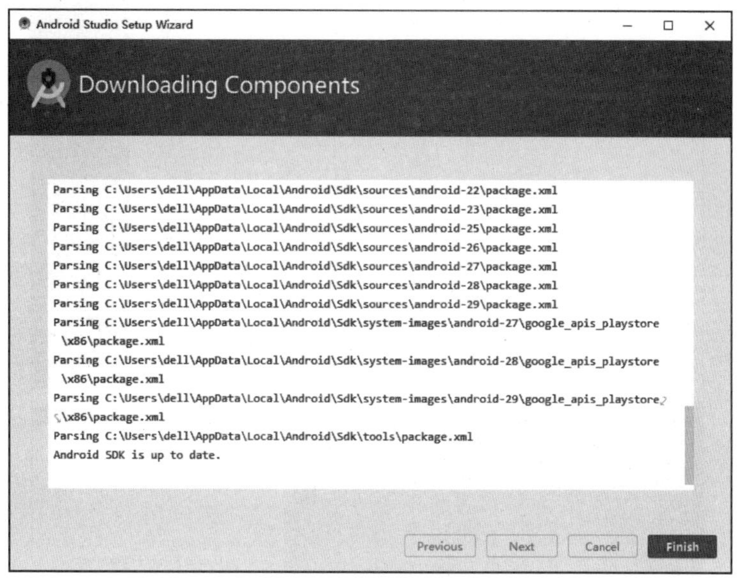

图 1-25　下载完成对话框

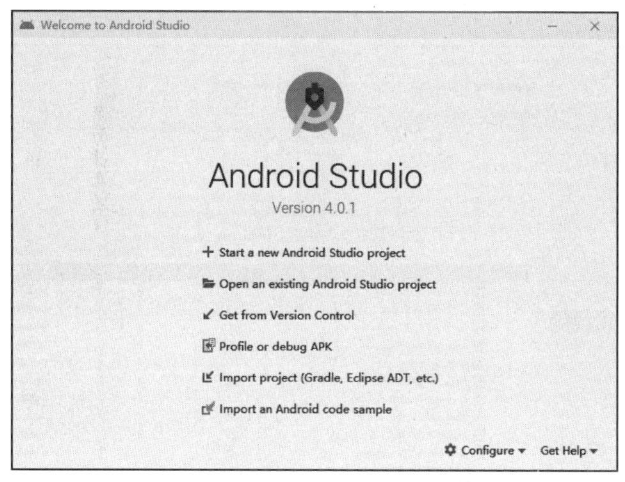

图 1-26　欢迎对话框

2）配置 SDK

前面只是安装了指定版本下载包里的 SDK 工具平台，这些下载包的生成时间离执行安装有段时间了，所以有些安装包可能不是最新的，需要升级；或者有更新的 SDK 版本（即该安装程序发布之后的更新版本或升级版本）还没有下载。建议大家在此对 SDK 进行更新，完成这一更新操作由 SDK Manager 菜单项负责。SDK Manager 位于欢迎对话框下端的 Configure 下拉菜单中，如图 1-27 所示。

单击 SDK Manager 菜单项，进入下一对话框。选择左侧的 Android SDK 项，右侧是管理 SDK 的相关信息，列出了 SDK 的所有版本。把需要用的 SDK 版本都选中，其中有些 SDK 版本是以前安装过的，显示 Installed；有些是需要升级的，显示 Update available；有些是需要安装的，显示 Not installed，如图 1-28 所示。

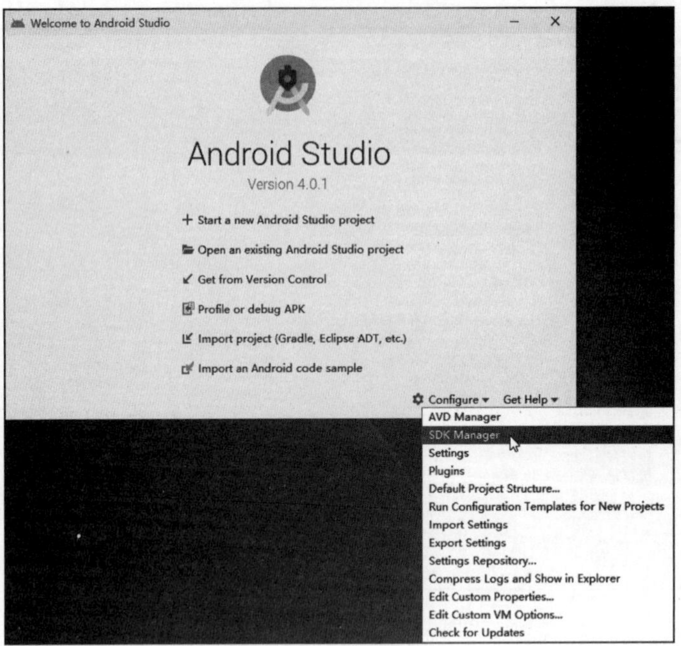

图 1-27　选择 SDK 管理菜单

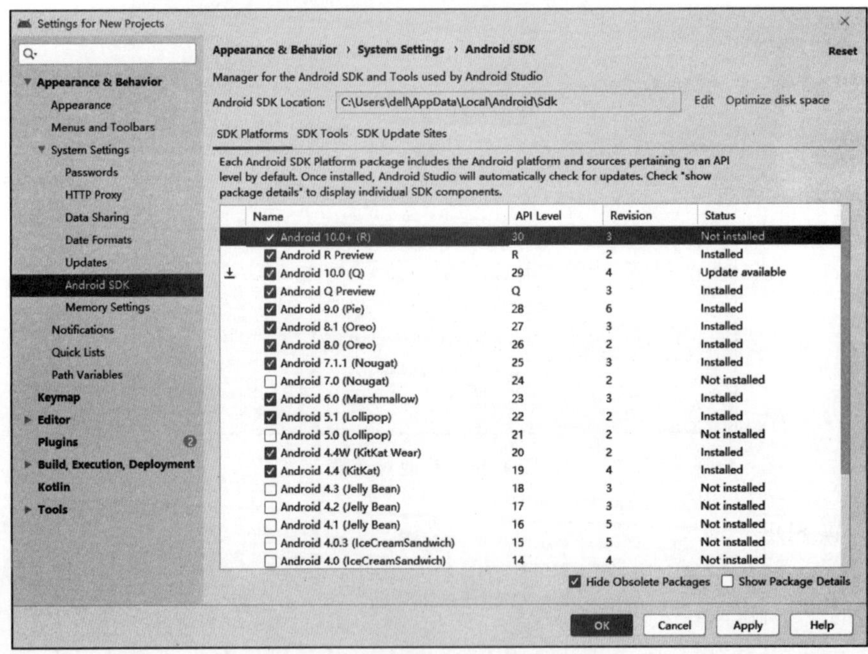

图 1-28　选择需要安装的 SDK 版本

提醒：多个 SDK 版本需要占用较多的硬盘资源。如果计算机硬盘空间足够大，可以考虑多选几个版本安装。

单击 OK 按钮进入安装过程，需要等待较长时间，分别执行安装确认、版本安装等一系列操作，如图 1-29 所示。

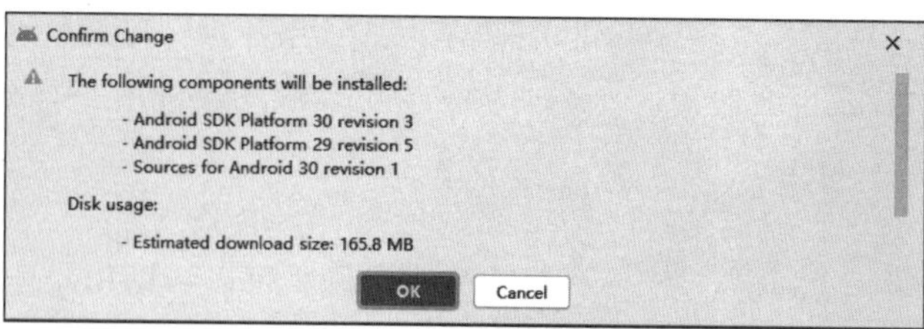

(a) SDK的安装清单

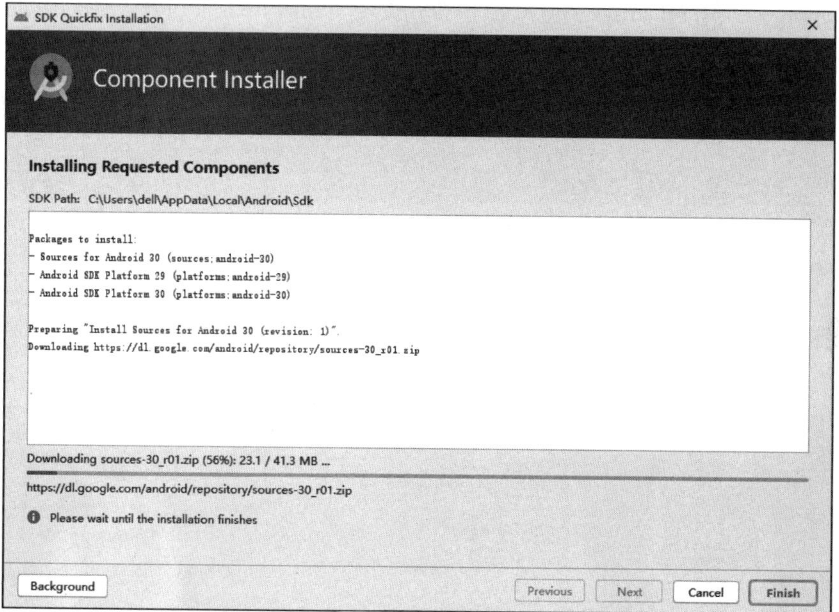

(b) SDK的安装过程

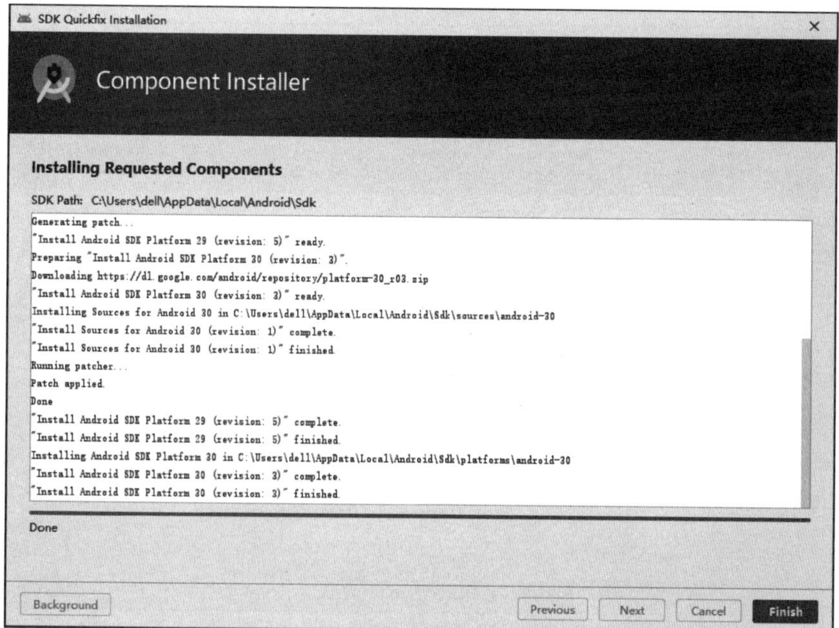

(c) SDK的安装完成信息

图 1-29　安装不同 SDK 版本的过程

安装完成后单击 Finish 按钮，回到欢迎界面。在后面的项目开发中，不断会有新的版本发布，Android Studio 也会通知用户。如果需要更新版本，可以在 Android Studio 开发界面的菜单中找到 SDK Manager。

3）创建 Android 应用程序

欢迎界面的 Start a new Android Studio project 项，可以帮助用户体验创建一个新项目的过程。单击该项，进入新建项目模板选择对话框，如图 1-30(a)所示。在此页面，选择默认的创建手机应用程序的 Empty Activity 模板。然后单击 Next 按钮，配置新项目的项目名、包名、存储位置、开发语言、允许运行的最低 SDK 版本等信息，如图 1-30(b)所示。

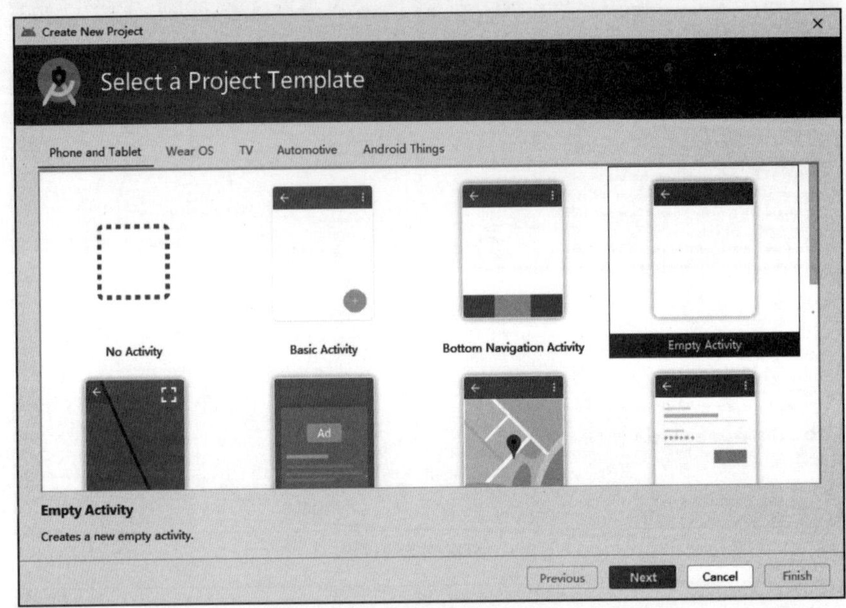

(a) 新建项目模板选择页

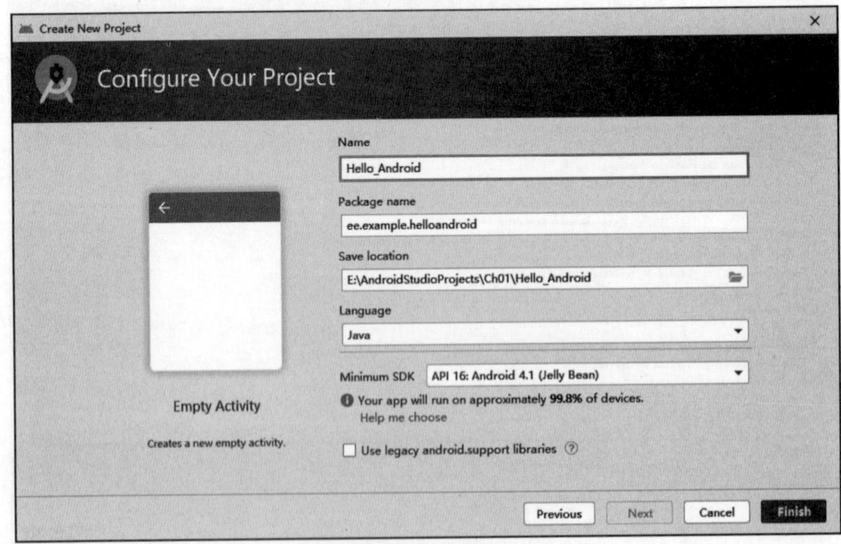

(b) 新建项目配置信息页

图 1-30　创建新项目的过程

单击 Finish 按钮后，正式进入 Android Studio 的开发环境界面，该界面就是后续各章节的主要工作环境。

4）安装并同步新项目的 Gradle

Gradle 是构建 Android 项目的工具，首次进入 Android Studio，IDE 系统会自动在网络上找到与当前 Android Studio 版本相匹配的最新 Gradle 版本下载并安装，然后同步项目 Gradle 配置。相关信息见 IDE 窗口底部的状态栏，如图 1-31 所示。

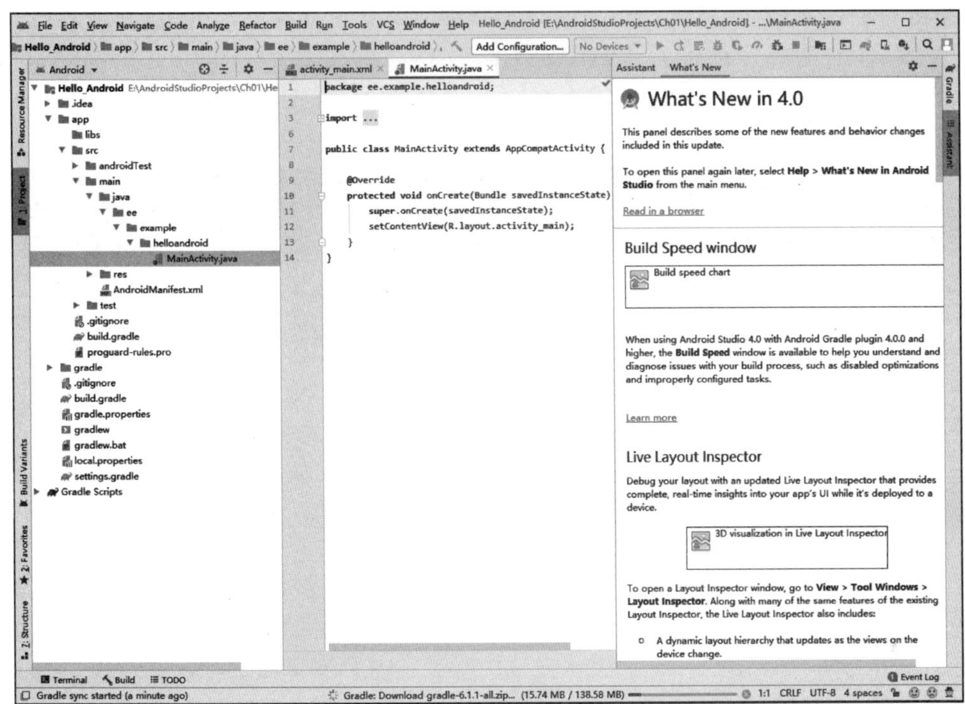

图 1-31　Android Studio 窗口

如果没有联网，就需要手动安装和配置 Gradle。操作步骤如下。

(1) 下载 Gradle。

打开 Gradle 的官方网站下载网页(网址 https://services.gradle.org/distributions/)，下载指定的压缩包。与本书所用的 Android Studio 4.0.1 相匹配的 Gradle 版本是 6.1.1，从该网页上选择 gradle-6.1.1-all.zip 文件下载，保存到指定路径 C:\Users\dell\.gradle\wrapper\dists\下。无须解压 gradle-6.1.1-all.zip，当运行 Android Studio 时，系统会自动解压，并在该文件夹下生成一个同名的文件夹。

(2) 同步项目。

重新启动 Android Studio，依次选择菜单 File→Sync Project with Gradle Files 即可完成项目与 Gradle 6.1.1 版本的同步。这点很重要，如果项目的 Gradle 版本与 Android Studio 中的 Gradle 版本不一致，将导致项目无法执行等问题。

5）创建一个 AVD

在 Android Studio 上运行 Android 项目，必须借助于 AVD(Android Virtual Device，Android 虚拟设备)才能显示运行效果。AVD 又称为 Android 模拟器，占用计算机的硬盘空

间。每个 AVD 模拟一套虚拟设备来运行 Android 应用程序，运行效果与真机几乎相同。可以创建一个 AVD，也可以创建多个 AVD。本书下面介绍 Android Studio 自带的模拟器创建过程。

在 Android Studio 的工具栏上有一个 AVD Manager 按钮，如图 1-32 所示。

图 1-32　Android Studio 的工具栏

单击 AVD Manager 按钮，进入 AVD 的管理对话框。首次进入 AVD 管理对话框，如图 1-33 所示；如果已经创建了 AVD，则会出现 AVD 的列表。在图 1-33 中单击＋Create Virtual Device 按钮，创建 AVD。

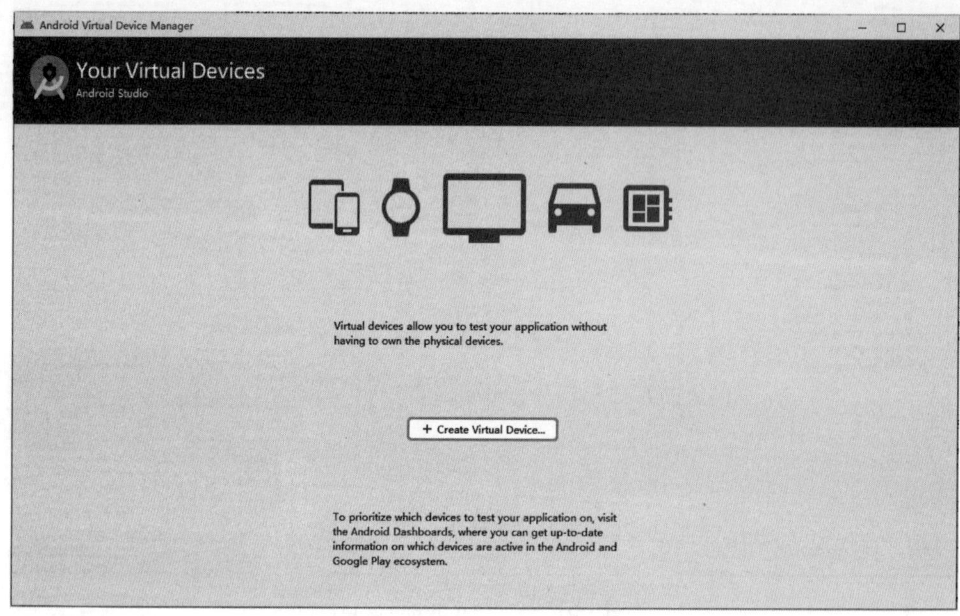

图 1-33　首次进入 AVD 管理对话框

进入创建对话框，需要选择模拟设备显示屏的名称、大小、像素等信息。请大家注意，并不是配置越高越好，因为分辨率越大、版本越高，消耗的系统资源也越大。本书选择当前比较常见的 5 英寸大小屏幕，1080×1920 像素，分辨率为 420dpi，如图 1-34 所示。

单击 Next 按钮，选择 AVD 所对应的 Android API 的镜像。如果需要的版本镜像组件没有下载，可以单击版本名称右边的 Download，然后会进行许可同意、下载等一系列的操作，完成相应的版本组件下载。本书选择 R(API 30)镜像来创建 AVD，如图 1-35 所示。

单击 Next 按钮，进入 AVD 的参数配置对话框。在此对话框中，可以设置 AVD 的名称、标准的模拟器方向等。单击 Show Advanced Settings 按钮，可以进一步设置更多的模拟器参数，包括内核 CPU 数量、存储容量、系统缓存、SD 卡的存储容量等，如图 1-36 所示。

单击 Finish 按钮，完成 AVD 的创建。在对话框中可以看到刚创建的 AVD 信息，如图 1-37 所示。

单击 AVD 列表行 Actions 栏的▶按钮，加载相应的 AVD 模拟器，如图 1-38 所示。模拟器右侧纵向排列的一些按钮，它们分别是用来控制模拟器的电源、音量、旋转等操作。

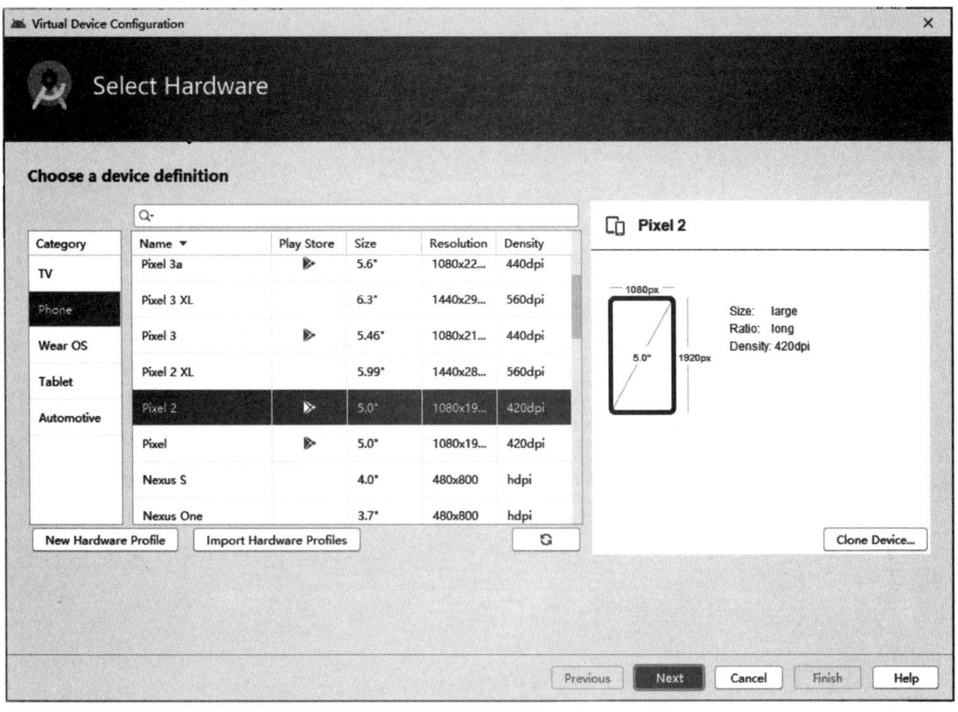

图 1-34 选择 AVD 的显示屏大小和分辨率

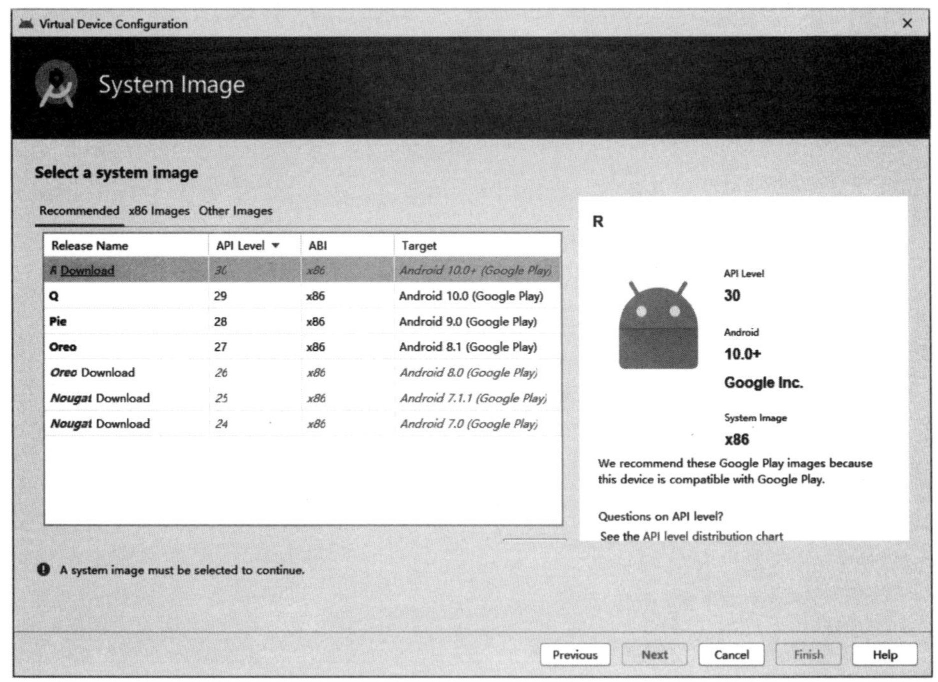

(a) 版本R镜像未下载

图 1-35 选择 AVD 的系统镜像

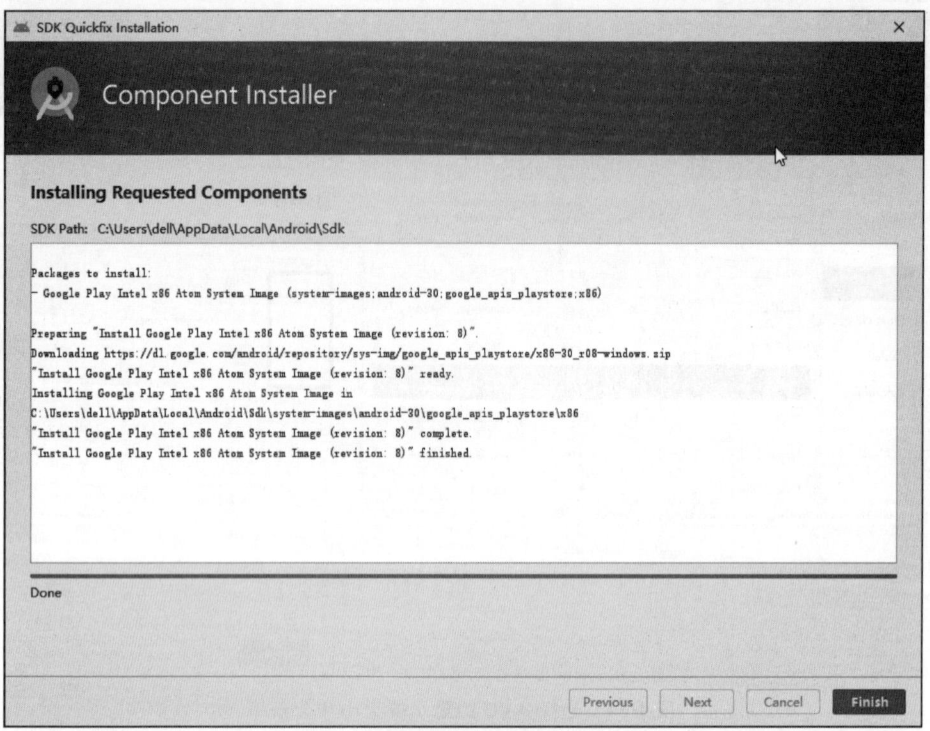

(b) 完成R镜像的下载信息

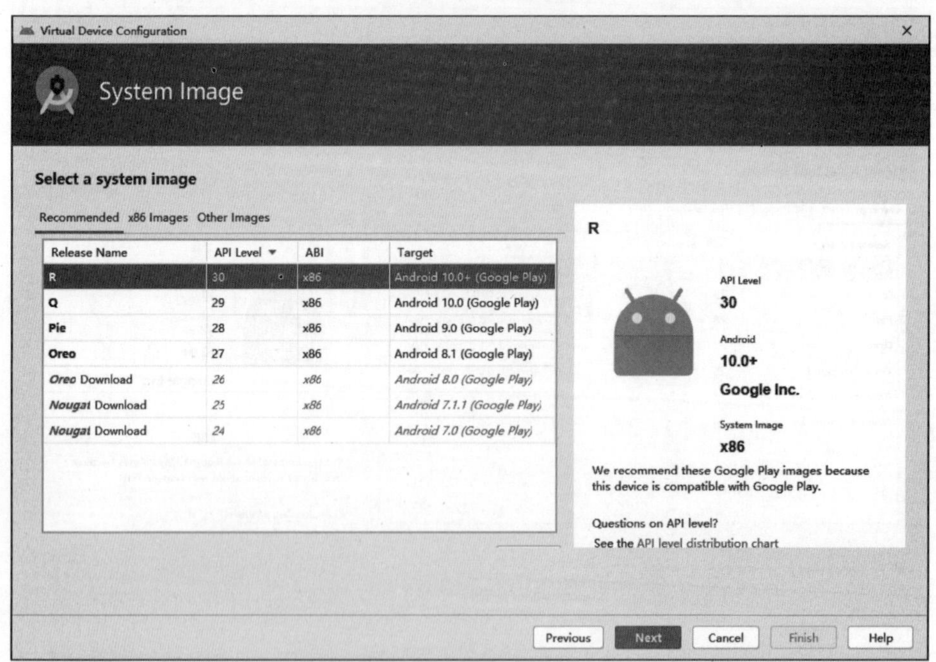

(c) 版本R镜像已下载

图 1-35 （续）

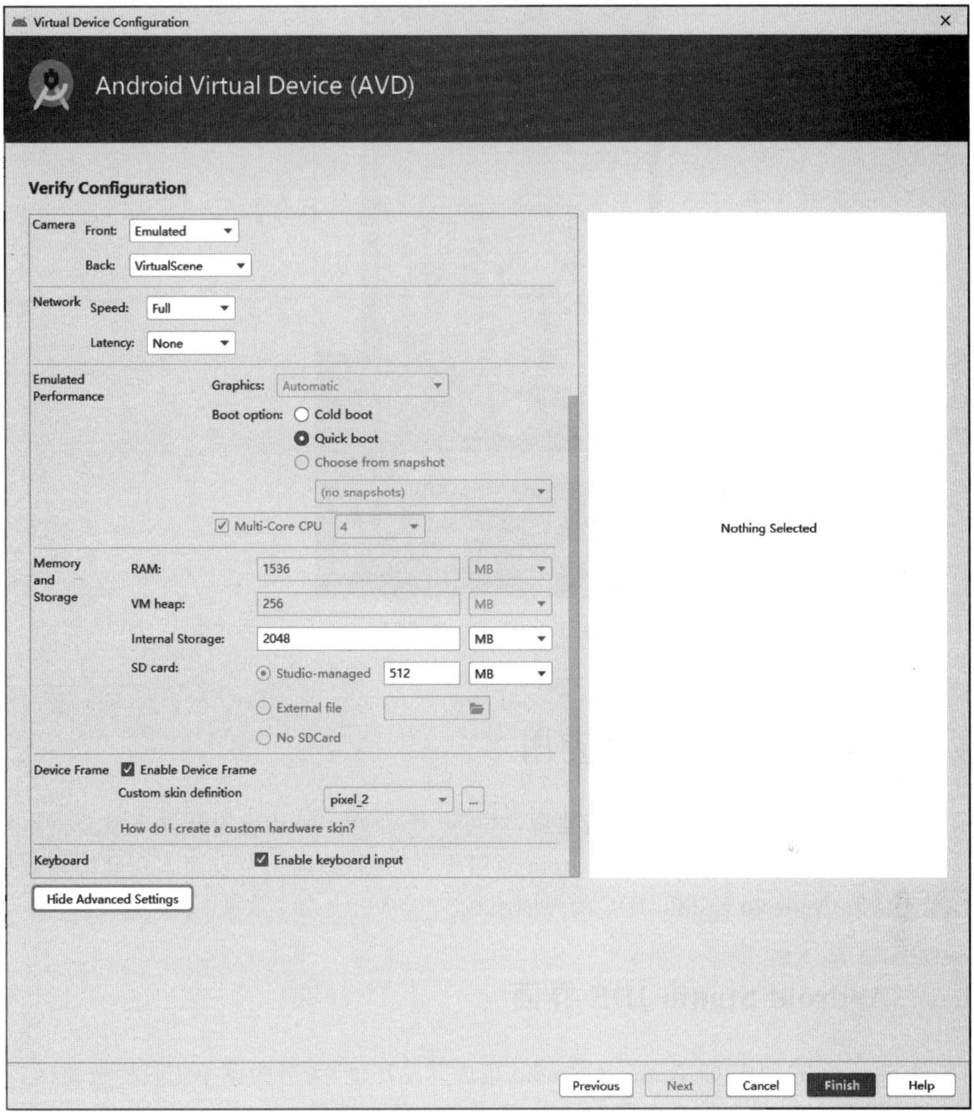

图 1-36　设置 AVD 的配置参数

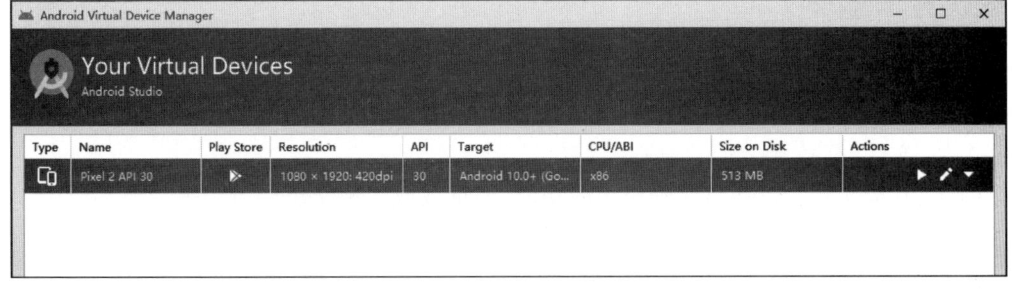

图 1-37　AVD 管理界面

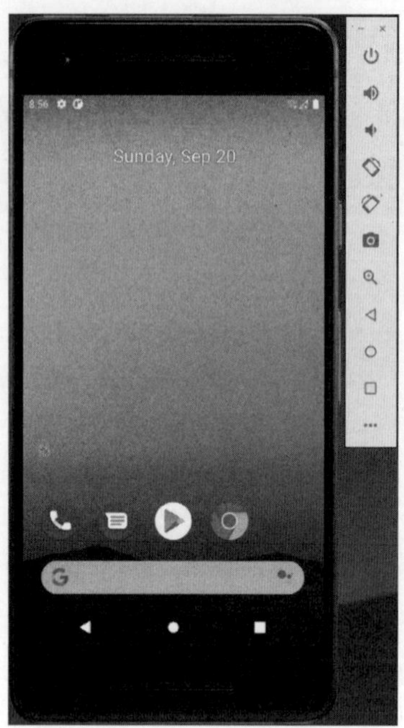

图 1-38 AVD 模拟器

1.4 Android的第一个应用

在完成 Android Studio IDE 的搭建后，就可以开启 Android 应用开发之旅了。本节主要介绍 Android Studio IDE 界面、Android 应用程序的创建、运行及发布。在介绍创建项目之前，要先了解 Android Studio IDE 的界面组成。

1.4.1 Android Studio IDE 界面

Android Studio IDE 即 Android Studio 集成开发环境，可分为菜单工具栏按钮区、项目管理区、编辑工作区、状态信息区和 Gradle 及设备文件管理区。

1. 菜单工具栏按钮区

Android Studio IDE 的菜单位于窗口的最上方，有 13 个菜单。窗口中除了有其他窗口常见的 File、Edit、View、Tools、Window、Help 外，还有以下菜单。

Navigate，导航菜单：包括处理 File class 类查找功能，使得 Android Studio(AS)快速定位某个类、文件、符号、行等。

Code，代码菜单：包括与代码相关的功能，如重载或实现父类的方法等。

Analyze，分析菜单：包括代码检测、数据分析、依赖分析等。

Refactor，重构菜单：与代码重构相关，主要包括 move 移动、重命名等功能。

Build，构建菜单：与代码相关的功能相关，包括生成项目、重构项目、构建签名 APK 或实现父类的方法等。

Run,运行菜单：主要包括运行 App 或者 Debug 运行 App 等。

VCS,版本控制菜单：支持 Git、SVN、CVS 版本控制菜单。

工具栏按钮在菜单栏右下方,工具栏按钮是一些最常用的菜单项。这里把这些按钮分成两组,左边组是相关项目运行和调试的功能按钮；右边组是相关 Android 运行时的虚拟设备管理、依赖工具及查询的按钮,如图 1-39 所示。

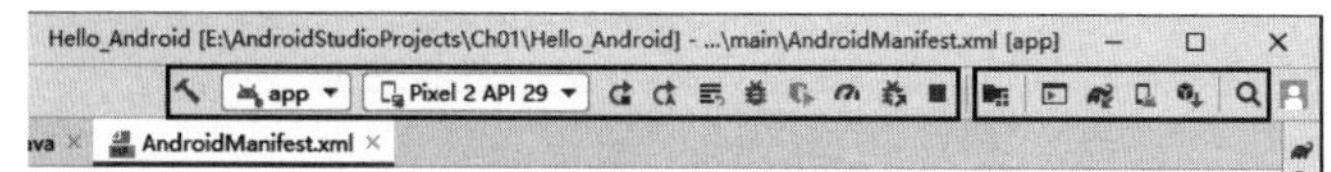

图 1-39　Android Studio 4.0.1 的工具栏按钮

1）运行调试组

这一部分按钮与 Android 项目模块运行和调试操作相关,主要分布在 Run 菜单中。其功能含义见表 1-3 所述。

表 1-3　运行调试工具按钮说明

按钮图标	按钮名称	功　能
	Make Project	编译 Project,生成项目
app	Select Run/Debug Configuration	选择运行或调试的配置,显示当前项目的模块列表
Pixel 2 API 29	Select AVD	选择模拟器,显示当前 IDE 中模拟器列表
	Run	运行当前项目中的模块,在未运行时显示
	Run App	运行 App,正在运行项目时显示
	Apply Changes and Restart Activity	应用更改加载,当应用程序更改了,可以单击此按钮重新在模拟器上运行
	Apply Code Changes	应用代码修改
	Debug App	调试当前模块
	Run App with Coverage	测试当前模块代码覆盖率
	Profile App	Android 分析器,为应用程序的 CPU、内存和网络活动提供实时数据
	Attach to Process	附加到本地的进程
	Stop App	停止运行当前的模块,正在运行项目时可用

2）配置管理组

这一部分按钮与 Android 的开发工具、AVD 设备管理、Gradle 配置及查询等相关,主要分布在 Tools 和 File 菜单。其功能含义见表 1-4 所述。

表 1-4　开发工具及设备管理按钮说明

按钮图标	按钮名称	功　能
	Project Structure	项目的版本、依赖、模块等配置管理
	Run Anything	运行任何命令或配置
	SyncProject with Gradle Files	同步项目的 Gradle 版本配置
	AVD Manager	Android 模拟器管理器
	SDK Manager	SDK 的更新管理器
	Search Everywhere	项目文件全局快速模糊查询

2. 项目管理区

这个区域主要是项目目录结构及文件资源的管理区域，如图 1-40 所示。

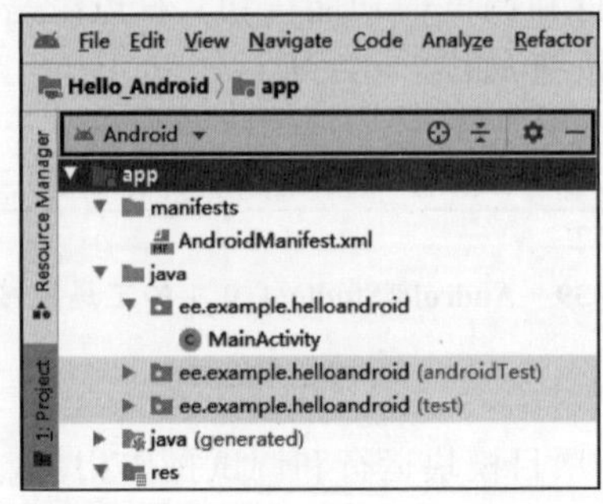

图 1-40　项目管理区的工具按钮

项目的目录结构将在下章详细介绍，这里仅对该区域的几个工具按钮进行说明，见表 1-5 所述。

表 1-5　项目管理区工具栏说明

按钮图标	按钮名称	功　　能
Android ▾	下拉列表框	用于选择展示项目目录结构的组织方式。默认是以 Android 方式展示，还可选择 Project、Packages、Scratches、ProjectFiles、Problems 等展示方式。用得最多的是 Android 和 Project 两种
	Scroll from Source	定位当前打开文件在项目目录中的位置
	Collapse All	收起项目目录中所有的展开项
	Show Options Menu	是一个显示选项菜单，单击后可进行额外的一些系统配置
	Hide	隐藏该项目管理区。如果在隐藏状态，可以单击窗口左侧的 Project 项，重新显示该区域

3. 编辑工作区

这个区域主要是项目用来编写代码和设计布局的编辑工作区域。根据不同类型的文件，该区域的显示内容也不同。

如果编辑 Java 代码或其他资源的 XML 文件或 Gradle 配置文件时，该区域呈纯文本编辑区。如图 1-41 的标记 1 区所示。

如果编辑布局文件，该编辑区右上方会出现三个模式选项，分别是 Code、Split 和 Design。Code 是代码编写模式，是纯文本编辑工作区，如图 1-42(a)所示；Split 是代码-布局图对照模式，是一种可视化编辑工作区，如图 1-42(b)所示；Design 是全可视化设计编辑区，该区域分为三个区，左侧是 Android 用户界面(UI)的元件区，中间是布局效果图预览区，右侧是控件的属性设置区，如图 1-42(c)所示。可以在 Design 模式下从元件区直接拖动需要的控件到布局图上，然后在属性区设置属性，完成所见即所得的界面布局设计。

建议以 Code 模式为主、以其他模式为辅来学习 Android 布局设计，这样有助于理解设计思想，以便快速提高。

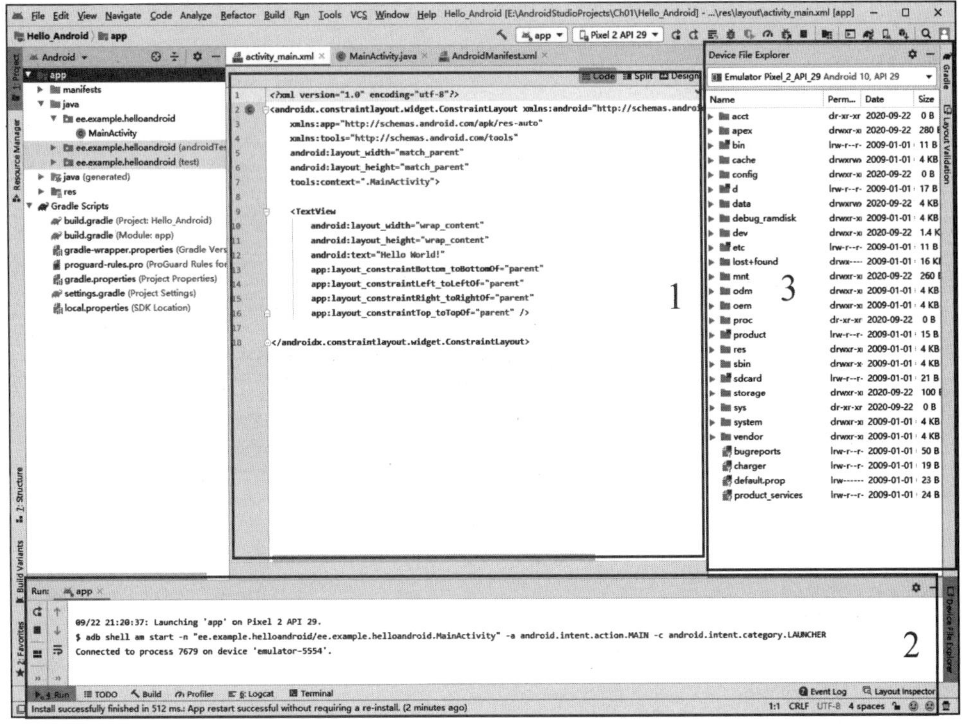

图 1-41　Android Studio IDE 界面窗口

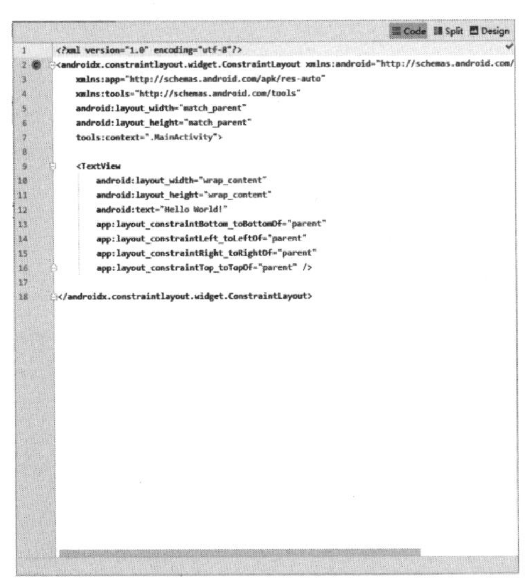

(a) UI布局代码编辑模式

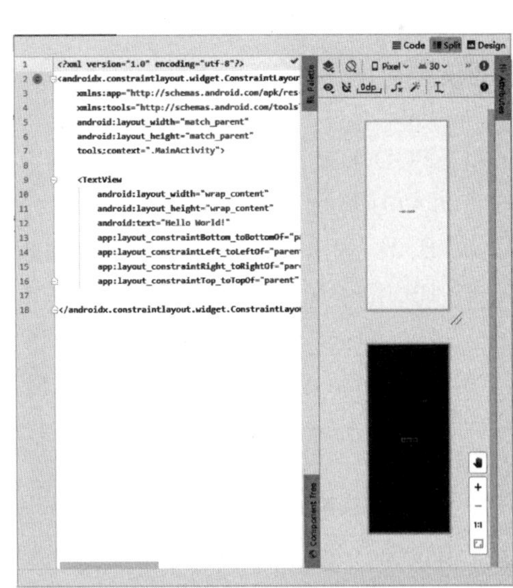

(b) UI布局代码-布局图对照编辑模式

图 1-42　布局文件设计工作区

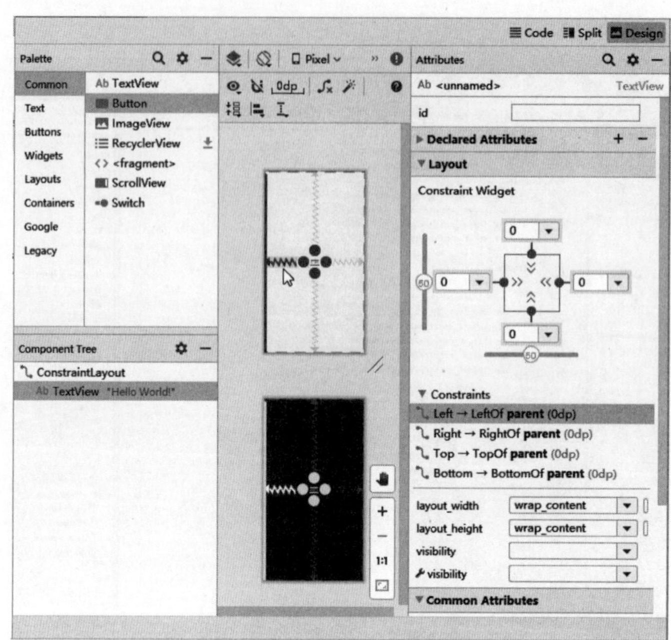

(c) UI布局可视化设计模式

图 1-42 （续）

4. 状态信息区

这个区域主要用于查看在项目运行时的相关动态输出信息，这些信息可以帮助开发者了解项目在编译运行和调试过程中的各种状态。如图 1-41 的标记 2 区所示。这些状态信息主要包括以下几项。

（1）Run，显示应用程序运行后的相关信息。

（2）TODO，显示在 Java 代码中标有 TODO 注释的列表，可以帮助程序员快速定位代码的 TODO 注释行。

（3）Build，显示应用程序在创建时的相关信息。

（4）Profiler，显示应用程序运行后系统性能分析信息。

（5）Logcat，显示系统的调试日志信息。

（6）Terminal，显示终端命令行操作窗口，直接在此处可以使用命令进行操作。

（7）Event Log，显示一些事件日志信息。

5. Gradle 及设备文件管理区

在 IDE 的右侧上、下两端有些标签，在开发中有时会用到。其中，Gradle 是 Gradle 控制台，显示 Gradle 构建应用程序时的一些输出信息。Device File Explorer 是模拟设备文件管理器，当启动模拟器后，单击该标签，会打开设备文件管理器窗格，如图 1-41 的标记 3 区所示。

1.4.2 创建一个 Android 应用项目

在 Android Studio 中，应用程序以项目方式来组织，从现在开始，把 Android 应用程序称为 Android 应用项目。若创建 Android 应用项目，需要了解 Android Studio 中的两个概念：Project 和 Module。在 Android Studio 中，Project 的真实含义是工作空间，Module 为一个具体项目的实现。这与以往的 Eclipse 不同，Eclipse 的 Workspace 等同于 Android Studio 的 Project；Eclipse 的 Project 等同于 Android Studio 的 Module。

注意：在 Eclipse 中，可以在同一个 Workspace 中同时对多个 Project 进行编辑。在 Android Studio 中，可以在同一个 Project 中同时对多个 Module 进行编辑。

在前面 1.3.3 节中，已经介绍了从 Android Studio 的启动欢迎界面创建一个新项目的方法。本节将从 Android Studio 的 IDE 界面来创建项目。

方法：依次选择菜单 File→New→New Project...，进入 Create New Project 对话框。创建过程与 1.3.3 节的创建项目步骤完全一致，首先选择新建项目的模板，然后输入项目的相关配置信息。

1. 选择模板

在选择模板页，提供了面向多种设备应用模板，默认显示创建手机或平板(Phone and Tablet)应用项目的模板。各设备对应的应用范畴分别如下。

(1) Phone and Tablet：支持开发一个手机和平板项目。

(2) Wear OS：支持开发一个可穿戴设备(例如手表)项目。

(3) TV：支持开发一个 Android TV 项目。

(4) Automotive：支持开发一个汽车车载项目。

(5) Android Things：支持连接云和设备之间各个节点的物联网项目。

在此，可以先选择某一设备类型，再选择模板来创建项目；也可以同时选择多个类型，系统会为每个项目创建相应类型的 Module。

2. 输入配置信息

在项目配置信息页，完成对应模板的新建项目配置信息填写。第一个 Android 应用选择 Empty Activity 模板。相关配置信息说明如下。

(1) Name：应用项目的名称。它是项目在终端设备上显示的应用项目名称，也是 Android Studio 的项目名称。默认名称为 My Application。在此，笔者修改为 Hello_Android。注意，Android 应用项目名称最好使用英文命名，并且第一个字母要大写。不要使用中文，否则编译时出错。

(2) Package name：应用项目的包名。一般按默认方式命名，也可以修改。每个项目都有一个独立的包名，如果两个项目的包名相同，Android 会认为它们是同一个项目。因此，需要尽量保证不同的项目拥有不同的包名。

(3) Save localtion：应用项目存放的本地路径，其中文件夹名称默认与项目名同名(与 Name 同名，但不包含空格符)。如果修改了应用项目名称，本地文件夹名也会联动修改。

注意，应用项目的路径不要包含中文，否则编译时出错。

(4) Language：配置开发使用的语言，默认使用 Kotlin，在此改为 Java。

(5) Minimum SDK：设置新建项目 SDK 的最低兼容版本。从表 1-1 知，Android 4.1x (API 16)版本之前的设备几乎不再使用了，建议大家选择 Minimum SDK 在 Android 4.1 (API 16)以上版本。

当完成新项目创建后，Android Studio 会另打开一个窗口，来管理新项目的开发。

1.4.3 运行第一个 Android 应用

通常，在 Windows 系统中开发 Android 应用项目，会在模拟器上运行调试。但是，Android Studio IDE 第一次加载模拟器时需要的时间较长，建议大家启动 Android Studio 后，即时加载 Android 模拟器。

运行 Android 应用的步骤如下。

1. 加载 Android 模拟器

在工具栏中单击按钮，打开 AVD Manager，在已创建的 AVD 列表中选择一个，单击▶按钮，加载模拟器。

图 1-43 在模拟器上运行 Hello_Androd 应用

这一步不是必须要做的，如果先加载模拟器，可以提高应用项目的首次运行效率。若不加载，那么在运行应用项目时，系统会先加载已创建的模拟器，待加载完毕后才显示运行的结果。

2. 运行应用项目

Android Studio 运行应用有三种方式：一是使用菜单选项，操作步骤是，依次选择菜单 Run→Run '***'；二是使用工具栏按钮，单击▶按钮；三是使用快捷键 Shift+F10。

如果没有做第一步，此时可以在工具栏中选择 AVD 模拟器，然后单击▶按钮。等待加载模拟器成功后，会在其上运行当前的应用项目，如图 1-43 所示。

3. 修改应用再运行

如果修改布局文件的显示文字，例如将 android:text="Hello World!"改为 android:text="Hello World! Hello Android!"，如图 1-44 所示。此时只需单击工具栏的应用更改加载按钮，或按下快捷键 Ctrl+F10，即可在模拟器中重新运行应用，其显示结果为修改后的效果,如图 1-45 所示。

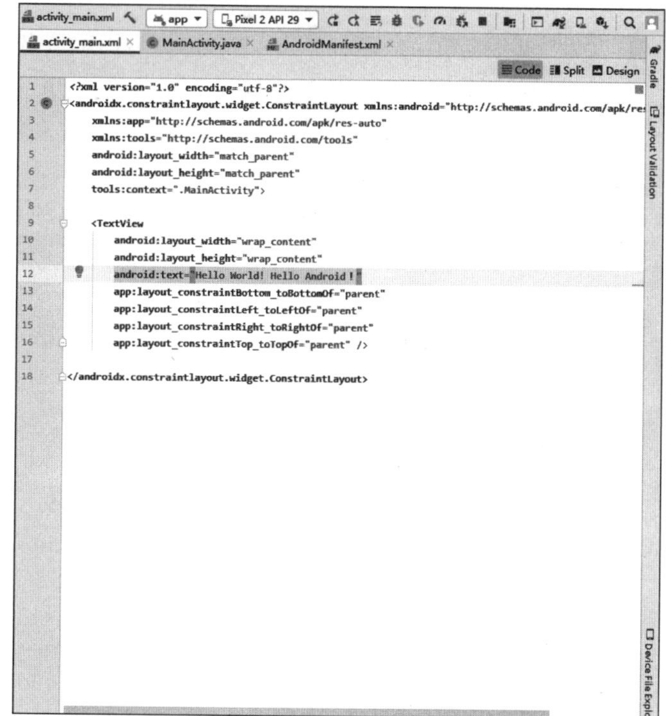

图 1-44 修改 Hello_Android 的显示文字

图 1-45 修改后的显示效果

1.4.4 第一个 Android 应用的签名打包

当 Android 项目在计算机上开发完成并运行通过后,最终要发布到手机或相应设备上运行。应用项目经过打包,生成扩展名为.apk 的打包文件,这种 APK 文件才能在设备上运行。

释疑:

什么是.apk 文件?

APK 是 Android Application Package 的缩写,即 Android 应用程序包,它也是发布应用项目的文件格式,用于分发和在移动设备上安装 Android 应用及中间件。当用户在其设备上安装应用项目时,由用户下载这个文件。APK 类似 Windows 的 exe 文件,每个要安装到 Android 平台的应用都要被编译打包为一个单独的文件,其文件扩展名为.apk。通过将 APK 文件直接传到 Android 模拟器或 Android 手机或其他 Android 设备上即可安装执行。

APK 文件是由 Android Studio 编译生成的文件包,其中包含应用项目经编译后生成的 Dex 文件(二进制代码文件)、资源文件(resources)、原生资源文件(assets)、数字证书(certificates)、清单文件(manifest)和配置文件等。APK 文件其实是 zip 格式,但其后缀名被修改为 apk。通过 WinRAR 或 UnZip 解压后,可以看到 Dex 文件。Dex 是 Dalvik VM executes 的简称,即 Android Dalvik 执行程序。

Android 系统要求所有的应用项目必须要有数字证书签名，应用签名有两个作用：第一，确定发布者的身份信息；第二，确保应用的完整性。在 Android Studio 中，每个应用项目在开发时使用 Android 系统的平台证书 debug 密钥为应用签名，该签名也称为调试签名，因此可以直接运行程序。当要发布应用时，开发者就需要使用自己的数字证书给 APK 包签名，该签名称为发布签名。在使用第三方 App 应用（例如高德地图、百度地图、淘宝、支付宝、微信）时，也需要发布签名证书。

发布签名是为了确保应用不会被其他应用替换。虽然每个 Android 项目都有各自的包名，它可以作为项目的唯一标识符，以区别于其他项目，但是运行在手机上的应用不止一个，也不止一个开发团队，很难保证每个项目的包名不会重名，如果手机上有两个应用恰好使用了同一个包名，那么其中一个应用就会覆盖另一个。为了避免这种情况的发生，Android 要求应用项目在发布前必须使用开发者私有信息进行签名，这样，签名就可以对应用项目中的所有文件起到保护作用。

签名需要使用数字证书，或称为密钥库。它包含一个或多个密钥，并以二进制文件形式存储。Eclipse 签名文件的扩展名为. ketstore；Android Studio 签名文件的扩展名为. jks。

1. 创建数字签名

在 Android Studio 中，创建应用 Hello_Android 的签名文件操作如下。

依次选择菜单 Build→Generate Signed Bundle/APK...，进入 Generate Signed Bundle or APK 对话框。该页有两个选项，一个为 Android App Bundle，用于通过 Google Play 发布的应用，需要升级到 AS 3.2 以上版本才支持 App Bundle 格式；另一个为 APK，用于创建可部署到设备上的签名 APK。在此选择 APK 单选项，如图 1-46 所示。

然后单击 Next 按钮，进入模块（Module）所使用的数字证书页，如图 1-47 所示。如果已经创建了数字证书，可以选择它，或者新建。

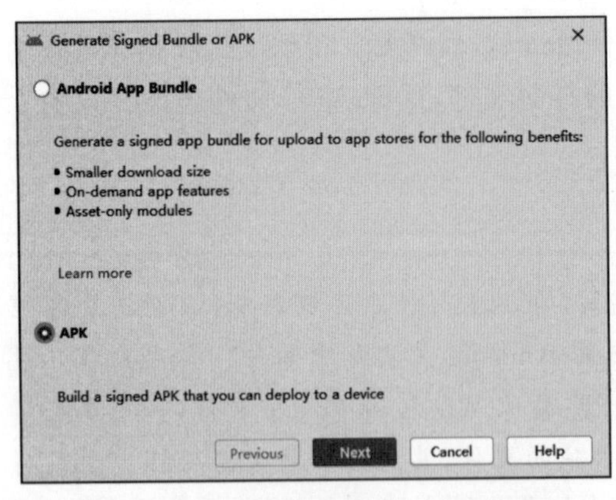

图 1-46 选择生成签名的 App 绑定类型

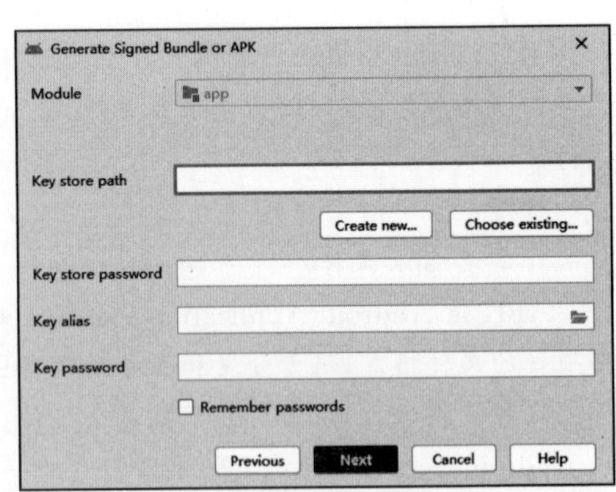

图 1-47 模块的数字证书页

此时还没有任何数字证书，所以要创建数字证书。单击 Create new...按钮进入下一页对话框，在 File name 后的输入框中输入文件名，如图 1-48(a)所示；在 Key store path 后的输入框内单击文件夹图标，为即将创建的数字证书指定存储位置，然后单击 OK 按钮，进入设置数字证书文件密码、别名及密码、有效年限和开发者的相关验证信息，如图 1-48(b)所示。

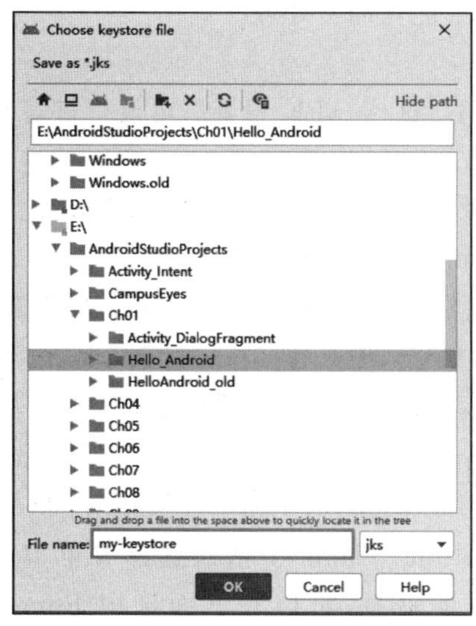

(a) 指定数字证书文件名及路径

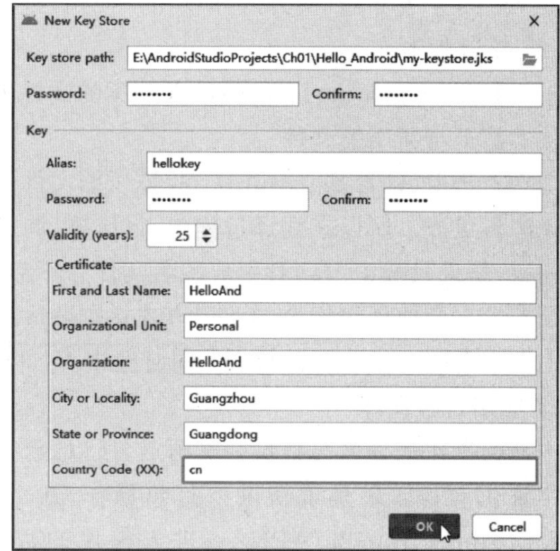

(b) 指定数字证书密码及开发者信息

图 1-48　创建应用的数字证书

为了安全起见，设置密码最好包括大、小写字母和数字，两个密码最好设置不一样。作为开发者，一定要记住两个密码。数字证书是存在有效期的，这也决定了 App 的预计生命周期，如果数字证书超期失效，则应用无法安装或者无法正常升级。这里，对开发者的相关身份信息没有严格要求，这些信息不会显示在应用中，但会作为 APK 的一部分包含在数字证书中。

单击 OK 按钮，会出现一个警告信息提示，如图 1-49 所示。它告诉用户数字证书使用专用格式，并给出转化为专用格式的命令。但是，用户可以忽略它。

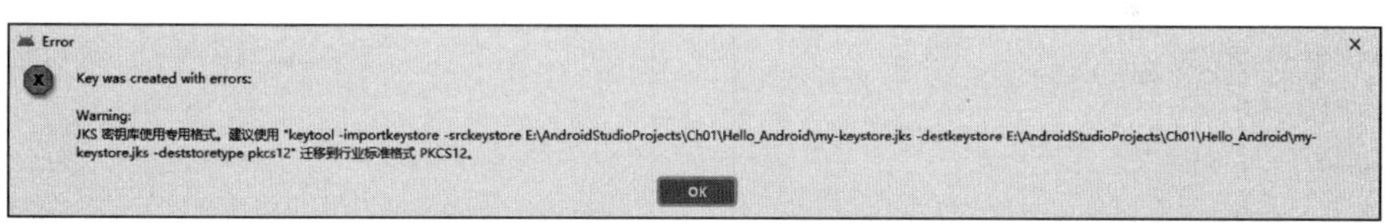

图 1-49　创建数字证书格式提示信息

此时，数字签名证书就创建完成，可以在 E:\AndroidStudioProjects\Ch01\Hello_Android 文件夹下看到新创建的签名文件 my-keystore.jks。如果此时应用项目已经完成开发，并测试通过，可以继续进行应用打包环节；如果此时应用项目还没有开始程序，可以选择退出创建向导，进入项目设计开发，待完成开发后再进入打包流程。

2. 应用项目打包

Android Studio 是安装在 PC 端的，使用该 IDE 编译好一个项目后，最后要完成的是打包发布。通过打包使得项目生成 APK 包，从而成为可以在手机上运行的 App。

1）打包设置说明

在生成 APK 包时，需要指定输出路径、创建类型和签署版本。

（1）创建类型。

① debug：测试版，包含调试和日志信息，没有进行优化加密，适合程序调试期使用。

② release：发布版，对外发布供用户使用，进行了优化加密处理。

(2) 签署版本。

① V1(Jar Signature)：仅验证未解压的文件内容，这样 APK 签署后可进行许多修改，可以移动甚至重新压缩文件；

② V2(Full APK Signature)：验证压缩文件的所有字节，而不是单个 ZIP 条目。在签名后无法再更改。所以在编译过程中，将压缩、调整和签署合并成一步完成。

注意，如果只选中 V1，对生成签名文件并不会造成影响，但是在 Android 7.0 及以上版本的设备上不会使用更安全的验证方式；如果只选中 V2，那么在 Android 7.0 以下版本的设备上会出现签名不成功的情况；同时选中 V1 和 V2 则所有机型都没问题。

2）应用打包操作

本书的操作是签名与打包一气呵成，所以，承接上面的操作，单击 OK 按钮后，进入模块的数字证书页；如果是重新进入打包操作，在 Android Studio 中依次选择菜单 Build→Generate Signed Bundle/APK…，进入模块的数字证书页，可以在下面选中 Remember passwords 项记住密码，以后再次打开签名文件时就不需要输入密码了，如图 1-50 所示。

单击 Next 按钮，进入打包类型及版本选择对话框。在此，选择 release，选中 V1(Jar Signature)和 V2(Full APK Signature)，如图 1-51 所示。最后单击 Finish 按钮，将应用项目打包成 APK 文件。

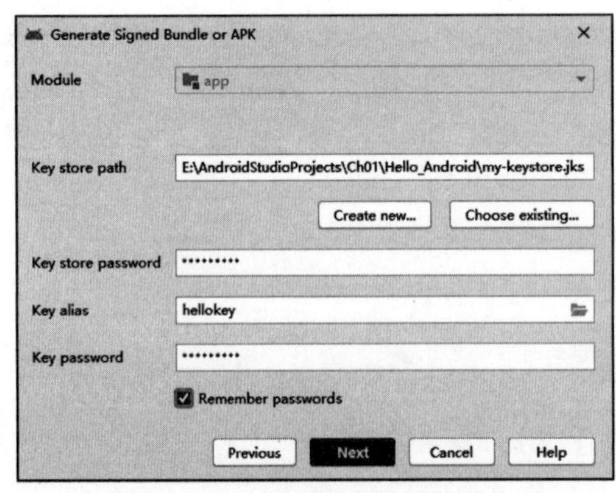

图 1-50　打包所依赖的数字证书

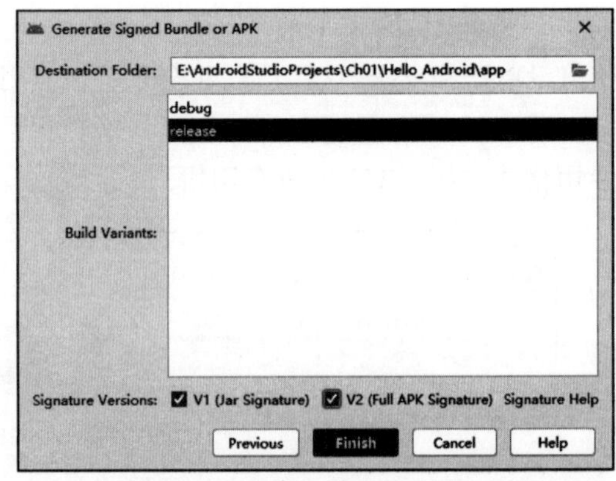

图 1-51　打包类型及签名版本选择

打包完成后，会在设置的输出路径下看到打包签名后的 APK 包。本书的设置如图 1-51 所示，所以输出路径为 E:\AndroidStudioProjects\Ch01\Hello_Android\app\release，其下有两个文件 app-release.apk 和 output-metadata.json。

小结

本章是学习 Android 应用开发的起步，分别从 Android 平台概述、框架结构、环境搭建，到第一个应用的创建、运行、签名和打包，较全面地向学习者介绍了 Android 系统。读者通过了解 Android 平台的诞生背景、发展历程、各版本使用分布、应用发展前景，可以明确为什么要学习 Android 开发；通过了解平台的框架结构，有助于理解应用项目开发设计。在本章的后两节中详细介绍了 Android 开发环境的搭建，Android Studio 的 IDE 界面介绍，应用项目的创建、运行、签名和打包。相信大家学习了本章之后，已经完全掌握了在 Android Studio 环境下开发 Android 应用项目的步骤。

不可避免地，有些读者会问：为什么 Hello_Android 应用项目没有进行任何编程就可以运行出结果？如果想知道，请学习第 2 章。

练习

1. 独立完成 Android Studio 的环境搭建。
2. 创建并运行一个 HelloWorld 应用项目。

第 2 章 Android应用项目的构成

第 1 章已经介绍了创建 Hello_Android 应用项目的全过程。在创建过程中，没有经过任何代码编程，只是在创建向导中设置了几个名称和选择了一些选项，就可以运行了。在 Android 中创建一个项目就是这么简单，但是要根据实际应用开发某个项目，还有许多功课要做。

现在，几乎每个平台都会有自己的结构框架，例如在最初学习 Java 或者 C/C++时，第一个程序总是 main 函数，以及文件类型和存储方式等。本章将对 Android Studio 平台的目录结构、文件类型及其各自负责的功能进行剖析。

2.1 Android 应用项目目录结构

Android 应用项目由 Java 代码和 XML 属性声明共同设计完成，在编写代码时要注意，Java 代码和 XML 代码都是大小写敏感的。每个 Android 应用项目都以一个项目目录的形式来组织。

第 1 章建立的 Hello_Android 应用项目，其代码是由 Android Studio 自动生成的，形成 Android 项目特有的结构框架。在开发环境中，展开 Project 视图，可以看到 Hello_Android 项目的目录结构。默认以 Android 方式展示，如图 2-1 所示。

展示方式在 Project 视图的左上方，在展示方式下拉列表中列出了其他的展示方式，如 Project、Packages、Project Files、Problems、Open Files、Android 等，使用最多的是 Android 和 Project 两种。选择 Project 方式，其展示内容如图 2-2 所示。

两种展示方式都展示了 Android 项目在 Android Studio 中的目录结构，对比之下，Project 方式更接近以前的 Eclipse 环境下的目录结构。

2.1.1 目录结构略览

在 Project 视图中，包含了与应用项目相关的一切信息。例如有控制应用项目逻辑流程的 Java 代码，各页面用户界面的布局文件，提供显示内容的资源文件，以及项目运行时需要调用的 jar 包等资源，开发环境的属性与配置信息，构建工具的属性与配置等信息。它们分别以文件夹或文件形式列在该目录中。

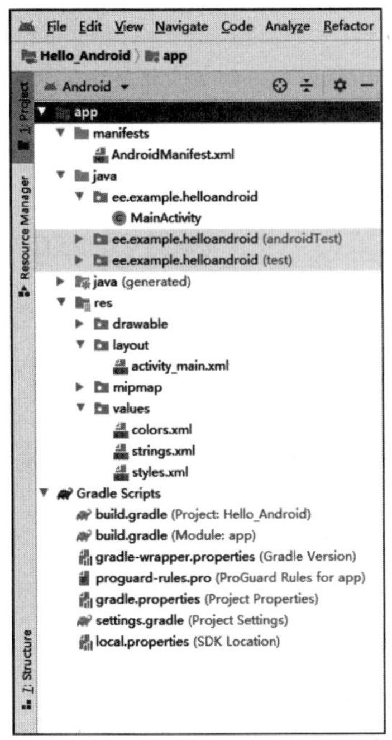

图 2-1　项目的 Android 目录结构

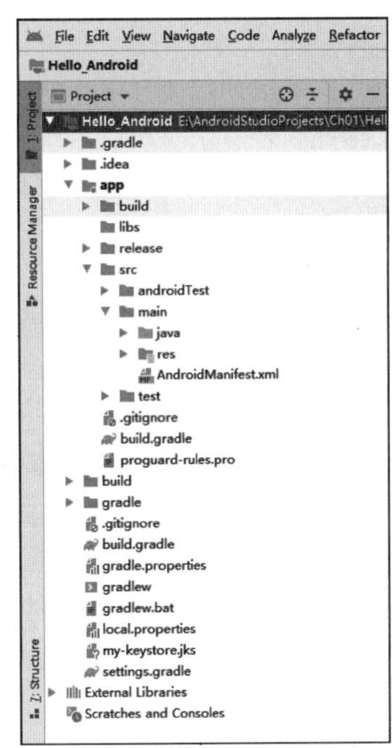

图 2-2　项目的 Project 目录结构

1. Project 方式下的目录和文件

Project 方式下的目录结构基本采用 Windows 操作系统下资源管理器中的文件夹结构。以 Hello_Android 项目为例，其项目目录下主要包括 5 个子目录、8 个文件还有一个外部依赖库。

1）目录

（1）.gradle 和.idea。

这两个目录下放置的都是 Android Studio 自动生成的一些文件。一般情况下，这些文件无须关心，也不要去手动编辑。

.gradle 中存放 Gradle 工具的各个版本信息。有时候，在自己的计算机中打开其他开发者的项目时，可能会出现自己计算机上 Android Studio 的 Gradle 版本与他人不同，打开他人的项目时会自动下载项目使用的 Gradle 版本，而且下载时间比较长。如果要避免这种现象发生，你也可以在打开他人项目之前，将该项目的 Gradle 版本修改成自己计算机上的 Gradle 版本（如果兼容的话）。

.idea 中存放 Android Studio 生成的项目时所需要的配置文件。

（2）app。

该目录是项目中的代码、资源等内容存放目录，这是项目的重要目录，开发工作基本都是在这个目录下进行的，后面将详细介绍其构成。

（3）build。

该目录主要包含在编译时自动生成的文件，不需要过多关心。

（4）gradle。

该目录下包含一个 wrapper 子目录，子目录内包含了 gradle wrapper 的配置文件，是

Gradle 工具的打包。其作用是：当把项目复制到其他计算机时，如果其他计算机上没有安装 Gradle 工具，可以使用项目中打包好的 Gradle 工具。

（5）External Libraries。

该目录是项目所依赖的库包存放目录，在项目编译时自动下载。

2）文件

（1）.gitignore。

该文件是用来将指定的目录或文件排除在版本控制之外的，正如其字面上的含义 git ignore。

（2）build. gradle。

这是项目全局的 Gradle 构建脚本，通常这个文件的内容是不需要修改的。后面将详细介绍 Gradle 构建脚本文件的具体内容。

（3）gradle. properties。

该文件是全局的 Gradle 配置文件，在这里配置的属性将会影响项目中所有的 Gradle 编译脚本。

（4）gradlew 和 gradlew. bat。

这两个文件用来在命令行界面中执行 gradle 命令，其中 gradlew 在 Linux 或 Mac 系统中使用，gradlew. bat 在 Windows 系统中使用。

（5）local. properties。

该文件用于指定本机中的 Android SDK 路径，通常文件内容是自动生成的，不需要修改。除非在本机中的 Android SDK 位置发生了变化的情况下，需要在该文件中把路径改为新的位置即可，以及配置 NDK 路径。

（6）my-keystore. jks。

该文件是项目的数字签名证书文件。如果项目没有创建过数字签名证书，该文件不存在。

（7）settings. gradle。

该文件用于指定项目中所有引入的模块。由于 HelloWorld 项目中就只有一个 app 模块，因此该文件中只引入 app 这一个模块。通常情况下模块的引入都是自动完成的，很少需要手动去修改文件内容。

注意，项目目录中有两个 build. gradle 文件，一个是项目构建文件，位于项目主目录下，负责配置整个项目所有模块通用的 Gradle 信息；另一个是模块构建文件，位于 App 目录下，对所在模块配置 Gradle 信息。

2. Android 方式下的目录

Android 方式下的目录结构相对简单清晰。目录视图的最大优点在于去掉一些初学者不关心的文件和目录，如配置、属性文件等，隐藏了一些系统自动生成的文件和目录，如 R 文件等，把一些资源文件、源文件非常紧凑地合并在一起，让用户可以更方便地管理整个项目和模块。

Android 方式将目录分为两大部分。

（1）app：存放与应用项目相关的文件和目录。其中包括 app/manifests 目录，存放

AndroidManifest.xml 配置文件；app/java 目录下的包名内，存放所有 java 源代码；app/res 目录，存放项目的资源文件。

（2）Gradle Scripts：存放与 Gradle 编译相关的脚本文件。

2.1.2 app 目录说明

项目目录中大多数的文件和目录都是自动生成的，但是 app 目录下存放的是编写程序的源代码和资源文件的存放位置，是今后的工作重点。在 app 下有 build、libs、src 三个目录，如果对项目进行了打包生成 APK 包，还会有 release 子目录，如图 2-3 所示。

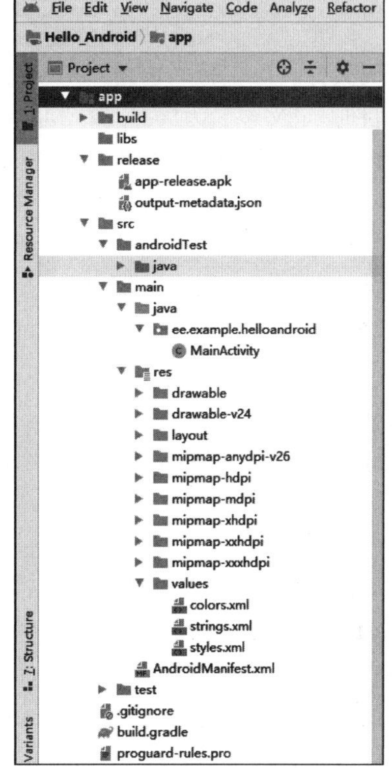

图 2-3 项目的 app 目录结构

1. 与构建、编译相关的子目录和文件

1）build 目录

该目录和外层的 build 目录类似，主要也是包含了一些在编译时自动生成的文件，不过它里面的内容会更多更杂。

2）libs 目录

该目录用来存放一些第三方 jar 包。如果应用项目中使用到了第三方 jar 包，这些 jar 包就存放于该目录，并且这些 jar 包都会被自动添加到构建路径里。

3）release 目录

该目录存放项目打包后生成的 APK 包。如果项目没有执行打包，该目录是不存在的。

4）.gitignore 文件

该文件用于将 app 模块内的指定目录或文件排除在版本控制之外，作用和外层的.gitignore 文件类似。

5）build.gradle 文件

该文件是 app 模块的 Gradle 构建脚本，在文件中会指定很多与项目构建相关的配置。

6）proguard-rules.pro 文件

该文件用于指定项目代码的混淆规则，当代码开发完成后打包成安装包文件，如果不希望代码被别人破解，通常会将代码混淆，从而让破解者难以阅读，起到加密作用。

2. 与编程资源相关的子目录和文件

项目中所有与开发相关的源代码、资源文件和测试用例都存放在 src 目录下，通常有如下三个子目录。

1）src/AndroidTest

该目录用来存放 Android Test 的测试用例，这些测试用例对项目进行一些自动化测试。

2）src/main

该目录是开发工作的重要目录，其下包括 java 子目录、res 子目录以及项目配置文件 AndroidManifest. xml。

3）src/test

该目录用来存放 Unit Test 测试用例，这些测试用例是对项目进行自动化测试的另一种方式。

3. java 目录

java 目录在项目中的路径为 src/main/java，用于存放 Android 应用项目中的所有 Java 代码文件。Java 代码以用户声明的包进行自动地组织。例如在第 1 章创建 Hello_Android 项目时，定义包名为"ee. example. helloandroid"，那么项目中所有的 Java 代码文件都在这个包内。开发者可根据应用项目的规模，在包内编写一个或多个 Java 源代码，其中 MainActivity. java 是默认的首个被运行的代码文件。

相应地，在 Windows 操作系统中，MainActivity. java 文件的存储路径由项目本地的文件夹路径＋目录路径＋包路径构成。例如，Hello_Android 项目的本地路径是"E:\AndroidStudioProjects\Ch01\HelloAndorid\"；项目的 Java 源代码在目录结构中的路径为"app/src/main/java/"；包名为"ee. example. helloandroid"。所以，MainActivity. java 文件的完整路径是"E:\AndroidStudioProjects\Ch01\HelloAndorid\app\src\main\java\ee\example\helloandorid\MainActivity. java"。

4. res 目录

res 目录存放整个项目经常使用的资源文件，称为资源目录，在项目中的路径为 src/main/res。该目录包括项目中使用到的所有图标、图片、布局、声音、字符串、颜色、样式等资源参数描述文件。当创建一个项目时，系统在该目录中自动建立各个目录，分别存储不同类型的资源文件。需要注意的是，res 目录中的所有文件名只能是以 a～z、0～9 或_字符命名，不能包含大写字母，否则会导致错误。

1）图片、图标资源目录

以 drawable 开头的目录用来存放图片文件，有时还可以存放一些其他的 drawable 类型的 XML 文件。drawable 是默认共享的。在实际开发中，可以把图片资源放在 res/drawable 目录，在需要使用图片资源时，可以通过@drawable 或者 id 引入这些 drawable 资源。

以 mipmap 开头的目录用来存放应用的图标。应用项目会根据不同分辨率设备，启动相应分辨率的 mipmap 目录下的图标。在默认情况下，系统已经准备好了不同分辨率的图标文件 ic_launcher. png 或 ic_launcher_round. png，也可以使用自己的图标来替换它们。不同分辨率的目录有 mipmap-anydpi-v26、mipmap-hdpi、mipmap-mdpi、mipmap-xhdpi、mipmap-xxhdpi、mipmap-xxxhdpi，这里，dpi 是 dot per inch 的缩写，表示每英寸像素数。mipmap-anydpi-v26 目录有别于其他的 mipmap 开头的目录，该目录下是两个 XML 文件，为应用项目创建自适应图标的配置。该图标仅在 sdk 26 中可用。

2）layout 目录

layout 目录存放应用项目的布局文件，文件类型为 XML 格式。新建项目时系统会自动创建一个 activity_main. xml 文件。与在网页布局中使用 HTML 文件一样，Android 在 XML 文件中使用 XML 元素来设计屏幕的布局。在 layout 目录中的每个 XML 文件包含整个屏幕或部分屏幕的界面布局。

对于一些特定的机型，可以做屏幕适配，比如 480×320 像素的手机，可以另外创建一套布局，放在 layout-480x320 目录中。

3）values 目录

存放所有 XML 格式的资源描述文件，一般根据英文含义来命名。示例如下。

colors. xml：定义颜色资源。

string. xml：定义字符串资源。

styles. xml：定义样式资源。

dimens. xml：定义尺寸资源。

arrays. xml：定义数组资源。

attrs. xml：在自定义控件时较多用，自定义控件的属性。

theme：主题文件，和 styles 很相似，但是会对整个应用中的 Actvitiy 或指定 Activity 起作用，一般用于改变窗口的外观。

4）其他媒体资源目录

raw：用于存放各种原生资源，如音频、视频等文件。可以通过 openRawResource(int id) 来获得资源的二进制流。

animator：存放属性动画的 XML 文件。

anim：存放补间动画的 XML 文件。

res 目录下所有的资源文件中描述的资源都会生成一个唯一的 ID。可以直接通过资源 ID 访问到对应的资源实例，比如，在 Java 代码中，使用 getResources()方法，即可通过资源 ID 号来获取相应的资源。

释疑：

为什么要有这些 XML 格式的资源描述文件？

有两个好处。以字符串描述文件 strings. xml 为例。一是可以方便地实现双语显示，例如中文和英文。可以将应用项目中要显示的文字以两种语言的形式都存放在 strings. xml 文件中，然后在程序中设置：如果手机在中国使用，就显示中文；如果手机在英文国家使用，就显示英文。二是方便程序的维护。如果某些文字在程序中多处出现，可以将它写入 strings. xml 文件中，而在程序中只是引用它的 ID，这时，如果要修改其文字内容，只需要在 strings. xml 中修改其字符串内容，而不必修改源代码。

2.2 Android 应用项目解析

Android 应用项目主要由三部分组成：应用项目源代码. java、各种资源、应用项目描述清单文件 AndroidManifest. xml。可以这样理解：一个 Android 应用项目，程序员需要做的是由 Java 代码实现其业务逻辑；由 XML 文件来描述其界面及其所使用的一切资源；由 AndroidManifest. xml 文件告诉 Android 系统应用项目使用了哪些组件、哪些属性和权限。

其实，Android 应用的界面设计也可以使用 Java 代码来完成，但在实际编程中很少使用 Java 代码来直接实现应用项目的界面编程，虽然这么做会减少源代码文件数量，但是，将增加代码的长度，增加编程复杂度，不便维护。在 Android 应用开发中，对项目的用户界面设计，更多地是采用 XML 文件来描述。这样做的好处在于：界面设计与程序逻辑相分离，使得代码更加短小易维护，更加符合 MVC 设计原则。

释疑：

什么是 MVC 设计？

MVC 是一种流行的设计模式框架，它强制性地将应用项目的输入、处理和输出分开。使用 MVC，应用项目被分成三个核心部件：M 即数据模型，V 即用户界面，C 即控制器，它们各自处理各自的任务。使用 MVC 的目的是将 M 和 V 的代码分离，从而使同一个程序可以使用不同的表现形式。例如一批统计数据可以分别用柱状图、饼图来表示。C 存在的目的则是确保 M 和 V 的同步，一旦 M 改变，V 应该同步更新。

MVC 设计模式的优点在于它的低耦合性、高重用性和可适用性。并且让代码程序员集中精力于业务逻辑开发，让界面程序员集中精力于表现形式设计，这样大大地降低了开发和维护的技术成本，缩减开发时间，使得应用项目得以快速地部署。但是由于 MVC 没有明确的定义，要完全理解 MVC 并不是很容易，在实际开发中需要花费一些时间去精心计划 MVC 框架。尽管构造 MVC 应用项目需要一些额外的工作量，但是它带来的好处是毋庸置疑的。

Android 应用项目设计大多采用 MVC 框架。

下面通过对 Hello_Android 项目的解析来理解 Android 应用项目的设计。

2.2.1 资源及其描述文件

Android 项目的 res 目录存放着 Android 应用项目所使用的全部资源。

1. 图片资源

在 res 目录下有 drawable、mipmap-hdpi、mipmap-mdpi、mipmap-xhdpi、mipmap-xxhdpi 和 mipmap-xxxhdpi 等子目录，用于存放项目可用的图片文件。在后五个子目录中都存放着两个默认的图标文件，文件名都是 ic_launcher. png 和 ic_launcher_round. png。虽然文件名相同，但它们的分辨率不同，显示的大小不同。如果在项目中还需用到其他的图片文件，可以将那些图片文件直接复制到 drawable 目录中。可使用的图片文件类型有. png、. 9. png、. jpg、. gif 等。

2. 变量资源

Android 项目 GUI 界面设计经常包括输出文字、搭配颜色、显示样式等资源。在 Android 中，这些资源都以 XML 文件来组织，存放在 res/values 目录中。下面介绍几个常见的资源文件。

1）strings. xml 文件

strings. xml 是定义字符串常量的描述文件，由系统自动创建，位于 res/values 目录中。利用该文件定义一些要显示在屏幕上的文字信息，对多语种的应用开发非常高效。

打开 HelloAndroid 项目的 strings. xml 文件，其代码如下。

```
1    < resources >
2        < string name = "app_name"> Hello_Android </string >
3    </resources >
```

< resources >是定义资源的元素。第 2 行定义一个字符串常量，字符串的名字为 app_name，其内容是 Hello_Android。定义之后，该项目允许在 Java 代码和 XML 代码中使用这一资源文件中的字符串资源。

2）colors. xml 文件

colors. xml 文件设置屏幕布局的颜色常量，使用 color 元素定义一种颜色资源。定义颜色值由 RGB(3 位十六进制数)或 RRGGBB(6 位十六进制数)表示，以“＃”符号开头。例如：＃00f(蓝色)，＃00ff00(绿色)。

如果要定义透明色，则颜色值由 4 位十六进制数或 8 位十六进制数表示，此时表示透明度的 alpha 通道值紧随“＃”之后，颜色值跟随透明度之后。例如：＃600f(透明蓝色)，＃7700ff00(透明绿色)。

在 Android Studio IDE 中，凡代码中涉及颜色值设置时，在编辑窗的左侧行号栏都会随即显示设置的颜色。为开发者提供可视的编程环境。

打开 Hello_Android 项目的 colors. xml 文件，其代码如图 2-4 所示。

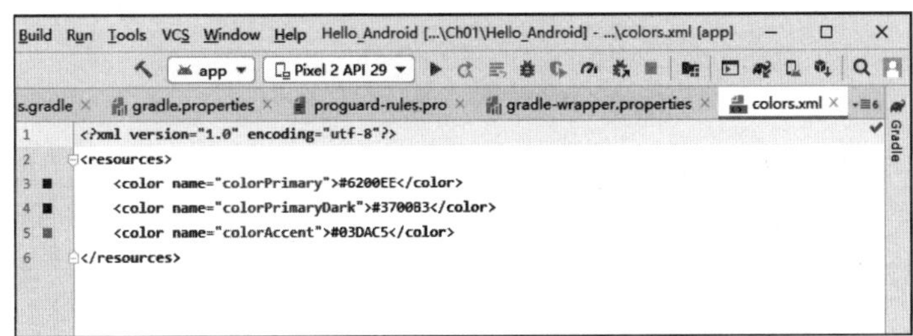

图 2-4 colors. xml 文件的三种颜色

第 1 行声明了 XML 的版本以及编码方式。

第 3～5 行定义了三种颜色。三种颜色的名称分别为 colorPrimary、colorPrimaryDark 和 colorAccent。可即时在左侧行号栏显示设置的颜色。

3）styles. xml 文件

styles. xml 文件用于预先定义布局中需要显示的样式，样式是一个属性集合，用于指定单个可视控件的外观。样式可以指定字体颜色、字号、背景颜色等属性。如文本的显示颜色和字体等。在界面元素中常用来定义颜色样式的有状态栏背景色(colorPrimaryDark)、标题栏背景色(colorPrimary)、页面背景色(windowBackground)、底部导航栏背景色(navigationBarColor)、控件的默认颜色(colorControlNormal)、控件被选中或获取焦点时的强调色(colorAccent)、标题栏文字颜色(textColorPrimary)。

打开 Hello_Android 项目的 styles. xml 文件，其代码如下。

```
< resources >
    < style name = "AppTheme" parent = "Theme.AppCompat.Light.DarkActionBar" >
        < item name = "colorPrimary"> @color/colorPrimary </item >
```

```
4            < item name = "colorPrimaryDark"> @color/colorPrimaryDark </ item >
5            < item name = "colorAccent"> @color/colorAccent </ item >
6        </style >
7    </resources >
```

第2～6行定义界面常用的元素颜色样式，样式名为AppTheme，并指定其父样式为Theme. AppCompat. Light. DarkActionBar。

第3～5行定义了三种颜色样式项。在AppTheme主题配置文件中，这三种颜色分别指标题栏背景色、通知和状态栏背景色、强调色。强调色是在用户界面需要强调的位置呈现的颜色。例如复选框被选中、文本框光标色、进度条光标等，如图2-5所示。

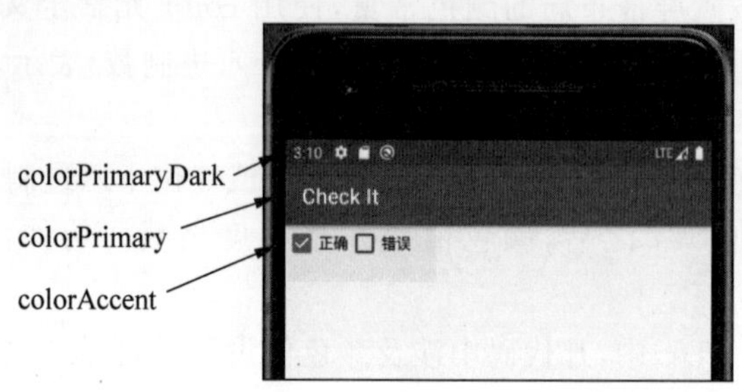

图2-5　AppTheme主题的默认主题颜色

其中，使用"@color/..."取colors. xml文件中定义的颜色名称表示颜色。例如，"@color/colorPrimary"取colors. xml文件中定义的colorPrimary颜色。

释疑：

样式style与主题theme有什么联系与区别？

联系：style和theme都是一个包含一种或者多种格式化属性的集合，并且style和theme都是资源，存放在res/values文件夹中。

区别：style是控件级别的，只能对某个View的属性进行格式定义，在某个Activity的布局文件中使用；theme是应用项目级别的，对App的界面风格进行格式定义，必须在AndroidManifest. xml中的< application >或者< activity >中使用。

4）dimens. xml文件

dimens. xml文件用于在样式和布局资源中定义边界、高度和尺寸大小等。使用dimen元素指定一个维度资源。

常用于定义维度的单位如下。

（1）px（像素）：屏幕上的像素。

（2）dp（与密度无关的像素，有时也用dip）：一种基于屏幕密度的抽象单位。在每英寸160点的显示器上，1dp=1px。但随着屏幕密度的改变，dp与px的换算会发生改变。

（3）sp（与刻度无关的比例像素）：与dp类似，主要处理字体的大小，可以根据用户的字体大小首选项进行缩放。

（4）in（英寸）：长度单位。

（5）mm（毫米）：长度单位。

（6）pt（磅）：1/72英寸。

在开发中，经常用到前三个单位。建议：使用sp作为文字的单位，使用dp作为其他元素的单位。

3. 界面布局文件

新建的应用项目会自动创建一个 activity_main.xml 文件，它定义项目的第一个见到的用户界面。一般地，应用项目需要定义多个屏幕界面，程序员根据应用需求，在该目录下进行手动创建。

打开 Hello_Android 项目目录下 res/layout 中的 activity_main.xml 文件，其代码如下。

```
1   <?xml version="1.0" encoding="utf-8"?>
2   <androidx.constraintlayout.widget.ConstraintLayout
3       xmlns:android="http://schemas.android.com/apk/res/android"
4       xmlns:app="http://schemas.android.com/apk/res-auto"
5       xmlns:tools="http://schemas.android.com/tools"
6       android:layout_width="match_parent"
7       android:layout_height="match_parent"
8       tools:context=".MainActivity">
9       <TextView
10          android:layout_width="wrap_content"
11          android:layout_height="wrap_content"
12          android:text="Hello World! Hello Android!"
13          app:layout_constraintBottom_toBottomOf="parent"
14          app:layout_constraintLeft_toLeftOf="parent"
15          app:layout_constraintRight_toRightOf="parent"
16          app:layout_constraintTop_toTopOf="parent" />
17  </androidx.constraintlayout.widget.ConstraintLayout>
```

(1) 第 1 行声明了 XML 的版本以及编码方式。

(2) 第 2～17 行向屏幕界面添加一个根布局元素。在应用项目的第一个被显示的 Activity 布局文件中，一般在根布局元素中有三个属性赋值，它们分别是 xmlns:android、xmlns:tools 和 tools:context。从 Android studio 2.3 起，Google 公司推出的新布局控件，采用 AndroidX 库的约束布局<androidx.constraintlayout.widget.ConstraintLayout>。它能让我们的布局更加扁平化，一般来说一个界面一层就够了，从而简化了界面布局设计。

(3) 第 3 行根布局元素属性“xmlns:android="http://schemas.android.com/apk/res/android"”是 XML 命名空间的声明，它告诉 Android 的工具，将要涉及公共的属性已被定义在 XML 命名空间。在每个 Android 的布局文件的最外层元素必须有这个属性。

(4) 第 5 行为 xmlns:tools 属性赋值，指定 tools。在根布局元素中设置。tools 的作用是用于渲染布局，而不会影响到程序运行。换句话说，tools 可以告诉 Android Studio，哪些属性在运行的时候是被忽略的，只在设计布局的时候有效。例如，在布局文件中想要显示一段文字，然后调整这段文字的大小、颜色参数，但是这段文字内容不是程序运行时的内容，只是在设计布局时看看效果，设计完成后会删除该文字内容。如果使用 android:text 设置这段文字，那么在运行时会看到这段文字内容，这不是想要的结果，此时使用 tools:text 设置这段文字，在预览时会显示文字，但在运行时是看不到这段文字的，省却了设计完成后再删除的麻烦。

(5) 第 8 行使用 tools:context 属性告诉 Android Studio IDE，与本布局相关联的

Activity是哪一个。同样该属性也只能在根布局元素中设置。注意，“. MainActivity”前面的“.”不可省略，它代表了项目的包路径。

(6) 第9～16行向约束布局中添加一个文本控件TextView，显示的内容为android:text中的内容“Hello World! Hello Android!”。

可以在strings. xml文件中添加一个名为“hello”的常量，即在< resources >元素内增加如下语句。

```
< string name = "hello"> Hello ! How are you?</string >
```

修改本布局文件activity_main. xml的第12行如下。

```
android:text = "@string/hello"
```

试运行一下，看看结果会有什么变化。

4. 资源管理

在Android项目中使用R文件中的ID对上述所有资源进行统一管理。这个ID就是连接资源和逻辑代码之间的纽带。

1) R文件

当Android应用程序项目被编译，会自动生成一个R类，其中包含了所有res/目录下资源的ID，如布局文件、图片、资源文件(values下所有文件)的ID等。R类由R. java文件定义，该文件由系统自动生成，无须手工创建。

注意，R. java文件对添加的资源有命名规则要求：资源文件只能以小写字母和下画线为开头，由小写字母、数字和下画线组成。否则，R. java文件不会自动更新，并且Android Studio会提示错误。

在Android Studio中，R. java文件隐藏在项目的app/build/generated/not_namespaced _r_class_sources/debug/rsource/r/debug/目录下的ee. example. helloandroid包中。但是，从Android Studio 4. 0. 1之后，在项目目录中已经找不到R. java文件了，取而代之的是R. txt。R. txt文件位于app/build/intermediates/runtime_symbol_list/debug目录下。

2) 在Java代码中使用

在Java代码中，可以使用下列方法获取相关资源。

getResouces(). getString(R. string. name)；获取strings. xml中的文本。

getDrawable(R. drawable. icon)；获取drawable目录中的图片。

getResouces(). getColor(R. color. red)；获取colors. xml中的颜色。

setContentView(R. layout. activity_main)；显示布局文件activity_main. xml定义的界面。

findViewById(R. id. txt_name)；获取名为txt_name的控件。

3) 在XML代码中使用

在XML代码中，通过@xxx方式即可得到R资源。例如获取strings. xml中名为hello定义的文本资源，代码如下。

```
android:text = "@string/hello"
```

2.2.2 逻辑代码文件

应用项目的操作控制部分在 Java 源程序中定义。Java 代码在编程中会引用许多 Android 的库资源、Java 的库资源以及第三方的库资源。在代码开始时需要使用 import 语句将使用到的资源引入进来。自 2018 年以后的 Android 版本，都推荐使用 AndroidX 库。自 Android Studio 3. 6. 2 开始，创建的应用项目默认使用 AndroidX 库。每个定义的 Activity 类都继承自 androidx. appcompat. app. AppCompatActivity，所以在代码文件前部都必须加上“import androidx. appcompat. app. AppCompatActivity;”。

以 Hello_Android 项目为例，创建项目时，系统自动创建了逻辑代码文件 MainActivity. java。MainActivity. java 位于项目的 app/src/main/java 目录下的 ee. example. helloandroid 包中。打开 MainActivity. java 文件，其代码如下。

```
1    package ee.example.helloandroid;
2
3    import androidx.appcompat.app.AppCompatActivity;
4    import android.os.Bundle;
5
6    public class MainActivity extends AppCompatActivity {
7        @Override
8        protected void onCreate(Bundle savedInstanceState) {
9            super.onCreate(savedInstanceState);
10           setContentView(R.layout.activity_main);
11       }
12   }
```

(1) 第 1 行声明 MainActivity. java 在该包下。

(2) 第 3～4 行引入相关的类。

(3) 第 6 行定义 MainActivity 类的开始，它表示 MainActivity 是一个公有的继承自 AppCompatActivity 的类，而这个 AppCompatActivity 就是第 3 行引入的类。其全部代码写在一对大括号“{}”内。注意，在 Java 代码中每个类名都必须与其相应的文件名一致。

(4) 第 6～12 行定义 MainActivity 类。

(5) 第 7 行的@Override 表示要重写紧跟在它下面的方法。它下面的是 onCreate()方法，此时是重写 onCreate()方法。因为原来的 AppCompatActivity 类已定义 onCreate()方法，当 MainActivity 类继承 androidx. appcompat. app. AppCompatActivity 类时，有自己的新需求，所以需要重写 MainActivity 类自己的 onCreate()方法。当应用项目执行时，就会执行 MainActivity 类自己的 onCreate()方法里的代码。

(6) 第 8～11 行重新定义了 onCreate()方法，其中 onCreate()方法传入了一个名为 savedInstanceState 的 Bundle 类型参数。

(7) 第 9 行是调用 MainActivity 类的父类即 AppCompatActivity 类的 onCreate()方法。几乎每个 Android 应用项目在重写 onCreate()方法时，都会先调用其父类的 onCreate()构造方法。Bundle 类型参数 savedInstanceState 用于保存当前 Activity 的状态信息。

（8）第 10 行设置当前显示的布局，R. layout. activity_main 表示从 R 资源文件中找到 layout 资源中的 activity_main 资源，即在屏幕上显示 res/layout/activity_main. xml 文件定义的屏幕布局。

2.2.3 项目清单文件

每个 Android 项目都必须有一个 AndroidManifest. xml 文件，它是整个项目的清单文件，或称为配置文件。该文件用于描述应用项目的 package 中的全局数据，包括 package 中暴露的组件（activities、services 等），指定 permissions 和 instrumentation（安全控制和测试），以及它们各自的实现类，各种能被处理的数据和启动位置等重要信息。它让外界知道该应用项目包含哪些组件、哪些资源及何时运行该程序等信息。当新创建一个应用项目时，系统会自动生成 AndroidManifest. xml 文件，存放在项目的 app/src/main 目录下。在应用项目运行前系统必须知道这些信息。

1. AndroidManifest. xml 的作用

AndroidManifest. xml 文件向 Android 系统提供应用的必要信息，系统必须具有这些信息才能运行应用项目的任何代码。清单文件在应用项目中主要起如下作用。

（1）给应用项目 Java 包命名，该包名作为应用项目唯一标识符。

（2）描述应用项目的每个组件的类名称和组件能力（属性），帮助 Andoid 系统了解这些组件以及在何种条件下可以启动这些组件。Andoid 的组件是构成应用项目的基本构件，有 Activity、Service、BroadcastReceivers 和 ContentProvider 等。

（3）决定哪些进程用来运行应用项目组件。

（4）声明应用项目自身应该具有的权限。

（5）声明其他应用项目和该应用交互时应具有的权限。

（6）声明 Instrumentation 类，这些类可在应用运行时提供分析和其他信息。这些声明只会在应用处于开发阶段时出现在清单中，在应用发布之前将被移除。

（7）决定应用运行所需 AndroidAPI 版本的最低要求。

（8）声明应用项目需要调用的开发库定义。

AndroidManifest. xml 具有以上作用，但不用在每个项目中都设置。有些作用在 build. gradle 文件中也能定义，所以就不在清单文件中设置了。例如最低 API 级别、需要调用的开发库等。

2. AndroidManifest. xml 的元素

AndroidManifest. xml 主要由元素和元素中属性组成。每个元素包含在一对“<>”内。下面给出清单文件的完整元素示例。

```
<?xml version = "1.0" encoding = "utf - 8"?>
< manifest >
    < uses - permission />
    < permission />
    < permission - tree />
```

```
        < permission - group />
        < instrumentation />
        < uses - sdk />
        < uses - configuration />
        < uses - feature />
        < supports - screens />
        < compatible - screens />
        < supports - gl - texture />
        < application >
            < activity >
                < intent - filter >
                    < action />
                    < category />
                    < data />
                </intent - filter >
                < meta - data />
            </activity >
            < activity - alias >
                < intent - filter > ... </intent - filter >
                < meta - data />
            </activity - alias >
            < service >
                < intent - filter > ... </intent - filter >
                < meta - data/>
            </service >
            < receiver >
                < intent - filter > ... </intent - filter >
                < meta - data />
            </receiver >
            < provider >
                < grant - uri - permission />
                < meta - data />
                < path - permission />
            </provider >
            < uses - library />
        </application >
    </manifest >
```

在清单文件中，都必须包含< manifest >元素，它是文件的根节点。在根节点下必须包含< application >元素，而且只能出现一次。其他元素可以出现多次，或者不出现，但是，至少要有一个其他的元素。相同级别的元素通常是没有顺序的，但是有一个例外：< activity-alias >元素必须跟在别名所指的< activity >之后。

属性是元素内所包含的一些值。从某种意义上说，所有属性都是可选的。但是，必须指定某些属性，元素才可实现其目的。除了根< manifest >元素的一些属性外，其他所有属性名称均以 android:前缀开头。

1）根元素< manifest >

< manifest >必须指明 xmlns:android 和 package 属性。

xmlns:android：定义 Android 的命名空间。由系统自动设置，不需要手动修改。命名空间为 http://schemas.android.com/apk/res/android。

package：指定应用项目的完整包名。该包名在项目创建时给出，以 Java 语言风格命名包名。包名由英文字母（大小写均可）、数字和下画线组成，每个独立的名字必须以字母开头。

2）<application>元素

此元素描述了应用的配置。这是一个必备的元素，它包含了很多子元素来描述应用的组件，它的属性影响到所有的子组件。该元素的常见属性见表 2-1。

表 2-1　<application>元素的常见属性及说明

属 性 名	说　明
android:allowBackup	是否允许 App 加入备份还原的结构中。默认值为 true
android:icon	设置 App 的图标，以及每个组件的默认图标。 这个属性必须设置成一个引用，指向一个存在的图标资源
android:label	设置应用的元素，以及所有组件的默认元素。子组件可以用它们的 label 属性定义自己的元素，如果没有定义，那么就用这个元素。 元素必须设置成一个字符串资源的引用
android:supportsRtl	声明 App 是否支持 RTL(Right to Left)布局，默认值为 true。 如果设置成 true，并且 targetSdkVersion 被设置成 17 或更高，那么很多 RTL API 会被激活，应用就可以显示 RTL 布局
android:theme	设置应用使用的主题，它是一个指向 style 资源的引用。 各个 activity 也可以用自己的 theme 属性设置自己的主题
android:name	Application 子类的全名，包括前面的路径。当应用启动时，这个类的实例被第一个创建。例如 ee. example. helloandroid. MainActivity。 该属性是可选的，大多数 App 都不需要这个属性。没有这个属性的时候，Android 会启动一个 Application 类的实例

3）组件元素

在<application>元素内可以声明一到多个组件元素，例如<activity>元素、<service>元素、<receiver>元素、<provider>元素，它们分别对应 Android 中的四大组件。

（1）<activity>元素。

<activity>元素声明一个 Activity 组件，并且必须指定属性 android:name，即 Activity 类的名称，声明 Activity 类由 android:name 指定的同名 Java 代码定义。例如下列代码。

```
<activity android:name = ".MainActivity" android:label = "@string/app_name">
    <intent - filter>
        <action android:name = "android.intent.action.MAIN" />
        <category android:name = "android.intent.category.LAUNCHER" />
    </intent - filter>
</activity>
```

android:name 属性指出了这个 Activity 所对应的类由 MainActivity. java 定义。因为在上一层<manifest>元素属性中已经定义了包名“package="ee. example. helloandroid"”，所以类名就是在此包下的类，可以用“. ”来代替包名，例如“. MainActivity”。

android:label 属性可用来指定该 Activity 界面上方标题栏的名称。

在<activity>元素内一般需要定义 0 个或多个<intent-filter>子元素。有时也可以定义<meta-data>子元素。

① <intent-filter>元素。

<intent-filter>元素是<activity>的子元素，指明所在 Activity 组件可以以什么样的意图(intent)启动。该元素主要包含两个子元素：<action>和<category>，用于设置其 Intent 过滤条件，实现与其他组件的通信。

<action>表示 Activity 作为一个什么动作启动。该元素的 android:name 属性取值为 android.intent.action.MAIN 时，表示这个 Activity 作为主 Activity 启动。

<category>是 action 子元素的额外类别信息。该元素的 android:name 属性取值为 android.intent.category.LAUNCHER 时，表示这个 Activity 为当前应用程序优先级最高的 Activity。

在一个<Intent-filter>元素中可以设置多个过滤值。例如下列清单文件代码片段。

```
1   <activity android:name = " NotesList " android:label = "@ string/title_notes_list">
2       <intent - filter>
3           <action android:name = "android.intent.action.MAIN" />
4           <category android:name = "android.intent.category.LAUNCHER" />
5       </intent - filter>
6       <intent - filter>
7           <action android:name = "android.intent.action.VIEW" />
8           <action android:name = "android.intent.action.EDIT" />
9           <action android:name = "android.intent.action.PICK" />
10          <category android:name = "android.intent.category.DEFAULT" />
11          <data android:mimeType = "vnd.android.cursor.dir/vnd.google.note" />
12      </intent - filter>
13      <intent - filter>
14          <action android:name = "android.intent.action.GET_CONTENT" />
15          <category android:name = "android.intent.category.DEFAULT" />
16          <data android:mimeType = "vnd.android.cursor.item/vnd.google.note" />
17      </intent - filter>
18  </activity>
19
20  <activity android:name = "NoteEditor"
21      android:theme = "@android:style/Theme.Light"
22      android:configChanges = "keyboardHidden|orientation">
23      <intent - filter android:label = "@string/resolve_edit">
24          <action android:name = "android.intent.action.VIEW" />
25          <action android:name = "android.intent.action.EDIT" />
26          <action android:name = "com.android.notes.action.EDIT_NOTE" />
27          <category android:name = "android.intent.category.DEFAULT" />
28          <data android:mimeType = "vnd.android.cursor.item/vnd.google.note" />
29      </intent - filter>
30      <intent - filter>
31          <action android:name = "android.intent.action.INSERT" />
32          <category android:name = "android.intent.category.DEFAULT" />
33          <data android:mimeType = "vnd.android.cursor.dir/vnd.google.note" />
34      </intent - filter>
35  </activity>
```

从代码片段可知，有两个<activity>元素，它们对应两个 Activity 组件，其 Java 代码文件分别为 NotesList.java、NoteEditor.java。

第 1～18 行声明一个 Activity 组件名为 NotesList，它设置了三个 IntentFilter 过滤信

息，从第 4 行知道它是应用项目的入口。

第 20～35 行声明另一个 Activity 组件名为 NoteEditor，其中设置了两个 IntentFilter 过滤信息。

② < meta-data >元素。

< meta-data >元素指定额外的数据项，该数据项是一个 name-value 对，提供给其父组件。这些数据会组成一个 Bundle 对象，可以由 PackageItemInfo. metaData 字段使用。虽然可以使用多个< meta-data >元素，但是不推荐这么使用。如果有多个数据项要指定，推荐做法是：将多个数据项合并成一个资源，然后使用一个< meta-data >包含进去。

< meta-data >元素有三个属性。

android：name：数据项名称，这是一个唯一值。

android：resource：一个资源的引用。

android：value：数据项的值。

(2) < service >元素。

< service >元素声明一个 Service 组件，该组件除了没有屏幕显示外，其他的定义与 Activity 几乎一样，也可以在该元素下包含< intent-filter >、< meta-data >等子元素，通过 Intent 可实现与其他组件的通信。例如下列代码。

```
<service
    android:enabled = "true" android:name = ".MyService"
</service>
```

(3) < receiver >元素。

< receiver >元素声明一个 BroadcastReceiver 组件，它与< service >元素的定义差不多，也可以在该元素下包含< intent-filter >、< meta-data >等子元素，通过 Intent 可实现与其他组件的通信。例如下列代码。

```
<receiver android:enabled = "true"
    android:label = "My Broadcast Receiver"
    android:name = ".MyBroadcastReceiver">
</receiver>
```

(4) < provider >元素。

< provider >元素声明一个 ContentProvider 组件，它通过一组标准的方法接口以及相应的权限，用来实现数据的共享。例如下列代码。

```
<provider android:permission = "com.paad.MY_PERMISSION"
    android:name = ".MyContentProvider"
    android:enabled = "true"
    android:authorities = "com.paad.myapp.MyContentProvider">
</provider>
```

一个 Android 应用不一定会用到所有的组件，但是必须至少有一个 Activity。那么在 AndroidManifest. xml 清单文件中必须对项目中定义好的组件进行声明，否则已定义的组件既不可见也不可用。以 Hello_Andriod 项目为例，其 AndroidManifest. xml 完整代码如下。

```
<?xml version = "1.0" encoding = "utf - 8"?>
< manifest xmlns:android = "http://schemas.android.com/apk/res/android"
    package = "ee.example.helloandroid">
    < application
        android:allowBackup = "true"
        android:icon = "@mipmap/ic_launcher"
        android:label = "@string/app_name"
        android:roundIcon = "@mipmap/ic_launcher_round"
        android:supportsRtl = "true"
        android:theme = "@style/AppTheme">
        < activity android:name = ".MainActivity">
            < intent - filter >
                < action android:name = "android.intent.action.MAIN" />
                < category android:name = "android.intent.category.LAUNCHER" />
            </intent - filter >
        </activity >
    </application >
</manifest >
```

于是，可以这样理解 Hello_Android 应用项目中 AndroidManifest.xml 文件所传达的信息。

① 在 ee.example.helloandroid 包下的 MainActivity.java 文件，已定义了一个主要的 Activity。

② 项目能够进行备份还原。

③ 当打开 Android 的时候，根据手机的分辨率，在手机桌面上应用项目的图标取 android:icon 属性指定的图标，显示相应图片资源目录中的 ic_launche.png 图标。例如，如果是高分辨率的手机屏幕，即显示 res/mipmap-hdpi 目录中的 ic_launche.png 图标，如果是中等分辨率的手机屏幕，就显示 res/mipmap-mdpi 目录中的 ic_launche.png 图标；如果使用 Android Studio 自带模拟器进行调试时，手机模拟器桌面上应用项目的图标是圆形的，取 android：roundIcon 属性指定的图标，同样也根据模拟器的分辨率取相应目录下的圆形图标。

④ 在标题栏会显示 res/values/strings.xml 中 app_name 定义的字符串。

⑤ 界面显示布局支持 RTL 布局。

⑥ 项目运行在屏幕上的主题风格由 res/values/styles.xml 中 AppTheme 定义确定。

⑦ 一旦按下图标来启动这个应用项目，Android 应用项目框架会去寻找到定义了 android.intent.action.MAIN 内容的.MainActivity 的 Activity 并呼叫执行，它定义在 MainActivity.java 文件中。

3. 应用项目的权限

权限是一种限制，用于限制对部分代码或设备上数据的访问。当应用项目执行需要读取到安全敏感项时，必须在 AndroidManifest.xml 中声明相关权限请求，使得应用项目能够正常工作；或者程序包必须被授予该权限，以限制哪些应用可以访问指定的程序包内的组件和特有功能。例如网络权限、发送短信权限等。

每种权限均由一个唯一的元素标识。元素通常指示受限制的操作。在 AndroidManifest.xml 文件中通过< uses-permission >元素来请求使用权限。例如下列代码。

```
<uses-permission
    android:name="android.permission.ACCESS_FINE_LOCATION">
</uses-permission>
```

描述权限使用“android. permission. 权限常量”格式，权限常量由大写英文单词加下画线“_”组成。表 2-2 中列出 Android 系统的部分常用权限常量，更多的权限常量请参见 Google 开发网址 https://developer. android. google. cn/reference/android/Manifest. permission. html。

表 2-2　部分常用的权限常量

权限常量	含　义
ACCESS_COARSE_LOCATION	允许一个程序访问 CellID 或 WiFi 热点来获取粗略的位置
ACCESS_FINE_LOCATION	允许一个程序访问精确位置(如 GPS)
ACCESS_LOCATION_EXTRA_COMMANDS	允许应用项目访问额外的位置，并提供命令
ACCESS_NETWORK_STATE	允许程序访问有关 GSM 网络信息
ACCESS_WIFI_STATE	允许程序访问 WiFi 网络状态信息
BATTERY_STATS	允许程序更新手机电池统计信息
BLUETOOTH	允许程序连接到已配对的蓝牙设备
BLUETOOTH_ADMIN	允许程序发现和配对蓝牙设备
CALL_PHONE	允许一个程序初始化一个电话拨号，不需通过拨号用户界面来确认
CAMERA	请求使用照相设备
CHANGE_CONFIGURATION	允许一个程序修改当前设置，如本地化
CHANGE_NETWORK_STATE	允许程序改变网络连接状态
CHANGE_WIFI_STATE	允许程序改变 WiFi 连接状态
INTERNET	允许程序打开网络套接字
NFC	允许程序在 NFC 上执行 I/O 操作(API level 9 新增)
READ_CALENDAR	允许程序读取用户日历数据
READ_CONTACTS	允许程序读取用户联系人数据
READ_EXTERNAL_STORAGE	允许程序读取外部存储设备数据(API level 16 新增)
READ_SMS	允许程序读取短信息
READ_VOICEMAIL	允许程序读取系统的语音邮件(API level 21 新增)
REBOOT	请求能够重新启动设备
RECEIVE_SMS	允许程序监控一个即将接收到短信息、记录或处理
SEND_SMS	允许程序发送 SMS 短信
SET_TIME	允许程序设置系统时间
SET_TIME_ZONE	允许程序设置时间区域
SET_WALLPAPER	允许程序设置壁纸
VIBRATE	允许访问振动设备
WRITE_CALENDAR	允许一个程序写入但不读取用户日历数据
WRITE_CONTACTS	允许程序写入但不读取用户联系人数据
WRITE_EXTERNAL_STORAGE	允许程序向外部存储设备写入但不读取数据(API level 4 新增)
WRITE_GSERVICES	允许程序修改 Google 服务地图
WRITE_SMS	允许程序写短信

2.3 Android 的基本组件

Android 是一个为组件化而搭建的平台，Android 应用项目通常由一个或多个有联系的基本组件组成。Android 有四大基本组件：Activity（活动）、Service（服务）、BroadcastReceiver（广播接收器）和 ContentProvider（内容提供器）。每个应用项目至少要包含一个 Activity 组件，其余的组件根据应用的需求而选用。

2.3.1 Android 基本组件概述

1. Activity

Activity 是 Android 中最常用的组件，一个 Activity 展现一个可视化的用户界面，它是应用项目的显示层。例如，一个 Activity 可能展现为一个用户可以选择的菜单项列表，或者展现一些图片以及图片的标题。通常一个应用项目会有多个 Activity。虽然这些 Activity 一起工作，但每个 Activity 都是相对独立的。每个 Activity 都继承自 android.app.Activity 类。

Activity 显示的每项内容都是由 View（视图）对象去构建，并定义在 res/layout 下的 XML 文件中。Android 自带了很多 View 对象，例如按钮、文本框、滚动条、菜单、多选框等。每个视图或视图组对象在布局文件中都有它们自己的 XML 属性，其中的 ID 属性唯一标识这个视图对象，这个 ID 属性有时被定义为字符串，编译后为整型数值，这个整数 ID 由 R.java 文件指定。

如果在 Hello_Android 的 activity_main.xml 中的 TextView 对象增加一个 ID 属性，其代码片段如下。

```
<TextView
    android:id = "@ + id/tvStr"
    android:layout_width = "wrap_content"
    android:layout_height = "wrap_content"
    android:text = "@string/hello"
    app:layout_constraintBottom_toBottomOf = "parent"
    app:layout_constraintLeft_toLeftOf = "parent"
    app:layout_constraintRight_toRightOf = "parent"
    app:layout_constraintTop_toTopOf = "parent" />
```

上面加粗显示的代码是刚才添加上去的，如果再打开 R.txt 文件（位于 app/build/intermediates/runtime_symbol_list/debug 目录下），可看到增加了一个 ID 代码如下“int id tvStr 0x7f0700af”。

启动一个 Activity 有三种方法。第一种方法一般是在 onCreate() 方法内调用 setContentView() 方法，用来指定将要启动的 res/layout 目录下的布局文件，例如 setContentView(R.layout.main)。第二种方法是调用 startActivity()，用于启动一个新的 Activity。第三种方法是调用 startActivityforResult()，用于启动一个 Activity，并在该 Activity 结束时会返回信息。

在 Hello_Android 应用项目中，使用的就是 setContentView（）方法来启动这个 Activity 的。

返回一个 Activity 也有三种方法。通常调用 finish()方法来关闭一个 Activity。如果调用 setResult()方法，则可以返回数据给上一级的 Activity。当使用 startActivityforResult()启动的 Activity 时，则需要调用 finishActivity()方法，来关闭其父 Activity。

2. Service

Service 没有用户界面，但它会在后台一直运行，并且可以与用户进行交互。例如，Service 可能在用户处理其他事情的时候播放背景音乐，或者从网络上获取数据，或者执行一些运算，并把运算结果提供给 Activity 展示给用户。每个 Service 都继承自 Serivce 类。

Service 一般由 Activity 启动，但是并不依赖 Activity。Service 具有较长的生命周期，即使启动它的 Activity 的生命周期结束了，Service 仍然会继续运行，直到自己的生命周期结束为止。例如这个 Service 是播放一首歌曲（不重复播放），当用户从这个启动该歌曲的 Activity 切换到了另一个 Activity 上时，歌曲不会停止，直到歌曲播放结束。

Service 的启动方式有两种：startService 方式和 bindService 方式。

（1）使用 startService 方式启动。当在 Activity 中调用 startService()方法启动 Service 时，会依次调用 onCreate()和 onStart()方法；调用 stopService()方法结束 Service 时，会调用 onDestroy()方法。

（2）使用 bindService 方式启动。调用 bindService()方法启动 Service 时，会依次调用 onCreate()和 onBind()方法；调用 unbindService()方法结束 Service 时，会调用 onUnbind()和 onDestroy()方法。

3. BroadcastReceiver

BroadcastReceiver 不执行任何任务，仅是接收并响应广播通知的一类组件。大部分广播通知是由系统产生的，例如改变时区、电池电量低、用户选择了一幅图片或者用户改变了语言首选项。应用项目同样也可以发送广播通知，例如通知其他应用项目某些数据已经被下载到设备上可以使用。一个应用项目可以包含任意数量的 BroadcastReceiver 来响应它认为很重要的通知。每个 BroadcastReceiver 都继承自 BroadcastReceiver 类。

BroadcastReceiver 不包含任何用户界面。当系统或某个应用项目发送了广播时，可以使用 BroadcastReceiver 组件来接收广播消息，并做出相应的处理，如闪动背景灯、振动设备、发出声音等。通常程序会在状态栏上放置一个持久的图标，用户可以打开这个图标并读取通知信息。

需要注意的是，使用 BroadcastReceiver 需要先注册。注册 BroadcastReceiver 对象的方式有两种，一种是在 AndroidManifest. xml 中声明，另一种是在 Java 代码中设置。

（1）在 AndroidManifest. xml 中声明时，要把注册的信息放在<receiver></receiver>元素之中，并通过<intent-filter>元素来设置过滤条件。

（2）在 Java 代码中设置时，需要先创建 IntentFilter 对象，并在 IntentFilter 对象内设置 Intent 过滤条件，再通过调用 Context. registerReceiver（）方法来注册监听，然后通过 Context. unregisterReceiver()方法来取消监听。用此方式的缺点是当 Context 对象被销毁时,该 BroadcastReceiver 对象也就随之被销毁了。

4. ContentProvider

ContentProvider 用来管理和共享应用项目的数据存储,是 Android 提供的一种标准的共享数据的机制。在各应用项目间,ContentProvider 是共享数据的首选方式。这意味着,用户可以配置自己的 ContentProvider 去存/取其他的应用项目或者通过其他应用项目暴露的 ContentProvider 去存/取它们的数据。ContentProvider 都继承自 ContentProvider 类。

ContentProvider 创建其他程序使用的数据集。数据可以存在系统的 SQLite 数据库或者其他地方。ContentProvider 通过实现一组标准的方法,来使其他程序可以存/取数据。但是,程序并不是直接调用这些方法,而是使用 ContentResolver 对象来调用这些方法。对于 ContentProvider 而言,最重要的就是数据模型和 URI。

(1) 数据模型(Data Model)。ContentProvider 为所有需要共享的数据创建一个数据表,在表中,每行表示一条记录,而每列代表某个数据,并且其中每条数据记录都包含一个名为"_ID"的字段类标识每条数据。

(2) URI(Uniform Resource Identifier,通用资源标识符)。每个 ContentProvider 都会对外提供一个公开的 URI 来标识自己的数据集。URI 主要分为三个部分:scheme、authority 和 path,其中 authority 又分为 host 和 port。其格式为"scheme://host:port/path"。在 Android 中,所有的 URI 都以"content://"开头,例如:"content://com.example.project:200/folder/subfolder/etc"。

需要注意的是,使用 ContentProvider 访问共享资源时,要为应用项目添加适当的权限。例如,在应用项目的 AndroidManifest.xml 文件中添加下列权限:

```
<uses-permission android:name="android.permission.READ_CONTACTS"/>
```

2.3.2 Intent 和 IntentFilter

严格地说,Intent 不是 Android 应用项目的组件,而是在 Android 应用中连接各组件的桥梁。Android 提供 Intent 机制来协助应用组件间的交互与通信,并且 Android 应用的核心组件由 Intent 激活。

1. Intent

Intent 是 Android 中的一个类,继承于 Object 类的属性和方法。Intent 是由组件名称、Action、Data、Category、Extra 及 Flag 共 6 部分组成的,在第 3 章中将对其进行详细的介绍。

Intent 负责对应用项目中一次操作的动作、动作涉及数据、附加数据进行描述,Android 则根据该 Intent 的描述,负责找到对应的组件,将 Intent 传递给该组件,并完成该组件的调用。Intent 不仅可用于应用项目内部的 Activity、Service 和 BroadcastReceiver 之间的交互,也可用于各应用项目之间的交互。因此,可以将 Intent 理解为不同组件之间通信的"媒介",专门提供组件互相调用的相关信息。

前面介绍的 Activity、Service 和 BroadcastReceiver 组件之间的通信全部使用的是 Intent，但是各个组件使用的 Intent 机制不同，分别如下。

（1）当需要激活 Activity 组件时，调用 Context. startActivity（）或 Context. startActivityForResult()方法来传递 Intent。

（2）当需要激活 Service 组件时，调用 Context. startService()或 Context. bindService ()方法来传递 Intent。

（3）当需要使用 BroadcastReceiver 组件时，调用 sendBroadcast()、sendStickyBroadcast()或 sendOrderedBroadcast()方法来传递 Intent，当 BroadcastReceiver 被广播后，所有 IntentFilter 过滤条件满足的组件都将被激活。

2. IntentFilter

IntentFilter 正如其英文的意思，是 Intent 过滤器。组件将通过 Intent 过滤器公布它们可响应的 Intent 类型。一个应用项目开发完成后，需要告诉 Android 系统自己能够处理哪些隐性的 Intent 请求，这就需要声明 IntentFilter。通常在 AndroidManifest. xml 文件中声明。IntentFilter 的使用方法实际上非常简单，只需在 AndroidManifest. xml 中的< Intent-filter >元素指定组件能接收的 Intent 值即可。

2.4 Gradle 配置文件

Android Studio 是采用 Gradle 作为构建工具的。当 Android Studio 打开一个项目时，首先会读取 gradle-wrapper. properties 文件，从而知道这个项目需要哪个版本的 Gradle，然后就会去保存 Gradle 的文件夹 GRADLE_USER_HOME 中查找相应版本的 Gradle 是否存在，如果不存在则会去 GRADLE 网站上下载相应版本的 Gradle。这就是为什么有时候，当第一次打开一个 Android 项目，特别是其他程序员开发的项目时，会有一个漫长的等待时间的原因。这也是为什么明明下载了 Gradle，也指定了 Gradle 的存放目录，却在打开项目时还要去自动下载 Gradle 的原因。这些都是由于 Android Studio 中的 Gradle 配置有问题导致的。

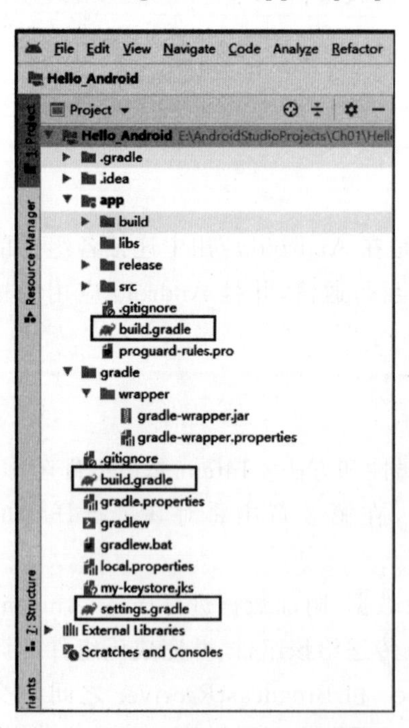

图 2-6 Project 模式 Gradle 配置文件

一般情况下，开发者可以不需要理解任何 Gradle 的脚本配置，就可以开发出一个 App。但是，为了更好地把握项目的导入、运行及打包发布，必须深入了解 Android 项目的 Gradle 配置，有助于提高开发效率。

Gradle 在项目中由三个文件进行配置。打开应用项目的目录，可以找到这三个文件：项目的 build. gradle 配置文件、模块的 build. gradle 配置文件和 settings. gradle 项目设置文件，如图 2-6 所示。

2.4.1　项目的 build.gradle

项目有一个 build.gradle 配置文件，直接位于项目目录的根目录下。该配置文件作用于整个项目的 Gradle 配置，包含 buildscript{}闭包、allprojects{}闭包和 task clean(type: Delete){}闭包。以 Hello_Android 项目为例，其项目 build.gradle 配置文件代码如下。

```
buildscript {
    repositories {
        google()
        jcenter()
    }
    dependencies {
        classpath "com.android.tools.build:gradle:4.0.1"

        // NOTE: Do not place your application dependencies here; they belong
        // in the individual module build.gradle files
    }
}

allprojects {
    repositories {
        google()
        jcenter()
    }
}

task clean(type: Delete) {
    delete rootProject.buildDir
}
```

buildscript{}闭包里是 Gradle 脚本执行所需依赖，分别是对应的 maven 库和插件。其中包含 repositories{}闭包和 dependencies{}闭包。

allprojects{}闭包里是项目本身需要的依赖，例如项目所需的 maven 库。

task clean(type: Delete){}是运行 gradle clean 时，执行此处定义的 task 任务，该任务继承自 Delete，删除根目录中的 build 目录。

repositories{}闭包配置远程仓库。该闭包中声明了 jcenter()和 google()的配置，其中 jcenter 是一个代码托管仓库，托管了很多 Android 开源项目，在此配置了 jcenter 后，可以在项目中方便引用 jcenter 上的开源项目，从 Android Studio 3.0 后新增了 google()配置，可以引用 Google 上的开源项目。

dependencies{}闭包配置构建工具。该闭包使用 classpath 声明一个 Gradle 插件，其中“4.0.1”为该插件的版本号，该版本号可以根据最新的版本号来调整。

2.4.2　模块的 build.gradle

每个 Android 项目中允许有多个 Module，每个 Module 都必须有一个自己的 build.gradle 配置文件，它用于声明该 Module 的配置。Module 的 build.gradle 位于其自己的 app

目录下，其配置内容主要分为三大部分。

1. apply plugin

声明该项目是 Android 程序。

使用 apply plugin 表示应用了一个插件，该插件一般有两种值可选：com. android. application 和 com. android. library。com. android. application 表示该模块为应用程序模块，可以直接运行，打包得到的是. apk 文件；com. android. library 表示该模块为库模块，只能作为代码库依附于别的应用程序模块来运行，打包得到的是. aar 文件。

2. android{}闭包

该闭包主要为了配置项目构建的各种属性。常用的属性如下。

(1) compileSdkVersion：设置编译时用的 Android 版本。

(2) buildToolsVersion：设置编译时使用的构建工具的版本。

(3) defaultConfig{}闭包：设置项目的包名、编译版本和单元测试工具信息等。

(4) buildTypes{}闭包：指定生成安装文件的主要配置，一般包含两个子闭包，一个是 debug 闭包，用于指定生成测试版安装文件的配置，可以忽略不写；另一个是 release 闭包，用于指定生成正式版安装文件的配置。两者能配置的参数相同，最大的区别是默认属性配置不一样。

(5) sourceSets{}闭包：配置目录指向。

(6) packagingOptions{}闭包：打包时的相关配置。

3. dependencies{}闭包

该闭包定义了项目的依赖关系，一般项目都有三种依赖方式：本地依赖、库依赖和远程依赖。本地依赖可以对本地的 jar 包或目录添加依赖关系，库依赖可以对项目中的库模块添加依赖关系，远程依赖可以对 jcener 库上的开源项目添加依赖关系。

以 Hello_Android 项目为例，其 Module 的 build. gradle 代码如下。

```
apply plugin: 'com.android.application'

android {
    compileSdkVersion 30
    buildToolsVersion "30.0.2"
    defaultConfig {
        applicationId "ee.example.helloandroid"      //指定了项目的包名
        minSdkVersion 16                             //指定项目最低兼容的版本
        targetSdkVersion 30                          //指定项目的目标版本
        versionCode 1                                //表示版本号
        versionName "1.0"                            //表示版本名称
        testInstrumentationRunner "androidx.test.runner.AndroidJUnitRunner"
                                        //表明要使用 AndroidJUnitRunner 进行单元测试
    }
    buildTypes {
        release {
            minifyEnabled false
```

```
                proguardFiles getDefaultProguardFile('proguard - android - optimize.txt'),
                'proguard - rules.pro'
            }
        }
}

dependencies {
    implementation fileTree(dir: "libs", include: [" * .jar"]) //本地 jar 包依赖
    implementation 'androidx.appcompat:appcompat:1.1.0'
    implementation 'androidx.constraintlayout:constraintlayout:1.1.3'
    testImplementation 'junit:junit:4.12'                    //声明测试用例库
    androidTestImplementation 'androidx.test.ext:junit:1.1.1'
    androidTestImplementation 'androidx.test.espresso:espresso - core:3.2.0'
}
```

2.4.3 settings.gradle

在项目的根目录下的 settings.gradle 是全局的项目配置文件，用于声明需要加入 Gradle 的 Module。以 Hello_Android 项目为例，其 settings.gradle 文件的代码如下。

```
include ':app'
rootProject.name = "Hello_Android"
```

小结

本章主要介绍了 Android 应用项目的目录结构、基本架构及组成，包括资源文件、逻辑代码和清单文件 AndroidManifest.xml，并结合 Hello_Android 项目的各部分代码，比较详细地解析了 Android 应用项目内部资源关联关系及运行原理。为了让读者对 Android 应用开发配置有较全面的认识，本章还简要介绍了构成 Androiod 应用的四大基本组件、Gradle 配置等内容。相信读者已经对 Android 应用项目的组成有了更进一步的认识。

当然，想要知道 Android 系统是如何对应用项目的这些组件、控件及数据资源进行控制和信息通信的，请进入第 3 章学习。

练习

通过阅读例程，理解 Android Studio 中应用项目的目录结构和 AndroidManifest.xml 文件。例程下载网址为 https://developer.android.google.cn/samples。

第 3 章 Android应用项目的控制机制

Android 应用项目由 Activity、Service、BroadcastReceiver 和 ContentProvider 等组件组成，其中 Activity 是使用频率最高、最重要的组件。在 Android 应用中，Activity 提供可视化的用户界面，一个 Android 应用通常由多个 Activity 组成。每个 Activity 有自己的生命周期，一个 Activity 组件结束，另一个 Activity 组件将处于活动状态，它们组成了一个应用任务。每个 Activity 的状态由 Android 系统来控制。想要知道 Android 应用项目是如何运行控制的，首先必须明白 Activity 组件在应用项目中的控制机制。

3.1 Android 应用项目的界面控制概述

Activity 是 Android 应用项目与用户互动的主要元素，当用户开启一个应用项目时，第一个看到的界面就是一个 Activity。在 Android 中，每个 Activity 就是一个单独的屏幕显示。每个 Activity 组件由 XML 布局文件、Java 代码文件以及 Activity 组件状态来确定它在屏幕上显示的内容、操作响应和显示的时机。当然，别忘了一定要在 AndroidManifest.xml 中声明它，否则将看不到它。

通常把 Activity 中的内容在屏幕上的显示称作用户界面(User Interface，UI)。在用户界面中可显示的内容有很多，如文本框、按钮、列表框、图片、进度条等，这些用户界面元素被称为控件。大部分控件是可见的。在 Android 中，所有的可视控件都继承自 View 类。View 类提供了绘制和事件处理的方法。

对于 Activity 中控件的绘制，既可以使用 XML 文件描述，也可以通过成员方法在 Java 代码中动态设置。但本着 MVC 的设计思想，通常使用 XML 文件来描述界面的布局，而对于 Activity 组件中的屏幕控件对象的处理与控制，则使用 Java 代码进行 Activity 类的定义。

使用 XML 声明法来描述应用项目的可视控件及其控件属性的信息，此文件称为布局文件。每个 Activity 对应一个布局文件，所有布局文件都存放在应用项目目录下的 res/layout 子目录内。布局文件只定义了 Activity 的显示内容，但并没有告诉 Android 什么时候显示它。

在应用项目目录下的 java 目录的包内，存放定义此 Activity 类的 Java 代码文件。在代码文件中定义 Activity 的显示时机，以及显示、退出时 Activity 状态信息的保存与恢复，用户交互操作时各控件的事件响应等控制逻辑。

一个 Activity 可以启动另外一个，甚至包括与它不在同一应用项目之中的 Activity。例如，假设想让用户看到某个地方的街道地图，而已经存在一个具有此功能的另一个 Activity 了，那么你的 Activity 所需要做的工作就是把请求信息放到一个 Intent 对象里面，并把它传递给 startActivity()，于是地图浏览器就会显示那个地图。而当用户按下返回键的时候，你的 Activity 又会再一次显示在屏幕上。对于用户来说，这看起来就像地图浏览器是你 Activity 所在的应用项目中的一个组成部分，其实它是在另外一个应用项目中定义，并运行在那个应用项目的进程之中的。

之前，涉及的 Android 组件及其应用大都是静态的概念。而当一个应用运行起来，就难免会需要关心进程、线程这样的概念。

3.2　Android 应用项目的任务、进程和线程

在 Android 中，组件的动态运行有一个最与众不同的概念，就是任务(Task)。任务的介入，最主要的作用是将组件之间的连接从进程概念的细节中剥离出来，可以以一种不同模型的东西进行配置，在很多时候，能够简化上层开发人员的理解难度，帮助读者更好地进行开发和配置。

3.2.1　任务

完成用户的一个目的的所有 Activity 组成一个任务。确切地说，任务是一组以栈的模式将这些 Activity 组件聚集在一起的集合，这个栈称作任务栈(Task Stack)。Android 系统用一个任务栈来记录一个任务，它们有潜在的前后驱关联，新加入的 Activity 组件位于栈顶，并仅有在栈顶的 Activity 才会有机会与用户进行交互。而当栈顶的 Activity 完成使命退出的时候，任务会将其退栈，并让下一个将跑到栈顶的 Activity 来与用户面对面，直至栈中再无更多的 Activity，任务结束。

以收发邮件任务为例，通常接收并回复邮件会依次进行下述操作。

(1) 首先是单击 E-mail 应用，进入收件箱，这部分由 Activity A 完成。

(2) 选中一封邮件，单击查看详情，这部分由 Activity B 完成。

(3) 单击“回复”，开始写新邮件，这部分由 Activity C 完成。

(4) 写邮件内容，选择联系人，进入选择联系人界面，这部分由 Activity D 完成。

(5) 选择好联系人，继续写邮件。

(6) 写好邮件，发送，回到原始邮件。

(7) 返回到收件箱。

(8) 退出 E-mail 程序。

那么，任务栈会随着操作事件的变化而发生相应的变化，其过程见表 3-1。

表 3-1　收发邮件任务栈的动态变化

事　件	Task 栈
单击 E-mail 应用,进入收件箱	A
选中一封邮件,单击查看详情	AB
单击"回复",开始写新邮件	ABC
写邮件内容,选择联系人,进入选择联系人界面	ABCD
选择好联系人,继续写邮件	ABC
写好邮件,发送,回到原始邮件	AB
返回到收件箱	A
退出 E-mail 程序	null

表 3-1 描述了收发邮件的一个实例。从用户一进入邮箱开始,到回复完成,直至退出应用整个过程的任务栈变化。这是一个标准的栈模式,对于大部分的状况,这样的任务模型足以应付,但是在实际开发中,还要考虑到应用的性能、开销等问题。例如,启动一个浏览器,在 Android 中是一个比较沉重的过程,它需要做很多初始化的工作,并且会有不小的内存开销。但与此同时,用浏览器打开一些内容,又是一般应用都会有的一个需求。试设想一下,如果同时有 10 个运行着的应用都需要启动浏览器,就会有 10 个任务栈都堆积着很雷同的浏览器 Activity,这将是一个多么奢侈的浪费！于是,可以这样设想,浏览器 Activity 可不可以作为一个单独的任务而存在,不管是来自哪个任务的请求,浏览器的任务都不会归并过去。这样,虽然浏览器 Activity 本身需要维系的状态更多了,但整体的开销将大大减少。

3.2.2　进程

进程(Process)是低级核心处理过程,用于运行应用项目代码。当某个组件第一次运行的时候,Android 就启动了一个进程。默认情况下,所有的组件和程序运行在这个进程和线程中。

当然,也可以安排组件在其他的进程或者线程中运行,组件运行的进程由 Androidmanifest 文件控制。组件的元素< activity >、< service >、< receiver >和< provider >都包含一个 process 属性。这个属性就是设置组件运行的进程：可以配置组件在一个独立进程运行；或者多个组件在同一个进程运行；甚至可以多个项目在一个进程运行,前提是如果这些项目共享一个 UserID,并且给定同样的权限。< application >元素也包含 process 属性,用来设置项目中所有组件的默认进程。

所有的组件在此进程的主线程中实例化,系统对这些组件的调用从主线程中分离。并非每个对象都会从主线程中分离。一般来说,响应例如 View. onkeydown()用户操作的方法和通知的方法是在主线程中运行。这就表示,组件被系统调用的时候不应该长时间运行或者阻塞操作(比如执行网络操作或者计算大量数据操作都将长时间运行),因为这样会阻塞进程中的其他组件。可以把这类操作从主线程中分离。

当更加常用的进程无法获取足够内存时,Android 可能会关闭不常用的进程。下次启动程序的时候会重新启动进程。在决定哪个进程需要被关闭的时候,Android 会考虑哪个对用户更加有用。如 Android 会倾向关闭一个长期不显示在界面上的进程来支持一个经常显示在界面上的进程。是否关闭一个进程取决于组件在进程中的状态。

1. 进程分类

Android 系统会根据运行于进程内的组件和组件的状态把进程置于 5 种不同的重要性等级。当需要系统资源时，重要性等级越低的先被淘汰。下面按重要性等级由高到低介绍这 5 类进程。

1）前台进程

用户当前正在做的事情需要这个进程。如果满足下面的条件，进程即为前台进程。

(1) 这个进程拥有一个正在与用户交互的 Activity，即这个 Activity 的 onResume()方法被调用。

(2) 这个进程拥有一个绑定到正在与用户交互的 Activity 上的 Service。

(3) 这个进程拥有一个前台运行的 Service，并且这个 Service 调用了 startForeground()方法。

(4) 这个进程拥有一个正在执行其任何一个生命周期回调方法，如 onCreate()、onStart()或 onDestroy()的 Service。

(5) 这个进程拥有正在执行其 onReceive()方法的 BroadcastReceiver。

通常，在任何时间点，只有很少的前台进程存在。一般情况下，前台进程不会被“杀死”，它们只有在达到无法调和的矛盾时，例如内存太小而不能继续运行时，才会被杀。通常，到了这时，设备就达到了一个内存分页调度状态，所以需要杀一些前台进程来保证用户界面的正常反应。

2）可见进程

一个进程不拥有运行于前台的组件，但是依然能被用户所见。满足下列条件之一时，进程被称为可见进程。

(1) 这个进程拥有一个不在前台但仍可见的 Activity，即它的 onPause()方法被调用。例如，当一个前台 Activity 启动一个对话框时，对话框在前台了，而 Activity 是可见的。

(2) 一个可视的 Activity 所绑定的 Service。

可见进程被认为是极其重要的。并且，除非只有杀掉它才可以保证所有前台进程的运行，否则是不能动它的。

3）服务进程

满足下列条件之一时，进程被称为服务进程。

(1) 一个由 startService()方法启动的 Service。

(2) 支持正在处理的不需要可见界面运行的 Service。

尽管一个服务进程不直接被用户所见，但是它们通常做一些用户关心的事情，例如播放音乐或下载数据等，所以系统不到前台进程和可见进程活不下去时不会杀它。

4）后台进程

满足下列条件之一时，进程被称为后台进程。

(1) 一个进程拥有一个当前不可见的 Activity，即 Activity 的 onStop()方法被调用。

(2) 目前没有服务的 Service。

这样的进程不会直接影响到用户体验，所以系统可以在任意时刻杀掉它们从而为前台进程、可见进程以及服务进程提供存储空间。通常有很多后台进程在运行。它们被保存在一个 LRU(最近最少使用)列表中,Android 将会使用 last-seen-first-killed 模式“杀死”进程来为前台进程、可见进程和服务进程获得资源。如果一个 Activity 正确地实现了它的生命周期方法,并保存了它的当前状态,那么杀死它的进程将不会对用户的可视化体验造成影响。因为当用户返回到这个 Activity 时,这个 Activity 会恢复它所有的可见状态。

5）空进程

空进程不拥有任何 Active 组件,对用户没有任何作用。

为了改善系统的整体性能,Android 通常在内存中保留生命周期结束了的应用程序。保留这类进程的唯一理由是高速缓存,这样可以提高下一次一个组件要运行它时的启动速度。通常根据进程高速缓存和底层的内核高速缓存之间的整体系统资源的需要而杀死它们。

2. 进程作用

在 Android 操作系统中,进程完全是应用项目的具体实现,不是用户通常认为的那种东西。它们的主要用途是简单的。

(1) 改善稳定性或者安全性,通过把未信任或者不稳定的代码放入独立的进程的方法来解决。

(2) 简化在同一进程中多个. apk 文件的代码的运行。

(3) 有助于系统管理资源,通过把重量级代码放入独立的进程,可以被杀掉,而且和程序的其他部分无关。

3.2.3 线程

每个进程有一到多个线程运行在其中。在多数情况下,系统不会为进程中的每个组件启动一个新的线程,进程中的所有组件都在 UI 线程(用户界面线程)中实例化,保证应用项目是单线程的,除非应用项目自己又创建了线程。例如,用户界面需要很快对用户进行响应,因此某些费时的操作,例如网络连接、下载或者非常占用服务器时间的操作应该放到其他线程中。

线程通过 Java 的标准对象 Thread 创建。Android 提供了很多方便的管理线程的方法,如 Looper 在线程中运行一个消息循环; Handler 传递一个消息; HandlerThread 创建一个带有消息循环的线程,等等。

要记住以下几点。

(1) 不要阻塞 UI 线程。如果在 UI 线程中执行阻塞或者耗时操作会导致 UI 线程无法响应用户请求。

(2) 不能在非 UI 线程(也称为工作线程)中更新 UI。这是因为 Android 的 UI 控件都是线程不安全的。

由上所述,开发者经常会启动工作线程完成耗时操作或阻塞操作,如果需要在工作线程的执行期间更新 UI 状态,则应该通知 UI 线程来进行。

编写 Android 平台的基本应用项目和编写桌面应用项目的难度,两者并没什么不同。甚至因为 Android 平台拥有开放、免费、跨平台的开发工具,使得 Android 平台应用项目的开发更为单纯。

但是请别忘了,Android 平台也是个手机操作系统。撇掉其他功能不谈,手机的特性就是应该能够随时在未完成目前动作的时候,离开正在使用的功能,切换到接电话、接收短信模式,而且在接完电话回到应用项目时,还希望能看到离开时的内容。这就是所谓的多任务(Multi-Task)的操作系统。同时执行多个程序有它的明显好处,但是也有它的严重缺点。每多执行一个应用项目,就会多耗费一些系统内存,而手机里的内存是相当有限的。当同时执行的程序过多,或者关闭的程序没有正确释放掉内存,操作系统执行时就会觉得越来越慢,甚至不稳定。为了解决这个问题,Android 引入了一个新的机制——生命周期(Life Cycle)。

3.3　Android 应用项目生命周期

应用项目进程从创建到结束的全过程就是应用项目的生命周期。与其他系统不同的是,Android 应用项目的生命周期是由 Android 框架进行管理,而不是由应用项目直接控制。一般情况下,Android 系统会根据应用项目对用户的重要性和当前系统的负载来决定生命周期的长短。

对于应用开发者来说,理解不同的应用组件(特别是 Activity、Service、Intent 和 Receiver)对应用进程的生命周期的影响,这是非常重要的。如果没有正确地使用这些组件,将会导致当应用正在处理重要的工作时,进程却被系统销毁的后果。

应用项目组件有其生命周期:由 Android 初始化它们,以响应 Intent 意图,直到结束,实例被销毁。在这期间,它们有时候处于激活状态,有时候处于非激活状态;对于 Activity(活动)而言,用户有时候可见,有时候不可见。Activity 类是 Android 应用的关键组件,而 Activity 的启动和组合方式则是 Android 应用项目的基本组成部分,是 Android 应用生命周期的重要部分之一。本节主要讨论 Activity 的生命周期及它们可能的状态。

3.3.1　Activity 的生命周期

在系统中的 Activity 被一个 Activity 栈所管理。当一个新的 Activity 启动时,将被放置到栈顶,成为运行中的 Activity,前一个 Activity 保留在栈中,不再放到前台,直到新的 Activity 退出为止。从启动到退出,Activity 经历了一个生命周期。

1. Activity 生命周期的状态

Activity 生命周期中存在 5 种状态:启动、运行、暂停、停止、销毁。

启动状态:Activity launched。当一个 Activity 被压入栈顶,在屏幕的前台,称为启动状态(Starting)。

运行状态:Activity running。如果一个 Activity 启动之后并获得焦点,与用户进行交互,称为运行状态(Running)。一般地,当一个 Activity 启动后随即处于运行状态。

暂停状态:Activity paused。如果一个 Activity 失去焦点,但是依然可见,例如一个新的非全屏的 Activity 或者一个透明的 Activity 被放置在栈顶时,称为暂停状态(Paused)。一个暂停状态的 Activity 依然保持活力,如保持所有的状态、成员信息和窗口管理器保持连接等。但是在系统内存极端低下的时候将被杀掉。

停止状态：Activity stopped。如果一个 Activity 被另外的 Activity 完全覆盖掉，称为停止状态(Stopped)。它依然保持所有状态和成员信息，但是它不再可见，所以它的窗口被隐藏。当系统内存需要被用在其他地方的时候，Stopped 的 Activity 将被杀掉。

销毁状态：Activity shut down。如果一个 Activity 是 Paused 或者 Stopped 状态，系统可以将该 Activity 从内存中删除，称为销毁状态(Destroyed)。Android 系统采用两种方式进行删除，要么要求该 Activity 结束，要么直接杀掉它的进程。当该 Activity 再次显示给用户时，它必须重新开始和重置前面的状态。

应用进程生命周期与 Activity 的状态之间的关系见表 3-2。

表 3-2　Activity 各状态与进程的关系

状　态　名	Activity 状态	被杀死的可能性	进 程 状 态
启动	已创建	较小	前台(拥有或即将获得焦点)
运行	已开始，已恢复		
暂停	已暂停	较大	后台(失去焦点)
停止	已停止	最大	后台(不见)
销毁	已销毁	已杀死	空

2. Activity 生命周期的状态转变

Activity 在其生命周期中，上述几种状态可以通过操作事件或内部控制机制进行相互转变，具体的状态转变以及触发事件如图 3-1 所示。

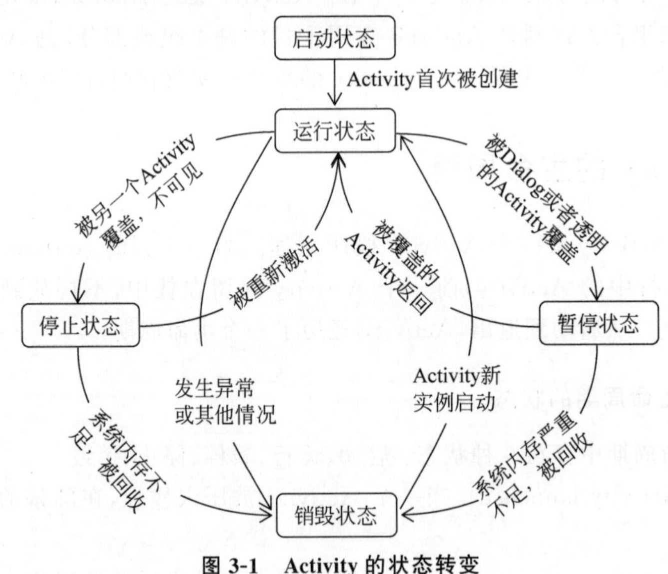

图 3-1　Activity 的状态转变

3.3.2　Activity 生命周期中的方法

所有继承自 Activity 的类都重写了 onCreate()方法，程序运行就会自动进入这个方法。其实 Activity 类中还有很多类似于 onCreate()的方法，例如 onStart()、onResume()、 onPause()等，而这些方法都是系统自动调用。

1．Activity 生命周期的回调方法

当一个 Activity 从一个状态转变为另一个状态时，Activity 被这些方法所通知。可以重写所有这些方法以在 Activity 状态改变时进行合适的工作。所有的 Activity 都必须实现 onCreate()用以当对象第一次实例化时进行初始化设置。在实际开发中，很多时候 Activity 需要重写 onPause()，以提交数据变化或准备停止与用户的交互。

在 Activity 的整个生命周期中有 9 种方法，其中有 6 个是 Activity 类的核心回调方法，它们是 onCreate()、onStart()、onResume()、onPause()、onStop()和 onDestroy()。表 3-3 对回调方法进行了说明。

表 3-3　生命周期方法说明

方　法	描　述	下一个被调用方法
onCreate()	在 Activity 第一次被创建的时候调用。这里是做所有初始化设置的地方，如创建视图、绑定数据至列表等。如果曾经有状态记录，则调用此方法时会传入一个包含着此 Activity 以前状态的 Bundle 对象作为参数。 紧跟其后的方法总是 onStart()	onStart()
onRestart()	在 Activity 停止后，在再次启动之前被调用。 紧跟其后的方法总是 onStart()	onStart()
onStart()	当 Activity 变为用户可见之前被调用。 当 Activity 转向前台时接下来调用 onResume()，在 Activity 变为隐藏时接下来调用 onStop()	onResume()或 onStop()
onResume()	在 Activity 开始与用户进行交互之前被调用。此时 Activity 位于堆栈顶部，并接受用户输入。 紧跟其后的方法是 onPause()	onPause()
onPause()	当系统将要启动另一个 Activity 时调用。此方法主要用来将未保存的变化进行持久化，停止动画和其他耗费 CPU 的动作等。这一切动作应该在短时间内完成，因为下一个 Activity 必须等到此方法返回后才会继续。 当 Activity 重新回到前台时接下来调用 onResume()。 当 Activity 变为用户不可见时接下来调用 onStop()	onResume()或 onStop()
onStop()	当 Activity 不再为用户可见时调用此方法。这可能发生在它被销毁或者另一个 Activity(可能是现存的或者是新的)回到运行状态并覆盖了它。 如果 Activity 再次回到前台与用户交互则接下来调用 onRestart()，如果关闭 Activity 则接下来调用 onDestroy()	onRestart()或 onDestroy()
onDestroy()	在 Activity 销毁前调用。这是 Activity 接收的最后一个调用。这可能发生在 Activity 结束(调用了它的 finish()方法)或者因为系统需要空间所以临时销毁了此 Acitivity 的实例时。可以通过 isFinishing()方法来区分这两种情况	nothing

续表

方　法	描　述	下一个被调用方法
onSaveInstanceState (Bundle)	调用该方法让 Activity 可以保存每个实例的状态。当 Activity 由运行状态变为可见时接下来调用 onPause()，当 Activity 由暂停状态变为停止状态时接下来调用 onStop()	onPause()或 onStop()
onRestoreInstanceState (Bundle)	使用 onSaveInstanceState()方法保存的状态来重新初始化某个 Activity 时调用该方法。紧跟其后的方法是 onResume()	onResume()

2. 回调方法的调用时机

表 3-3 中介绍的回调方法定义了 Activity 的整个生命周期。当 Activity 进入新状态时，系统会自动调用相应的方法。根据 Activity 不同的状态，回调方法的调用时机如图 3-2 所示。

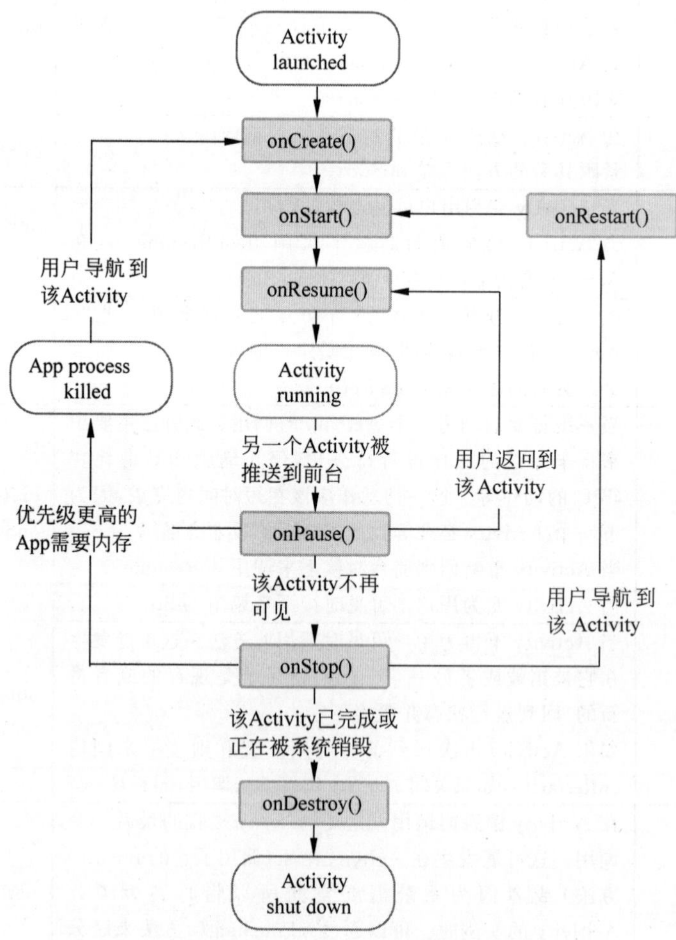

图 3-2　Activity 生命周期中主要回调方法的调用时机

在 Activity 整个生命周期中有三个嵌套的循环：整个生命时间、可视生命时间和前台生命时间。

1）Activity 的整个生命时间

从第一次调用 onCreate()开始直到调用 onDestroy()结束为整个生命时间。一个 Activity 在 onCreate()中做所有的“全局”状态的初始设置，在 onDestroy()中释放所有保留的资源。举例来说，有一个线程运行在后台从网络上下载数据，它可能会在 onCreate()中创建线程，在 onDestroy()中结束线程。

2）Activity 的可视生命时间

从调用 onStart()到相应地调用 onStop()为可视生命时间。在这期间，用户可以在屏幕上看见 Activity，虽然它可能不是运行在前台且与用户交互。在这两个方法之间，可以保持显示 Activity 所需要的资源。举例来说，可以在 onStart()中注册一个广播接收者监视影响你的 UI 的改变，在 onStop()中注销。因为 Activity 在可视和隐藏之间来回切换，onStart()和 onStop()可以调用多次。

3）Activity 的前台生命时间

从调用 onResume()到相应地调用 onPause()为前台生命时间。在此期间，频繁地在重用和暂停状态间转换。例如，当设备进入睡眠状态或一个新的 Activity 启动时调用 onPause()，当一个 Activity 返回或一个新的 Intent 被传输时调用 onResume()。因此，这两个方法的代码应当是相当轻量级的。

图 3-2 解释了这三个循环和状态之间转换的可能路径。如果在 Activity 从运行状态转为暂停状态时调用了 onSaveInstanceState()方法保存实例状态信息，或者 Activity 由暂停状态变为停止状态时调用了 onSaveInstanceState()方法保存实例状态信息，那么在 onStart()再次被回调时，紧接之后的是调用 onRestoreInstanceState()方法然后再调用 onResume()方法。

3. 多个 Activity 生命周期方法的调用顺序

如果有两个 Activity 分别为 Activity A 和 Activity B，依次进行下列操作，Android 的生命周期方法调用的情况如下。

（1）先启动第一个界面 Activity A，方法回调的次序如下。

```
onCreate(A)→onStart(A)→onResume(A)
```

（2）如果 Activity A 不关闭，跳转第二个 Activity B，方法回调的次序如下。

```
onPause(A)→onCreate(B)→ onStart(B)→onResume(B)→onStop(A)
```

（3）如果单击返回键后，回到第一个界面，这时方法回调的次序如下。

```
onPause(B)→onActivityforResult(A)→onRestart(A)→onStart(A)→onResume(A)→onStop(B)→
onDestroy(B)
```

（4）如果单击退出键退出应用时，方法回调的次序如下。

```
onPause(A)→ onStop(A)→onDestroy(A)
```

3.4 Android组件间的通信

在2.3节中已知道，Intent是连接应用项目的三个核心组件——Activity、Service和BroadcastReceiver的桥梁，可想而知，Intent把握着Android各组件间的通信。

刚接触Intent的时候，大多数人都会有点困惑：从字面上来说，它表示一种意图和目的；从使用上看，它似乎总是用于Activity之间的切换；而从它所在包android.content.Intent来看，它似乎与内容有关。所以可以这样来理解它：Intent类绑定一次操作，它负责携带这次操作所需要的数据以及操作的类型等。

Intent本身是一个Intent类对象，Intent类都定义在android.content.Intent中，所以在使用它之前需要在代码文件的前部加上“import android.content.Intent;”。每个Intent对象是由一个包含被执行操作抽象描述的被动的数据结构，或者对于广播而言，是某件已经发生并被声明的事情的描述。

Intent存在不同的机制来传送Intent到每种组件中。

(1) 一个Intent对象通过调用startActivity()或者startActivityForResult()启动一个Activity或者让一个存在的Activity去做某些新的事情。

(2) 一个Intent对象通过调用startService()发起一个Service或者递交新的指令给运行中的Service。类似地，一个Intent对象通过bindService()在调用组件和一个目标Service之间建立连接。作为一个可选项，如果一个Service还没运行它可以发起之。

(3) 一个Intent对象通过调用sendBroadcast()、sendOrderedBroadcast()或者sendStickyBroadcast()传递给所有感兴趣的BroadcastReceiver。许多种广播产生于系统代码。

这样，Android系统会找到合适的Activity、Service或BroadcastReceiver来回应这个Intent，必要时实例化它们。这些消息传送系统没有重叠：一个传送给startActivity()的Intent只会被传递给一个Activity，绝不会给一个Service或广播接收者，广播意图仅被传递给BroadcastReceiver，绝不会给Activity或者Service，以此类推。

3.4.1 Intent对象

一个Intent对象(Intent Object)其实就是一堆信息的捆绑。它包含接收这个Intent的组件感兴趣的信息，例如将要采取的动作和操作的数据，再加上Android系统感兴趣的信息，例如应该处理这个Intent的组件类别和如何启动一个目标Activity的指令。Intent对象由组件名称、动作、数据、类别、附加信息及标志6部分组成。下面分别给予描述。

1. 组件名称

组件名称(Component Name)是要处理这个Intent的组件的名字。组件名字是可选的。如果被设置了，这个Intent对象将被传递到指定的类。如果没有设置，则在Androidmanifest.xml中，通过使用IntentFilter来找与该Intent最合适的组件。

组件名字通过方法setComponent()、setClass()或者setClassName()来设置，通过方法

getComponent()来读取。

2. 动作

动作(Action)是一个将被执行的动作的字符串命名,或者,对于广播意图而言,是发生并被报告的动作。这个 Intent 类定义了一些动作常量,用大写英文单词和下画线组成,见表 3-4。

表 3-4 常用的动作常量说明

常　量	目标组件	动作含义
ACTION_CALL	Activity	拨打电话,被呼叫的联系人在数据中指定
ACTION_EDIT	Activity	显示数据给用户进行编辑
ACTION_GET_CONTENT	Activity	让用户选择数据并返回
ACTION_INSERT	Activity	在容器中插入一个空项
ACTION_MAIN	Activity	启动一个任务的起始 Activity,没有数据输入和数据返回
ACTION_PICK	Activity	从数据中选择一个子项目,并返回所选中的项目
ACTION_BATTERY_LOW	BroadcastReceiver	提示电池电量低
ACTION_SCREEN_ON	BroadcastReceiver	屏幕已开启
ACTION _HEADSET_PLUG	BroadcastReceiver	耳机插拔
ACTION _TIMEZONE_CHANGED	BroadcastReceiver	时区变化

动作很大程度上决定了 Intent 其他部分如何被组织,尤其是数据 Data 和附加字段 Extra。这就好比一个方法名决定了一些参数和返回值一样。因此,在实际开发中要尽可能地把具体的动作名与 Intent 的其他字段紧密联系起来。换句话说,要为组件能处理的 Intent 对象定义一个整体的协议,而不是定义一个孤立的动作。

开发者可以定义自己的动作,并定义相应的 Activity 来处理自定义动作。一个 Intent 对象里的动作可以通过 setAction()方法来设置,通过 getAction()方法来读取。

3. 数据

数据(Data)是为动作提供要操作的信息,用指向数据的一个资源标识符(URI)来表示。不同的动作伴随着不同种类的数据规格。例如,如果动作是 ACTION_EDIT,数据字段会包含可编辑文档的 URI;如果动作是 ACTION_CALL,数据字段会是一个含呼叫电话号码的 URI。当匹配一个 Intent 到一个能处理数据的组件时,除了它的 URI 外,通常需要知道数据类型(即多用途互联网邮件扩展,MIME)。

从 2.3 节已经知道,URI 的格式为"scheme://host:port/path"。在很多情况下,这个数据类型可以从 URI 里推断出来。尤其是当 scheme 的内容为"content"时,这意味着数据被存放在设备上而且由一个内容提供器控制着。

例如,指向 1 号联系人的 URI 为 content://contacts/1,在 Java 代码中,获取一个 URI 的语句格式如下。

```
Uri uri = Uri.parse(<字符串>);
```

创建一个 Intent 对象的语句格式如下。

```
Intent intent = new Intent(<动作>,<内容>);
```

示例代码如下。

```
Uri uri1 = Uri.parse("content://contacts/1");
Intent intent = new Intent(Intent.ACTION_VIEW, uri1);
```

uri1 是一个 URI 变量，其值是 content://contacts/1，它指向设备上（如手机）的联系人信息集中的第一个联系人。新创建的 Intent 对象 intent 包含的信息是显示标识符为“1”的联系人的详细信息。

示例代码如下。

```
Uri uri = Uri.parse("content://contacts/");
Intent intent = new Intent(Intent.ACTION_PICK, uri);
```

uri 是一个 URI 变量，其值是 content://contacts/，它指向设备上（如手机）的所有联系人。新创建的 Intent 对象 intent 包含的信息是显示所有联系人的列表，并返回选择的联系人信息。

通过 setData()方法指定数据只能为一个 URI，通过 setType()方法指定数据只能是一个 MIME 类型，而通过 setDataAndType()方法可同时指定数据为 URI 和 MIME。通过 getData()方法来读取 URI，通过 getType()方法来读取类型。

4. 类别

类别(Category)是关于 Intent 中 Action 要执行的动作的附加描述，它是一个字符串。可以把任意数目的类别描述放到一个 Intent 对象中。和动作一样，Intent 类别定义了若干类别常量，见表 3-5。

表 3-5 常用的类别常量说明

常　量	含　义
CATEGORY_ALTERNATIVE	在某种数据类型的项目上可以替代默认执行的动作。例如，一个联系人的默认动作是浏览它，替代的可能是去编辑或删除它
CATEGORY_BROWSABLE	目标 Activity 可以被浏览器安全地唤起来显示被一个链接所引用的数据。例如，一张图片或一条 E-mail 消息
CATEGORY_ DEFAULT	设置这个类别来让组件成为 Intent 过滤器中定义的 Data 的默认动作。这对使用显式 Intent 启动的 Activity 来说也是必要的
CATEGORY_HOME	这个 Activity 将显示桌面，也就是用户开机后看到的第一个屏幕或者按 HOME 键时看到的屏幕
CATEGORY_LAUNCHER	这个 Activity 可以是一个任务的初始 Activity，并被列在应用项目启动器的顶层
CATEGORY_PREFERENCE	目标 Activity 是一个选择面板

通过 addCategory()方法在一个 Intent 对象中添加一个类别，通过 removeCategory()方法删除之前添加的类别，通过 getCategories()方法可以获取当前对象的所有类别。

5. 附加信息

附加信息(Extra)是要递交给 Intent 处理组件的附加信息键-值对。就像一些动作伴随着特定的数据 URIS 类型一样，一些动作也要伴随着特定的附加信息。例如，一个 TIMEZONE_CHANGED_ACTIONIntent 有一个“时区”附加信息用来区别新的时区，而 HEADSET_PLUG_ACTION 有一个“状态”附加字段表明耳机有没有插着，以及一个“名字”附加信息来表示耳机的类型。如果想要创建一个 SHOW_COLOR 动作，颜色的值将被设置在一个附加的键-值对中。

Intent 对象有一系列的 put...()方法来插入各种不同的附加数据，同样，有一系列的 get...()方法来读取数据。这些方法与 Bundle 对象的方法相似。事实上，附加信息就是可以被当作一个 Bundle 对象，通过使用 putExtras()和 getExtras()方法来插入和读取。

6. 标志

标志(Flag)是各种类型的标志。许多标志用来指示 Android 系统如何去加载一个 Activity(例如，哪个是这个 Activity 应该归属的任务)和启动后如何对待它(例如，它是否属于当前 Activity 列表)，所有这些列表都在 Intent 类中定义了。

Intent 可以分成两大类，一类是显式意图(Explicit Intent)，另一类是隐式意图(Implicit Intent)。

显式意图，即指定了组件名称，通过名字指明目标组件。一般地，组件名称通常不为其他应用项目的开发者所了解，显式意图常被用作应用项目的内部消息，例如一个 Activity 启动一个附属 Service 或姊妹 Activity。

隐式意图，即不指定组件名称。隐式意图经常用来激活其他应用项目的组件。

Android 递交一个显式的 Intent 给一个指定目标类的实例。Intent 对象中的组件名称唯一地确定哪个组件应该获取这个 Intent。隐式 Intent 则需要一个不同的策略。在没有指定目标组件的情况下，Android 系统必须找到最合适的组件来处理这个 Intent，这就需要用到意图过滤器(Intent Filter)了。

3.4.2 Intent 过滤器

为了通知系统它们可以处理哪些 Intent，Activity、Service 和 BroadcastReceiver 可以有一个或多个意图过滤器。每个过滤器描述组件的一个能力，符合某个或某几个组件想要接收的 Intent。它实际上按照一个期望的类型来进行 Intent 滤入，同时滤出不想要的 Intent。要提醒读者注意的是，意图过滤器只针对隐式意图起作用。对于一个显式意图，它总能够被递交给它的目标组件，而无论它包含什么。这种情况下过滤器不起作用。

在 Android 系统中，可以用 Java 代码来设置 IntentFilter 类的一个实例，但是在更多情况下，是在应用项目清单文件 AndroidManifest. xml 中设置< intent-filter >元素。在其中设置需要过滤的内容。< intent-filter >元素常包含< action >、< category >、< data >等元素。

3.4.3 Intent 解析

通过比较 Intent 对象的内容和意图过滤器，找到相匹配的目标组件。如果一个组件没有任何的意图过滤器，那它只能接收显式意图。一个带过滤器的组件可以同时接收显式和隐式意图。

当一个 Intent 对象被一个意图过滤器测试时，一般是通过对动作、数据（URI 和 MIME）和类别三个方面进行监测的。下面分别进行介绍。

1. 检查 Action

一个 Intent 只能设置一种 Action，但是一个 IntentFilter 却可以设置多个 Action 过滤。当 IntentFilter 设置了多个 Action 过滤时，只需一个满足即可完成 Action 验证。如果 IntentFilter 中没有声明任何一个 Action，那么任何的 Action 都不能与之匹配。如果 Intent 中没有包含任何 Action，那么只要 IntentFilter 中含有 Action 时，便会与之匹配成功。

2. 检查 Data

对数据的监测主要包含两部分，一是对数据的 URI 进行监测，二是对数据的类型进行监测。而数据的 URI 又被分为三部分：scheme、authority、path，只有这些信息完全匹配时，Data 的验证才会成功。

3. 检查 Category

在 IntentFilter 中同样可以设置多个 Category。当 Intent 中的 Category 与 IntentFilter 中的一个 Category 完全匹配时，此 Category 便会验证通过，而其他的 Category 并不受影响。但是当 IntentFilter 中没有设置 Category 时，只能与没有设置 Category 的 Intent 匹配。

一个隐式意图为了递交到拥有这个过滤器的组件，它必须通过以上三项测试。即使只有一个不通过，Android 系统都不会把它递交给这个组件。应该注意的是，由于一个组件可以包含多个意图过滤器，一个 Intent 不能通过其中一个过滤器，但可能在另外的过滤器上获得通过。

下面以早期 Android SDK 版本中的记事本应用示例 NotePad 为例，看看项目 AndroidManifest. xml 清单文件中三个 Activity 的声明内容。

1）第一个 Activity 声明

第一个 Activity 是 NotePad 项目的主 Activity 类，由 NotesList. java 定义，在代码中有如下的语句。

```
startActivity(new Intent(Intent.ACTION_EDIT, noteUri));
```

该语句创建了一个 Intent 对象，其中 noteUri 是存放 URI 的一个变量。在 AndroidManifest. xml 文件中，第一个< activity >元素声明了三个过滤器，代码片段如下。

```
<activity android:name = "NotesList"
    android:label = "@string/title_notes_list">
    <intent - filter>
        <action android:name = "android.intent.action.MAIN" />
        <category android:name = "android.intent.category.LAUNCHER" />
    </intent - filter>
    <intent - filter>
        <action android:name = "android.intent.action.VIEW" />
```

```
9            <action android:name = "android.intent.action.EDIT" />
10           <action android:name = "android.intent.action.PICK" />
11           <category android:name = "android.intent.category.DEFAULT" />
12           <data android:mimeType = "vnd.android.cursor.dir/vnd.google.note" />
13       </intent - filter>
14       <intent - filter>
15           <action android:name = "android.intent.action.GET_CONTENT" />
16           <category android:name = "android.intent.category.DEFAULT" />
17           <data android:mimeType = "vnd.android.cursor.item/vnd.google.note" />
18       </intent - filter>
19   </activity>
```

(1) 第 3～6 行定义第一个过滤器，用于声明名称为 NotesList 的 Activity 是本应用项目的起始 Activity，并且被排列在应用项目启动器的顶层。其中，子元素< action android：name＝"android. intent. action. MAIN"/>匹配 Intent 的动作常量 ACTION_MAIN；子元素< category android：name＝"android. intent. category. LAUNCHER"/>匹配 Intent 的类别常量 CATEGORY_LAUNCHER。

(2) 第 7～13 行定义第二个过滤器，用于声明用户可以查看、编辑或选择的一个指定的记事列表中的条目。其中，子元素< action android：name＝"android. intent. action. VIEW"/>匹配 Intent 的动作常量 ACTION_VIEW；子元素< action android：name＝"android. intent. action. EDIT"/>匹配 Intent 的动作常量 ACTION_EDIT；子元素< action android：name ＝ "android. intent. action. PICK"/>匹配 Intent 的动作常量 ACTION_PICK；子元素< category android：name＝"android. intent. category. DEFAULT"/>匹配 Intent 的类别常量 CATEGORY_DEFAULT；子元素< data android：mimeType＝"vnd. android. cursor. dir /vnd. google. note"/>匹配 Intent 的数据的 MIME 类型是 vnd. android. cursor. dir/vnd. google. note。

(3) 第 14～18 行定义第三个过滤器，用于声明在没有初始记事列表目录说明的情况下查找一个特定的记录。其中，元素< action android：name＝"android. intent. action. GET_CONTENT"/>匹配 Intent 的动作常量 ACTION_ GET_CONTENT。

2) 第二个 Activity 声明

第二个 Activity 类由 NoteEditor. java 定义，由如下代码创建了一个自定义的动作，其中第 23 行语句中的 setAction()是设置动作的方法。

```
1    final String action = intent.getAction();
2    if (Intent.ACTION_EDIT.equals(action)) {
3        //Requested to edit: set that state, and the data being edited.
4        mState = STATE_EDIT;
5        mUri = intent.getData();
6    } else if (Intent.ACTION_INSERT.equals(action)) {
7        //Requested to insert: set that state, and create a new entry
8        //in the container.
9        mState = STATE_INSERT;
10       mUri = getContentResolver().insert(intent.getData(), null);
11
12       //If we were unable to create a new note, then just finish
13       //this activity. A RESULT_CANCELED will be sent back to the
14       //original activity if they requested a result.
```

```
        if (mUri == null) {
            Log.e(TAG, "Failed to insert new note into " + getIntent().getData());
            finish();
            return;
        }

        //The new entry was created, so assume all will end well and
        //set the result to be returned.
        setResult(RESULT_OK, (new Intent()).setAction(mUri.toString()));

    } else {
        //Whoops, unknown action! Bail.
        Log.e(TAG, "Unknown action, exiting");
        finish();
        return;
    }
```

在 AndroidManifest.xml 文件中，第二个<activity>元素声明了两个过滤器，代码片段如下。

```
20  <activity android:name = "NoteEditor"
21      android:theme = "@android:style/Theme.Light"
22      android:configChanges = "keyboardHidden|orientation">
23      <!-- This filter says that we can view or edit the data of
24          a single note -->
25      <intent-filter android:label = "@string/resolve_edit">
26          <action android:name = "android.intent.action.VIEW" />
27          <action android:name = "android.intent.action.EDIT" />
28          <action android:name = "com.android.notes.action.EDIT_NOTE" />
29          <category android:name = "android.intent.category.DEFAULT" />
30          <data android:mimeType = "vnd.android.cursor.item/vnd.google.note" />
31      </intent-filter>
32      <!-- This filter says that we can create a new note inside
33          of a directory of notes. -->
34      <intent-filter>
35          <action android:name = "android.intent.action.INSERT" />
36          <category android:name = "android.intent.category.DEFAULT" />
37          <data android:mimeType = "vnd.android.cursor.dir/vnd.google.note" />
38      </intent-filter>
39  </activity>
```

（1）第 25～31 行定义第一个过滤器，用于声明用户可以在一个便签页中浏览或编辑其中的数据。其中，元素<action android: name = "com.android.notes.action.EDIT_NOTE"/>是用户自定义的动作。

（2）第 34～38 行定义第二个过滤器，用于声明用户可以在便签目录中新建一页便签。

3）第三个 Activity 声明

第三个 Activity 类由 TitleEditor.java 定义，实现一个编辑转变，从编辑便签内容转变到编辑便签的标题。在 AndroidManifest.xml 文件中，第三个<activity>元素声明了一个过滤器，代码片段如下。

```
40  <activity android:name = "TitleEditor"
```

```
41          android:label = "@string/title_edit_title"
42          android:theme = "@android:style/Theme.Dialog"
43          android:icon = "@drawable/ic_menu_edit"
44          android:windowSoftInputMode = "stateVisible">
45          <!-- This activity implements an alternative action that can be
46              performed on notes: editing their title. It can be used as
47              a default operation if the user invokes this action, and is
48              available as an alternative action for any note data.  -->
49          < intent - filter android:label = "@string/resolve_title">
50              < action android:name = "com.android.notepad.action.EDIT_TITLE" />
51              < category android:name = "android.intent.category.DEFAULT" />
52              < category android:name = "android.intent.category.ALTERNATIVE" />
53              < category android:name = "android.intent.category.SELECTED_ALTERNATIVE" />
54              < data android:mimeType = "vnd.android.cursor.item/vnd.google.note" />
55          </intent - filter>
56      </activity>
```

(1) 第49～55行定义过滤器,用于声明从编辑便签内容转变到编辑便签的标题活动的动作和类别。

(2) 第51～53行声明了三个< category >,说明只需要Intent中的一个Category与其中之一匹配,便可以验证通过。

3.4.4 Intent 使用案例

下面通过一个简单的案例来介绍两个Activity组件是怎样通过Intent进行通信的。

【案例3.1】 设计两个Activity：MainActivity和SubActivity。MainActivity为首次进行的Activity,其中有个按钮,单击该按钮可跳转到SubActivity上,并且在标题栏显示跳转信息；SubActivity上也有一个按钮,单击该按钮可以返回到MainActivity上,且在标题栏显示跳转返回信息。如此循环往复。

说明：由于有些知识是后面章节中的内容,这里需要提前用到,在此只作简单介绍。

(1) 在两个Activity组件中都用到了按钮控件,所以在布局文件中,需要声明按钮控件,声明按钮的元素为< Button >。

(2) 通常情况下,如果仅从Activity A跳转到Activity B,使用startActivity()方法；如果从Activity A跳转到Activity B,然后从Activity B返回到Activity A,并且需要传递数据时,则使用startActivityForResult()方法。

(3) 两个Activity相互调用,在创建Intent对象时最好用显式的。当两个Activity互调时需要返回信息,所以Activity A调用Activity B时需要使用startActivityForResult()方法来发送Intent对象。

(4) 关于startActivityForResult()方法的使用：在Activity A的代码中,使用startActivityForResult()方法发送Intent给Activity B,并且还需要重写onActivityResult()方法用于处理返回的数据；在Activity B的代码中,使用setResut()方法准备好要回传的数据,并且需要使用finish()方法来将打包好的数据回传给Activity A；返回到Activity A后系统会自动执行Activity A中的onActivityResult()方法。

startActivityForResult()方法的格式如下。

```
startActivityForResult(Intent intent, Int requestCode)
```

onActivityResult()方法的格式如下。

```
onActivityResult(int requestCode, int resultCode, Intent intent)
```

setResut()方法的格式如下。

```
setResut(int resultCode, Intent intent)
```

开发步骤及解析：过程如下。

(1) 在 Android Studio 中创建一个名为 Activity_Intent 的 Android 项目。其应用项目名为 Activity_Intent，包名为 ee. example. activity_intent。

(2) 设计布局。本案例是实现在两个 Activity 之间跳转，所以有两个活动的用户界面，将有两个布局文件。首先编写应用第一个显示的页面布局，即在 res/layout 目录下的 activity_main. xml 文件。代码如下。

```
1   <?xml version = "1.0" encoding = "utf - 8"?>
2   < androidx.constraintlayout.widget.ConstraintLayout
3       xmlns:android = "http://schemas.android.com/apk/res/android"
4       xmlns:app = "http://schemas.android.com/apk/res - auto"
5       xmlns:tools = "http://schemas.android.com/tools"
6       android:layout_width = "match_parent"
7       android:layout_height = "match_parent"
8       tools:context = ".MainActivity">
9
10      < LinearLayout
11          android:layout_width = "match_parent"
12          android:layout_height = "match_parent">
13
14          < Button
15              android:id = "@ + id/button1"
16              android:layout_width = "wrap_content"
17              android:layout_height = "wrap_content"
18              android:text = "跳转到 下一页"
19              android:onClick = "skip"/>
20      </LinearLayout >
21
22  </androidx.constraintlayout.widget.ConstraintLayout >
```

① 第 2～8 行是声明一个约束布局，第 22 行约束布局结束。这是 Android Studio 使用 AndroidX 默认的布局，也可以不要这个布局，改用其他布局。

② 第 10～12 行声明一个线性布局，该线性布局同时也是容器，在该容器内才能布局控件，按钮就是一种控件。

③ 第 14～19 行声明一个按钮控件。

④ 第 15 行定义这个按钮的 id 变量名为 button1，并添加该按钮资源到 R. java 文件中。以便在 Java 代码中提供调用。

⑤ 第 18 行定义这个按钮上显示的文本内容为“跳转到 下一页”。

⑥ 第 19 行定义这个按钮的 onClick 事件的名称为 skip。当一个按钮控件设置了此属

性，当它被单击时，就会触动这个方法，方法名称为 skip。

设计另一个页面的布局。在 res/layout 目录下新建一个 XML 文件，命名为 subactivity. xml。注意，在 res 下所有目录里的文件名都必须由小写字母或数字命名。代码如下。

```
1  <?xml version = "1.0" encoding = "utf - 8"?>
2
3  < LinearLayout
4      xmlns:android = "http://schemas.android.com/apk/res/android"
5      xmlns:tools = "http://schemas.android.com/tools"
6      android:layout_width = "match_parent"
7      android:layout_height = "match_parent"
8      tools:context = ".SubActivity">
9
10     < Button
11         android:id = "@ + id/button2"
12         android:layout_width = "wrap_content"
13         android:layout_height = "wrap_content"
14         android:text = "返回到首页"
15         android:onClick = "back"/>
16
17     </LinearLayout >
```

① 第 3～8 行声明一个线性布局，这是该布局文件的根布局，因此声明了 xmlns:android、xmlns:tools、tools:context 等属性。

② 第 10～15 行声明一个按钮控件。定义按钮 id 变量名为 button2，并添加该按钮资源到 R. java 文件中；定义按钮显示的文本内容为"返回到首页"；定义这个按钮的 onClick 事件的名称为 back。

(3) 开发逻辑代码。本案例有两个 Activity，应该有两个类的逻辑代码需要编程。首先是主要逻辑代码，打开 java/ee. example. activity_intent 包下的 MainActivity. java 文件，并进行编辑，代码如下。

```
package ee.example.activity_intent;

import androidx.appcompat.app.AppCompatActivity;
import android.os.Bundle;
import android.content.Intent;
import android.view.View;

public class MainActivity extends AppCompatActivity {
    /* 声明变量 */
    static final int REQUEST_CODE = 1;

    /* 第一次创建时调用此方法 */
    @Override
    protected void onCreate(Bundle savedInstanceState) {
        super.onCreate(savedInstanceState);
        setContentView(R.layout.activity_main);
        setTitle("首次进入主页面!");
    }

    /* 重写 onActivityResult 方法，用来接收子页面回传的数据. */
```

```
21        @Override
22        protected void onActivityResult(int reqestCode, int resultCode, Intent data) {
23            super.onActivityResult(reqestCode,resultCode, data);
24            if(reqestCode == REQUEST_CODE) {
25                if (resultCode == RESULT_CANCELED)
26                    setTitle("取消");
27                else if (resultCode == RESULT_OK) {
28                    String rtnstr = null;
29                    Bundle extras = data.getExtras();
30                    if (extras != null) {
31                        rtnstr = extras.getString("store");
32                    }
33                    setTitle("现在返回到主页了," + rtnstr);
34                }
35            }
36        }
37
38        public void skip(View view){
39            Intent intent1 = new Intent();
40            intent1.setClass(MainActivity.this,SubActivity.class);
41            intent1.putExtra("activitymain","从主页进入.");
42            startActivityForResult(intent1,REQUEST_CODE);
43        }
44
45    }
```

① 第 5 行引入 Intent 类，因为要使用 Intent 对象，所以在代码前部要引入该类。

② 第 6 行引入 View 类，Button 是一个 View 对象，所以要引入该类。

③ 第 10 行定义一个静态变量 REQUEST_CODE，用于接收从第二个 Activity 页面（即子页面）返回状态信息。

④ 第 14～18 行重写 onCreate()方法。这是 Activity 首次创建时被调用的方法。其中第 17 行是设置页面的标题名称内容。

⑤ 第 22～36 行重写 onActivityResult()方法。用于处理在接收子页面回传数据后的相应操作。

⑥ 第 38～43 行定义按钮被单击之后被触发的方法 skip()，用于处理按钮被单击之后的相应操作。该方法类似于 Button 控件的 onClick 事件。其中，通过判断请求码值和返回码值，来确定是否正确地获得回传数据，如果是正确的便取出回传数据，将它显示在标题栏中。

⑦ 第 39、40 行创建了一个 Intent 对象，其对象名为“intent1”，其动作值为“MainActivity.this”，其内容值为“SubActivity.class”，即它指定了组件的名称，是一个显式的 Intent。

⑧ 第 41 行向 intent1 中添加一附加信息，此附加信息是一组键-值对的 Bundle 信息，其名为“activitymain”，其值为“从主页进入.”。

⑨ 第 42 行使用 startActivityForResult()方法发送 intent1 对象，并同时发送一个请求码 REQUEST_CODE 给第二个 Activity。

第二个 Activity 由 SubActivity.java 文件编程实现。即在 java/ee.example.activity_ intent 包下创建名为 SubActivity.java 的文件,并进行编辑,代码如下。

```
1     package ee.example.activity_intent;
2
3     import androidx.appcompat.app.AppCompatActivity;
4     import android.os.Bundle;
5     import android.content.Intent;
6     import android.view.View;
7
8     public class SubActivity extends AppCompatActivity {
9
10        @Override
11        protected void onCreate(Bundle savedInstanceState) {
12            super.onCreate(savedInstanceState);
13            setContentView(R.layout.subactivity);
14            String data = null;
15            Bundle extras =  getIntent().getExtras();
16            if(extras!= null)
17                data = extras.getString("activitymain");
18            setTitle("这是子页面," + data);
19        }
20
21        /* 回传数据时采用 setResult 方法,并且之后要调用 finish 方法. */
22        public void back(View view){
23            Bundle bundle  = new Bundle();
24            bundle.putString("store","自子页返回.");
25            Intent intent2 = new Intent();
26            intent2.putExtras(bundle);
27            setResult(RESULT_OK, intent2);
28            finish();
29        }
30
31    }
```

① 第 14～17 行实现传值功能。首先声明一个字符串类型的变量 data,创建一个 Bundle 对象 extras,如果 extras 对象非空则获取 Intent 传送的附加信息,将键名为 activitymain 的值传值给 data 变量。

② 第 18 行,将"这是子页面,"合并 data 变量的值,一起显示在标题栏中。

③ 第 22～29 行定义按钮的被单击的事件方法 back()。在该方法内创建一个 Bundle 对象 bundle,并为 bundle 对象绑定一组键-值对信息,其键名为 store,其值为"自子页返回。"(第 23、24 行);然后向 intent2 中添加一附加信息,此附加信息是已保存 bundle 中的键-值对信息。

④ 第 27 行使用 setResult()方法返回码值 RESULT_OK 和 intent2 对象,并将结果传递给 MainActivity 的 onActivityResult()去处理。

⑤ 第 28 行调用 finish()方法以后,程序会结束 SubActivity 并跳转回 MainActivity,而且自动调用 MainActivity 中的 onActivityResult()方法。

(4) 编辑项目清单文件。打开 AndroidManifest.xml 文件,添加第二个 Activity 的声明,代码如下。

```
<?xml version = "1.0" encoding = "utf - 8"?>
< manifest xmlns:android = "http://schemas.android.com/apk/res/android"
```

```
3        package = "ee.example.activity_intent">
4
5        <application
6            android:allowBackup = "true"
7            android:icon = "@mipmap/ic_launcher"
8            android:label = "@string/app_name"
9            android:roundIcon = "@mipmap/ic_launcher_round"
10           android:supportsRtl = "true"
11           android:theme = "@style/AppTheme">
12           <activity android:name = ".MainActivity">
13               <intent-filter>
14                   <action android:name = "android.intent.action.MAIN" />
15                   <category android:name = "android.intent.category.LAUNCHER" />
16               </intent-filter>
17           </activity>
18           <activity android:name = ".SubActivity"></activity>
19       </application>
20
21   </manifest>
```

第 18 行增加对 Activity 组件 SubActivity 的声明。这个声明仅声明了 Activity 的名称，没有其他信息。

运行结果：在 Android Studio 中启动 Android 模拟器，然后运行 Activity_Intent 项目。首次运行项目，标题栏会显示“首次进入主页面！”的内容，如图 3-3(a)所示。在主 Activity 中，单击“跳转到下一页”，会进入子 Activity 页面，如图 3-3(b)所示。在子 Activity 中单击“返回到首页”，会返回到主 Activity 页面，但是此时的标题栏内容携带了子 Activity 的信息，已经和首次进入时的内容不一样了，如图 3-3(c)所示。

(a)首次进入主Activity界面

(b) 单击按钮后进入子Activity界面

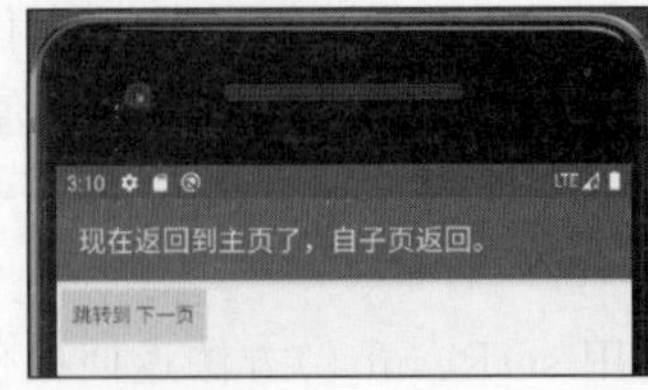

(c)单击按钮后返回主Activity界面

图 3-3　两个 Activity 之间的相互跳转运行效果

在案例 3.1 中，多次提到了 Bundle 对象。在 Android 中，关于 Activity 之间的消息的传递经常会用到 Bundle。因为在多个 Activity 之间跳转时，使用 Bundle 可以比较方便地保存并发送一组字符串信息，这个字符串信息可以是一些消息，也可以是用户界面的某个状态信息等。

3.5 用户界面状态保存

在 Android 中，一个 Activity 被激活并运行，实际上是建立了一个 Activity 的实例。当 Activity 实例与用户交互时，会产生一些状态信息，如用户所选取的值、光标的位置等。如果此时该 Activity 实例进入“暂停”或“停止”状态，则需要保存这些临时的状态信息。这是 Android 应用项目经常会遇到的问题。通常情况下，Android 使用 SharedPreferences 对象或 Bundle 对象来保存这些状态信息。

3.5.1 使用 SharedPreferences 对象

SharedPreferences 是 Android 平台上一个轻量级的存储类，其存取技术是最容易理解和使用的，因为它处理的就是一个键-值对的二元组，并保存在一个内部的 XML 文件中。可以在 Android Studio 的 Device File Explorer 中的/data/data/< package name >下找到这个 XML 文件，< packag name >表示应用项目包名。

SharedPreferences 通常用来存储一些简单的配置信息，支持常见的 string、long、float、int、boolean 等数据类型。如保存一些 Activity 的用户个性化设置的字体、颜色、位置等参数和状态信息。这些设置信息最后就通过 Preferences 来保存，而程序员不需要知道它到底是以什么形式保存的，保存在了什么地方。

顾名思义，SharedPreferences 就是共享一个 Preferences，共享范围是同一个包内。包名就由在 AndroidManifest. xml 文件中 manifest 元素下定义的 package 属性指定。换句话说，SharedPreferences 是将数据保存在本应用项目的私有存储区内，这些存储区的数据只能被本应用项目的程序所读取。所以实际上，对于外部的应用项目而言，SharedPreferences 对象的访问权限是私有的。关于 SharedPreferences 的功能和编程方法将在第 9 章详细介绍。

3.5.2 使用 Bundle 对象

在 Activity 生命周期的多个方法中，都使用了 Bundle 对象来保存 Activity 相关的状态信息。如方法 onCreate()、onSaveInstanceState()、onRestoreInstanceState()。

Bundle 类用于携带数据，它类似于 Map，用于存放键-值对形式的值，在 Activity 中传递基本数据类型，如 int、float、string 等。相对于 Map，它提供了各种常用类型的 putXxx()/getXxx()方法，如：putString()/getString()和 putInt()/getInt()，putXxx()用于往 Bundle 对象放入数据，getXxx()方法用于从 Bundle 对象里获取数据。Bundle 的内部实际上是使用了 HashMap 类型的变量来存放 putXxx()方法放入的值。

用 Bundle 绑定数据便于数据处理。所以，利用它的数据封装能力，将要传递的数据或参数通过 Intent 对象来传递到不同的 Activity 之间，是比较简便的办法。Bundle 类继承自 Android. os. Bundle 类。每个 Android 的代码程序都需要使用它，所以在每个类定义的代码文件前部都必须加上“import android. os. Bundle；”。

在 Android 应用项目的运行过程中，Bundle 对象中的数据是保存在应用项目的上下文中的，如果应用项目退出，相应的上下文也就销毁了，自然，Bundle 对象也就不存在了。

使用 Bundle 对象的常用方法见表 3-6。

表 3-6　Bundle 对象的常用方法说明

方　法	返 回 值	描　述
clear()	无	清除所有保存的数据
clone()	Bundle 对象	克隆当前 Bundle 对象
get(String key)	键名 key 所映射的值	返回指定键所映射的值。如果此键不包含任何映射关系，则返回 null
getString(String key)	键名 key 映射的 String 类型值	返回指定键所映射的值，如果在映射中不存在由指定键到 String 类型值的映射关系或者指定键在映射关系中显式映射到 null，则返回 null
isEmpty()	true 或 false	如果 Bundle 对象中不包含任何键-值映射关系，则返回 true，否则返回 false
putString (String key, String value)	无	给指定的键关联一个指定的 String 类型值。如果此键以前包含一个映射关系，则旧值被替换。其中，键和值都可以为 null
remove(String key)	无	如果 Bundle 对象中存在该键的映射关系，则将其删除

两个 Activity 之间的通信可以通过 Bundle 类来实现，做法如下。

(1) 新建一个 Bundle 类。

(2) Bundle 类中加入数据(键-值的形式，另一个 Activity 里面取数据的时候，就要用键名，找出对应的值)。

(3) 新建一个 Intent 对象，并将该 Bundle 加入这个 Intent 对象。

在案例 3.1 的 MainActivity. java 和 SubActivity. java 中都曾使用 getString( ) 和 putString()方法。请读者回去看看代码的用法，在此不作赘述。

3.5.3　SharedPreferences 与 Bundle 的区别

SharedPreferences 将数据保存在一个 XML 文件中，该 XML 文件存储在运行设备上，是一种简单的持久化的存储设置。常用于保存应用项目结束前的一些界面数据及状态信息，以便下次再打开应用项目时能恢复关闭前的窗口界面信息。

Bundle 是将数据传递到另一个上下文中或保存，或回复你自己状态的数据存储方式。它的数据不是持久化状态。常用于应用项目的运行过程中，几个 Activity 相互跳转时，保存前一个 Activity 的界面状态信息，或用于几个不同的 Activity 之间的数据传递等。

小结

本章主要介绍了 Android 应用项目运行时的控制和通信。由于应用项目直接与用户交互的是 Activity 组件，因此本章以 Activity 组件为重点。控制是使用任务、进程和线程来控制：当每个 Activity 在其生命周期中从一个状态转变为另一个状态时，如何使得系统自动有序地调用生命周期方法；当多个 Activity 在其生命周期中各状态之间转换时，如何协调工作。通信是使用 Intent 和 IntentFilter 实现多个 Activity 之间的通信：当从一个 Activity 跳转到另一个 Activity 时，如何传递消息，如何保存相关的状态信息。

第 2 章以静态的方式介绍了 Android 应用项目的组成部分，第 3 章则以动态的方式介绍了 Android 应用项目的内部控制通信机制。虽然这两章中对某些知识点看似重复提及，但侧重点不同，所阐述的内容也不相同。通过这一静一动的介绍，相信读者可以较全面地了解了 Android 应用项目的组成架构及运行机制，但是如何为 Android 项目赋予实际应用价值，还需要很多构件来充实它。从第 4 章起，将逐渐学习并使用它们。

练习

1. 阅读案例 3.1，理解多个 Activity 之间的转换调用例程。

2. 有三个 Activity，分别是 A、B、C，实现这三个 Activity 相互切换的应用。要求从任何一个 Activity 可以跳转到其他两个 Activity。

第 4 章 Android应用项目用户界面基础

上一章讲到 Activity 是 Android 程序的表示层，程序的每个显示界面就是一个 Activity。但是 Activity 不能直接显示在屏幕上，要通过视图类(View 类)提供的一系列部件来构建用户界面，显示在屏幕上。在介绍这些部件之前，必须了解其父类 View(视图)，它好比一个盛放部件的容器。

4.1 View 类概述

对于一个 Android 应用来说，android. app. Activity 类实例是一个最基本的功能单元。一个 Activity 实例可以做很多的事情，但是它本身无法显示在屏幕上，而是借助于 View 和 ViewGroup，它们是 Android 平台上最基本的两个用户界面表达单元。

4.1.1 关于 View

View 对象用于在屏幕上绘制可供用户交互的内容，是一个数据体，它的属性存储了用于屏幕上一块矩形区域的布局参数及内容，并负责这块它所辖的矩形区域之中所有测量、布局、焦点转换、卷动以及按键/触摸手势的处理。作为一个用户交互界面对象，View 同时也担任着用户交互关键点以及交互事件接受者的角色。View 来自 android. view. View 类。在屏幕上，每个 View 的子类对象都是 android. view. View 类的一个实例，所有在 Activity 中要用到可视化的窗体控件，就必须在该类定义的代码文件前部加上"import android. view. View;"。

View 类是所有屏幕表达单元的基类。View 类有众多子类，View 对象通常称为"控件"或"微件"，可以是众多子类之一，例如 Button、TextView 等。View 类的所有属性，以及在 View 类中定义的所有成员方法，其子类都全部继承。表 4-1 描述了 View 类常用的属性及其对应方法。

表 4-1 View 类常用的属性及对应方法说明

属　性	方　法	说　明
android:background	setBackgroundResource(int)	设置背景
android:clickable	setClickable(boolean)	设置 View 是否响应单击事件

续表

属 性	方 法	说 明
android:visibility	setVisibility(int)	控制 View 的可见性。取值可以使用符号常量 VISIBLE、INVISIBLE 或 GONE(在属性中使用小写字母)。这些常量的含义是: • View. VISIBLE,常量值为 0,意思是可见的。 • View. INVISIBLE,常量值是 4,意思是不可见的。 • View. GONE,常量值是 8,意思是隐藏
android:focusable	setFocusable(boolean)	控制 View 是否可以获取焦点
android:id	setId(int)	为 View 设置标识符,可通过 findViewById()方法获取,标识符必须是正数
android:longClickable	setLongClickable(boolean)	设置 View 是否响应长单击事件
android:saveEnabled	setSaveEnabled(boolean)	控制 View 是否可以保存状态。如果未作设置,当 View 被冻结时将不保存其状态

在 Android 开发中,大部分控件都有 visibility 这个属性,该属性有 3 个值:可见、不可见和隐藏。

在 XML 文件中,用 android:visibility 属性来声明,如下所示。

(1) android:visibility="visible" —— 声明控件可见。

(2) android:visibility=" invisible " —— 声明控件不可见。

(3) android:visibility=" gone " —— 声明控件隐藏。

在 Java 代码中,用 view. setVisibility()方法来设置,如下所示。

(1) view. setVisibility(View. VISIBLE); —— 设置控件可见。

(2) view. setVisibility(View. INVISIBLE); —— 设置控件不可见。

(3) view. setVisibility(View. GONE); —— 设置控件隐藏。

释疑:

不可见和隐藏有什么区别?

不可见:如果设置某控件的 visibility 属性为 invisible 时,界面会保留该控件所占有的区域位置,但不可见;

隐藏:如果设置控件的 visibility 属性为 gone 时,界面则不保留该控件所占有的区域位置空间,且不可见。

一般地,属性用于 XML 对元素声明中,方法用于 Java 代码控制中。View 类元素的属性名称对应于方法命名。大多数情况下,可以从 XML 属性名猜到对应的方法,反之亦然。例如,clickable 属性对应的类方法是 setClickable()。

4.1.2 关于 ViewGroup

ViewGroup 是一个特殊的 View 类,它继承于 android. view. View 类。ViewGroup 对象充当其他控件的容器,用于存储其他 View 和 ViewGroup 对象,以便定义界面的布局。确切地说,它是所有容器类的基类。

View 的布局显示方式直接影响用户界面,准确地说是在一个 ViewGroup 中包含的若干个 View 对象的布局。在 ViewGroup 中，定义了一个嵌套类 ViewGroup. LayoutParams。这个类定义了一个显示对象的位置、大小等属性，View 通过 LayoutParams 中的这些属性值来告诉 Android 系统，它们将如何放置。

View 和 ViewGroup 都是容器类，在其中需要按一定的排列方式放置各种可视的视图部件。View 通常绘制用户可查看并进行交互的内容；而 ViewGroup 是不可见容器，用于定义 View 和其他 ViewGroup 对象的排列结构，这种排列结构称为布局。

4.2 布局

布局(Layout)是 ViewGroup 的子类，为视图控件提供排列结构，布局中的所有元素均使用 View 和 ViewGroup 对象的层次结构进行构建，从而定义用户界面(或称 UI)的视觉结构。如 Activity 或应用小部件的 UI。

Android 可以通过以下两种方式声明布局。

一是在 XML 中声明 UI 元素。Android 提供了对应于 View 类及其子类的简明 XML 词汇，用于声明 View 对象和小部件，设置其属性值，从而定义布局。

二是使用 Java 代码定义布局。通过 Java 代码在运行时来实例化布局元素，动态地创建 View 对象和小部件，操纵其属性，从而定义布局。如果使用 Java 代码定义布局，那么在代码文件的前部必须加上"import android. view. ViewGroup;"。

在 Android 中，布局类通常都在布局的 XML 文件中描述，而较少在 Java 代码中动态定义。使用 XML 定义布局的优点在于，可以更好地将应用的 UI 设计与控制应用行为的 Java 代码相隔离，更轻松地创建适用于不同屏幕方向、不同设备屏幕尺寸和不同语言的布局，从而简化问题调试过程，更好地体现 MVC 模式的设计理念。因此，本书侧重讲述如何在 XML 中声明布局。

4.2.1 构建布局

在 XML 中构建布局，是利用 Android 的 XML 词汇，类似于在 HTML 中创建网页的方式，快速设计 UI 布局及其包含的屏幕元素。

每个布局文件都必须只包含一个根元素，并且该元素必须是 View 对象或 ViewGroup 对象。定义根元素之后，即可再以子元素的形式添加其他布局对象或小微件，从而逐步构建定义布局的视图层次结构。在 XML 中声明布局后，将以. xml 为扩展名文件形式保存在项目的 app/src/main/res/layout 目录中。

例如，以下这个 XML 布局文件，它在一个 LinearLayout 布局框架中构建了一个 TextView 和一个 Button 控件。在这里，只需大致了解布局文件的编写结构，其具体内容将在后面章节中逐一说明。

```
<?xml version = "1.0" encoding = "utf - 8"?>
<LinearLayout xmlns:android = "http://schemas.android.com/apk/res/android"
              android:layout_width = "match_parent"
              android:layout_height = "match_parent"
              android:orientation = "vertical" >
```

```
    <TextView android:id = "@ + id/text"
              android:layout_width = "wrap_content"
              android:layout_height = "wrap_content"
              android:text = "Hello, I am a TextView" />
    <Button android:id = "@ + id/button"
            android:layout_width = "wrap_content"
            android:layout_height = "wrap_content"
            android:text = "Hello, I am a Button" />
</LinearLayout>
```

在编译应用时，每个 XML 布局文件都会编译到一个 View 资源中。然后在 Activity. onCreate()回调实现中，通过调用 setContentView()方法，以 R. layout. <布局文件名>形式向其传递布局资源来加载布局。例如，如果 XML 布局文件为 main_layout. xml，则在 Activity 加载该布局的代码如下。

```
public void onCreate(Bundle savedInstanceState) {
    super.onCreate(savedInstanceState);
    setContentView(R.layout.main_layout);
}
```

运行这段代码即可在屏幕上显示这个 Activity 的 UI。

以下是布局资源文档中经常涉及的相关概念。

1. 属性

每个 View 对象和 ViewGroup 对象都支持各自类的 XML 属性。某些属性是 View 对象的专用属性(例如，TextView 支持 textSize 属性)，但这些属性也会被扩展类的视图对象继承。某些属性通用于所有 View 对象，因为它们继承自根 View 类(如 ID 属性)。

2. ID

任何 View 对象都具有一个相关联的整型 ID，此 ID 用于在结构树中对 View 对象进行唯一标识。编译应用后，此 ID 将作为整型数引用，但在布局 XML 文件中，通常是一字符串值。例如：

```
android:id = "@ + id/my_button"
```

字符串开头处的@符号指示 XML 解析程序应该解析并展开 ID 字符串的其余部分，并将其标识为 ID 资源；加号(＋)表示这是一个新的资源名称，必须创建该名称并将其添加到资源文件 R. java 中。

3. 布局参数

每个 ViewGroup 类都会实现一个扩展 ViewGroup. LayoutParams 的嵌套类。此子类包含的属性类型会根据需要为视图组的每个子视图定义尺寸和位置等布局参数。

所有视图组都包括宽度和高度(layout_width 和 layout_height)，并且每个视图都必须定义它们。许多 LayoutParams 还包括可选的外边距和边框。在应用开发中，可以指定具有确切尺寸的宽度和高度，但是在更多的情况下，使用以下常量之一来设置宽度或高度。

（1）wrap_content：将视图大小调整为内容所需的尺寸。

（2）match_parent：将视图大小调整为其父视图组所允许的最大尺寸。

一般而言，建议不要使用绝对单位（如像素）来指定布局宽度和高度，而是使用相对测量单位，如 wrap_content 或 match_parent，这样可保证应用能满足各类尺寸的设备屏幕的正常显示。

4. 位置、尺寸

视图的几何形状是矩形，视图具有一个位置（矩形的左上角坐标表示）和两个尺寸（以宽度和高度表示），位置和尺寸的单位是像素。可以通过调用方法 getLeft()和 getTop()来获得视图的位置坐标，可以通过调用方法 getWidth()和 getHeight()来获得宽度和高度。例如，如果 getLeft()返回 20，则意味着视图位于其直接父项左边缘向右 20 像素处。

此外，系统还提供了几种便捷方法来避免不必要的计算，即方法 getRight()和 getBottom()。这些方法会返回表示视图的矩形的右边缘和下边缘的坐标。例如，调用方法 getRight()类似于进行以下计算：getLeft() + getWidth()。

5. 内边距

视图实际上具有两对宽度和高度值。

第一对称为测量宽度和测量高度。这些尺寸定义视图想要在其父项内具有的大小。

第二对简称为宽度和高度，有时称为绘制宽度和绘制高度。这些尺寸定义视图在绘制时和布局后在屏幕上的实际尺寸。

要想测量其尺寸，视图需要将其内边距考虑在内。内边距以视图左侧、顶部、右侧和底部各部分的像素数表示。例如，左侧内边距为 2，会将视图的内容从左边缘向右推 2 像素。可以使用方法 setPadding(int,int,int,int)设置内边距，并通过调用方法 getPaddingLeft()、getPaddingTop()、getPaddingRight()和 getPaddingBottom()进行查询。

在开发中，可以通过将一个或多个布局嵌套来实现 UI 设计，但是高效的布局设计原则是布局层次结构尽可能简略。布局的嵌套布局越少，绘制速度越快（扁平的视图层次结构优于深层的视图层次结构）。Android 提供了一些预定义的视图组，其中包括 LinearLayout、TableLayout 和 RelativeLayout 等。每个都为定义子视图和布局结构提供了一套独特的布局参数。下面分别介绍。

4.2.2 常见布局

在 Android 4.0 之前，Android 有五大布局和四大组件，这五大布局分别是 LinearLayout 线性布局、FrameLayout 帧布局、RelativeLayout 相对布局、AbsoluteLayout 绝对布局和 TableLayout 表格布局。在 Android 4.0 之后又新增了 GridLayout 网格布局、ConstrainLayout 约束布局等。

1. 帧布局 FrameLayout

FrameLayout 是最简单的一个布局对象。它里面只显示一个 View 对象。Android 屏幕元素中所有的显示对象都将会固定在屏幕的左上角，不能指定位置。如果在帧布局中有多个显示对象，那么后一个将会直接在前一个之上进行覆盖显示，把前一个部分或全部遮住。当然，如果后一个显示对象是透明的，则前一个对象会显现出来。

2. 线性布局 LinearLayout

LinearLayout 是最常用的布局方式。它以单一方向对其中的 View 对象进行排列显示，如果以垂直排列显示，则屏幕布局中将只有一列；如果以水平排列显示，则屏幕布局中将只有一行。对于多个显示对象，线性布局保持它们之间的间隔以及互相对齐。使用线性布局设计的纵向和横向布局的效果分别如图 4-1 和图 4-2 所示。

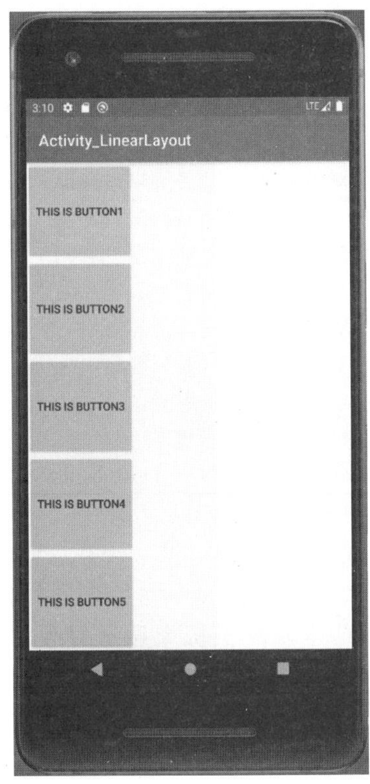

图 4-1　纵向线性布局显示效果

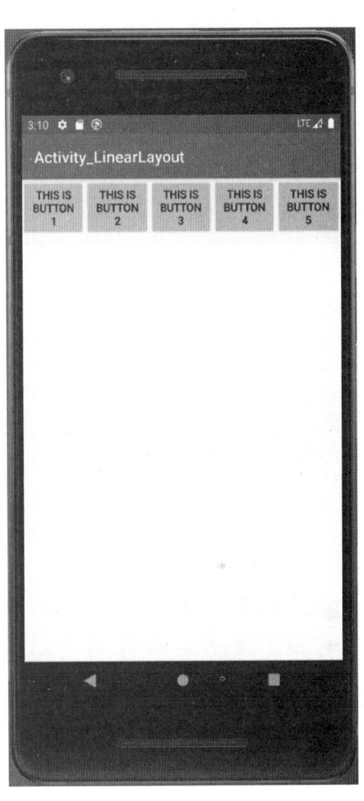

图 4-2　横向线性布局显示效果

在进行线性布局中，可以通过设置其属性值来改变排列在其中的显示对象的显示效果。常用的属性见表 4-2。

表 4-2　线性布局常用属性说明

属　　性	说　　明
android：background	设置背景颜色
android：orientation	设置线性布局的排列方向。vertical 表示纵向，horizontal 表示横向
android：gravity	设置线性布局内部显示对象的位置对齐布局方式
android：layout_width	设置线性布局的宽度。match_parent 表示填充整个屏幕，wrap_content 表示按对象上的文字的宽度不同而确定显示对象的宽度

续表

属　性	说　明
android：layout_height	设置线性布局的高度。属性值同 android：layout_width
android：layout_weight	设置线性布局内部多个显示对象的布局权重，按比例为它们划分空间。默认值为 0

这里，layout_width、layout_height 及其取值同样适用于其他类型的布局。gravity 是一个很有用的属性，它用来设置线性布局内显示对象的对齐方式，相应的设置方法是 setGravity(int)。一次可以设置一或多个属性值，如果有多个用"|"进行分隔。gravity 可取的常用属性值及其说明见表 4-3。

表 4-3　gravity 可取的属性值及说明

属性常量	属性值	说　明
top	30	不改变显示对象的大小，对齐到窗口顶部
bottom	50	不改变显示对象的大小，对齐到窗口底部
left	3	不改变显示对象的大小，对齐到窗口左侧
right	5	不改变显示对象的大小，对齐到窗口右侧
center_vertical	10	不改变显示对象的大小，对齐到容器纵向中央位置
center_horizontal	1	不改变显示对象的大小，对齐到容器横向中央位置
center	11	不改变显示对象的大小，对齐到容器中央位置
fill_vertical	70	若有可能，纵向拉伸以填满容器
fill_horizontal	7	若有可能，横向拉伸以填满容器
fill	77	若有可能，纵向、横向同时拉伸以填满容器

在线性布局中，如果有多个 View 对象，那么所有的对象都有一个 layout_weight 值，默认为 0，其意思是按显示对象的原来大小显示在屏幕上。如果 layout_weight 值大于 0，则将本线性布局的父视图中的可用空间分割，分割大小具体取决于每个显示对象的 layout_weight 值。例如，如果在水平的线性布局中有一个文本框和两个文本编辑对象，如果该文本框并无指定 layout_weight 值，那么它将占据需要提供的最少空间。

如果在线性布局中有两个文本编辑对象，且每个的 layout_weight 属性值都设置为 1，则两者平分布局区域的剩余宽度，因为这里声明两者的重要度相等；如果两个文本编辑对象中第一个 layout_weight 值设置为 1，而第二个的值设置为 2，于是，第一个占剩余宽度的三分之一，而第二个占剩余宽度的三分之二，因为 layout_weight 的数值越大，所占比例越大。

如果在线性布局中嵌套了两个线性布局对象，且第一个嵌套的线性布局 layout_weight 值设置为 1，而第二个的值设置为 2，于是，第一个占剩余宽度的三分之二，而第二个占剩余宽度的三分之一。对于嵌套的线性布局对象，layout_weight 的数值越大，所占比例越小。

可见，当线性布局中有多个显示对象时，layout_weight 属性很重要，它可以避免在一个大屏幕中一串小对象挤成一堆的情况。

【案例 4.1】 设计出如图 4-1 所示的布局文件。

说明：图 4-1 中有 5 个按钮，它们以纵向的线性排列方式显示在屏幕的左侧。因此在布局文件中要使用 layout_weight 属性且值都相同。

布局代码：在 Android Studio 中导入 Activity_LinearLayout 项目(可以从清华大学出版社为本书提供的下载资源的源代码中获得)。打开 res/layout 目录下的 activity_main.xml 文件，代码如下。

```
1   <?xml version="1.0" encoding="utf-8"?>
2
3   <LinearLayout
4       xmlns:android="http://schemas.android.com/apk/res/android"
5       android:layout_width="match_parent"
6       android:layout_height="match_parent"
7       android:orientation="vertical">
8       <Button android:id="@+id/button1"
9           android:layout_width="wrap_content"
10          android:layout_height="wrap_content"
11          android:text="This is Button1"
12          android:layout_weight="1"
13          />
14      <Button android:id="@+id/button2"
15          android:layout_width="wrap_content"
16          android:layout_height="wrap_content"
17          android:text="This is Button2"
18          android:layout_weight="1"
19      />
20      <Button android:id="@+id/button3"
21          android:layout_width="wrap_content"
22          android:layout_height="wrap_content"
23          android:text="This is Button3"
24          android:layout_weight="1"
25      />
26      <Button android:id="@+id/button4"
27          android:layout_width="wrap_content"
28          android:layout_height="wrap_content"
29          android:text="This is Button4"
30          android:layout_weight="1"
31      />
32      <Button android:id="@+id/button5"
33          android:layout_width="wrap_content"
34          android:layout_height="wrap_content"
35          android:text="This is Button5"
36          android:layout_weight="1"
37      />
38  </LinearLayout>
```

(1) 第 3～38 行声明一个线性布局。其中，线性布局的属性定义在第 4～7 行，第 4 行是每个 Android 布局文件根元素必不可少的属性，定义布局框架，本例是定义为线性布局；第 5～6 行设置线性布局的宽和高属性值，值都是 match_parent，即充满容器的宽和高；第 7 行设置线性布局的方向是 vertical，即是纵向的。

(2) 第 8～13 行、第 14～19 行、第 20～25 行、第 26～31 行、第 32～37 行分别声明了 5 个按钮，每个按钮中的文本都比较长，都设置 layout_weight 的值为 1。

图 4-3　嵌套线性布局的显示效果

思考：

如果将每个 Button 的属性 android:layout_weight=1 都删掉，会出现什么样的显示效果？

如果将第一个 Button 的属性 android:layout_weight 的值改为 2，其余不变，又会出现什么样的显示效果？

怎样修改布局文件，可以显示出如图 4-2 所示的 UI 效果？

线性布局允许嵌套。在开发中，往往在一个纵向的线性布局里嵌套一个或多个纵向、横向的线性布局，或在一个横向的线性布局里嵌套一个或多个横向、纵向的线性布局。这是非常常用的技巧，如图 4-3 所示。嵌套的线性布局是 UI 设计中常见的布局方式。

【案例 4.2】　设计出如图 4-3 所示的布局文件。

说明：从图 4-3 中可以看到，这个布局应该是：外层是一个纵向的线性布局，并且上下两部分的高度是不等比的。内层是一个横向的线性布局，并且是宽度不等的两部分。

布局代码：在 Android Studio 中导入本教材提供的源代码 Activity_NestLinearLayout 项目。打开 res/layout 目录下的 activity_main.xml 文件，代码如下。

```
<?xml version = "1.0" encoding = "utf - 8"?>
< LinearLayout
    xmlns:android = "http://schemas.android.com/apk/res/android"
    android:orientation = "vertical"
    android:layout_width = "match_parent"
    android:layout_height = "match_parent">

    < LinearLayout
        android:orientation = "vertical"
        android:layout_width = "match_parent"
        android:layout_height = "match_parent"
        android:layout_weight = "2">
        < TextView
            android:text = "这个的 layout_weight 值为 2"
            android:textSize = "20sp"
            android:layout_width = "match_parent"
            android:layout_height = "wrap_content"
            />
    </LinearLayout >

    < LinearLayout
        android:orientation = "horizontal"
        android:layout_width = "match_parent"
        android:layout_height = "match_parent"
```

```
25            android:layout_weight = "1">
26            < TextView
27                android:text = "红"
28                android:textColor = " # aaaaaa"
29                android:textSize = "50sp"
30                android:gravity = "center_horizontal"
31                android:background = " # aa0000"
32                android:layout_width = "wrap_content"
33                android:layout_height = "match_parent"
34                android:layout_weight = "2"/>
35            < TextView
36                android:text = "绿"
37                android:textColor = " # aaaaaa"
38                android:textSize = "50sp"
39                android:gravity = "center_horizontal"
40                android:background = " # 00aa00"
41                android:layout_width = "wrap_content"
42                android:layout_height = "match_parent"
43                android:layout_weight = "1"/>
44        </LinearLayout >
45
46    </LinearLayout >
```

(1) 第 2～46 行声明的是外层线性布局，从第 4 行知此线性布局的方向是 vertical，即是纵向的。

(2) 第 8～19 行声明的是上面的内层线性布局。为了与下面的高度不一致，设置此线性布局的 layout_weight 属性值为 2。由于此线性布局内只有一个 TextView 控件，所以此线性布局的方向可为横向，也可为纵向，这里设置的是纵向。

(3) 第 21～44 行声明的是下面的内层线性布局。设置此线性布局的 layout_weight 属性值为 1，所以其高度应该是上面线性布局的两倍；此线性布局内有两个 TextView 控件，且并列一行，所以设置线性布局的方向是 horizontal，即是横向的；左侧红色的宽度是右侧绿色的两倍宽度，所以设置左侧的 TextView 控件 layout_weight＝"2"，右侧的 layout_weight＝"1"。

3. 表格布局 TableLayout

TableLayout 是线性布局的特殊类。以拥有任意行、列的表格对 View 对象进行布局，每个单元格内只显示一个 View 对象，但单元格的边框线不可见。表格布局类每行为一个 TableRow 对象，在 TableRow 中可以添加显示对象，每添加一个显示对象为一列。

在表格布局中，一个列的宽度由该列中最宽的那个单元格确定，而表格的宽度则由父容器确定。布局中可以有空的单元格，也可以像 HTML 文件一样，一个单元格可以跨越多个列。

TableLayout 继承自 LinearLayout 类，它继承了线性布局所拥有的属性和方法，但表格布局还有它特有的为列设置的属性和方法。表 4-4 是对表格布局列的常用属性的描述。

表 4-4　表格布局列的常用属性说明

属　性	说　明
android:collapseColumns	设置指定列为 Collapsed，列号从 0 开始计算。如果列被标识为 Collapsed，则该列将会被隐藏
android:shrinkColumns	设置指定列为 Shrinkable，列号从 0 开始计算。如果列被标识为 Shrinkable，则该列的宽度可以进行收缩，以使表格能够适应其父容器的大小
android:stretchColumns	设置指定列为 Stretchable，列号从 0 开始计算。如果列被标识为 Stretchable，则该列的宽度可以进行拉伸，以填满表格中空闲的空间

注意，一个列可以同时具有 Shrinkable 和 Stretchable 属性，在这种情况下，该列的宽度将可以任意地进行收缩或拉伸以适应父容器。

【案例 4.3】 设计一个三行三列的表格布局，其中第一行前两列分别放两个按钮，第二行后两列分别放两个按钮，第三行第三列放一个按钮。

说明：这个表格布局每行的显示对象的位置都不相同，在布局文件中需要使用 TableRow 类来逐行定义。另外，这里没有对每个按钮的宽度作要求，在此默认是等宽的。

布局代码：在 Android Studio 中导入本教材提供的源代码 Activity_TableLayout 项目。打开 res/layout 目录下的 activity_main.xml 文件，代码如下。

```
<?xml version = "1.0" encoding = "utf - 8"?>
<TableLayout
    xmlns:android = "http://schemas.android.com/apk/res/android"
    android:layout_width = "match_parent"
    android:layout_height = "match_parent"
    android:shrinkColumns = "0,1,2">
    <TableRow><!-- row1 -->
        <Button android:id = "@ + id/button1"
            android:layout_width = "wrap_content"
            android:layout_height = "wrap_content"
            android:text = "This is my Button1"
            android:layout_column = "0"
            />
        <Button android:id = "@ + id/button2"
            android:layout_width = "wrap_content"
            android:layout_height = "wrap_content"
            android:text = "This is my Button2"
            android:layout_column = "1"
            />
    </TableRow>
    <TableRow><!-- row2 -->
        <Button android:id = "@ + id/button3"
            android:layout_width = "wrap_content"
            android:layout_height = "wrap_content"
            android:text = "This is my Button3"
            android:layout_column = "1"
            />
        <Button android:id = "@ + id/button4"
            android:layout_width = "wrap_content"
            android:layout_height = "wrap_content"
            android:text = "This is my Button4"
```

```
32                  android:layout_column = "1"
33                  />
34          </TableRow >
35          < TableRow ><!-- row3 -- >
36              < Button android:id = "@ + id/button5"
37                  android:layout_width = "wrap_content"
38                  android:layout_height = "wrap_content"
39                  android:text = "This is my Button5"
40                  android:layout_column = "2"
41                  />
42          </TableRow >
43  </TableLayout >
```

(1) 第 2～43 行声明的是表格布局。其中第 6 行定义了该表格是三列的，且是可收缩的，这样，布局按照父容器的宽度平分三列宽度，如果每列中的显示对象超出了单元格的宽度就自动收缩至单元格宽度。列号从 0 开始计算。

(2) 第 7～20 行声明了表格的第一行。其中有两个按钮 Button，尽管每个按钮的 layout_width 和 layout_height 值都是 wrap_content，即以文本的宽度、高度为按钮的尺寸，但是由于在< TableLayout >中设置属性“android:shrinkColumns="0,1,2"”，所以最终三列还是以三等份来平分父容器的宽度为优先。这里，第 12 行指定在该行第一列显示按钮 1，第 18 行指定在该行第二列显示按钮 2。

(3) 第 21～34 行声明了表格的第二行，其中也定义两个 Button。这里，第 26 行指定在该行第二列显示按钮 3，注意，第 32 行仍指定在该行第二列上显示按钮，但第二列已经被指定过了，则在第二列之后添加一列(即第三列)显示按钮 4。

(4) 第 35～42 行声明了表格的第三行，其中定义了一个 Button，并指定在第三列显示。

运行结果：在 Android Studio 支持的模拟器上，运行 Activity_TableLayout 项目。运行结果如图 4-4 所示。

图 4-4　三行三列表格布局的显示效果

4. 相对布局 RelativeLayout

RelativeLayout 允许通过指定 View 对象相对于其他显示对象或父级对象的相对位置来布局。如一个按钮可以放于另一个按钮的右边，或者可以放在布局管理器的中央等。注意，如果对象 B 的位置是相对于对象 A 来决定的，那么必须先定义对象 A，然后才能定义对象 B。

相对布局是一个非常强大的界面设计实用工具，因为它使布局层次结构保持扁平化。对于一个有多个控件且位置比较复杂的 UI，可以使用多个嵌套的 LinearLayout 组来设计布局，而使用一个 RelativeLayout 就可以替换它们，从而消除嵌套视图组，提高性能。

在进行相对布局时用到的属性较多，下面按其属性值的归类分别进行介绍。

属性值为 true 或 false 的属性见表 4-5。

表 4-5 相对布局中取值为 true 或 false 的属性及说明

属　性	说　明
android:layout_centerHorizontal	当前显示对象位于父控件的横向中间位置
android:layout_centerVertical	当前显示对象位于父控件的纵向中间位置
android: layout_centerInParent	当前显示对象位于父控件的中央位置
android: layout_alignParentBottom	当前显示对象底端与父控件的底端对齐
android: layout_alignParentLeft	当前显示对象左侧与父控件的左侧对齐
android: layout_alignParentRight	当前显示对象右侧与父控件的右侧对齐
android: layout_alignParentTop	当前显示对象顶端与父控件的顶端对齐
android: layout_alignWithParentIfMissing	参照对象不存在或不可见时参照父控件

属性值为其他控件的 ID 的属性见表 4-6。

表 4-6 相对布局中取值为其他控件 ID 的属性及说明

属　性	说　明
android:layout_toRightOf	使当前显示对象位于给出 ID 控件的右侧
android:layout_toLeftOf	使当前显示对象位于给出 ID 控件的左侧
android: layout_above	使当前显示对象位于给出 ID 控件的上方
android: layout_below	使当前显示对象位于给出 ID 控件的下方
android: layout_alignTop	使当前显示对象的上边界与给出 ID 控件的上边界对齐
android: layout_alignBottom	使当前显示对象的上边界与给出 ID 控件的下边界对齐
android: layout_alignLeft	使当前显示对象的左边界与给出 ID 控件的左边界对齐
android: layout_alignRight	使当前显示对象的右边界与给出 ID 控件的右边界对齐

属性值为像素单位的属性见表 4-7。

表 4-7 相对布局中取值为像素单位的属性及说明

属　性	说　明
android:layout_marginLeft	当前显示对象左侧的留白
android:layout_marginRight	当前显示对象右侧的留白
android: layout_marginTop	当前显示对象上方的留白
android: layout_marginBottom	当前显示对象下方的留白

注意，在进行相对布局时要避免循环依赖。例如，在相对布局中设置了父容器的排列方式为 WRAP_CONTENT，即表示它将以容器内的显示子对象的大小为尺寸，如果此时将其子对象设置为 ALIGN_PARENT_BOTTOM，即表示它将与父容器的底部对齐。这就出现了循环依赖的排列，因此造成子控件与父控件相互依赖和参照的错误。

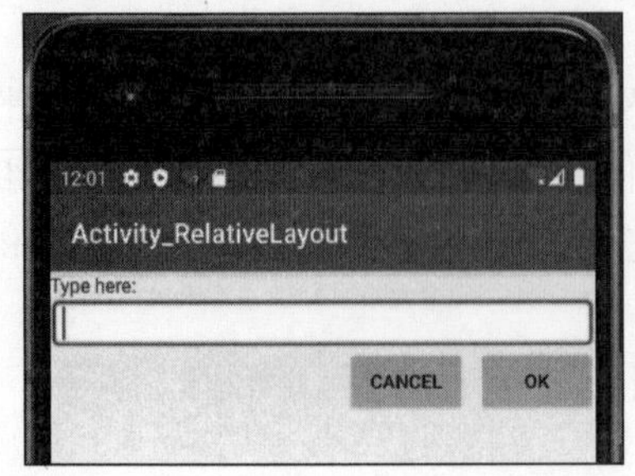

图 4-5 一个简单的信息录入框界面

【案例 4.4】 试使用相对布局来设计如图 4-5 所示的界面效果。

说明： 通常可以使用嵌套的线性布局或者使用表格布局来实现如图 4-5 所示的用户界面，但在此案例中需要使用相对布局实现。

先来分析一下界面中各个对象的位置，最上方是一个与屏幕左对齐的文字串，可使用 TextView 控件；它的下方是一个可输入的编辑框，并充满整个屏幕宽度，可使用 EditText 控件；它的下方是两个并排的按钮，并且是与屏幕右对齐的。当设计它们的显示位置时，一定要找准参照对象。

布局代码：在 Android Studio 中导入本教材提供的源代码 Activity_RelativeLayout 项目。打开 res/layout 目录下的 activity_main.xml 文件，代码如下。

```
1   <?xml version = "1.0" encoding = "utf - 8"?>
2   < RelativeLayout
3       xmlns:android = "http://schemas.android.com/apk/res/android"
4       android:layout_width = "match_parent"
5       android:layout_height = "match_parent">
6
7       < TextView
8           android:id = "@ + id/label"
9           android:layout_width = "match_parent"
10          android:layout_height = "wrap_content"
11          android:text = "Type here:"/>
12      < EditText
13          android:id = "@ + id/entry"
14          android:layout_width = "match_parent"
15          android:layout_height = "wrap_content"
16          android:background = "@android:drawable/editbox_background"
17          android:layout_below = "@id/label"/>
18      < Button
19          android:id = "@ + id/ok"
20          android:layout_width = "wrap_content"
21          android:layout_height = "wrap_content"
22          android:layout_below = "@id/entry"
23          android:layout_alignParentRight = "true"
24          android:layout_marginLeft = "10dp"
25          android:text = "OK" />
26      < Button
27          android:layout_width = "wrap_content"
28          android:layout_height = "wrap_content"
29          android:layout_toLeftOf = "@id/ok"
30          android:layout_alignTop = "@id/ok"
31          android:text = "Cancel" />
32
33  </RelativeLayout >
```

(1) 第 2～33 行声明了一个相对布局，并且这个相对布局的宽度和高度都充满屏幕。

(2) 第 7～11 行声明了一个 TextView 控件，设置它的 ID 为 label，显示内容为 Type here:。第 9 行设置该文本框的宽度是 match_parent，即填满其父容器。第 10 行设置的高度为 wrap_content，即其高度为文本的高度。

(3) 第 12～17 行声明了一个 EditText 控件，设置它的 ID 为 entry。第 16 行设置 EditText 控件的背景由 Android 系统 drawable 资源包里面的名为 editbox_background 的图片提供，而不是 EditText 默认的背景格式。第 17 行设置本编辑框的位置，指定它位于 ID 为 label 的 TextView 控件的下方。

(4) 第18～25行声明了一个Button控件,它的ID为ok。第22行设置本按钮的位置,指定它位于ID为entry的EditText控件的下方;第23行指定它与父容器的右侧对齐;第24行指定本按钮的左侧留白为10dp;按钮上显示的文本为“OK”。

(5) 第26～31行声明了一个Button控件。第29行设置本按钮位于ID为OK的按钮控件的左侧,并由第24行知本按钮会与OK按钮控件保持10dip的间距;第30行指定它与OK按钮控件的上边界对齐;本按钮上显示的文本为“Cancel”。

释疑:

“@+id”与“@id”的区别?

我们经常在布局文件中看到View对象的ID属性声明,有时候用“@+id”,有时候用“@id”。“@+id”表示在R文件中产生一个新的ID,如果没有“+”,而是“@id”,就是引用其他地方已经定义过的ID。语句“android:id="@+id/label"”中,“@”符号表示将这个TextView组件对象的ID自动记载在R.java文件中,“+id”表示向R.java文件的静态内部类ID中添加一个整型变量,名字叫label。

5. 绝对布局AbsoluteLayout

AbsoluteLayout允许以坐标的方式,指定View对象的具体位置,左上角的坐标为(0,0),向下及向右,坐标值变大。这种布局管理器由于显示对象的位置定死了,所以在不同的设备上,有可能会出现最终的显示效果不一致的情况。

由于每个显示对象都是通过计算其坐标来定位和布局的,与周围的其他控件和父容器无关,所以绝对布局是一种用起来比较费时的布局管理器。

6. 网格布局GridLayout

GridLayout是Android 4.0之后新加入的布局方式,类似于HTML中的table标签,它把整个容器划分成行数×列数个网格,行、列的序号都是从0开始。每个网格可以放置一个组件。网格布局与TableLayout框架相似,但是,在TableRow中,每添加一个子控件就成为一列,使用这种布局无法实现将控件占据多个行或列的问题,而且渲染速度也不能得到很好的保证。网格布局弥补了这一不足,新增了如下内容。

(1) 可以设置容器中组件的对齐方式。

(2) 容器中的组件可以跨多行也可以跨多列。

需要注意的是,因为是Android 4.0之后新增的,所以API Level 14之前的SDK无法直接使用。

为了控制GridLayout布局容器中各子组件的布局分布,GridLayout提供了一系列的属性和方法,常用的见表4-8。

表4-8 网格布局中常用的属性及说明

属性	方法	说明
android:alignmentMode	setAlignmentMode(int)	设置该布局管理器采用的对齐模式
android:columnCount	setColumnCount(int)	设置该网格的列数量

续表

属　性	方　法	说　明
android:columnOrderPreserved	setColumnOrderPreserved(boolean)	设置该网格容器是否保留列序号
android:rowCount	setRowCount(int)	设置该网格的行数量
android:rowOrderPreserved	setRowOrderPreserved(boolean)	设置该网格容器是否保留行序号
android:useDefaultMargins	setUseDefaultMargins(boolean)	设置该布局管理器是否使用默认的页边距

【案例 4.5】 设计一个6行5列计算器界面。其中，清除按钮C、00按钮占2列，=按钮占2行，其他按钮默认都是占用1行1列，加、减、乘、除运算符按钮用蓝色字突出显示，如图4-6所示。

说明：这个计算器是6行5列，并且有些按钮跨列或跨行，因此可以选择用网格布局来设计。第一行为显示计算结果，其他均可以使用按钮控件来实现界面设计。

布局代码：在Android Studio中导入本教材提供的源代码Activity_GridLayout项目。打开res/layout目录下的activity_main.xml文件，代码片段如下所示。

图 4-6　一个简单的计算器界面

```
<?xml version = "1.0" encoding = "utf - 8"?>
< GridLayout
    xmlns:android = "http://schemas.android.com/apk/res/android"
    xmlns:tools = "http://schemas.android.com/tools"
    android:layout_width = "match_parent"
    android:layout_height = "wrap_content"
    android:layout_marginTop = "10dp"
    android:columnCount = "5"
    android:rowCount = "6"
    android:background = "#000000"
    tools:context = ".MainActivity" >

    < EditText
        android:id = "@ + id/print"
        android:layout_width = "match_parent"
        android:layout_height = "wrap_content"
        android:layout_columnSpan = "5"
        android:layout_marginLeft = "3dp"
        android:layout_marginRight = "3dp"
        android:layout_row = "0"
        android:textSize = "40sp"
        android:background = "#F1F0F0" />

    < Button
        android:id = "@ + id/clear"
        android:layout_width = "wrap_content"
        android:layout_height = "wrap_content"
```

```
            android:layout_column = "0"
            android:layout_columnSpan = "2"
            android:layout_row = "1"
            android:layout_gravity = "fill_horizontal"
            android:textSize = "30sp"
            android:text = "C" />
        < Button
            android:id = "@ + id/perc"
            android:layout_width = "wrap_content"
            android:layout_height = "wrap_content"
            android:layout_column = "2"
            android:layout_row = "1"
            android:textSize = "30sp"
            android:text = " % " />
        < Button
            android:id = "@ + id/tcdivide"
            android:layout_width = "wrap_content"
            android:layout_height = "wrap_content"
            android:layout_column = "3"
            android:layout_row = "1"
            android:textColor = " # 0505E6"
            android:textSize = "30sp"
            android:text = " ÷ " />
        < Button
            android:id = "@ + id/backspc"
            android:layout_width = "wrap_content"
            android:layout_height = "wrap_content"
            android:layout_column = "4"
            android:layout_row = "1"
            android:layout_gravity = "center_horizontal"
            android:textSize = "30sp"
            android:text = "«—— " />

        < Button
            android:id = "@ + id/tn7"
            android:layout_width = "wrap_content"
            android:layout_height = "wrap_content"
            android:layout_column = "0"
            android:layout_row = "2"
            android:textSize = "30sp"
            android:text = "7" />
            ...
        < Button
            android:id = "@ + id/tnplus"
            android:layout_width = "wrap_content"
            android:layout_height = "wrap_content"
            android:layout_column = "3"
            android:layout_row = "4"
            android:textColor = " # 0505E6"
            android:textSize = "30sp"
            android:text = " + " />
        < Button
            android:id = "@ + id/tcequal"
            android:layout_width = "wrap_content"
```

```
181            android:layout_height = "wrap_content"
182            android:layout_column = "4"
183            android:layout_gravity = "fill_vertical"
184            android:layout_row = "4"
185            android:layout_rowSpan = "2"
186            android:textSize = "30sp"
187            android:text = " = " />
188
189        <Button
190            android:id = "@ + id/tn0"
191            android:layout_width = "wrap_content"
192            android:layout_height = "wrap_content"
193            android:layout_column = "0"
194            android:layout_row = "5"
195            android:textSize = "30sp"
196            android:text = "0" />
197        <Button
198            android:id = "@ + id/tnpoint"
199            android:layout_width = "wrap_content"
200            android:layout_height = "wrap_content"
201            android:layout_column = "3"
202            android:layout_row = "5"
203            android:textSize = "30sp"
204            android:text = "." />
205        <Button
206            android:id = "@ + id/tn00"
207            android:layout_width = "wrap_content"
208            android:layout_height = "wrap_content"
209            android:layout_column = "1"
210            android:layout_columnSpan = "2"
211            android:layout_gravity = "fill_horizontal"
212            android:layout_row = "5"
213            android:textSize = "30sp"
214            android:text = "00" />
215
216    </GridLayout >
```

(1) 第 2～11 行声明网格布局的属性，设置该网格宽度充满屏幕，高度以网格内容为高度，网格与顶端的间距为 10dip，网格为 5 列 6 行，并设置网格背景色为黑色。

(2) 第 13～22 行声明了一个 EditText 控件，它用于输入运算式子或显示计算的结果。这个 EditText 控件横跨网格的第 1 行，第 17 行定义 EditText 控件合并 5 列显示。

(3) 第 24～33 行声明了一个 Button 控件，是 C 按钮，在网格的第 1 行、合并第 1、2 列显示。第 31 行定义按钮横向填满 2 列完整的宽度。

(4) 第 178～187 行声明了一个 Button 控件，是＝按钮，合并网格的第 5、6 行，在第 5 列显示。第 183 行定义按钮纵向填满 2 行完整的高度。

(5) 第 197～204 行声明了一个 Button 控件，是. 按钮，在网格的第 6 行，在第 4 列显示。第 205～214 行声明了一个 Button 控件，是 00 按钮，在网格的第 6 行，合并网格的第 2、3 列显示。从这两段控件声明来看，网格布局中的控件位置只与属性 layout_row 和 layout_column 的值相关，与声明的先后顺序无关。

7. 约束布局 ConstraintLayout

ConstraintLayout 可使用扁平视图层次结构(无嵌套视图组)创建复杂的大型布局。早在 2016 年的 Google I/O 大会上,就有人提出了这个可以灵活控制子控件的位置和大小的新布局。在 Android Studio 2.3 之后新增的项目就默认使用 ConstraintLayout 布局了。ConstraintLayout 向下兼容到 Android 2.3(API 级别 9)。

ConstraintLayout 是使用约束的方式来指定各个控件的位置和关系的,它有点类似于 RelativeLayout 或者类似于 LinearLayout 嵌套组,但远比 RelativeLayout 更强大。它吸收了 RelativeLayout 和 LinearLayout 的优点、特性,但灵活性更高,功能更强大。它可以在不嵌套 ViewGroup 的情况下实现非常庞大、复杂的布局。实现了扁平化,这对提升性能的帮助更大。ConstraintLayout 布局的属性很丰富,有描述定位、间距、尺寸大小等。其中定位包括相对定位、圆形定位、百分比定位、居中对齐、单边对齐。相对定位应用最为普遍,常用的属性见表 4-9。

表 4-9 约束布局相对定位常用属性及说明

属　性	说　明
layout_constraintTop_toTopOf	将所需视图的顶部与另一个视图的顶部对齐
layout_constraintTop_toBottomOf	将所需视图的顶部与另一个视图的底部对齐
layout_constraintBottom_toBottomOf	将所需视图的底部与另一个视图的底部对齐
layout_constraintBottom_toTopOf	将所需视图的底部与另一个视图的顶部对齐
layout_constraintLeft_toLeftOf	将所需视图的左边与另一个视图的左边对齐
layout_constraintLeft_toTopOf	将所需视图的左侧对齐到另一个视图的顶部
layout_constraintLeft_toBottomOf	将所需视图的左侧对齐到另一个视图的底部
layout_constraintLeft_toRightOf	将所需视图的左边与另一个视图的右边对齐
layout_constraintRight_toRightOf	将所需视图的右边与另一个视图的右边对齐
layout_constraintRight_toTopOf	将所需视图的右侧对齐到另一个视图的顶部
layout_constraintRight_toBottomOf	将所需视图的右侧对齐到另一个视图的底部
layout_constraintRight_toLeftOf	将所需视图的右边与另一个视图的左边对齐
layout_constraintHorizontal_bias	控件的水平偏移比例
layout_constraintVertical_bias	控件的垂直偏移比例
layout_constraintBaseline_toBaselineOf	基准线约束,默认 parent

例如,有两个 TextView 控件分别是 tv1 和 tv2,要将 tv2 顶部与 tv1 顶部对齐,布局文件的代码片段如下。

```
<androidx.constraintlayout.widget.ConstraintLayout
    ...
    >

    <TextView
        android:id="@+id/tv1"
        ...
        />

    <TextView
```

```
            android:id = "@ + id/tv2"
            ...
            app:layout_constraintTop_toTopOf = "@id/tv1" />

</androidx.constraintlayout.widget.ConstraintLayout >
```

另一方面，ConstraintLayout 布局可以与 Android Studio IDE 的布局编辑器配合使用。因为 Android Studio 的布局 API 和布局编辑器是专为彼此构建的，所以完全可以通过拖放的形式来构建布局，而不用修改 XML 布局文件。在第 1 章中创建了第一个应用 Hello_Android，在 Android Studio 中打开布局文件，把编辑窗格设置为 Split 模式。这时可以同时看到代码和预览设计两个窗格，当单击右边的 TextView 对象时，会看到四个小圆形的约束标记分别连接四个约束边；拖动 TextView 对象，可以看到左侧代码窗格自动添加了两行代码，如图 4-7 所示。

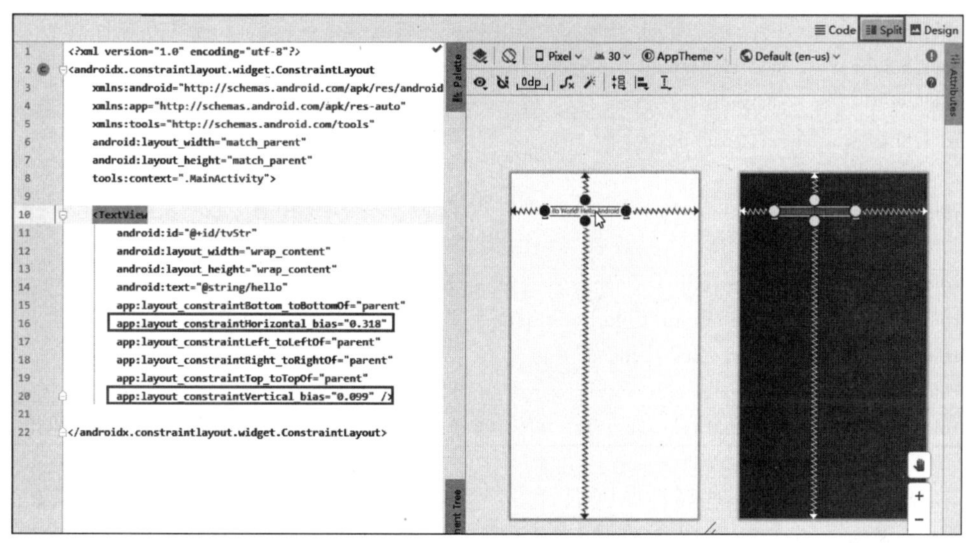

图 4-7　Hello_Android 的布局文件 Split 设计模式

ConstraintLayout 布局虽然设计灵活，且功能强大，但是对于初学者而言，还需要掌握 Android 的基本布局的用法，熟悉各基本布局的特点。在 Android 的基本布局中以 LinearLayout 和 RelativeLayout 最为常用，所以本书在案例布局文件中以使用 LinearLayout 和 RelativeLayout 为主进行界面设计。

4.3　基本控件

部件(Widget)是为构建用户交互界面提供服务的视图对象。Android 的 Widget 包括应用项目的绝大多数用户界面显示元素，并提供了一套完整的部件实现方法。常用的 Widget 包括 TextView、EditText、Button、RadioButton、Checkbox 和 ScrollView 等。由于它们每个都可以与用户进行交互，所以把 Widget 类中的每个部件称为控件。

Widget 类是 View 类的子类，Widget 内的所有控件都继承了 View 类中的属性和方法。可以在 android. widget 包中找到 Android 提供的控件列表。下面分别进行介绍。

4.3.1 文本框(TextView)

TextView 是用来向用户显示文本内容但不能修改其内容的控件。它在 android. widget. TextView 包中定义，在 Java 类设计中使用它时，需要在该代码文件前部加上“import android. widget. TextView;”。

TextView 控件中有很多可以在 XML 文件中设置的属性，同时它也继承了其父类 View 的很多属性。这些属性同样可以在代码中以相应的方法来动态声明。常用的属性和对应的方法见表 4-10。

表 4-10 TextView 常用的属性和对应方法说明

属　性	方　法	说　明
android:gravity	setGravity(int)	设置 TextView 在 x 轴和 y 轴方向上的显示方式
android:height	setHeight(int)	设置 TextView 的高度，以像素为单位
android:width	setWidth(int)	设置 TextView 的宽度，以像素为单位
android:hint	setHint(int)	当 TextView 中显示的文本内容为空时，显示的文本提示信息
android:padding	setPadding(int)	设置 TextView 中显示文本与其父容器边界的间距
android:text	setText(CharSequence)	为 TextView 设置显示的文本内容
android:textColor	setTextColor(ColorStateList)	设置 TextView 的文本颜色
android:typeface	setTypeface(Typeface)	设置 TextView 的文本字体
android:textSize	setTextSize(float)	设置 TextView 的文本大小
android:textStyle	setTextStyle(TextStyle)	设置 TextView 的文本字形，如粗体、斜体等

在使用中，要注意一些属性的区别。

(1) android:gravity 与 android:layout_gravity 的区别。

android:gravity 用于设置这个 View 内的所有子元素的对齐方式；而 android:layout_gravity 用于设置这个 View 在其父容器中的对齐方式。

(2) android:padding 与 android:layout_margin 的区别。

android:padding 是站在 View 中内容的角度描述问题的，它规定其里面的内容必须与这个 View 边界的距离；而 android:layout_margin 则是站在自己的角度描述问题的，规定自己和其他(上下左右)的 View 之间的距离，如果同一级只有一个 View，那么它的效果基本上就和 android:padding 一样了。

图 4-8 一个 TextView 控件

【案例 4.6】 试设计如图 4-8 所示的布局文件片段。

说明：这个 TextView 控件有背景色，需要使用 android:background 属性，文本颜色是白色的，需要使用 android:textColor 属性。颜色常量使用“#RRGGBB”6 位十六进制数表示。

布局代码：布局文件中的代码片段如下。

```
1    <TextView
2        android:id = "@ + id/text_view"
3        android:layout_width = "match_parent"
4        android:layout_height = "wrap_content"
5        android:textSize = "16sp"
6        android:textColor = " # ffffff"
7        android:padding = "10dp"
8        android:background = " # cc0052"
9        android:text = "这里是 TextView,你可以在这里输入需要显示的文字信息.."
10       />
```

(1) 第 1～10 行声明了一个 TextView 控件。

(2) 第 5 行设置文本的字符大小是 16sp。在 2.2.1 节中已说明推荐使用 sp 作为字符大小的单位。

(3) 第 6 行设置文本的颜色,"# ffffff"为纯白色。

(4) 第 7 行设置文本与其父容器(即文本框)边界的间距为 10 像素。可以看出图 4-8 中的文本与红色区域的边界是有 10 个像素的间隔。

(5) 第 8 行设置文本框的背景颜色,"# cc0052"为玫红色。

(6) 第 9 行设置文本框的显示内容。

4.3.2　编辑框(EditText)

EditText 是用来向用户显示文本内容,并允许用户对文本进行编辑的控件。在开发中经常会使用到这个控件,例如,实现登录界面时,需要输入用户账号、密码等信息,这时需要用到编辑控件。EditText 控件定义在 android. widget. EditText 包中,在 Java 类设计中使用它时,需要在该代码文件前部加上"import android. widget. EditText;"。

EditText 类继承自 TextView,TextView 控件中有许多属性和对应方法,对 EditText 控件同样适用。表 4-11 列出 EditText 控件常用的属性和方法。

表 4-11　EditText 常用的属性和对应方法说明

属　　性	方　　法	说　　明
android:cursorVisible	setCursorVisible (boolean)	设置光标是否可见,默认可见
android:lines	setLines(int)	设置 EditText 的固定行数
android:maxLines	setMaxLines(int)	设置最大的行数
android:maxLength	setFilters(InputFilter)	设置最大的显示长度
android:hint	setHint(CharSequence)	没有输入内容之前的提示内容
android:inputType	setTransformationMethod(TransformationMethod)	设置文本类型,确定输入显示模式,例如日期、密码等
android:scrollHorizontally	setHorizontallyScrolling(boolean)	设置文本框是否可以水平滚动

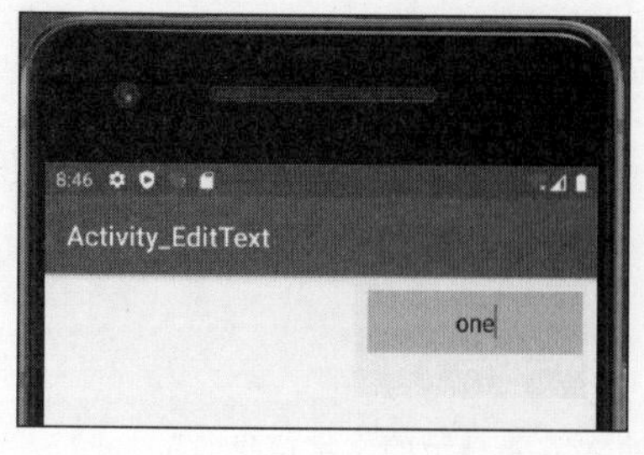

图 4-9　一个 EditText 控件

【案例 4.7】 试设计如图 4-9 所示的布局文件片段。

说明：这个 EditText 控件有一定的宽度，需要设置宽度数据，有一定的高度，有背景色；控件与父容器有一定的间隙，需要使用 layout_margin 属性；与屏幕右侧对齐，需要使用 layout_gravity 属性；注意，EditText 控件中的文本是居中的，需要使用 gravity 属性。

布局代码：布局文件中的代码片段如下。

```
1   <EditText
2       android:id = "@ + id/edit_text"
3       android:layout_width = "160dp"
4       android:layout_height = "wrap_content"
5       android:lines = "2"
6       android:background = " # DFDEDE"
7       android:layout_margin = "10dp"
8       android:gravity = "center"
9       android:layout_gravity = "end"
10      android:text = "one"
11      />
```

(1) 第 1～11 行声明了一个 EditText 控件。

(2) 第 3 行设置 EditText 的宽度为 160 像素。

(3) 第 4 行设置 EditText 的高度是 wrap_content，而图 4-9 中明显高于一行的高度，所以第 5 行设置 EditText 的高度为 2 行。

(4) 第 6 行设置 EditText 的背景颜色。

(5) 第 7 行设置 EditText 与其他控件的距离。

(6) 第 8 行设置 EditText 中的文本居中。

(7) 第 9 行设置 EditText 控件与屏幕右侧对齐。

4.3.3　图片控件(ImageView)

1. ImageView

ImageView 负责显示图片。除了显示图片之外，还可以对图片执行一些简单的编辑操作，例如设置它的 alpha 值、调整图片的尺寸等。ImageView 控件定义在 android. widget. ImageView 包中，继承自 android. view. View。在 Java 类设计中使用它时，需要在该代码文件前部加上“import android. widget. ImageView;”。

图片来源有多种途径：可以是资源文件的 ID，也可以是 drawable 目录中的图片对象，还可以是 Content Provider 中的 URI 等。ImageView 控件中常用的属性和对应方法见表 4-12。

表 4-12　ImageView 中常用的属性和对应方法说明

属　　性	方　　法	说　　明
android:adjustViewBounds	setAdjustViewBounds(boolean)	设置是否需要 ImageView 调整自己的边界来保证显示的图片的长宽比例
android:maxHeight	setMaxHeight(int)	可选项,设置 ImageView 的最大高度
android: maxWidth	setMaxWidth(int)	可选项,设置 ImageView 的最大宽度
android:scaleType	setScaleType(ImageView. ScaleType)	调整或移动图片来适应 ImageView 的尺寸。如：当 ScaleType 取值为 center/CENTER 时按图片的原尺寸居中显示；当 ScaleType 取值为 centerCrop/CENTER_CROP 时按比例扩大图片尺寸并居中显示；当 ScaleType 取值为 fitCenter /FIT_CENTER 时把图片按比例扩大/缩小到 View 的宽度,居中显示；当 ScaleType 取值为 fitXY/FIT_XY 时把图片不按比例扩大/缩小到 View 的大小显示
android:src	setImageResource(int)	设置 ImageView 要显示的图片源

ImageView 控件还有一些常用方法,见表 4-13。

表 4-13　ImageView 中常用的方法说明

方　　法	说　　明
setImageAlpha(int)	设置 ImageView 的透明度
setImageBitmap(Bitmap)	设置 ImageView 所显示的内容为指定的 Bitmap 对象
setImageDrawable (Drawable)	设置 ImageView 所显示的内容为指定的 Drawable 对象
setImageResource (int)	设置 ImageView 所显示的内容为指定 ID 的资源
setImageURI(Uri)	设置 ImageView 所显示的内容为指定 URI
setSelected(boolean)	设置 ImageView 的选中状态

【案例 4.8】 试设计如图 4-10 所示的布局文件片段。

说明：这个界面中除了显示了一个水平居中的 ImageView 控件外,在其上方还有一串水平居中的文本。本界面实际上有两个控件。

布局代码：布局文件中的代码片段如下。

```
1    <TextView
2            android:layout_width = "wrap_content"
3            android:layout_height = "wrap_content"
4            android:layout_gravity = "center"
5            android:text = "图片展示:" />
6    <ImageView
7            android:id = "@ + id/imagebutton"
8            android:src = "@drawable/pic01"
9            android:layout_gravity = "center"
10           android:layout_width = "wrap_content"
11           android:layout_height = "wrap_content"/>
```

图 4-10　ImageView 控件显示

① 第 1～5 行声明了一个 TextView 控件,第 4 行使用 layout_gravity 属性设置文本信息居中显示。

② 第 6～11 行声明了一个 ImageView 控件。其中,第

8 行设置该控件的图片来源于 drawable 目录中的 pic01.jpg 文件。

Android 支持常见的静态图片格式，如 PNG、9.PNG、JPG 和 GIF 格式等。注意，Android 还不支持动态的 GIF 格式。这里提到的 9.PNG 格式的图是一种比较特别的图片格式，下面作简单介绍。

2. 9Patch 图片简介

9Patch 图片是一种特殊的 PNG 图片格式，扩展名为“.9.png”。9Patch 图片可以实现部分拉伸，这种图片与通常的只以“.png”结尾的图片不一样，如果直接拉伸普通的 PNG 图会有失真现象出现，所以它通常被用作背景图。

图 4-11　按钮背景的 9Patch 图

9Patch 图片和普通图片的区别是四周多了一个边框，如图 4-11 所示。

1) 9Patch 图片的伸缩规则

9Patch 图片的伸缩规则主要由左、上侧，右、下侧的黑线确定。一般情况左侧黑线比右侧的短，上侧黑线比下侧的短。

如图 4-12 所示，以左侧和上侧的黑线两端为标准，可画出 4 条直线，将原图切割成 9 个区域(4 个角，4 条边缘和一个中心区域)，各个区域有不同的拉伸控制(角落不拉伸，横边横向拉伸，竖边竖向拉伸，中心区域横竖向都拉伸)。这样，使用 9Patch 图片在伸缩时，其圆角及边缘可避免变形。

如图 4-13 所示，右边的黑色线代表内容绘制的垂直区域，下边的黑色线代表内容绘制的水平区域，以右侧和下侧的黑线两端为标准，可画出 4 条直线。9Patch 图片能显示内容的区域就是这 4 条直线所围的中间区域，其中包含经过伸缩的变形区域。

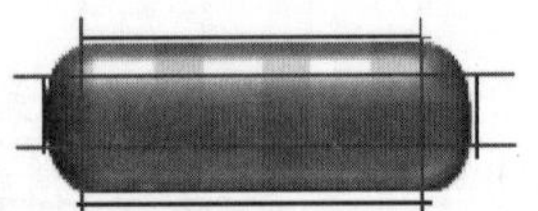

图 4-12　确定伸缩区域

图 4-13　确定显示内容区域

2) 9Patch 图片与一般 PNG 图片的比较

通过如图 4-14 与图 4-15 的对照图示，可以清楚地比较出图.9.png 与图.png 的区别。

图 4-14　9Patch 图拉伸后与原图比较

图 4-15　一般 png 图拉伸后与原图比较

注意，在 Android Studio 中，要把 9Patch 图片放在 drawable 目录下，应用项目才能正常运行。

常用的制作 9Patch 图片的工具是 draw9patch，可以从网上下载。早期的 Android 版本，在其 SDK 的安装文件夹的 tools 文件夹下，可以找到 draw9patch.bat 文件。运行该文件即可打开一个 9Patch 图制作工具，该工具可以将一个普通的图片加工成一个 9Patch 图片。制作 9Patch 图时，上、下、左、右 4 边都要制作，否则使用的时候就会报错。

4.3.4　按钮(Button)

Button 是用得最多的控件，在前面的示例中已经多次见到了按钮。在 Android 平台中，按钮是通过 Button 控件来实现的。Button 定义于 android. widget. Button 包中，在 Java 类设计中使用它时，需要在该代码文件前部加上"import android. widget. Button;"。

Button 继承自 TextView 类，Button 的背景可以是背景颜色，也可以是背景图片，Button 上可显示文本，Button 的大小可设置等，这些属性和相应的方法继承于 TextView 控件的属性和方法。

Button 的实现过程，是通过用户按下或单击按钮之后，按钮控件就会触发 onClick 事件，把单击按钮后需要执行的操作写在 onClick 事件里就可以完成按钮的功用。通常的编程中会对按钮设置一个事件监听 setOnClickListener，当程序运行时，时刻监听着按钮有没有被按下。相关按钮的事件及事件监听将在第 5 章做详细介绍。当然，也可以在布局文件中通过按钮的属性来设置监听，如案例 3.1 的布局文件中的"android:onClick="skip""属性设置。在还未学习第 5 章之前可以暂时使用这种方式，但是不提倡常态使用，因为这种方式有违 MVC 的设计原则。

4.3.5　图片按钮(ImageButton)

ImageButton 控件与 Button 控件和功能一致，但在显示效果上是不一样的，它们的主要区别是 ImageButton 中没有 text 属性，即图片按钮中只显示图片而不显示文本。

ImageButton 继承自 ImageView 类。ImageButton 控件中设置按钮显示的图片可以通过 android:src 属性来实现，如果在代码中动态设置图片则使用 setImageResource(int)方法来实现。

在默认情况下，ImageButton 与 Button 一样都具有背景色，但是，为了不影响图片的显示，一般要将其背景色设置为透明或其他的图片。

下面通过一个案例来说明如何为 ImageButton 按钮的不同状态设置不同的显示图片。

【案例 4.9】 设计两个 ImageButton 按钮，这两个按钮在未被按下时都显示如图 4-16(a)所示的图片。但当它们被按下时，第一个按钮图片不改变，而第二个按钮图片显示如图 4-16(b)所示的另一张图片。

(a)

(b)

图 4-16　用于同一按钮的两张图片

说明：首先必须把这两个图片文件存放在项目的 res 下的 drawable 目录中，然后使用 android:src 属性为 ImageButton 设置显示图片。对于按钮一，只设置了按钮未被按下时显示的图片，对于按钮二，还需要设置按钮被按下时显示的图片，这时，需要在图片资源存放的目录中编写一个 XML 文件，用于描述按钮的两个状态各显示的图片源。

布局设计：布局设计过程如下。

(1) 这里，如图 4-16(a)所示的图片文件名为 playa. png，如图 4-16(b)所示的图片文件名为 playb. png。在该项目的 res 目录中找到 drawable 的目录，将这两张图片文件复制到该目录中。

(2) 在 res/drawable 目录下创建一个名为 btnclick. xml 的文件，用于设置按钮在不同状态下显示不同的图片文件，代码如下。

```
1    <?xml version = "1.0" encoding = "utf - 8"?>
2    < selector xmlns:android = http://schemas.android.com/apk/res/android >
3        < item
4            android:state_pressed = "false"
5            android:drawable = "@drawable/playa"/> <!-- 设置按钮未被按下时的图片 -->
6        < item
7            android:state_pressed = "true"
8            android:drawable = "@drawable/playb"/> <!-- 设置按钮被按下时的图片 -->
9    </selector >
```

① 第 2～9 行声明图片按钮的选择元素，使用< selector >元素。

② 第 3～5 行声明图片按钮未被按下状态时的图片资源。这里使用< item >元素，图片按钮未被按下时用“android:state_pressed="false"”判断，用 android:drawable 属性设置图片源。

③ 第 6～8 行声明图片按钮被按下状态时的图片资源。

(3) 编写 res/layout 目录下的布局文件，代码如下。

```
1    <?xml version = "1.0" encoding = "utf - 8"?>
2    < LinearLayout xmlns:android = "http://schemas.android.com/apk/res/android"
3        android:orientation = "vertical"
4        android:layout_width = "match_parent"
5        android:layout_height = "match_parent">
6        < TextView
7            android:layout_width = "wrap_content"
8            android:layout_height = "wrap_content"
9            android:text = "两个图片按钮:" />
10       < ImageButton
11           android:id = "@ + id/image_button1"
12           android:src = "@drawable/playa"
13           android:layout_width = "wrap_content"
14           android:layout_height = "wrap_content"/>
15       < ImageButton
16           android:id = "@ + id/image_button2"
17           android:src = "@drawable/btnclick"
18           android:layout_width = "wrap_content"
19           android:layout_height = "wrap_content"/>
20   </LinearLayout >
```

① 第 2～20 行声明了一个线性布局。其内有三个控件，即一个 TextView 控件和两个 ImageButton 控件。

② 第 10～14 行声明第一个图片按钮，图片按钮资源 ID 为“image_button1”。第 12 行设置该按钮未被按下时的显示图片为图片资源目录中的“playa. png”。

③ 第 15～19 行声明第二个图片按钮，图片按钮 ID 为“image_button2”。第 17 行设置该按钮未被按下和被按下两种状态的显示图片由图片资源目录中的 btnclick. xml 文件描述。

运行效果：案例中的两个图片按钮被按下的运行状态是不一样的。运行本案例，分别单击两个图片按钮，其效果如图 4-17 所示。

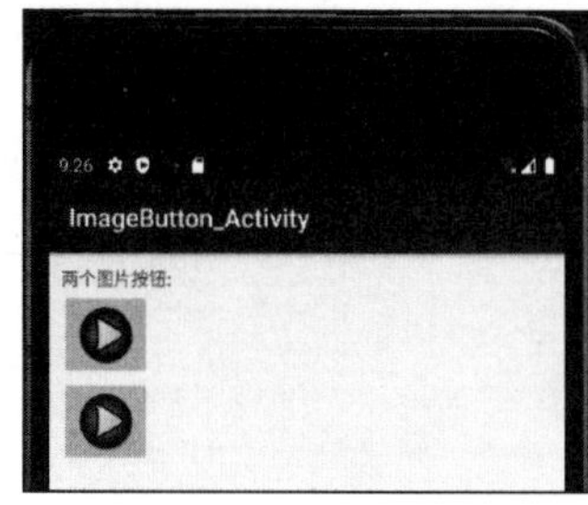

(a)两按钮均未被按下

(b) 第一个按钮被按下时

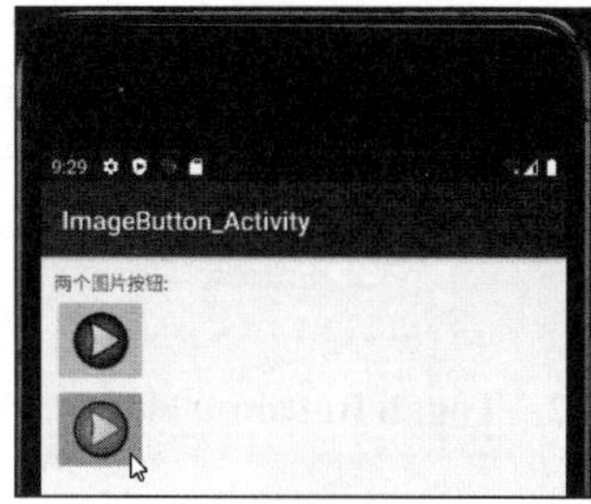

(c) 第二个按钮被按下时

图 4-17　图片按钮控件的运行效果

4.3.6　开关(Switch)与状态开关按钮(ToggleButton)

现实应用中有些事务常常只有两种状态，比如：开、关，进、出，正、负，正确、错误，播放、停止；等等。由 Button 派生有两个控件，可以实现两种状态转换的按钮，一个是 Switch，位于 android. widget. Switch 包中，另一个是 ToggleButton，位于 android. widget. ToggleButton 包中。它们都继承于 CompoundButton 类，而 CompoundButton 类又由 Button 类派生，在本质上它们都是按钮，Button 支持的各种属性、方法也适用于 Switch 和 ToggleButton。但是它们也有各自的属性。

1. Switch 的特有 XML 属性

Switch 特有的 XML 属性和方法以及常用的属性和对应方法见表 4-14。

表 4-14　Switch 中常用的属性和对应方法说明

属　　性	方　　法	说　　明
android:showText	setShowText(boolean showText)	设置 On/Off 的时候是否显示文字
android:splitTrack	setSplitTrack(boolean splitTrack)	是否设置一个间隙，让滑块与底部图片分隔
android:switchMinWidth	setSwitchMinWidth(int pixels)	设置开关的最小宽度
android:switchPadding	setSwitchPadding(int pixels)	设置左右两个开关按钮之间的距离
android:switchTextAppearance	setSwitchTextAppearance (Context context,int resid)	设置文本左右两边的距离。如果设置了该属性，switchPadding 属性便失效
android:textOff	setTextOff(CharSequence textOff)	按钮没有被选中时显示的文字
android:textOn	setTextOn(CharSequence textOn)	按钮被选中时显示的文字
android:textStyle	setSwitchTypeface (Typeface tf, int style)	设置文字的风格，如粗体、斜体、下画线等
android:thumb	setTrackResource(int resId)	设置滑块的图片

续表

属　　性	方　　法	说　　明
android:thumbTextPadding	setThumbTextPadding(int pixels)	设置滑块内滑块边沿与文字的间隔
android:track	setTrackResource(int resId)	设置底部的背景图片
android:typeface	setSwitchTypeface(Typeface tf)	设置字体,默认支持这三种：sans、serif、monospace

2. ToggleButton 的特有 XML 属性

ToggleButton 特有的 XML 属性及说明见表 4-15。

表 4-15　ToggleButton 中特有的属性及说明

属　　性	说　　明
android:disabledAlpha	设置按钮在禁用时的透明度
android:textOff	按钮没有被选中时显示的文字
android:textOn	按钮被选中时显示的文字 另外,除了这个还可以自己写个 selector,然后设置 Background 属性

【案例 4.10】 在一个页面上添加一个 ToggleButton 控件和一个 Switch 控件。设计如图 4-18 所示的布局文件片段。

说明：设置 ToggleButton 控件,在关闭状态,按钮显示“打开声音”；在打开状态,按钮显示“关闭声音”。设置 Switch 控件,在关闭状态,按钮显示“关”；在打开状态,按钮显示“开”,并且让 Switch 控件有一定的宽度。

布局代码：布局文件中的代码片段如下。

```
1       <ToggleButton
2           android:id = "@ + id/tbtn_open"
3           android:layout_width = "wrap_content"
4           android:layout_height = "wrap_content"
5           android:checked = "false"
6           android:textOff = "打开声音"
7           android:textOn = "关闭声音" />
8
9       <Switch
10          android:id = "@ + id/swh_status"
11          android:layout_width = "wrap_content"
12          android:layout_height = "wrap_content"
13          android:switchMinWidth = "80dp"
14          android:showText = "true"
15          android:textOff = "关"
16          android:textOn = "开"/>
```

(1) 第 1～7 行声明了一个 ToggleButton 控件。

(2) 第 9～16 行声明了一个 Switch 控件。第 13 行设置开关的最小宽度为 80dp,如果不设置宽度,Switch 的默认宽度间距将很小。第 14 行设置显示文本为“true”,如果不设置该属性,系统默认不显示文本。

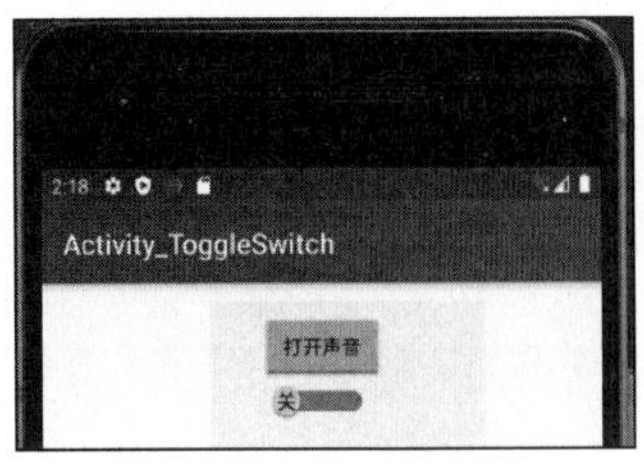

(a) 两个开关按钮的初始界面

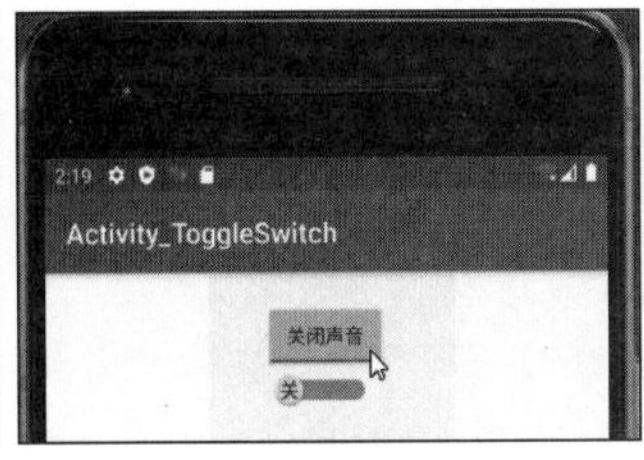

(b) ToggleButton被按下

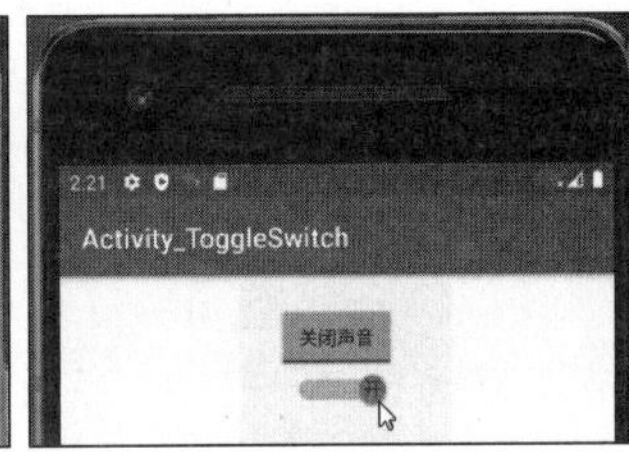

(c) Switch被打开

图 4-18　ToggleButton 控件和 Switch 控件

4.3.7　复选框(CheckBox)与单选按钮(RadioButton)

CheckBox 与 RadioButton 是开发中经常需要用到的选择按钮，通常一组单选按钮需要编制到一个 RadioGroup 中。相信读者对它们并不陌生。CheckBox 与 RadioButton 都继承自 CompoundButton 类，而 CompoundButton 类又继承自 Button 类，它们也都从父类 CompoundButton、Button 中继承了属性和方法，常用的方法及说明见表 4-16。

表 4-16　CheckBox 与 RadioButton 常用的方法及说明

方　法	说　明
isChecked ()	判断是否被选中，如果被选中返回 true，否则返回 false
performClick()	调用 OnClickListener 监听器，即模拟一次单击
setChecked(boolean checked)	通过传入的参数设置控件状态
toggle()	置反控件当前的状态，即原为选中状态时返回未选中状态，或原为未选中状态时返回选中状态
setOnCheckedChangeListener (CompoundButton. OnCheckedChangeListener listener)	为控件设置 OnCheckedChangeListener 监听器

【案例 4.11】 试设计如图 4-19 所示的布局文件片段。

说明：这组 CheckBox 控件是将文本标签的字型作为复选项，并且是以所见即所得的形式，标注什么字型就显示什么字型，因此要用 textStyle 属性。

布局代码：布局文件中的代码片段如下。

```
<CheckBox android:id = "@ + id/plain_cb"
    android:text = "Plain"
    android:layout_width = "wrap_content"
    android:layout_height = "wrap_content"
    />
<CheckBox android:id = "@ + id/serif_cb"
    android:text = "Serif"
    android:layout_width = "wrap_content"
    android:layout_height = "wrap_content"
    android:typeface = "serif"
    />
<CheckBox android:id = "@ + id/bold_cb"
```

```
13        android:text = "Bold"
14        android:layout_width = "wrap_content"
15        android:layout_height = "wrap_content"
16        android:textStyle = "bold"
17        />
18    < CheckBox android:id  = "@ + id/italic_cb"
19        android:text = "Italic"
20        android:layout_width = "wrap_content"
21        android:layout_height = "wrap_content"
22        android:textStyle = "italic"
23        />
```

（1）这里声明了 4 个 CheckBox 控件。

（2）第 10、16、22 行设置 CheckBox 控件显示标签的字型。

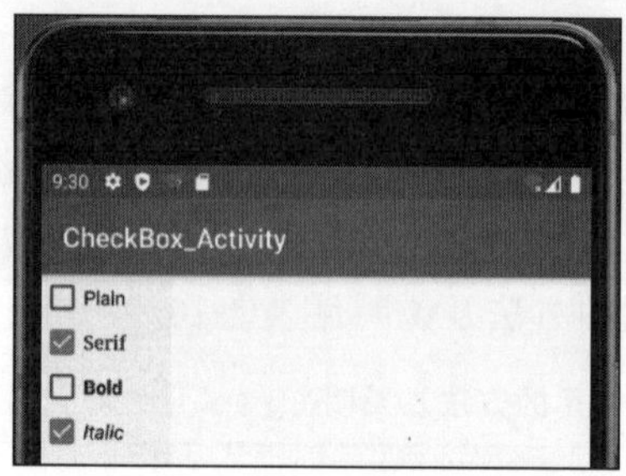

图 4-19　一组 CheckBox 控件

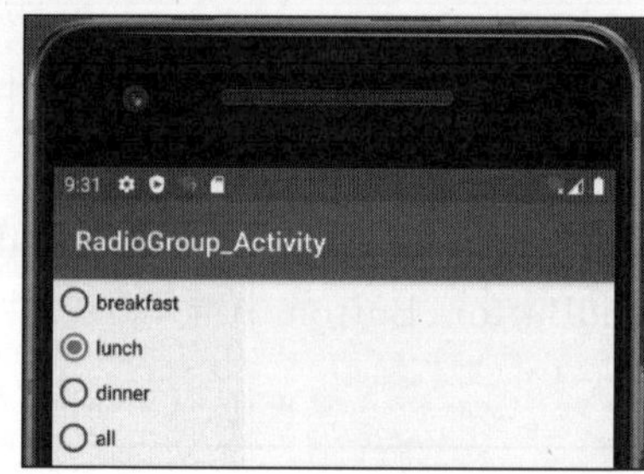

图 4-20　一组 RadioButton 控件

【案例 4.12】 试设计如图 4-20 所示的布局文件片段。

说明：这组 RadioButton 控件是将一日的餐名列出，供选择。如果有多个单选按钮组成一组，需要用一个 RadioGroup 控件把它们编成一组，在这个组内，同一时刻只能有一个按钮处于选中状态。

布局代码：布局文件中的代码片段如下。

```
< RadioGroup
    android:layout_width = "match_parent"
    android:layout_height = "wrap_content"
    android:orientation = "vertical"
    android:checkedButton = "@ + id/lunch"
    android:id = "@ + id/menu">
    < RadioButton
        android:text = "breakfast"
        android:id = "@ + id/breakfast"
        android:layout_width = "wrap_content"
        android:layout_height = "wrap_content"/>
    < RadioButton
        android:text = "lunch"
        android:id = "@id/lunch"
        android:layout_width = "wrap_content"
        android:layout_height = "wrap_content"/>
    < RadioButton
        android:text = "dinner"
        android:id = "@ + id/dinner"
```

```
20            android:layout_width = "wrap_content"
21            android:layout_height = "wrap_content"/>
22        < RadioButton
23            android:text = "all"
24            android:id = "@ + id/all"
25            android:layout_width = "wrap_content"
26            android:layout_height = "wrap_content"/>
27    </RadioGroup >
```

(1) 第 1～27 行声明了一个 RadioGroup 控件,其内定义了 4 个 RadioButton 按钮。

(2) 第 4 行设置这组单选按钮是纵向排列的。

(3) 第 5 行设置这个 RadioGroup 组中 ID 为"lunch"的单选按钮为默认选中状态。

4.3.8　模拟时钟(AnalogClock)与数字时钟(DigitalClock)

在 Android 中显示时钟信息的控件有两个,即 AnalogClock 和 DigitalClock。不同的是,AnalogClock 以模拟时钟指针的形式显示时间,且只有时针和分针,而 DigitalClock 以数字形式显示时间,可以精确到秒。它们都继承于 View。AnalogClock 位于 android. widget. AnalogClock 包下,DigitalClock 位于 android. widget. DigitalClock 包下。

【案例 4.13】 试设计如图 4-21 所示的布局文件片段。

图 4-21　两种时钟控件显示效果

说明:这个界面使用了两种时钟控件来显示时间信息,一种是模拟时钟的,一种是以数字形式的,它们都水平居中于屏幕。

布局代码:布局文件中的代码片段如下。

```
1    < AnalogClock
2        android:id = "@ + id/analog"
3        android:layout_width = "wrap_content"
4        android:layout_height = "wrap_content"
5        android:layout_gravity = "center_horizontal"
6        /> <!-- 声明一个 AnalogClock 控件 -->
7    < DigitalClock
8        android:id = "@ + id/digital"
9        android:layout_width = "wrap_content"
10       android:layout_height = "wrap_content"
11       android:layout_gravity = "center_horizontal"
12       /> <!-- 声明一个 DigitalClock 控件 -->
```

(1) 第 1～6 行声明了一个 AnalogClock 控件,水平居中。

(2) 第 7～12 行声明了一个 DigitalClock 控件,水平居中。

4.3.9　时间选择器(TimePicker)与日期选择器(DatePicker)

日期和时间是任何手机都会有的基本功能。Android 也不例外。Android 平台用 DatePicker 控件来显示日期,用 TimePicker 控件来显示时间,并且显示的界面非常精致漂亮。

1. TimePicker

TimePicker 用于向用户提供一天中的时间，可以是 24 小时制，也可以为 AM/PM 制，并允许用户对其进行修改。如果要捕获用户修改时间事件，需要添加 onTimeChangedListener 监听器对 TimePicker 进行监听。TimePicker 继承自 FrameLayout 类。其常用的成员方法见表 4-17。

表 4-17　TimePicker 类的常用方法及说明

方　　法	说　　明
getCurrentHour ()	获取 TimePicker 控件的当前小时，返回 Integer 对象
getCurrentMinute ()	获取 TimePicker 控件的当前分钟，返回 Integer 对象
is24HourView ()	判断 TimePicker 控件是否为 24 小时制
setCurrentHour (int currentHour)	设置 TimePicker 控件的当前小时，传入 Integer 对象
setCurrentMinute(int currentMinute)	设置 TimePicker 控件的当前分钟，传入 Integer 对象
setEnabled(boolean enabled)	根据传入的参数设置 TimePicker 控件是否可用
setIs24HourView(boolean is24HourView)	根据传入的参数设置 TimePicker 是否为 24 小时制
setOnTimeChangedListener(TimePicker.OnTimeChangedListener onTimeChangedListener)	为 TimePicker 添加 OnTimeChangedListener 监听器

【案例 4.14】　试设计如图 4-22 所示的布局文件片段。

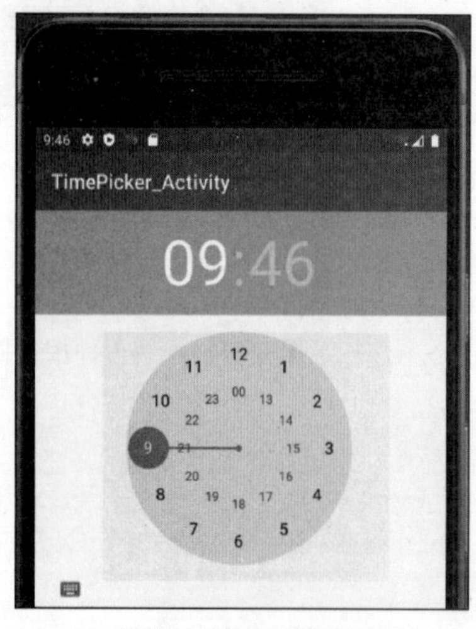

(a) 模拟时钟的时间选择控件

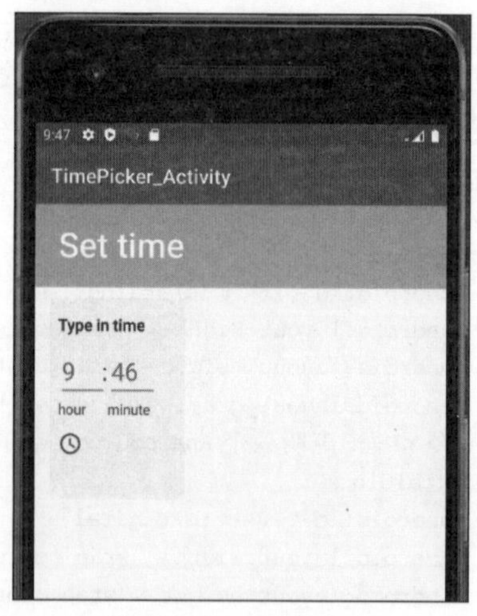

(b) 使用数字的时间选择控件

图 4-22　时间选择控件的显示效果

说明：系统提供的 TimePicker 控件可以用两种模式对时间进行选择，一种是以时钟模式显示时间，并进行时间选择；另一种是使用数字的形式显示时间并进行选择。在图 4-22 显示的界面中单击左下角的图标，可以轻松地实现这两种模式的转换。

布局代码：布局文件中的代码片段如下。

```
<TimePicker
    android:id = "@ + id/time_picker"
```

```
android:layout_width = "wrap_content"
android:layout_height = "wrap_content"/>
```

2. DatePicker

DatePicker 用于向用户提供包含年、月、日的日期数据，并允许用户对其进行修改。如果用户对日期进行了修改，需要使用 onDateChangedListener 监听器来捕获用户修改的日期数据。DatePicker 继承自 FrameLayout 类。其主要的成员方法见表 4-18。

表 4-18 DatePicker 类的主要方法及说明

方 法	说 明
getDayOfMonth()	获取日期天数
getMonth()	获取日期月份
getYear ()	获取日期年份
init (int year, int monthOfYear, int dayOfMonth, DatePicker. OnDateChangedListener onDateChangedListener)	初始化 DatePicker 的属性，以 onDateChangedListener 为监听器对象，负责监听日期数据的变化
setEnabled(boolean enabled)	根据传入的参数设置 DatePicker 控件是否可用
updateDate(int year,int monthOfYear,int dayOfMonth)	根据传入的参数更新 DatePicker 控件的各个属性值

【案例 4.15】 试设计如图 4-23 所示的布局文件片段。

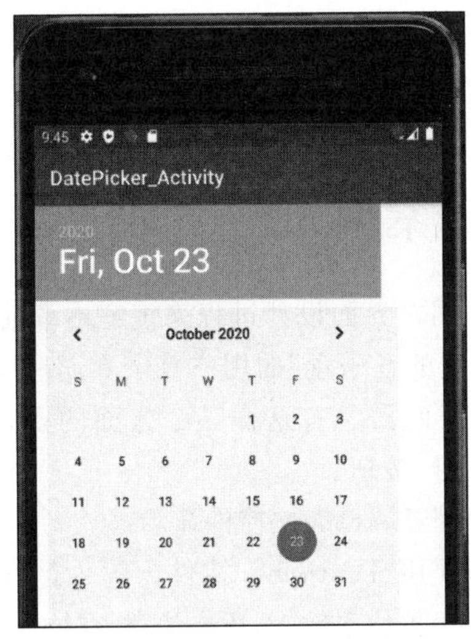

图 4-23 日期选择控件的显示效果

说明：这就是 Android 的 DatePicker 控件，使用它既可以显示日期，也可以修改日期。因为它继承自 FrameLayout 类，所以它是以屏幕的左上角对齐方式显示的。

布局代码：布局文件中的代码片段如下。

```
<DatePicker
    android:id = "@ + id/date_picker"
    android:layout_width = "wrap_content"
    android:layout_height = "wrap_content" />
```

4.3.10 进度条与滑块控件

前面介绍了 Android 中常用的各种视图控件，本节将对 Android 应用中常用的进度条和拖动条进行简单介绍。

1. 进度条 ProgressBar

ProgressBar 类位于 android. widget 包下，它是一个非常有用的控件，其最直观的效果就是进度条显示。通常在应用项目执行某些较长时间加载资源或执行某些耗时的操作时，会使用到进度条。

ProgressBar 类的使用非常简单，只需要将其显示在前台，然后启动一个后台线程定时更新进度条的进度 progress 数值即可。

2. 拖动条 SeekBar

SeekBar 位于 android. widget 包下，它继承自 ProgressBar，二者功能相似，不同点在于 SeekBar 是可以被用户拖动的控件。SeekBar 类似于一个尺子，可以进行拖拉滑块，可以直观地显示数据，常用于调节声音大小的应用场合。

3. 星级条 RatingBar

RatingBar 类位于 android. widget 包下，它是另一种滑块，外观是 5 个星星，可以通过拖动来改变进度。一般用于星级评分的场合。

4.4 简单的 UI 设计案例

下面通过一些应用项目的用户界面设计过程来理解本章前三节所介绍的主要内容。

【案例 4.16】 设计一个“我的音乐盒”的用户登录界面。要求界面友好，使用方便。

说明：通常一个用户登录界面需要有这样三个方面的要素：应用项目的名称，用户的账号与密码输入，“登录”和“注册”按钮。

应用项目的名称一般可使用 TextView 控件显示。

用户的账号与密码输入需要用 TextView 控件为输入区作提示信息，还需要使用编辑控件 EditText，让用户可以进行相关信息输入，还要注意，在输入密码时要将输入的信息隐藏。

“登录”和“注册”按钮使用 Button 控件就可以了。

为了界面更好看一些，最好配一个背景图作修饰。

为了统一界面的文字语种，需要编写字符串资源文件 strings. xml。

为了统一界面风格，各部分文本的字体、字大小、字颜色、边框等，需要编写样式文件 styles. xml。

布局设计过程：过程如下。

1）绘制草图

绘出“我的音乐盒”的用户登录界面草图。在本书中使用的 Android 模拟器屏幕的分辨率是 1080×1920 像素，按此比例画出一个登录界面的草图如图 4-24 所示。其中矩形表示线性布局 LinearLayout，圆角矩形表示控件。

图 4-24　用户登录界面规划

2）UI 设计方案

从草图中得出以下设计方案。

(1) 一个外层 LinearLayout。

① 设置 LinearLayout 背景图。

② 为纵向排列布局。

③ 四个 LinearLayout 嵌套。

(2) 应用标题 LinearLayout。

① 一个 TextView 控件显示标题“我的音乐盒”，宽、高度适配文本宽、高度。

② 设置宽度为 match_parent，高度为文本高度。

③ 设置水平居中对齐方式。

④ 设计字体颜色与字体大小，注意与背景图的色彩搭配与大小适中。

⑤ 可以设置本 LinearLayout 的背景色或背景图。

(3) 账号信息 LinearLayout。

① 为横向排列布局。

② 与上一个对象要有一定间距。

③ 一个 TextView 控件显示“账号：”，左对齐屏幕，并且设置适当的宽度值。

④ 一个 EditText 控件用于输入账号，并且设置适当的宽度值。

(4) 密码信息 LinearLayout。

① 与账号信息 LinearLayout 及其内部的控件属性设置基本相同。

② 输入密码的 EditText 控件，要设置为“android:inputType="textPassword"”，即密码输入格式。

(5) 按钮 LinearLayout。

① 为横向排列布局。

② 与上一个对象及父布局保持一定间距。

③ 两个按钮为右对齐方式。

④ 设置适当的按钮宽度值。

3）创建项目

在 Android Studio 中创建一个名为 MyMusic_Login1 的 Android 项目。其应用项目名为 MyMusic_Login1，包名为 ee.example.mymusic_login1。

4）准备图片

将图片资源复制到本项目的 res/drawable 目录中。

5）准备字符串资源

编写 res/values 目录下的 strings.xml 文件，代码如下。

```
<resources>
    <string name="app_name">MyMusic_Login1</string>
```

```

    <string name = "MYMU">我的音乐盒</string>
    <string name = "tvUid">账 号: </string>
    <string name = "tvPwd">密 码: </string>
    <string name = "btnLogin">登录</string>
    <string name = "btnReg">注册</string>

</resources>
```

6）准备颜色资源

编写 res/values 目录下的 colors.xml 文件，代码如下。

```
<?xml version = "1.0" encoding = "utf - 8"?>
<resources>
    <color name = "colorPrimary">#6200EE </color>
    <color name = "colorPrimaryDark">#3700B3 </color>
    <color name = "colorAccent">#03DAC5 </color>

    <color name = "text">#f37301 </color>
    <color name = "btnbg">#232323 </color>
    <color name = "btntxt">#FAF7F7 </color>
</resources>
```

7）准备样式资源

在 res/values 目录下创建名为 styles.xml 的样式文件，并进行编辑，代码如下。

```
<resources>
    <!—整个应用项目的主题风格. -->
    <style name = "AppTheme" parent = "Theme.AppCompat.Light.DarkActionBar">
        <!-- Customize your theme here. -->
        <item name = "colorPrimary">@color/colorPrimary </item>
        <item name = "colorPrimaryDark">@color/colorPrimaryDark </item>
        <item name = "colorAccent">@color/colorAccent </item>
        <!-- 隐藏标题栏 -->
        <item name = "android:windowNoTitle"> true </item>
    </style>

    <style name = "title"> <!-- 标题栏的样式 -->
        <item name = "android:textSize"> 32sp </item>
        <item name = "android:textColor">@color/text </item>
        <item name = "android:textStyle"> bold </item>
    </style>
    <style name = "text" > <!-- 文本框的样式 -->
        <item name = "android:textSize"> 18sp </item>
        <item name = "android:textColor">@color/text </item>
        <item name = "android:textStyle"> bold </item>
    </style>
    <style name = "edit" > <!-- 编辑框的样式 -->
        <item name = "android:textSize"> 18sp </item>
        <item name = "android:textColor">@color/colorAccent </item>
        <item name = "android:background">@android:drawable/editbox_background </item>
        <item name = "android:textStyle"> bold </item>
    </style>
    <style name = "button" > <!-- 按钮的样式 -->
```

```
            <item name = "android:textSize"> 20sp </item>
            <item name = "android:textColor">@color/btntxt </item>
            <item name = "android:background">@color/btnbg </item>
            <item name = "android:textStyle"> bold </item>
        </style>
    </resources>
```

8）设计布局代码

在 res/layout 目录下编辑布局文件 mymusic_login1. xml，代码如下。

```
<?xml version = "1.0" encoding = "utf - 8"?>
<LinearLayout
    xmlns:android = "http://schemas.android.com/apk/res/android"
    android:layout_width = "match_parent"
    android:layout_height = "match_parent"
    android:background = "@drawable/background"
    android:orientation = "vertical"
    > <!-- 声明垂直分布的根线性布局 -->

    <LinearLayout
        android:layout_width = "match_parent"
        android:layout_height = "wrap_content"
        android:layout_marginTop = "30dp"
        android:gravity = "center"> <!-- 声明标题线性布局 -->
        <TextView
            android:id = "@ + id/TextView0"
            style = "@style/title"
            android:layout_width = "wrap_content"
            android:layout_height = "wrap_content"
            android:padding = "10dp"
            android:text = "@string/MYMU" />
    </LinearLayout>

    <LinearLayout
        android:layout_width = "match_parent"
        android:layout_height = "wrap_content"
        android:orientation = "horizontal"
        android:layout_marginTop = "20dp"
        android:padding = "10dp"
        > <!-- 声明输入用户名线性布局 -->
        <TextView
            android:layout_width = "100dp"
            android:layout_height = "wrap_content"
            style = "@style/text"
            android:gravity = "center"
            android:text = "@string/tvUid"
            />
        <EditText
            android:id = "@ + id/etUid"
            android:layout_width = "0dp"
            android:layout_height = "wrap_content"
            android:layout_weight = "1"
            style = "@style/edit"
            android:maxLines = "1"
```

```
                android:inputType = "text"
                />
        </LinearLayout>

        <LinearLayout
            android:layout_width = "match_parent"
            android:layout_height = "wrap_content"
            android:orientation = "horizontal"
            android:layout_marginTop = "20dp"
            android:padding = "10dp"
            ><!-- 声明输入密码线性布局 -->
            <TextView
                android:layout_width = "100dp"
                android:layout_height = "wrap_content"
                style = "@style/text"
                android:gravity = "center"
                android:text = "@string/tvPwd"
                />
            <EditText
                android:id = "@ + id/etPwd"
                android:layout_width = "0dp"
                android:layout_height = "wrap_content"
                android:layout_weight = "1"
                style = "@style/edit"
                android:maxLines = "1"
                android:inputType = "textPassword"
                />
        </LinearLayout>

        <LinearLayout
            android:layout_width = "match_parent"
            android:layout_height = "wrap_content"
            android:orientation = "horizontal"
            android:layout_marginTop = "30dp"
            android:padding = "20dp"
            android:gravity = "end"
            ><!-- 声明显示按钮的线性布局 -->
            <Button
                android:id = "@ + id/btnReg"
                android:layout_width = "70dp"
                android:layout_height = "wrap_content"
                android:layout_marginRight = "20dp"
                style = "@style/button"
                android:text = "@string/btnReg"
                />
            <Button
                android:id = "@ + id/btnLogin"
                android:layout_width = "70dp"
                android:layout_height = "wrap_content"
                style = "@style/button"
                android:text = "@string/btnLogin"
                />
        </LinearLayout>

    </LinearLayout>
```

(1) 第 2～8 行声明一个外层的 LinearLayout 布局。其中第 6 行设置了一个背景图，该背景图片取自于 res/drawable 目录中的 background.jpg 文件。

(2) 第 10～22 行声明第一个 LinearLayout 嵌套布局。第 13 行设置该线性布局与父布局的上端间距是 30ddp；第 14 行设置该布局内的控件居中显示。因为在该布局中只有一个 TextView 控件，所以没有设置 LinearLayout 的方向属性。

(3) 第 16～21 行声明一个 TextView 控件用于显示应用标题。其中，第 17 行设置控件文本显示风格，其文本风格由样式文件 styles.xml 中名为 title 的样式所定义；第 20 行设置该控件文本内容与控件边界的间距为 10dp；第 21 行为控件设置显示的文本，其内容取自字符串资源文件 strings.xml 中名为 MYMU 所定义的内容。

(4) 第 24～47 行声明第二个内嵌的 LinearLayout 布局。第 27 行设置该线性布局是横向的，其内有两个控件，将并列排放。

(5) 第 31～37 行声明了一个 TextView 控件，其文本框的宽度是固定值 100dp。第 38～46 行声明了一个 EditText 控件，第 42 行设置该 EditText 的 layout_weight 值为 1，表示将占满剩余的宽度；第 44 行设置为单行编辑框，第 45 行设置编辑框为文本输入模式。

(6) 第 49～72 行声明第三个内嵌的 LinearLayout 布局。第 63～71 行声明了一个输入密码的 EditText 控件，第 70 行设置该编辑框为密码输入模式，即“android:inputType="textPassword"”。

(7) 第 74～97 行声明第四个内嵌的 LinearLayout 布局，第 80 行设置其内的控件居右显示。

(8) 第 82～96 行声明了两个 Button 控件，第 86 行设置该 Button 与右边的 Button 间距为 20dp。

由于本例只是在为“我的音乐盒”的用户登录界面做设计，并没有做任何实质性的代码编写工作，所以就不用编写项目的代码文件和 AndroidManifest.xml 文件了。

运行结果：在 Android Studio 支持的模拟器上运行 MyMusic_Login1 项目。运行结果如图 4-25 所示。

图 4-25　“我的音乐盒”登录界面

【案例 4.17】 将 4.3 节中的基本控件分页面整合到一个应用中，并且增加以下两个功能。

(1) 在单选按钮页面，增设一个按钮，实现一键清空单选按钮的选中状态。

(2) 在日期、时间选择页面，将选择的日期和时间使用文本控件显示出来，并且能随着选择的变化而变化。

说明：在项目的第一个页面设计多个按钮，每个按钮关联一种基本控件，单击按钮就跳转到相应的控件显示页面。每个按钮的单击监听功能通过设置 android:onClick 属性实现。

开发步骤及解析：过程如下。

1）创建项目

在 Android Studio 中创建一个名为 Activity_Widgets 的 Android 项目。其包名为 ee.example.activity_widgets。

2）准备图片

将图片资源复制到本项目的 res/drawable 目录中。

3）设计布局

使用 res/layout 目录下默认生成的 activity_main.xml 作为首个显示页面，并进行编辑，代码如下。

```
<?xml version = "1.0" encoding = "utf - 8"?>
< LinearLayout
    xmlns:android = "http://schemas.android.com/apk/res/android"
    android:background = "@drawable/bg"
    android:orientation = "vertical"
    android:layout_width = "match_parent"
    android:layout_height = "match_parent">

    < Button android:id = "@ + id/text_view_button"
        android:layout_width = "wrap_content"
        android:layout_height = "wrap_content"
        android:text = "TextView"
        android:onClick = "TextViewBtn"
        /> <!-- 进入 TextView 控件按钮 -->
    < Button android:id = "@ + id/edit_text_button"
        android:layout_width = "wrap_content"
        android:layout_height = "wrap_content"
        android:text = "EditText"
        android:onClick = "EditTextBtn"
        /> <!-- 进入 EditText 控件按钮 -->
    < Button android:id = "@ + id/image_view_button"
        android:layout_width = "wrap_content"
        android:layout_height = "wrap_content"
        android:text = "ImageView"
        android:onClick = "ImageViewBtn"
        /> <!-- 进入 ImageView 控件按钮 -->
    < Button android:id = "@ + id/image_button_button"
        android:layout_width = "wrap_content"
        android:layout_height = "wrap_content"
        android:text = "ImageButton"
        android:onClick = "ImageButtonBtn"
        /> <!-- 进入 ImageButton 控件按钮 -->
    < Button android:id = "@ + id/toggle_switch_button"
        android:layout_width = "wrap_content"
        android:layout_height = "wrap_content"
        android:text = "Toggle_Switch"
        android:onClick = "Toggle_SwitchBtn"
        /> <!-- 进入 Toggle_Switch 控件按钮 -->
    < Button android:id = "@ + id/check_box_button"
        android:layout_width = "wrap_content"
        android:layout_height = "wrap_content"
        android:text = "CheckBox"
```

```
            android:onClick = "CheckBoxBtn"
            /> <!-- 进入 CheckBox 控件按钮 -->
        < Button android:id = "@ + id/radio_group_button"
            android:layout_width = "wrap_content"
            android:layout_height = "wrap_content"
            android:text = "RadioGroup"
            android:onClick = "RadioGroupBtn"
            /> <!-- 进入 RadioButton 控件按钮 -->
        < Button android:id = "@ + id/clock_button"
            android:layout_width = "wrap_content"
            android:layout_height = "wrap_content"
            android:text = "Clock"
            android:onClick = "ClockBtn"
            /> <!-- 进入 Clock 控件按钮 -->
        < Button android:id = "@ + id/time_picker_button"
            android:layout_width = "wrap_content"
            android:layout_height = "wrap_content"
            android:text = "TimePicker"
            android:onClick = "TimePickerBtn"
            /> <!-- 进入 TimePicker 控件按钮 -->
        < Button android:id = "@ + id/date_picker_button"
            android:layout_width = "wrap_content"
            android:layout_height = "wrap_content"
            android:text = "DatePicker"
            android:onClick = "DatePickerBtn"
            /> <!-- 进入 DatePicker 控件按钮 -->

    </LinearLayout >
```

使用一个页面显示一种基本控件，并以控件名命名页面布局文件名。它们分别为：textview. xml，edittext. xml，image_view. xml，image_button. xml，toggle_switch. xml，check_box. xml，radio_group. xml，clock. xml，time_picker. xml，date_picker. xml。下面给出部分控件的布局文件代码。

radio_group. xml 是单选按钮的显示页面布局文件，代码如下。

```
<?xml version = "1.0" encoding = "utf - 8"?>
< LinearLayout
    xmlns:android = "http://schemas.android.com/apk/res/android"
    android:layout_width = "match_parent"
    android:layout_height = "match_parent"
    android:orientation = "vertical">
    < RadioGroup
        android:layout_width = "match_parent"
        android:layout_height = "wrap_content"
        android:orientation = "vertical"
        android:checkedButton = "@ + id/lunch"
        android:id = "@ + id/menu">
        < RadioButton
            android:id = "@ + id/breakfast"
            android:text = "breakfast"
            android:layout_width = "wrap_content"
            android:layout_height = "wrap_content"
            />
```

```
19              <RadioButton
20                  android:text = "lunch"
21                  android:id = "@id/lunch"
22                  android:layout_width = "wrap_content"
23                  android:layout_height = "wrap_content"
24                  />
25              <RadioButton
26                  android:text = "dinner"
27                  android:id = "@ + id/dinner"
28                  android:layout_width = "wrap_content"
29                  android:layout_height = "wrap_content"
30                  />
31              <RadioButton
32                  android:text = "all"
33                  android:id = "@ + id/all"
34                  android:layout_width = "wrap_content"
35                  android:layout_height = "wrap_content"
36                  />
37          </RadioGroup>
38          <Button
39              android:layout_width = "wrap_content"
40              android:layout_height = "wrap_content"
41              android:text = "清除"
42              android:id = "@ + id/clear"
43              android:onClick = "ClearBtn"/>
44      </LinearLayout>
```

（1）第 7～37 行声明了一个 RadioGroup，其中声明了四个 RadioButton 控件。

（2）RadioGroup 是 RadioButton 的容器，它将多个 RadioButton 控件组成一组，才能实现单选的功能。RadioGroup 内部的 RadioButton 也存在排列方向，第 10 行设置其内的单选按钮为纵向排列。

date_picker. xml 是日期选择控件的显示页面布局文件。在该页面中添加了日期、时间选择控件，为了体现获取选择后的新日期和时间数据，使用了文本控件来显示新选择的日期和时间，代码如下。

```
<?xml version = "1.0" encoding = "utf - 8"?>
<LinearLayout
    xmlns:android = "http://schemas.android.com/apk/res/android"
    android:orientation = "vertical"
    android:layout_width = "match_parent"
    android:layout_height = "match_parent"
    android:layout_margin = "5dp">

    <DatePicker
        android:id = "@ + id/date_picker"
        android:layout_width = "wrap_content"
        android:layout_height = "405dp"
        android:datePickerMode = "calendar" />

    <TimePicker
        android:id = "@ + id/time_picker"
        android:layout_width = "wrap_content"
```

```
18             android:layout_height = "151dp"
19             android:timePickerMode = "spinner" />
20
21         < TextView
22             android:id = "@ + id/date_str"
23             android:layout_width = "wrap_content"
24             android:layout_height = "wrap_content" />
25         < TextView
26             android:id = "@ + id/time_str"
27             android:layout_width = "wrap_content"
28             android:layout_height = "wrap_content" />
29
30     </LinearLayout >
```

(1) 第 13 行设置 DatePicker 控件的显示模式为日历选择模式。

(2) 第 19 行设置 TimePicker 控件的显示模式为滚动选择模式。

4) 开发逻辑代码

在 java/ee. example. activity_widgets 包下的 MainActivity. java 是本案例首个页面的 Activity 类的功能实现,代码如下。

```
package ee. example. activity_widgets;

import androidx. appcompat. app. AppCompatActivity;
import android. os. Bundle;
import android. content. Intent;
import android. view. View;

public class MainActivity extends AppCompatActivity {

    @Override
    protected void onCreate(Bundle savedInstanceState) {
        super. onCreate(savedInstanceState);
        setContentView(R. layout. activity_main);
    }
    /* 进入 TextView 页面 */
    public void TextViewBtn(View v) {
        Intent intent  =  new Intent();
        intent. setClass(MainActivity. this, TextViewActivity. class);
        startActivity(intent);
    }
    /* 进入 EditText 页面 */
    public void EditTextBtn(View v) {
        Intent intent  =  new Intent();
        intent. setClass(MainActivity. this, EditTextActivity. class);
        startActivity(intent);
    }
    /* 进入 ImageView 页面 */
    public void ImageViewBtn(View v) {
        Intent intent  =  new Intent();
        intent. setClass(MainActivity. this, ImageViewActivity. class);
        startActivity(intent);
    }
    /* 进入 ImageButton 页面 */
```

```
    public void ImageButtonBtn(View v) {
        Intent intent = new Intent();
        intent.setClass(MainActivity.this, ImageButtonActivity.class);
        startActivity(intent);
    }
    /*进入 Toggle_Switch 页面*/
    public void Toggle_SwitchBtn(View v) {
        Intent intent = new Intent();
        intent.setClass(MainActivity.this, Toggle_SwitchActivity.class);
        startActivity(intent);
    }
    /*进入 CheckBox 页面*/
    public void CheckBoxBtn(View v) {
        Intent intent = new Intent();
        intent.setClass(MainActivity.this, CheckBoxActivity.class);
        startActivity(intent);
    }
    /*进入 RadioButton 页面*/
    public void RadioGroupBtn(View v) {
        Intent intent = new Intent();
        intent.setClass(MainActivity.this, RadioGroupActivity.class);
        startActivity(intent);
    }
    /*进入 Clock 页面*/
    public void ClockBtn(View v) {
        Intent intent = new Intent();
        intent.setClass(MainActivity.this, ClockActivity.class);
        startActivity(intent);
    }
    /*进入 TimePicker 页面*/
    public void TimePickerBtn(View v) {
        Intent intent = new Intent();
        intent.setClass(MainActivity.this, TimePickerActivity.class);
        startActivity(intent);
    }
    /*进入 DatePicker 页面*/
    public void DatePickerBtn(View v) {
        Intent intent = new Intent();
        intent.setClass(MainActivity.this, DatePickerActivity.class);
        startActivity(intent);
    }

}
```

显示基本控件的每个页面，都有一个 Activity 与之对应。相应地，有一个 Java 代码来对每个 Activity 进行编程。这些 Java 代码文件名也与相应的控件名相关，它们分别为：TextViewActivity.java，EditTextActivity.java，ImageViewActivity.java，ImageButtonActivity.java，Toggle_SwitchActivity.java，CheckBoxActivity.java，RadioGroupActivity.java，ClockActivity.java，TimePickerActivity.java，DatePickerActivity.java。下面给出部分 Activity 的 Java 文件逻辑代码。

TextViewActivity.java 是文本 Activity 的逻辑文件，代码如下。

```
package ee.example.activity_widgets;

import androidx.appcompat.app.AppCompatActivity;
import android.os.Bundle;

public class TextViewActivity extends AppCompatActivity {
    @Override
    public void onCreate(Bundle savedInstanceState) {
        super.onCreate(savedInstanceState);
        setContentView(R.layout.textview);
        setTitle("TextView_Activity");
    }
}
```

案例中凡是对显示页面没有特殊的功能要求的，都与 TextViewActivity.java 的代码类似。这些文件有：EditTextActivity.java，ImageViewActivity.java，ImageButtonActivity.java，Toggle_SwitchActivity.java，CheckBoxActivity.java，ClockActivity.java，TimePickerActivity.java。

案例要求，在单选按钮页面，增设一个按钮，实现一键清空单选按钮的选中状态。单选按钮页面的逻辑代码文件为 RadioGroupActivity.java，代码如下。

```
1   package ee.example.activity_widgets;
2
3   import androidx.appcompat.app.AppCompatActivity;
4   import android.os.Bundle;
5   import android.view.View;
6   import android.widget.RadioGroup;
7
8   public class RadioGroupActivity extends AppCompatActivity {
9       private RadioGroup mRadioGroup; //声明一个 RadioGroup 的对象 mRadioGroup
10
11      @Override
12      protected void onCreate(Bundle savedInstanceState) {
13          super.onCreate(savedInstanceState);
14          setContentView(R.layout.radio_group);
15          setTitle("RadioGroup_Activity");
16          mRadioGroup = (RadioGroup) findViewById(R.id.menu); //获取 mRadioGroup 对象的实例
17      }
18      /* 定义按钮的 OnClick 事件 */
19      public void ClearBtn(View v) {
20          mRadioGroup.clearCheck(); //调用 clearCheck()方法,将 mRadioGroup 对象的选择项清空
21      }
22  }
```

（1）通常，在重写 onCreate()方法中，获取在布局文件中声明的控件。第 16 行调用 findViewById()方法，通过资源的 ID 来获取控件。

（2）第 19～21 行定义按钮的 OnClick 事件 ClearBtn()。在该事件中只需要调用 RadioGroup 类的方法 clearCheck()即可清空 mRadioGroup 内部的所有 RadioButton 对象的选择状态。

案例要求，在日期、时间选择页面，能使用文本控件显示选择的日期、时间变化。该页面的逻辑代码文件为 DatePickerActivity.java，代码如下。

```
package ee.example.activity_widgets;

import androidx.appcompat.app.AppCompatActivity;
import android.os.Bundle;
import android.widget.DatePicker;
import android.widget.TextView;
import android.widget.TimePicker;
import java.util.Calendar;

public class DatePickerActivity extends AppCompatActivity {
    TextView dttv,tmtv;                                    //声明 TextView 的两个对象
    DatePicker dp;                                         //声明 DatePicker 的一个对象
    TimePicker tp;                                         //声明 TimePicker 的一个对象
    int year,month,day,hour,minute;

    @Override
    public void onCreate(Bundle savedInstanceState) {
        super.onCreate(savedInstanceState);
        setTitle("DatePicker_Activity");
        setContentView(R.layout.date_picker);

        dttv = (TextView)findViewById(R.id.date_str);  //获取 TextView 对象的实例
        tmtv = (TextView)findViewById(R.id.time_str);

        Calendar c = Calendar.getInstance();               //创建一个 Calendar 对象 c
        year = c.get(Calendar.YEAR);
        month = c.get(Calendar.MONTH);
        day = c.get(Calendar.DAY_OF_MONTH);
        hour = c.get(Calendar.HOUR_OF_DAY);
        minute = c.get(Calendar.MINUTE);

        dttv.setText("Date: " + year + " - " + (month + 1) + " - " + day);
                                                        //将当前日期写入 TextView 对象 dttv
        tmtv.setText("Time: " + hour + ":" + minute);
                                                         //将当前时间写入 TextView 对象 tmtv

        dp = (DatePicker)this.findViewById(R.id.date_picker);
                                                           //获取 DatePicker 对象的实例 dp
        dp.init(year, month, day, new DatePicker.OnDateChangedListener() {
                                                           //初始化 dp 并建立监听
            @Override
            public void onDateChanged(DatePicker view, int nyear, int monthOfYear, int dayOfMonth){
                year = nyear;
                month = monthOfYear;
                day = dayOfMonth;
                dttv.setText("Date: " + year + " - " + (month + 1) + " - " + day);
                                                           //将选择后的日期写入 dttv 对象
            }
        });

        tp = (TimePicker)this.findViewById(R.id.time_picker);
                                                           //获取 TimePicker 对象的实例
        tp.setOnTimeChangedListener(new TimePicker.OnTimeChangedListener() {
```

```
                                                    //对 tp 建立监听
48              @Override
49              public void onTimeChanged(TimePicker view, int hourOfDay, int minuteOfHour) {
50                  hour = hourOfDay;
51                  minute = minuteOfHour;
52                  tmtv.setText("Time: " + hour + ":" + minute); //将选择后的时间写入 tmtv 对象
53              }
54          });
55      }
56
57  }
```

(1) 第 25 行创建一个 Calendar 对象 c,以便第 26～30 行可以从中获取当日的年、月、日和时间的时、分。

(2) 第 27 行是获取月份数据。注意,Calendar 的月取值范围是 0～11,日常的月份应该是 Calendar 的月数＋1。

(3) 第 29 行是获取小时数据。其中,Calendar. HOUR_OF_DAY 以 24 小时制计时,Calendar. HOUR 以 12 小时制计时。

(4) 第 36～44 行对 DatePicker 对象实例 dp 进行初始化,将 year、month、day 变量中的日期数据初始化到 dp 中,并建立日期选择监听 DatePicker. OnDateChangedListener()。第 38～43 行定义了 onDateChanged()方法实现,在方法中将选择后的年、月、日数据写入 dttv 对象中。

(5) 第 47～54 行对 TimePicker 对象实例 tp 创建时间选择监听 setOnTimeChangedListener()。第 49～53 行定义了 onTimeChanged()方法实现,在方法中将选择后的时、分数据写入 tmtv 对象中。

5) 声明清单文件

本案例有多个 Activity,需要在 AndroidManifest. xml 中进行声明,代码如下。

```
<?xml version = "1.0" encoding = "utf - 8"?>
< manifest
    xmlns:android = "http://schemas.android.com/apk/res/android"
    package = "ee.example.activity_widgets">

    < application
        android:allowBackup = "true"
        android:icon = "@mipmap/ic_launcher"
        android:label = "@string/app_name"
        android:roundIcon = "@mipmap/ic_launcher_round"
        android:supportsRtl = "true"
        android:theme = "@style/AppTheme">
        < activity android:name = ".MainActivity">
            < intent - filter >
                < action android:name = "android.intent.action.MAIN" />
                < category android:name = "android.intent.category.LAUNCHER" />
            </intent - filter >
        </activity >
        < activity android:name = "TextViewActivity"/>
        < activity android:name = "EditTextActivity"/>
        < activity android:name = "ImageViewActivity"/>
        < activity android:name = "ImageButtonActivity"/>
```

```
        <activity android:name = "Toggle_SwitchActivity"/>
        <activity android:name = "CheckBoxActivity"/>
        <activity android:name = "RadioGroupActivity" />
        <activity android:name = "ClockActivity"/>
        <activity android:name = "TimePickerActivity"/>
        <activity android:name = "DatePickerActivity"/>
    </application>

</manifest>
```

运行结果：在 Android Studio 支持的模拟器上，运行 Activity_Widgets 项目。在应用的初始页中，是纵向排列的十个按钮，如图 4-26 所示。

每单击一个按钮，就会跳转到另一个页面。例如单击 DatePicker 按钮，进入日期时间选择页面，如图 4-27(a)所示，如果选择了新的日期和时间，可以看到下面的文本会同步改变，如图 4-27(b)所示。

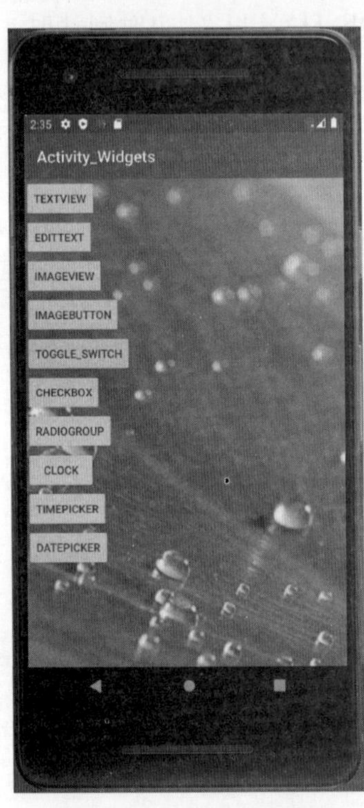

图 4-26　应用运行的初始页

(a) 进入页面的初始界面

(b) 重新选择了日期和时间

图 4-27　DatePicker 和 TimePicker 控件页面的运行效果

从案例 4.17 可知，如果要应用项目能与用户互动起来，必须要编写 Java 代码。其中涉及许多方法的实现和自定义方法。

小结

本章介绍了构成用户界面的构件及其组成机制。出现在界面中的元素是控件，或称为微件，而这些控件的基类是 View。控件需要放入容器类中得以显示在界面上，所有容器类的基类是 ViewGroup。本章详细地介绍了基本的容器类——布局类，以及十多个 Android 基本控件类，分别通过布局描述文件对常用的布局类和基本控件类的属性及其方法进行举例说明。最后通过一个实用的用户登录界面设计过程，为读者演示一个应用的用户界面是怎样创建出来的；通过一个整合多个基本控件的展示案例，让读者体验到经过对 Android 应用项目的逻辑编程，带来的与用户交互的动态效果。

熟练掌握布局文件的设计、掌握常用布局及各基本控件的属性设置只是在 Android 应用开发中迈出的第一步。如何让应用项目能够与用户互动起来，完成应用的各种功能，需要对各控件进行状态监听及事件编程。这些知识将在第 5 章中介绍，请继续学习。

练习

设计一个“我的音乐盒”项目的用户注册页面，要求至少有“账号昵称”“密码”“确认密码”等输入编辑框，有“注册”和“返回”两个按钮。

第 5 章 Android事件处理与数据绑定

Android 应用项目用户界面的各控件仅能被用户看到，是"死"的东西，只有它们与用户进行交互，触发了新的动作发生，应用项目才活了。例如，单击一个按钮，进入了另一个界面。或者，单击了下拉框，出现若干选项供选择。又或者，图片或文本开始像走马灯似地动起来等。因此，在开发中，不仅要会在布局文件中描述 UI，还必须在代码文件中做些工作，才能得到一个"活着"的应用项目。

本章将介绍基本控件的事件处理机制，结合一定的代码编程，看看能获得什么样的用户交互效果。

在 Android 平台上对事件的处理机制有两种：一种是基于回调机制的事件处理；另一种是基于监听接口的事件处理。

5.1 基于回调机制的事件处理

回调机制实质就是将事件的处理绑定在控件上，由图形用户界面控件自己处理事件，比如按钮的 onKeyDown ()方法、文本框的 onFocusChanged()方法等。回调不是由该方法的实现方直接调用，而是在特定的事件或条件发生时，由另外一方通过一个接口来调用，用于对该事件或条件进行响应。

在 Android 平台中，每个 View 都有自己的处理事件的回调方法，开发人员可以通过重写 View 中的这些回调方法来实现需要的响应事件。当某个事件没有被任何一个 View 处理时，便会调用 Activity 中相应的回调方法。

5.1.1 回调方法

View 类提供了许多公用的捕获用户在界面上触发事件的回调方法，为了捕获和处理事件，必须继承某个类(如 View 类)，并重写这些方法，以便开发者自己定义具体的处理逻辑代码。下面介绍一些常见的回调方法。

1. onKeyDown()方法

几乎所有的 View 都有 onKeyDown()方法，当用户在某个控件上或某个按键上按下时触发该方法。该方法是接口 KeyEvent. Callback 中的抽象方法。

onKeyDown()方法声明格式如下。

```
public boolean onKeyDown (int keyCode, KeyEvent event)
```

参数说明如下。

(1) 参数 keyCode：该参数为 int 类型，表示被按下的键值(即键盘码)。手机键盘中每个键都会有其单独的键盘码，在应用项目中都是通过键盘码才知道用户按下的是哪个键。注意，不同型号的手机中，键值可能不同。

(2) 参数 event：该参数为按键事件的对象，其中包含触发事件的详细信息，例如事件的状态、事件的类型、事件发生的时间等。当用户按下按键时，系统会自动将事件封装成 KeyEvent 对象供应用项目使用。

返回值说明如下。

该方法的返回值为一个 boolean 类型的变量。当返回 true 时，表示已经完整地处理了这个事件，并不希望其他的回调方法再次进行处理；而当返回 false 时，表示并没有完全处理完该事件，更希望其他回调方法继续对其进行处理，例如 Activity 中的回调方法。

2. onKeyLongPress()方法

当用户在某个控件上或某个按键上长按时触发 onKeyLongPress()方法。该方法也是接口 KeyEvent. Callback 中的抽象方法。

onKeyLongPress ()方法声明格式如下。

```
public boolean onKeyLongPress (int keyCode, KeyEvent event)
```

onKeyLongPress ()方法的参数与返回值同 onKeyDown()方法，在此不作赘述。

3. onKeyUp()方法

当用户在某个控件上或某个按键上按下后抬起时触发 onKeyUp()方法。该方法同样是接口 KeyEvent. Callback 中的一个抽象方法。

onKeyUp()方法声明格式如下。

```
public boolean onKeyUp (int keyCode, KeyEvent event)
```

onKeyUp()方法的参数与返回值同 onKeyDown()方法。

该方法的使用方法与 onKeyDown()基本相同，只是该方法会在按键抬起时被调用。如果用户需要对按键抬起事件进行处理，通过重写该方法即可以实现。

4. onTouchEvent()方法

当用户在手机屏幕上或某个控件上发生触摸事件触发 onTouchEvent()方法。该方法在 View 类中有定义。

onTouchEvent()方法声明格式如下。

```
public boolean onTouchEvent (MotionEvent event)
```

参数说明如下。

参数 event：为手机屏幕触摸事件封装类的对象，其中封装了该事件的所有信息，例如触摸的位置、触摸的类型以及触摸的时间等。该对象会在用户触摸手机屏幕时被创建。

该方法的返回值机理与键盘响应事件的相同，在此不作赘述。

该方法并不像之前介绍过的方法只处理一种事件，一般情况下以下三种情况的事件全部由 onTouchEvent()方法处理，只是三种情况中的动作值不同。

(1) 屏幕被按下：当屏幕被按下时，会自动调用该方法来处理事件，此时 MotionEvent. getAction()的值为 MotionEvent. ACTION_DOWN，如果在应用项目中需要处理屏幕被按下的事件，只需重写该回调方法，然后在方法中进行动作的判断即可。

(2) 屏幕被抬起：当触控笔离开屏幕时触发的事件，该事件同样需要 onTouchEvent()方法来捕捉，然后在方法中进行动作判断。当 MotionEvent. getAction()的值为 MotionEvent. ACTION_UP 时，表示是屏幕被抬起的事件。

(3) 在屏幕中拖动：该方法还负责处理触控笔在屏幕上滑动的事件，同样是调用 MotionEvent. getAction()方法来判断动作值是否为 MotionEvent. ACTION_MOVE 再进行处理。

5. onFocusChanged()方法

onFocusChanged()方法用来处理焦点改变的事件。前面介绍的各个方法都可以在 View 及 Activity 中重写，但 onFocusChanged()只能在 View 中重写。当某个控件重写了该方法后，当焦点发生变化时，会自动调用该方法来处理焦点改变的事件。

onFocusChanged()方法声明格式如下。

```
protected void onFocusChanged (boolean gainFocus, int direction, Rect previouslyFocusedRect)
```

参数说明如下。

(1) 参数 gainFocus：表示触发该事件的 View 是否获得了焦点，当该控件获得焦点时，gainFocus 等于 true，否则等于 false。

(2) 参数 direction：表示焦点移动的方向，用数值表示，有兴趣的读者可以重写 View 中的该方法打印该参数进行观察。

(3) 参数 previouslyFocusedRect：表示在触发事件的 View 的坐标系中，前一个获得焦点的矩形区域，即表示焦点是从哪里来的。如果不可用则为 null。

该方法没有返回值。

在图形用户界面中，焦点描述了按键事件(或者是屏幕事件)的承受者，每次按键事件都发生在拥有焦点的 View 上。在应用项目中，可以对焦点进行控制，例如从一个 View 移动到另一个 View。一些与焦点有关的常用方法见表 5-1。

表 5-1　与焦点有关的常用方法及说明

方　法	说　明
setFocusable(boolean)	设置 View 是否可以拥有焦点
isFocusable()	监测此 View 是否可以拥有焦点
setNextFocusDownId(int)	设置 View 的焦点向下移动后获得焦点 View 的 ID
hasFocus()	返回了 View 的父控件是否获得了焦点
requestFocus()	尝试让此 View 获得焦点
isFocusableTouchMode()	在触摸模式下，设置 View 控件是否可以拥有焦点。默认情况下是不能的

5.1.2 基于回调的事件处理

基于回调的事件处理机制通过重写事件处理方法来实现。该事件处理方法既可以在View的实现类中重写，也可以在Activity中重写。几乎所有基于回调的事件处理方法都有一个Boolean类型的返回值，该返回值用于标识该处理方法是否能完全处理该事件。

当事件处理回调方法返回true时，表示该处理方法已经完整地处理了该事件，该事件不会传播出去，不会让其他的回调方法再次进行处理。

当事件处理回调方法返回false时，表示该处理方法并未完全处理完该事件，该事件会传播出去，希望其他回调方法继续对其进行处理，例如其他回调方法可能是Activity中的回调方法。

下面通过一个简单的案例介绍手机屏幕的触摸事件。

【案例5.1】 在屏幕区域内触摸滑动，捕捉按下、抬起事件的状态，滑动的坐标，触点压力，触点的大小等信息。

说明： 在本案例中，以整个Activity为事件源，整个屏幕范围都可以感应触摸信号。在onTouchEvent()回调方法内需要用到下列方法来获取触摸信息。

(1) 使用MotionEvent.getAction()方法来获取屏幕被按下、抬起、移动等事件的状态。

(2) 使用Event.getX()、Event.getY()方法来获取触点坐标值。

(3) 使用Event.getPressure()方法来获取触屏压力大小。

(4) 使用Event.getSize()方法来获取触点尺寸。

开发步骤及解析： 过程如下。

1) 创建项目

在Android Studio中创建一个名为Activity_Touch的项目。其包名为ee.example.activity_touch。

2) 设计布局

编写res/layout目录下的activity_main.xml文件，代码如下。

```
<?xml version = "1.0" encoding = "utf - 8"?>
<LinearLayout
    xmlns:android = "http://schemas.android.com/apk/res/android"
    android:layout_width = "match_parent"
    android:layout_height = "match_parent"
    android:orientation = "vertical"
    android:background = "#0F2F67"
    android:padding = "5dp"
    >
    <TextView
        android:id = "@ + id/touch_area"
        android:layout_width = "match_parent"
        android:layout_height = "0dp"
        android:layout_weight = "1"
        android:text = "全屏幕触摸测试区"
        android:textColor = "#ffFFFF"
        android:textSize = "20sp"
```

```
18            />
19        <TextView
20            android:id = "@ + id/event_label"
21            android:layout_width = "wrap_content"
22            android:layout_height = "wrap_content"
23            android:text = "触摸事件: "
24            android:textColor = "#FFFFFF"
25            android:textSize = "18sp"
26            />
27    </LinearLayout>
```

(1) 第 10～18 行声明了一个 TextView 控件。显示触摸区域的文字信息。其中，第 13、14 行设置该控件在纵向除了第二个 TextView 控件占用的高度外将填满屏幕的剩余高度。这样就可以保证第二个 TextView 控件位于屏幕的底部。

(2) 第 19～26 行声明第二个 TextView 控件。该控件的资源 ID 为"event_label"。用于显示操作时的相关触摸参数。

3）开发逻辑代码

打开 java/ ee.example. activity_touch 包下的 MainActivity.java 文件，并进行编辑，代码如下。

```
package ee.example.activity_touch;

import androidx.appcompat.app.AppCompatActivity;
import android.os.Bundle;
import android.view.MotionEvent;
import android.widget.TextView;

public class MainActivity extends AppCompatActivity {
    private TextView eventlabel;

    @Override
    public void onCreate(Bundle savedInstanceState) {
        super.onCreate(savedInstanceState);
        setContentView(R.layout.activity_main);
        eventlabel = (TextView) findViewById(R.id.event_label);
    }

    @Override
    public boolean onTouchEvent(MotionEvent event) {
        int action = event.getAction();
        switch (action) {
            // 当按下时
            case (MotionEvent.ACTION_DOWN):
                Display("ACTION_DOWN", event);
                break;
            // 当抬起时
            case (MotionEvent.ACTION_UP):
                Display("ACTION_UP", event);
                break;
            // 当触摸滑动时
            case (MotionEvent.ACTION_MOVE):
                Display("ACTION_MOVE", event);
```

```
33            }
34            return super.onTouchEvent(event);
35        }
36
37        public void Display(String eventType, MotionEvent event) {
38            // 获取触点相对坐标的信息
39            int x = (int) event.getX();
40            int y = (int) event.getY();
41            // 获取触屏压力大小
42            float pressure = event.getPressure();
43            // 获取触点尺寸
44            float size = event.getSize();
45            // 变量 msg 存放显示信息
46            String msg = "";
47            msg += "事件类型: " + eventType + "\n";
48            msg += "坐标(x , y): " + String.valueOf(x) + " , " + String.valueOf(y) + "\n";
49            msg += "触点压力: " + String.valueOf(pressure) + "\n";
50            msg += "触点尺寸: " + String.valueOf(size) ;
51            eventlabel.setText(msg);
52        }
53
54    }
```

(1) 第 5 行引入 android. view. MotionEvent 类，因为在代码中将使用到触摸滑动类的对象。

(2) 第 6 行引入 android. widget. TextView 类，因为在代码中要给一个 TextView 类对象赋值。

(3) 第 9 行声明一个 TextView 类对象，名为“eventlabel”。

(4) 第 12～16 行重写 onCreate()方法。在第 15 行为 eventlabel 对象实例化，即将资源中 ID 号为 event_label 的 TextView 对象赋予对象 eventlabel 中。

(5) 第 19～35 行重写 onTouchEvent()方法。在该方法中，event 参数是一个 MotionEvent 对象。第 20 行，通过 getAction()方法来获取事件的状态，并将返回结果赋予整型变量 action 中。

(6) 第 21～33 行是一组 switch-case 语句，根据 action 中的不同值，将不同的参数传入自定义方法 Display()中。例如，当 action 值为“MotionEvent. ACTION_DOWN”时，调用方法 Display("ACTION_DOWN",event)；当 action 值为“MotionEvent. ACTION_UP”时，调用方法 Display("ACTION_UP",event)；当 action 值为“MotionEvent. ACTION_MOVE”时，调用方法 Display("ACTION_MOVE",event)。

(7) 第 37～52 行定义了 Display()方法。该方法通过 onTouchEvent()方法调用，在该方法中获取触屏事件的状态、触点坐标、触点尺寸等信息，并且将它们显示在 eventlabel 对象中。

运行结果：在 Android Studio 中启动 Android 模拟器，然后运行 Activity_Touch 项目。用鼠标在整个屏幕区域执行按下、抬起、移动操作，运行结果如图 5-1 所示。

(a) 未触摸前的初始界面

(b) 触摸屏幕正在移动

图 5-1 在手机屏幕上做触摸操作的运行结果

5.2 基于监听接口的事件处理

在 Android 系统中引用 Java 中的事件监听处理机制，包括事件、事件源和事件监听器三个方面。例如，一辆轿车上安装了防盗设备，当轿车被外力引起强烈震动时就会报警。这时，震动好比事件，轿车好比事件源，报警器好比事件监听器。事件可以是单击事件、键盘事件、触摸事件或手势事件等；事件源是指产生事件的控件；事件监听器是控件产生事件时响应的接口，根据事件的不同重写不同的事件处理方法来处理事件。

5.2.1 Android 的监听事件处理模型

对于一个 Android 应用项目来说，事件处理是必不可少的，用户与应用项目之间的交互便是通过事件处理来完成的。在 Android 的监听事件处理模型中涉及以下内容。

1. 监听事件的三要素

1）事件源

事件源是产生事件的来源，通常是各种控件类或是容器类或是 Activity 及其派生类，用来与用户交互,感应用户的操作。例如按钮、输入框、列表项、窗口等。

2) 事件

事件是封装界面控件上发生的特定事件的具体信息,这些信息一般通过事件对象来传递。例如单击、触摸、长按、滑动手势等。在应用项目中,各个控件在不同情况下触发的事件不尽相同,因此,产生的事件也可能不同。

3) 事件监听器

事件监听器是用来处理事件的特定接口,根据事件的不同,重写不同的事件处理方法来处理事件。这些重写的方法由事件触发调用。

2. 事件源与事件监听器

当用户与应用项目交互时,一定是通过触发某些事件来完成的,让事件通知程序应该执行哪些操作,此过程主要涉及事件源与事件监听器。将事件源与事件监听器联系到一起,就需要为事件源注册监听,当事件发生时,系统才会自动通知事件监听器来处理相应的事件。

在 Android 中为相应接口设置监听器对象方法是使用一系列的 set *** Listener(),为指定的 View 对象设置为 *** 事件接口的监听器。例如,为 Button 对象的 OnClick 事件接口设置监听器使用 setOnClickListener()方法,为在触屏区域的某个 View 对象的 OnTouch 事件接口设置监听器使用 setOnTouchListener()方法,等等。

事件处理的过程一般分为以下三步。

(1) 为事件源对象添加监听对象。这样当某个事件被触发时,系统才会知道通知谁来处理该事件。

(2) 当事件发生时,系统会将事件封装成相应类型的事件对象,并发送给注册到事件源的事件监听器对象。

(3) 当事件监听器对象接收到事件对象之后,系统会调用事件监听器中相应的事件处理方法来处理事件并给出响应。

5.2.2 监听器接口与回调方法

正如 Java 中的监听处理模型一样,Android 也提供了同样的基于监听接口的事件处理模型。

1. OnClickListener 接口

1) 功能

该接口处理的是单击事件。单击事件包括:在触控模式下,在某个 View 上快速地按下并抬起的组合动作;而在键盘模式下,某个 View 获得焦点后单击“确定”键或者按下轨迹球事件。

2) 对应的回调方法

方法声明格式如下。

```
public void onClick(View v)
```

几点说明如下。

(1) 需要重写 onClick()方法。

(2) 参数 v 为事件发生的事件源。

(3) 没有返回值。

2. OnLongClickListener 接口

1) 功能

OnLongClickListener 接口与之前介绍的 OnClickListener 接口原理基本相同，只是该接口为 View 长按事件的捕捉接口，即当长时间按下某个 View 时触发的事件。

2) 对应的回调方法

方法声明格式如下。

```
public boolean onLongClick(View v)
```

几点说明如下。

(1) 需要重写 onLongClick()方法。

(2) 参数 v 为事件源控件，当长时间按下此控件时才会触发该方法。

(3) 返回值：该方法的返回值为一个 Boolean 类型的变量，当返回 true 时，表示已经完整地处理了这个事件，不希望其他的回调方法再次进行处理；当返回 false 时，表示并没有完全处理完该事件，希望其他方法继续对其进行处理。

3. OnFocusChangeListener 接口

1) 功能

OnFocusChangeListener 接口用来处理控件焦点发生改变的事件。如果注册了该接口，当某个控件失去焦点或者获得焦点时都会触发该接口中的回调方法。

2) 对应的回调方法

方法声明格式如下。

```
public void onFocusChange(View v, Boolean hasFocus)
```

几点说明如下。

(1) 需要重写 onFocusChange()方法。

(2) 参数 v 便为触发该事件的事件源。

(3) 参数 hasFocus 表示 v 的新状态，即 v 是否获得焦点。

4. OnKeyListener 接口

1) 功能

OnKeyListener 是对手机键盘进行监听的接口，通过对某个 View 注册该监听，当 View 获得焦点并有键盘事件时，便会触发该接口中的回调方法。

2) 对应的回调方法

方法声明格式如下。

```
public boolean onKey(View v, int keyCode, KeyEvent event)
```

几点说明如下。

(1) 需要重写 onKey()方法。

(2) 参数 v 为事件的事件源控件。

(3) 参数 keyCode 为手机键盘的键盘码。

(4) 参数 event 为键盘事件封装类的对象,其中包含事件的详细信息,例如发生的事件、事件的类型等。

5. OnTouchListener 接口

1) 功能

OnTouchListener 接口是用来处理手机屏幕触摸事件的监听接口,当在 View 的范围内发生触摸按下、抬起或滑动等动作时都会触发该事件。

2) 对应的回调方法

方法声明格式如下。

```
public boolean onTouch(View v, MotionEvent event)
```

几点说明如下。

(1) 需要重写 onTouch()方法。对应接口的回调方法。这个方法还处理触摸事件的调用,包括在屏幕上按下、抬起和移动时调用。

(2) 参数 v 同样为事件源对象。

(3) 参数 event 为事件封装类的对象,其中封装了触发事件的详细信息,同样包括事件的类型、触发时间等信息。

6. OnGestureListener 接口

1) 功能

OnGestureListener 接口是用来处理手机若干手势事件的监听接口,当在手机屏幕上发生各种手势操作,如单击、长按、滑动等,使用手势检测器 GestureDetector 进行辨别,然后触发相应的事件。可以说手势监听接口包含了对以上多个事件的监听。在应用中通过手势来操作会大大提升用户体验。

2) 对应的回调方法

在手势检测器 GestureDetector 包含了对多种手势的回调方法,常用方法及说明见表 5-2。

表 5-2 与手势有关的常用回调方法及说明

方 法	返回值	说 明
onDown(MotionEvent e)	boolean	当用户按下时触发
onFling(MotionEvent e1, MotionEvent e2, float velocityX, float velocityY)	boolean	在用户快速滑出一段距离时触发。常用于翻页事件。该方法前两个参数分别为滑动开始和结束时的事件信息,后两个参数分别为滑动操作在横坐标上和在纵坐标上的滑动速率

续表

方　法	返回值	说　明
onLongPress(MotionEvent e)	void	在用户长按时触发，通常用于长按事件。按下时间超过 0.5s 为长按
onScroll(MotionEvent e1, MotionEvent e2, float distanceX, float distanceY)	boolean	在用户滑动过程中触发。常用于滚屏事件。该方法的参数与 onFling()中的参数含义相似
onShowPress(MotionEvent e)	void	在已按下但还做其他操作时触发，通常用于按下状态时的高亮显示
onSingleTapUp(MotionEvent e)	boolean	在用户轻点一下弹起时触发，通常用于单击事件，类似于 onClick 事件。按下时间在 0.5s 内为单击

表 5-2 中的方法，除了 onLongPress()和 onShowPress()外，都返回一 Boolean 类型的值，返回 true，表示该手势已经被处理了，其他人不需要再做了；返回 false，表示该手势还没有被处理，留给其他人处理。

3）与手势相关的事件方法

与手势事件相关的方法有三个，并且相互间有执行顺序，按其执行顺序分别是 dispatchTouchEvent()、oninterceptTouchEvent()和 onTouchEvent()。

dispatchTouchEvent()：进行事件分发处理，返回结果表示该事件是否需要分发给下级视图进行该手势处理。默认返回 true，表示分发。但是最终能否分发成功还取决于两个因素，一是 oninterceptTouchEvent()方法拦截的结果；二是下级视图有没有实现自身的 onTouchEvent()方法。

oninterceptTouchEvent()：进行事件拦截处理，返回结果表示当前容器是否需要拦截该事件。默认返回 false，表示不拦截，手势会分发给下级视图进行后续处理。

onTouchEvent()：对事件触摸进行处理，返回结果表示该事件是否处理完毕。返回 true 表示处理完毕，无须处理上级视图的 onTouchEvent()方法，一路返回结束流程；返回 false 表示该手势事件尚未完成，返回继续处理上级视图的 onTouchEvent()方法，然后根据上级 onTouchEvent()方法的返回值判断直接结束或由上级处理。

上述三个方法对事件源也有些限制，对于页面类(Activity 及其派生类)和控件类(各种 View 及其派生类，如 TextView、ImageView、Button 等)可以操作 dispatchTouchEvent()和 onTouchEvent()两种方法；对于容器类(如各种布局 Layout 类，以及将在第 6 章介绍的各容器器类)可以操作 dispatchTouchEvent()、oninterceptTouchEvent()和 onTouchEvent()三种方法。

5.2.3 事件监听器接口的实现方法

其实这涉及一些 Java 基础知识，主要是接口的一些实现方法。对于事件监听器的实现，有以下三种方式。

1. 匿名内部类实现方式

在 onCreate()方法中使用匿名内部类实现事件监听器接口。通常在 Activity 类的

onCreate 事件中直接定义，直接动作。以按钮的单击事件监听为例，其代码片段如下。

```
@override
public void onCreate(Bundle savedInstanceState) {
     … //执行某些操作
    Button button1 = (Button)findViewById(R.id. myButton1);
    Button button2 = (Button)findViewById(R.id. myButton2);
    … //执行某些操作
    //注册事件监听
    button1.setOnClickListener(
        new View.OnClickListener() {
            //实现方法: 匿名内部类实现事件监听器接口
            @Override
            public void onClick(View v) {
                … //执行某些操作
            }
        }
    );
    button2.setOnClickListener(
        new View.OnClickListener() {
            //实现方法: 匿名内部类实现事件监听器接口
            @Override
            public void onClick(View v) {
                … //执行某些操作
            }
        }
    );
}
```

这种方式每个控件都定义一次，如果有多个按钮，代码显得十分冗长累赘。这种实现监听接口方式大多数用于只为一个控件使用，不为多个控件复用的情形。

2. 内部类实现方式

内部类实现事件监听器接口，其代码片段如下。

```
@override
public void onCreate(Bundle savedInstanceState) {
    … //执行某些操作
    Button btn1 = (Button) findViewById(R.id.myButton1);
    Button btn2 = (Button) findViewById(R.id.myButton2);

    btn1 .setOnClickListener(new ClickEvent());
    btn2 .setOnClickListener(new ClickEvent());

}
… //执行某些操作
//实现多个按钮的 OnClick()方法
class ClickEvent implements View.OnClickListener {
    public void onClick(View v) {
        switch (v.getId()) {
            case R.id. myButton1:
                …        //执行某些操作
                break;
```

```
            case R.id. myButton2:
                    …      //执行某些操作
                break
        }
    }
}
```

在一个类中定义使用一个内部类来实现监听接口，可以供当前类中所有的控件复用该监听器，即多个控件可以写在一个 onClick()方法内来定义它们的回调操作。这样做的好处在于可以用一个监听器对多个事件源进行监听，代码简捷，逻辑清晰。

3. 外部类实现方式

外部类实现事件监听器接口，需要在 Activity 组件类的声明时同时声明该接口，其代码片段如下。

```
1    public class TestMedia extends AppCompatActivity implements View.OnClickListener{
2        …  //执行某些操作
3        @override
4        public void onCreate(Bundle savedInstanceState) {
5            …  //执行某些操作
6            Button btn1 = (Button) findViewById(R.id.myButton1);
7            Button btn2 = (Button) findViewById(R.id.myButton2);
8
9            btn1 .setOnClickListener();
10           btn2 .setOnClickListener();
11
12       }
13       …  //执行某些操作
14       //实现多个按钮的 OnClick()方法
15       @override
16       public void onClick(View v) {
17           switch (v.getId()) {
18           case R.id. myButton1:
19               …    //执行某些操作
20               break;
21           case R.id. myButton2:
22               …    //执行某些操作
23               break;
24           }
25       }
26       …
27   }
```

这种方式首先需要在 Activity 组件类中声明实现其接口，见第 1 行黑体显示处。这样，可以像使用内部类方式一样，让多个控件共享一个监听接口。事件监听器虽然属于特定的 GUI 界面，如果使用外部类方式定义监听器接口，是可以被多个 GUI 界面共享的。

上述三种方式都要求事件源控件与监听器接口类有一一对应的关系，在开发中如果确定其中一种方式来处理互动事件，就需要在 Activity 中实现相应的带有这个方式的监听接口，然后通过实例的 set...Listener()方法来设置监听器。例如对于按钮的单击事件，调用 setOnClickListener()来设置 OnClickListener 作为监听器。

【案例 5.2】 单击按钮后，将用户输入的信息显示在屏幕的标题栏中。

说明：本例中需要有用户的输入操作，因此需要一个编辑框控件 EditText，还需要一个 Button 控件。当用户输入完成后，单击这个按钮，将 EditText 内的信息传送到标题栏中，这个操作将被定义在 Button 的 OnClick ()方法中。

本例使用匿名内部类的方式实现事件监听器接口。

开发步骤及解析：过程如下。

1）创建项目

在 Android Studio 中创建一个名为 Activity_Button 的 Android 项目。其包名为 ee.example.activity_button。

2）设计布局

编写 res/layout 目录下的布局文件，名为 activity_main.xml 文件，代码如下。

```
1   <?xml version = "1.0" encoding = "utf - 8"?>
2   < LinearLayout
3       xmlns:android = "http://schemas.android.com/apk/res/android"
4       android:layout_width = "match_parent"
5       android:layout_height = "match_parent"
6       android:orientation = "vertical"
7       android:padding = "10dp">
8
9       < EditText android:id = "@ + id/edit_text"
10          android:layout_width = "match_parent"
11          android:layout_height = "wrap_content"
12          android:hint = "这里可以输入文字" />
13
14      < Button android:id = "@ + id/get_edittext_btn"
15          android:layout_width = "wrap_content"
16          android:layout_height = "wrap_content"
17          android:text = "获取 EditText 的值"
18          android:textAllCaps = "false"/>
19
20  </LinearLayout >
```

(1) 一般地，如果在代码中需要用到控件，都需要向资源中添加它们的 ID。第 9 行、第 14 行为所声明的控件添加 ID 变量。

(2) 第 12 行为该 EditText 控件添加 hint 文字内容，编辑框控件在没有输入值之前显示 hint 的内容，该内容起提示作用。

(3) 第 18 行设置按钮的显示文本中英文字母不强制使用大写字母。

3）开发逻辑代码

打开 java/ee.example.activity_button 包下的 MainActivity.java 文件，并进行编辑，代码如下。

```
package ee.example.activity_button;

import androidx.appcompat.app.AppCompatActivity;
import android.os.Bundle;
import android.view.View;
import android.widget.Button;
```

```
7     import android.widget.EditText;
8
9     public class MainActivity extends AppCompatActivity {
10        /** Called when the activity is first created.  */
11        @Override
12        public void onCreate(Bundle savedInstanceState) {
13            super.onCreate(savedInstanceState);
14            setTitle("EditText_Activity");
15            setContentView(R.layout.activity_main);
16
17            Button get_edit_button = findViewById(R.id.get_edittext_btn);
18            get_edit_button.setOnClickListener(new View.OnClickListener(){
19                @Override
20                public void onClick(View v) {
21                    EditText edit_text = findViewById(R.id.edit_text);
22                    CharSequence edit_text_value = edit_text.getText();
23                    setTitle("输入的值: " + edit_text_value);
24                }
25            });
26        }
27
28    }
```

（1）第3～7行是一些类的引入。在代码程序中用View、Button和EditText三类对象，所以在第5～7行要引入android.view.View、android.widget.Button和android.widget.EditText类。

（2）第17行，在onCreate()方法中，获得按钮对象，该按钮名为“get_edit_button”，从布局的资源名为get_edittext_btn中获得按钮实例。在实际编程中，人们习惯使用控件所执行的操作含义来命名该控件对象。这样做便于程序的维护。

（3）第18～25行为get_edit _button按钮添加一个监听setOnClickListener，在该监听的接口类中创建一个匿名的对象View，并重写onClick(View v)方法。

（4）第20～24行，在View.OnClickListener()的内部，重写onClick()方法。第22行使用.getText()方法从EditText的对象中取出字符串信息，并赋予字符串变量edit_text_value中。第23行使用setTitle()方法将一个字符串信息传送到标题栏中，该信息是“输入的值:”串合并edit_text_value中值串的内容。

运行结果：在Android Studio支持的模拟器上，运行Activity_Button项目。运行结果如图5-2所示。

(a) 运行的初始界面

(b) 在编辑框中输入字符串后单击按钮

图5-2 在单击按钮之后获取编辑框信息并写到标题中

【案例 5.3】 将一组单选框中的选择项进行清除。

说明：以第 4 章案例 4.17 中的单选框页面为基础进行改进。设置一组单选框和一个 Button 对象，当单击这个按钮时，让所有单选按钮的选择状态均为非选状态。为此，需要对该 Button 进行 OnClickListener()监听。

本例使用内部类实现事件监听器接口的方式。

开发步骤及解析：过程如下。

1）创建项目

在 Android Studio 中创建一个名为 Activity_RadioGroupClear 的 Android 项目。其包名为 ee.example.avtivity_radiogroupclear。

2）设计布局

从案例 4.17 中复制 radio_group.xml 到本案例的 res/layout 目录下，对原来的代码只需删除按钮元素中的“android:onClick="ClearBtn"”一行即可。

3）开发逻辑代码

打开 java/ee.example.avtivity_radiogroupclear 包下的 MainActivity.java 文件，并进行编辑，代码如下。

```
1    package ee.example.activity_radiogroupclear;
2
3    import androidx.appcompat.app.AppCompatActivity;
4    import android.os.Bundle;
5    import android.view.View;
6    import android.widget.Button;
7    import android.widget.RadioGroup;
8
9    public class MainActivity extends AppCompatActivity {
10       private RadioGroup mRadioGroup; //声明一个 RadioGroup 的对象 mRadioGroup
11
12       @Override
13       protected void onCreate(Bundle savedInstanceState) {
14           super.onCreate(savedInstanceState);
15           setContentView(R.layout.radio_group);
16           setTitle("RadioGroup_Activity");
17           mRadioGroup = (RadioGroup) findViewById(R.id.menu); //获取 mRadioGroup 对象的实例
18           Button clearButton = (Button) findViewById(R.id.clear); //获取 Button 对象的实例
19           clearButton.setOnClickListener(new clearButton_listener());
20       }
21
22       private class clearButton_listener implements View.OnClickListener {
23           public void onClick(View v) {
24               mRadioGroup.clearCheck();
25           }
26       }
27
28   }
```

（1）第 3～7 行是一些类的引入。在代码程序中用 View、Button 和 RadioGroup 三类对象，所以在第 5～7 行要引入 android.view.View、android.widget.Button 和 android.widget.RadioGroup 类。

(2) 第 10 行声明 RadioGroup 类的对象 mRadioGroup。

(3) 第 13～20 行重写了 onCreate()方法。其中第 17 行获取 mRadioGroup 对象的实例,该实例由布局文件中的资源名为 menu 的元素提供。第 18 行为 Button 对象 clearButton 获取实例。

(4) 第 19 行为 clearButton 对象添加了一个监听 setOnClickListener,在该监听中声明一个内部类 clearButton_listener。

(5) 第 22～26 行实现内部类 clearButton_listener。其中第 22 行是该内部类的声明,同时声明了 View. OnClickListener 接口。在该类中重写了回调方法 OnClick()。在此方法中,调用了 RadioGroup 类的 clearCheck()方法,其作用是设置 RadioGroup 组内的单选按钮均为非选中状态。

运行结果:在 Android Studio 支持的模拟器上,运行 Activity_RadioGroupClear 项目。运行结果如图 5-3 所示。

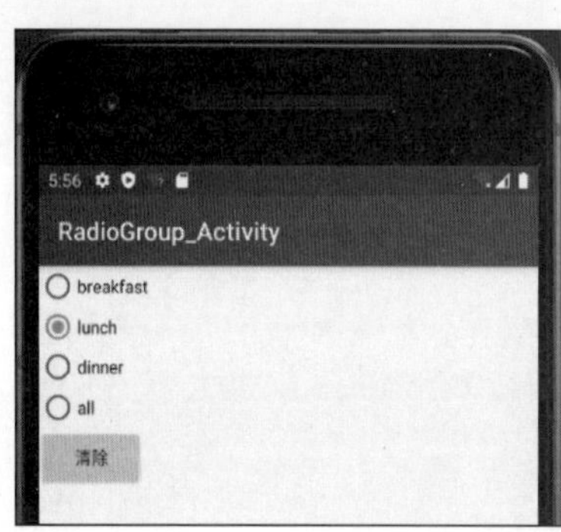

(a) 运行的初始界面

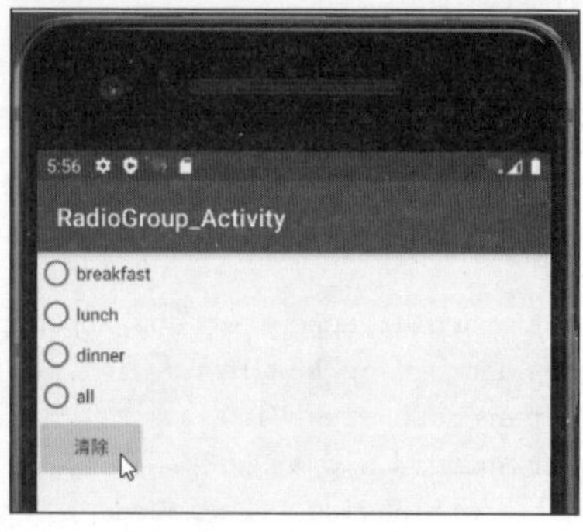

(b) 按下"清除"按钮后

图 5-3 清除单选框的选中状态

【案例 5.4】 单击开关按钮,将按钮的当前状态信息显示出来。

说明:以第 4 章案例 4.17 中的开关按钮页面为基础进行改进。在页面上添加一个 TextView 控件,单击状态开关按钮 ToggleButton,将状态信息显示在 TextView 中。同样,拖动开关按钮 Switch,也将开关状态信息显示在 TextView 中。

ToggleButton 和 Switch 的开关状态由 CompoundButton 类的 OnCheckedChangeListener 监听器捕捉,在 OnCheckedChangeListener 接口中要重写 onCheckedChanged()方法,由 CompoundButton 类的 isChecked()方法来获取开、关的选中状态。

本例使用内部类实现事件监听器接口的方式。

开发步骤及解析:过程如下。

1) 创建项目

在 Android Studio 中创建一个名为 Activity_ToggleSwitch 的 Android 项目。其包名为 ee. example. avtivity_toggleswitch。

2) 设计布局

从案例 4.17 中复制 toggle_switch. xml 到本案例的 res/layout 目录下,在布局中添加一个 TextView 控件声明,代码片段如下所示。

```
<TextView
    android:id = "@ + id/btn_status"
    android:layout_width = "wrap_content"
    android:layout_height = "wrap_content"
    android:layout_marginTop = "30dp"
    />
```

3）开发逻辑代码

打开 java/ee. example. avtivity_ toggleswitch 包下的 MainActivity. java 文件，并进行编辑，代码如下。

```
package ee.example.activity_toggleswitch;

import androidx.appcompat.app.AppCompatActivity;
import android.os.Bundle;
import android.widget.CompoundButton;
import android.widget.TextView;
import android.widget.Switch;
import android.widget.ToggleButton;

public class MainActivity extends AppCompatActivity{
    private TextView btninfo;
    private ToggleButton tbtn_open;
    private Switch swh_status;
    String inf;

    @Override
    protected void onCreate(Bundle savedInstanceState) {
        super.onCreate(savedInstanceState);
        setContentView(R.layout.toggle_seitch);

        btninfo = (TextView) findViewById(R.id.btn_status);
        tbtn_open  =  (ToggleButton) findViewById(R.id.tbtn_open);
        swh_status  =  (Switch) findViewById(R.id.swh_status);
        tbtn_open.setOnCheckedChangeListener(new MyCompoundButton_Listener());
        swh_status.setOnCheckedChangeListener(new MyCompoundButton_Listener());
    }

    private class MyCompoundButton_Listener implements
                                        CompoundButton.OnCheckedChangeListener {
        @Override
        public void onCheckedChanged(CompoundButton compoundButton, boolean b) {
            switch (compoundButton.getId()) {
                case R.id.tbtn_open: //判断 ToggleButton 按钮的状态
                    inf  =  "现在您单击了 ToggleButton 按钮,开、关状态是: ";
                    if (compoundButton.isChecked())
                        inf  =  inf  +  "关闭声音";
                    else
                        inf  =  inf  +  "打开声音";
                    break;
                case R.id.swh_status: //判断 Switch 按钮的状态
                    inf  =  "现在您拖动了 Switch 按钮,开、关状态是: ";
                    if (compoundButton.isChecked())
```

```
42                            inf = inf + "开";
43                        else
44                            inf = inf + "关";
45                        break;
46                }
47                btninfo.setText(inf);
48            }
49        }
50    }
```

（1）第 24 行为 tbtn_open 对象设置 OnCheckedChangeListener 监听，并在该监听中声明一个内部类 MyCompoundButton_Listener。

（2）第 28～49 行实现内部类 MyCompoundButton_Listener。在该内部类中实现 CompoundButton. OnCheckedChangeListener 接口，重写回调方法 onCheckedChanged()。

第 31 行中，compoundButton. getId()方法的功能是获取 compoundButton 对象的资源 ID。如果 ID 为“R. id. tbtn_open”，即获取 tbtn_open 对象实例，如果 ID 为“R. id. swh_status”，即获取 swh_status 对象实例。

运行结果：在 Android Studio 支持的模拟器上，运行 Activity_ToggleSwitch 项目。运行结果如图 5-4 所示。

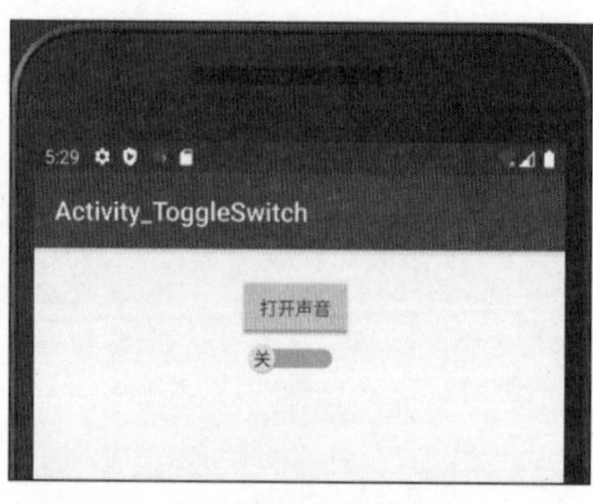

(a) 运行的初始界面

(b) 按下“打开声音”按钮后

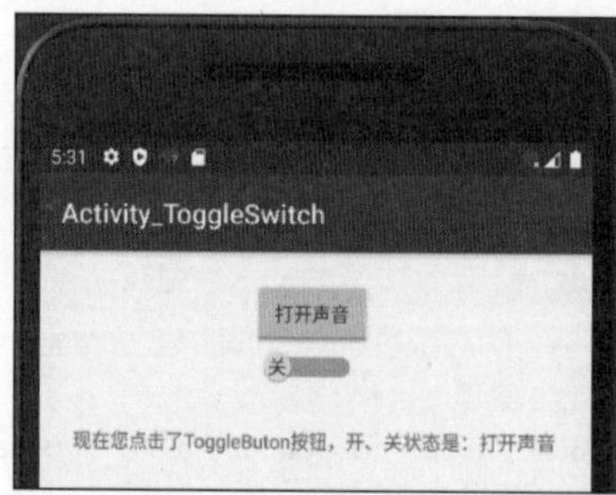

(c)按下“关闭声音”按钮后

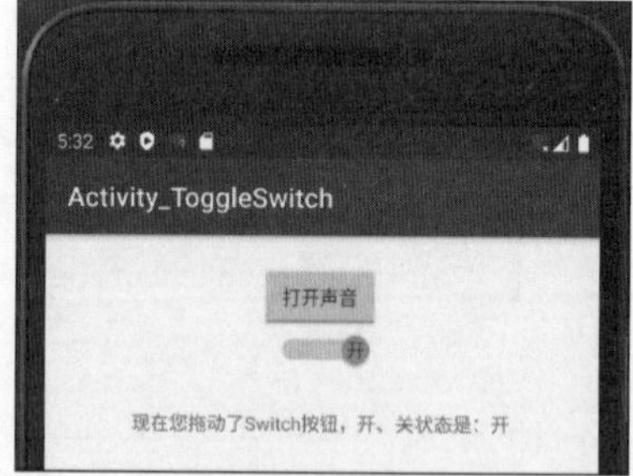

(d) 向右拖动开关按钮后

图 5-4　开关按钮单击后的状态

【案例 5.5】 改编第 4 章的案例 4.17，将其中对按钮单击事件基于属性的监听全部改为基于监听接口的事件处理。

说明：创建一个新项目，复制案例 4.17 中的资源和代码，然后进行修改。

本例使用外部类方式实现事件监听器接口。

开发步骤及解析：过程如下。

1）创建项目

在 Android Studio 中创建一个名为 Activity_MultipleBtns 的 Android 项目。其包名为 ee. example. avtivity_multiplebtns。

2）准备图片

将案例 4.17 中的图片资源复制到本项目的 res/drawable 目录中。

3）设计布局

将案例 4.17 中的布局文件复制到本项目的 res/layout 目录中。修改 activity_main. xml 和 radio_group. xml 带有声明 Button 控件的布局文件，将按钮元素中的“android:onClick”属性删除。

4）开发逻辑代码

将案例 4.17 中的 Java 代码文件复制到本项目的 java/ee. example. activity_multiplebtns 包下，复制过来的代码会将原包名自动更改为本项目的包名。然后修改 MainActivity. java 和 RadioGroupActivity. java 两个文件中涉及 Button 按钮的事件监听处理代码。其中 RadioGroupActivity. java 代码已在案例 5.3 中完成，在此不赘述。下面只对 MainActivity. java 代码进行解析，代码如下。

```
package ee.example.activity_multiplebtns;

import androidx.appcompat.app.AppCompatActivity;
import android.os.Bundle;
import android.content.Intent;
import android.view.View;

public class MainActivity extends AppCompatActivity implements View.OnClickListener {
private Intent intent;  //声明 Intent 对象 intent,此对象在 MainActivity 类中有效

    @Override
    protected void onCreate(Bundle savedInstanceState) {
        super.onCreate(savedInstanceState);
        setContentView(R.layout.activity_main);

        /* 以下语句实现:
         *     以资源名的方式获得按钮控件,并为按钮设置监听.
         *     这里的"this"指的是 MainActivity 类中的对象,
         *     下面的按钮都是 MainActivity 类中的对象.
         */
        findViewById(R.id.text_view_button).setOnClickListener(this);
        findViewById(R.id.edit_text_button).setOnClickListener(this);
        findViewById(R.id.image_view_button).setOnClickListener(this);
        findViewById(R.id.image_button_button).setOnClickListener(this);
        findViewById(R.id.toggle_switch_button).setOnClickListener(this);
        findViewById(R.id.check_box_button).setOnClickListener(this);
        findViewById(R.id.radio_group_button).setOnClickListener(this);
        findViewById(R.id.clock_button).setOnClickListener(this);
        findViewById(R.id.time_picker_button).setOnClickListener(this);
        findViewById(R.id.date_picker_button).setOnClickListener(this);
    }

    @Override
```

```
34          public void onClick(View v) {
35              switch(v.getId()){
36                  case R.id.text_view_button:      //进入 TextView 页面
37                      intent = new Intent(MainActivity.this, TextViewActivity.class);
38                      break;
39                  case R.id.edit_text_button:      //进入 EditText 页面
40                      intent = new Intent(MainActivity.this, EditTextActivity.class);
41                      break;
42                  case R.id.image_view_button:     //进入 ImageView 页面
43                      intent = new Intent(MainActivity.this, ImageViewActivity.class);
44                      break;
45                  case R.id.image_button_button: //进入 ImageButton 页面
46                      intent = new Intent(MainActivity.this, ImageButtonActivity.class);
47                      break;
48                  case R.id.toggle_switch_button://进入 Toggle_Switch 页面
49                      intent = new Intent(MainActivity.this, Toggle_SwitchActivity.class);
50                      break;
51                  case R.id.check_box_button:      //进入 CheckBox 页面
52                      intent = new Intent(MainActivity.this, CheckBoxActivity.class);
53                      break;
54                  case R.id.radio_group_button:   //进入 RadioGroup 页面
55                      intent = new Intent(MainActivity.this, RadioGroupActivity.class);
56                      break;
57                  case R.id.clock_button:          //进入 Clock 页面
58                      intent = new Intent(MainActivity.this, ClockActivity.class);
59                      break;
60                  case R.id.time_picker_button:   //进入 TimePicker 页面
61                      intent = new Intent(MainActivity.this, TimePickerActivity.class);
62                      break;
63                  case R.id.date_picker_button:   //进入 DatePicker 页面
64                      intent = new Intent(MainActivity.this, DatePickerActivity.class);
65                      break;
66              }
67              startActivity(intent);
68          }
69
70      }
```

(1) 第 9 行声明了一个 Intent 对象 intent，此对象在 MainActivity 类中有效。

(2) 第 21～29 行使用资源名获得按钮控件实例，并为按钮设置单击事件监听。

(3) 由于第 8 行已经声明了 MainActivity 类实现 View. OnClickListene 监听器接口，所以可以在 MainActivity 类中重写 onClick(View v)方法。

(4) 第 34～68 行完成重写 onClick(View v)方法。其中第 35～66 行使用 switch-case 语句，分别对不同的按钮创建不同的 intent 对象实例，使得 intent 指向不同的 Activity。第 67 行实现 Activity 跳转。

(5) 声明清单文件。本案例有多个 Activity，需要在 AndroidManifest. xml 中进行声明。需要在< application >元素内添加如下代码片段即可。

```
<activity android:name = "TextViewActivity"/>
<activity android:name = "EditTextActivity"/>
<activity android:name = "ImageViewActivity"/>
```

```
<activity android:name = "ImageButtonActivity"/>
<activity android:name = "Toggle_SwitchActivity"/>
<activity android:name = "CheckBoxActivity"/>
<activity android:name = "RadioGroupActivity" />
<activity android:name = "ClockActivity"/>
<activity android:name = "TimePickerActivity"/>
<activity android:name = "DatePickerActivity"/>
```

运行结果：在 Android Studio 支持的模拟器上，运行 Activity_MultipleBtns 项目。运行结果与案例 4.17 一致。

案例 5.2、5.3、5.4、5.5 分别用匿名内部类、内部类、外部类三种方式实现按钮单击事件的监听器接口及回调方法 onClick()的重写。如果应用项目的一个 Activity 中只有一两个按钮，选择上述三种中任一种方式实现按钮单击事件的监听接口都可以。如果 Activity 中按钮数量较多，可考虑使用外部类或内部类方式实现监听接口，这样写出来的代码容易理解、便于维护。

实现其他事件源的事件监听接口编程与按钮单击事件的监听接口编程方法相同。下面给出两个简单案例。

4. 对触摸事件的监听

【案例 5.6】 对本章的案例 5.1 进行改进：将触屏滑动事件局限于一个区域内。

说明：案例 5.1 是在整个屏幕范围内捕捉触点的状态信息，现在要求在一个区域内，就必须设置一个控件，以该控件的区域为捕捉区域。本案例设置一个 TextView 区域，并对该区域的 OnTouchListener 接口实现监听。

本例使用匿名内部类方式实现监听接口。

开发步骤及解析：过程如下。

1）创建项目

在 Android Studio 中创建一个名为 Activity_TouchArea 的 Android 项目。其包名为 ee. example. activity_toucharea。

2）设计布局

编写 res/layout 目录下的 activity_main. xml 文件，代码如下。

```
<?xml version = "1.0" encoding = "utf - 8"?>
<LinearLayout
    xmlns:android = "http://schemas.android.com/apk/res/android"
    android:layout_width = "match_parent"
    android:layout_height = "match_parent"
    android:orientation = "vertical"
    android:padding = "20dp"
    >
    <TextView
        android:id = "@ + id/touch_area"
        android:layout_width = "match_parent"
        android:layout_height = "460dp"
        android:padding = "5dp"
        android:text = "触摸事件测试区"
        android:background = "#CBE8DF"
```

```
16            android:textColor = "#090000"
17            android:textSize = "20sp"
18            />
19        <TextView
20            android:id = "@+id/event_label"
21            android:layout_width = "match_parent"
22            android:layout_height = "0dp"
23            android:layout_weight = "1"
24            android:padding = "5dp"
25            android:text = "触摸事件："
26            android:background = "#078377"
27            android:textColor = "#FFFFFF"
28            android:textSize = "17sp"
29            />
30    </LinearLayout>
```

（1）本例中的 activity_main. xml 文件与案例 5.1 的 activity_main. xml 没有太大区别，仅是将触屏事件的感应区改到了第一个 TextView 控件中，第 12 行设置了 TextView 控件的高。

（2）第 7 行增加了边距的宽度，方便测试感应区的有效性。

3）开发逻辑代码

打开 java/ee. example. activity_toucharea 包下的 MainActivity. java 文件，并进行编辑。本例中的代码设计思路与案例 5.1 基本一致，改进之处在于将原来对全屏幕触摸捕捉（即没有指定捕捉对象），改为对一个区域内的触屏捕捉，为此设置了触摸区域，并对该区域的触摸事件进行了监听，代码如下。

```
package ee.example.activity_toucharea;

import androidx.appcompat.app.AppCompatActivity;

import android.annotation.SuppressLint;
import android.os.Bundle;
import android.view.MotionEvent;
import android.view.View;
import android.widget.TextView;

public class MainActivity extends AppCompatActivity {
    private TextView eventlabel;
    private TextView TouchArea;

    @SuppressLint("ClickableViewAccessibility")
    @Override
    public void onCreate(Bundle savedInstanceState) {
        super.onCreate(savedInstanceState);
        setContentView(R.layout.activity_main);
        TouchArea = (TextView) findViewById(R.id.touch_area);
        eventlabel = (TextView) findViewById(R.id.event_label);

        TouchArea.setOnTouchListener(new View.OnTouchListener() {
            @Override
            public boolean onTouch(View v, MotionEvent event) {
```

```
26                  int action = event.getAction();
27                  switch (action) {
28                      // 当按下时
29                      case (MotionEvent.ACTION_DOWN):
30                          Display("ACTION_DOWN", event);
31                          break;
32                      // 当抬起时
33                      case (MotionEvent.ACTION_UP):
34                          Display("ACTION_UP", event);
35                          break;
36                      // 当移动时
37                      case (MotionEvent.ACTION_MOVE):
38                          Display("ACTION_MOVE", event);
39                  }
40                  return true;
41              }
42          });
43      }
44
45      public void Display(String eventType, MotionEvent event) {
46          // 触点相对坐标的信息
47          int x = (int) event.getX();
48          int y = (int) event.getY();
49          // 表示触屏压力大小
50          float pressure = event.getPressure();
51          // 表示触点尺寸
52          float size = event.getSize();
53
54          String msg = "";
55          msg += "事件类型: " + eventType + "\n";
56          msg += "相对坐标(x , y): " + String.valueOf(x) + "," + String.valueOf(y) + "\n";
57          msg += "触点压力: " + String.valueOf(pressure) + "\n";
58          msg += "触点尺寸: " + String.valueOf(size) ;
59          eventlabel.setText(msg);
60      }
61  }
```

(1) 第 15 行添加一个注解@SuppressLint("ClickableViewAccessibility"),告诉编译器不要出现 onClick 事件与 OnTocuch 事件的冲突警告。如果没有这条注释,IDE 会给出一些警告提示。

(2) 第 20 行实例化一个 TextView 类对象,名为"TouchArea",它取自于资源中 ID 为"touch_area"的控件对象。

(3) 第 23～42 行为 TouchArea 对象设置了一个监听 setOnTouchListener,同时创建了监听类 View.OnTouchListener(),在这个监听类中匿名地实现了事件监听器接口。

(4) 第 25～41 行重写了回调方法 OnTouch(),完成所有操作后返回 true。

运行结果:在 Android Studio 支持的模拟器上,运行 Activity_TouchArea 项目。运行结果如图 5-5 所示。

释疑:

在定义方法前有"@xxx"是什么意思?

我们经常在逻辑代码文件中看到,在重写方法前加了"@override",在上面案例(案例 5.6)

(a) 运行的初始界面

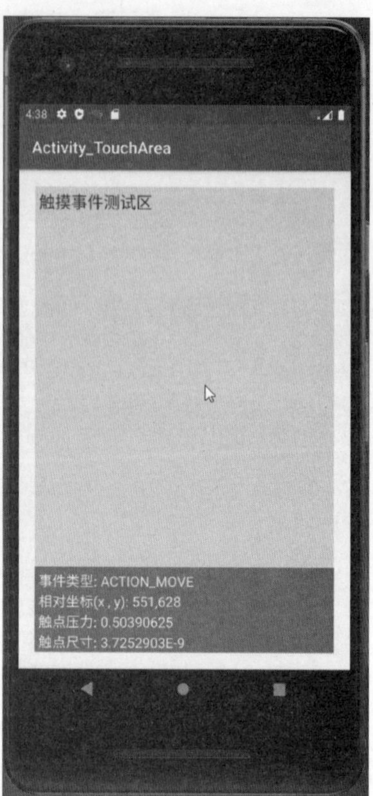

(b) 在触摸区域内的滑动

图 5-5　捕捉指定区域内的触摸操作

中又出现了“@SuppressLint("ClickableViewAccessibility")”。其实以“@”开头的语句是Java中的注解语句，是JDK 1.5及以后版本引入的一个特性。它可以声明在包、类、字段、方法、局部变量、方法参数等的前面，用来对这些元素进行说明、注释。

在Android代码中，常常因为版本升级或方法的弃用或其他原因的冲突，IDE编译器和Lint会给出一些警告提示。Android Lint是一个静态检查器。为了屏蔽这些警告错误，往往使用“@SuppressLint("xxx")”的方式。例如，如果要屏蔽onTouch与onClick的冲突警告，在设置setOnTouchListener监听的方法前添加“@SuppressLint("ClickableViewAccessibility")”。如果在应用项目中使用了比我们设置的android:minSdkVersion版本更高的方法，此时编译器会提示警告，为解决屏蔽警告错误问题的方法就是在方法前加上“@SuppressLint("NewApi")”或者“@TargetApi()”。如果要说明这个方法只能在Android API Xx版本及以上的系统上运行，在方法前加上“@TargetApi()或者@RequiresApi()”。

5. 对手势事件的监听

【案例5.7】 对整个屏幕上的手势操作进行监听和检测，并记录下手势操作的时刻和事件。

说明：案例要求对整个屏幕范围内捕捉手势操作，那么需要对Activity对象进行手势检测，并对Activity中的控件进行事件分发。所以在代码中应该调用dispatchTouchEvent()方法和 onTouchEvent()方法；为了检测手势，在代码中应该实现 GestureDetector 子类。本案例设置一个 TextView 来显示监听到的手势信息。

本例使用内部类方式实现监听接口。

开发步骤及解析：过程如下。

1）创建项目

在 Android Studio 中创建一个名为 Activity_Gesture 的 Android 项目。其包名为 ee.example.activity_gesture。

2）设计布局

编写 res/layout 目录下的 activity_main.xml 文件，代码如下。

```
<?xml version="1.0" encoding="utf-8"?>
<LinearLayout
    xmlns:android="http://schemas.android.com/apk/res/android"
    android:layout_width="match_parent"
    android:layout_height="match_parent"
    android:orientation="vertical"
    android:gravity="center"
    android:paddingTop="10dp">

    <TextView
        android:layout_width="wrap_content"
        android:layout_height="wrap_content"
        android:text="这里查看手势结果"
        android:textColor="#3448B6"
        android:textSize="20sp"
        android:textStyle="bold"/>
    <TextView
        android:id="@+id/tv_gesture"
        android:layout_width="wrap_content"
        android:layout_height="wrap_content"
        android:textColor="#ff000000"
        android:textSize="18sp" />

</LinearLayout>
```

3）开发逻辑代码

打开 java/ee.example.activity_gesture 包下的 MainActivity.java 文件，并进行编辑，代码如下。

```
package ee.example.activity_gesture;

import androidx.appcompat.app.AppCompatActivity;
import android.os.Bundle;
import android.view.GestureDetector;
import android.view.MotionEvent;
import android.widget.TextView;
import android.annotation.SuppressLint;
import java.text.SimpleDateFormat;
import java.util.Date;

```

```
public class MainActivity extends AppCompatActivity {
    private TextView got_gesture;
    private GestureDetector mGesture;
    private String desc = "";

    @Override
    protected void onCreate(Bundle savedInstanceState) {
        super.onCreate(savedInstanceState);
        setContentView(R.layout.activity_main);
        got_gesture = (TextView) findViewById(R.id.tv_gesture);
        mGesture = new GestureDetector(this, new MyGestureListener());
    }

    public boolean dispatchTouchEvent(MotionEvent event) {
        mGesture.onTouchEvent(event);
        return true;
    }

    final class MyGestureListener implements GestureDetector.OnGestureListener {
        @Override
        public final boolean onDown(MotionEvent event) {
            return true; //onDown 的返回值没有作用,不影响其他手势的处理
        }

      @Override
      public final boolean onFling(MotionEvent e1, MotionEvent e2, float velocityX, float velocityY) {
            float offsetX = e1.getX() - e2.getX();
            float offsetY = e1.getY() - e2.getY();
            if (Math.abs(offsetX) > Math.abs(offsetY)) {
                if (offsetX > 0) {
                    desc = String.format("%s%s 您向左滑动了一下\n", desc, getNowTime());
                } else {
                    desc = String.format("%s%s 您向右滑动了一下\n", desc, getNowTime());
                }
            } else {
                if (offsetY > 0) {
                    desc = String.format("%s%s 您向上滑动了一下\n", desc, getNowTime());
                } else {
                    desc = String.format("%s%s 您向下滑动了一下\n", desc, getNowTime());
                }
            }
            got_gesture.setText(desc); //为 TextView 控件对象 got_gesture 设置新的文本值
            return true; //返回 true 表示我已经处理了,别处不要再处理这个手势
      }

       @Override
       public final void onLongPress(MotionEvent event) {
            desc = String.format("%s%s 您长按了一下下\n", desc, getNowTime());
            got_gesture.setText(desc);
```

```
61            }
62
63        @Override
64        public final boolean onScroll(MotionEvent e1, MotionEvent e2, float distanceX, float distanceY) {
65                return false;
66        }
67
68            @Override
69            public final void onShowPress(MotionEvent event) {
70            }
71
72            @Override
73            public boolean onSingleTapUp(MotionEvent event) {
74                desc = String.format("%s%s 您轻轻点了一下\n", desc, getNowTime());
75                got_gesture.setText(desc);
76                return true;
77            }
78        }
79
80        @SuppressLint("SimpleDateFormat")
81        public String getNowTime() {
82            SimpleDateFormat s_format = new SimpleDateFormat("HH:mm:ss");
83            return s_format.format(new Date());
84        }
85
86    }
```

(1) 第 22 行实例化一个 GestureDetector 类对象，名为 mGesture。在实例化时为 this 创建一个 MyGestureListener 监听接口子类对象，这里的 this 指的是 MainActivity。

(2) 第 30～78 行定义一个内部类用于实现 MyGestureListener 监听接口子类。在子类中重写 GestureDetector. OnGestureListener 接口的全部回调方法，即使有些回调方法为空也要声明，例如第 32～34 行、第 64～66 行、第 69～70 行。其中在重写 onFling()中，使用 e1. getX()-e2. getX()得到横向位移量，使用 e1. getY()-e2. getY()得到纵向位移量。当横向位移量大于纵向位移量时，则表示水平滑动，当横向位移量为正表示向左滑动，反之向右滑动；同样，当纵向位移量大于横向位移量时，则表示垂直滑动，当纵向位移量为正表示向上滑动，反之向下滑动。注意，手机屏幕的左上角是坐标原点，坐标为(0,0)。

(3) 第 81～84 行自定义 getNowTime()方法，用于获取当前的时间并按“时:分:秒”格式返回字符串值。

运行结果：在 Android Studio 支持的模拟器上，运行 Activity_Gesture 项目。运行结果如图 5-6 所示。

6. 对进度条及滑块条事件的监听

【案例 5.8】 在屏幕中各放置一个 ProgressBar、SeekBar 和 RatingBar，当拖动 SeekBar 时，另外两个跟着同步移动，当拖动 RatingBar 时，另外两个也同步移动。

说明：设置进度条进度或星级刻度时，将调用下列方法。

为 ProgressBar 和 SeekBar 设置进度刻度需要调用 setProgress(int)方法，获得其进度数据需要调用 getProgress()方法。

(a) 运行的初始界面

(b) 经过若干次手势操作

图 5-6　捕捉屏幕中的手势操作

而为 RatingBar 设置星级需要调用 setRating(float) 方法，获得其星级则调用 getRating()方法。

开发步骤及解析：过程如下。

1) 创建项目

在 Android Studio 中创建一个名为 Activity_ProgressBars 的 Android 项目。其包名为 ee. example. activity_progressbars。

2) 设计布局

命名 res/layout 目录下的主布局文件为 activity_main. xml，并进行编辑，代码如下。

```
<?xml version = "1.0" encoding = "utf - 8"?>
< LinearLayout xmlns:android = "http://schemas.android.com/apk/res/android"
    android:orientation = "vertical"
    android:layout_width = "match_parent"
    android:layout_height = "match_parent"
    android:padding = "10dp" >
    < TextView
        android:id = "@ + id/Text01"
        android:layout_width = "match_parent"
        android:layout_height = "wrap_content"
        android:layout_marginTop = "20dp"
        android:text = "ProgressBar:"/>
```

```
13        <ProgressBar
14            android:id = "@ + id/ProgressBar01"
15            android:layout_width = "match_parent"
16            android:layout_height = "wrap_content"
17            android:max = "100"
18            android:progress = "20"
19            style = "@android:style/Widget.ProgressBar.Horizontal"/>
20        <TextView
21            android:id = "@ + id/Text02"
22            android:layout_width = "match_parent"
23            android:layout_height = "wrap_content"
24            android:layout_marginTop = "20dp"
25            android:text = "SeekBar:"/>
26        <SeekBar
27            android:id = "@ + id/SeekBar01"
28            android:layout_width = "match_parent"
29            android:layout_height = "wrap_content"
30            android:max = "100"
31            android:progress = "20"/>
32        <TextView
33            android:id = "@ + id/Text03"
34            android:layout_width = "match_parent"
35            android:layout_height = "wrap_content"
36            android:layout_marginTop = "20dp"
37            android:text = "RatingBar:"/>
38        <RatingBar
39            android:id = "@ + id/RatingBar01"
40            android:layout_width = "wrap_content"
41            android:layout_height = "wrap_content"
42            android:max = "5"
43            android:rating = "1"
44            />
45    </LinearLayout>
```

第 13～19 行声明 ProgressBar，第 19 行设置 Progress 进度条为条形进度条；第 26～31 行声明 SeekBar；第 38～44 行声明 RatingBar。

3）开发逻辑代码

打开 java/ee.example.activity_progressbars 包下的 MainActivity.java 文件，并进行编辑，代码如下。

```
package ee.example.activity_progressbars;

import androidx.appcompat.app.AppCompatActivity;
import android.os.Bundle;
import android.widget.ProgressBar;
import android.widget.RatingBar;
import android.widget.SeekBar;

public class MainActivity extends AppCompatActivity {
    final static double MAX = 100;          //SeekBar、ProgressBar 的最大值
    final static double MAX_STAR = 5;       //RatingBar 的最大星星数

    @Override
```

```
14      protected void onCreate(Bundle savedInstanceState) {
15          super.onCreate(savedInstanceState);
16          setContentView(R.layout.activity_main);
17
18          //普通拖拉条被拉动的处理代码
19          SeekBar sb = (SeekBar)this.findViewById(R.id.SeekBar01);
20          sb.setOnSeekBarChangeListener(
21              new SeekBar.OnSeekBarChangeListener(){
22                  public void onProgressChanged(SeekBar seekBar, int progress,
23                                                boolean fromUser) {
24                      ProgressBar pb = (ProgressBar)findViewById(R.id.ProgressBar01);
25                      RatingBar rb = (RatingBar)findViewById(R.id.RatingBar01);
26                      SeekBar sb = (SeekBar)findViewById(R.id.SeekBar01);
27                      pb.setProgress(sb.getProgress());
28                      rb.setRating((float)(sb.getProgress()/MAX * MAX_STAR));
29                  }
30                  public void onStartTrackingTouch(SeekBar seekBar) {     }
31                  public void onStopTrackingTouch(SeekBar seekBar) { }
32              }
33          );
34
35          RatingBar rb = (RatingBar)findViewById(R.id.RatingBar01);
36          rb.setOnRatingBarChangeListener(
37              new RatingBar.OnRatingBarChangeListener(){
38                  @Override
39                  public void onRatingChanged(RatingBar ratingBar, float rating,
40                                              boolean fromUser) {
41                      ProgressBar pb = (ProgressBar)findViewById(R.id.ProgressBar01);
42                      SeekBar sb = (SeekBar)findViewById(R.id.SeekBar01);
43                      RatingBar rb = (RatingBar)findViewById(R.id.RatingBar01);
44                      float rate = rb.getRating();
45                      pb.setProgress((int) (rate/MAX_STAR * MAX));
                                                    //将0～5星星数折算成0～100的进度值
46                      sb.setProgress((int) (rate/MAX_STAR * MAX));
                                                    //将0～5星星数折算成0～100的进度值
47                  }
48              }
49          );
50      }
51  }
```

① 第20～33行设置SeekBar的拖动监听，当SeekBar被拖拉时，同步设置ProgressBar和RatingBar的值。

② 第36～49行设置RatingBar的拖动监听，当RatingBar被拖拉时，同步设置ProgressBar和SeekBar的值。

运行结果：在Android Studio支持的模拟器上，运行Activity_ProgressBars项目。运行结果如图5-7所示。

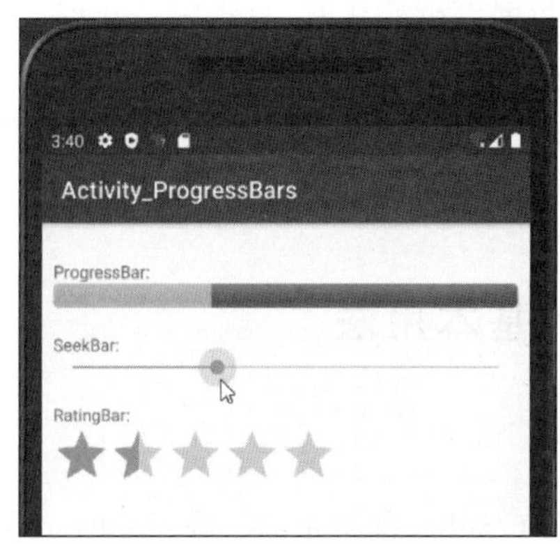

图 5-7 滑块/星星被拖拉时与进度条的进度同步

5.3 数据绑定(DataBinding)

前面案例中频繁使用 findViewById()方法。这是因为视图 View 中的所有控件是在 XML 布局文件中声明的,而逻辑控件代码在 Java 代码中完成。Java 代码通过调用 findViewById()方法关联 XML 布局文件中控件资源 ID,来绑定这些控件,并对其进行操作。但是对布局中每个控件都使用 findViewById()方法,代码显得比较臃肿冗长。为了解决这一问题,Google 在 2015 年谷歌 I/O 大会上发布了一个数据绑定框架 DataBinding。

DataBinding 是基于 MVVM 思想实现数据和 UI 绑定的框架。这是 Google 对 MVVM 在 Android 上的一种实现。Google 公司于 2015 年 7 月在 Android Studio v1.3.0 版本上引入该框架,于 2016 年 4 月在 Android Studio v2.0.0 上正式支持该框架。引入之初并不支持双向绑定,在 Android Studio 2.1 Preview 3 之后,官方开始支持双向绑定。

5.3.1 DataBinding 的主要作用

DataBinding 是 Google 公司发布的开源数据绑定框架,实现了 MVVM 架构,增强了 XML 的功能,大幅度精简了 Java 代码量,并且代码可读性更高。

释疑:

什么是 MVVM 框架?它的优势有哪些?

MVVM 框架类似于早期的 MVC 和近期的 MVP,但是比起这两个更为强势。MVVM 中的 View-Model 层所需要做的完全就是与逻辑相关的代码,完全不会涉及 View。当数据变化时,直接驱动 View 的改变,中间省去了 MVP 中冗余的接口。同时,在 View-Model 层编写代码时,要求开发者需要将每个方法尽可能地做得功能单一,不与外部有任何的引用或者是联系,无形中提高了代码的健壮性。

MVVM 设计模式采用双向绑定技术。即当 Model 变化时,View-Model 会自动更新,View 也会自动变化,很好做到数据的一致性。所以,MVVM 模式有些时候又被称作 model-view-binder 模式。

简单来说,数据绑定就是通过某种机制,把代码中的数据和 XML(UI)绑定起来,双方都能对数据进行操作，并且在数据发生变化时，自动刷新数据。数据绑定分单向绑定和双向绑定两种。单向绑定中，数据的流向是单方面的，只能从代码流向 UI。双向绑定的数据流向是双向的，当代码中的数据改变时，UI 上的数据能够得到刷新；反之，当用户通过 UI 交互编辑了数据时，数据的变化也能自动更新到代码中的数据上。

5.3.2 DataBinding 的基本用法

1. 添加 Gradle 配置

使用 DataBinding，需要在 Gradle 添加允许。在 Android studio 中打开应用项目的模块级 build. gradle 文件，在其中添加如下代码。

```
android {
    ...
    dataBinding {
        enabled = true
    }
}
```

2. XML 布局文件

在 DataBinding 框架下布局文件将不再是单纯的 UI 展示，还要有数据部分，所以布局文件有些变化。首先根节点必须是< layout >，< layout >下新增了< data >元素节点，并且 layout 内只能包含一个 View 元素节点，通常是一个布局，如< LinearLayout >或< RelativeLayout >等。例如如下代码。

```
<layout xmlns:android = "http://schemas.android.com/apk/res/android"
        xmlns:app = "http://schemas.android.com/apk/res-auto">
    <data>
        <variable
            name = "input"
            type = "String"/>
        <!-- 导入类 -->
        <import type = "com.example.musicplayer.entity.Use" />
        <!-- 因为 User 已经导入，所以可以简写类名 -->
        <variable name = "user" type = "User" />
    </data>
     <LinearLayout
        android:layout_width = "match_parent"
        android:layout_height = "match_parent"
        android:orientation = "vertical"
        tools:context = " com.example.musicplayer.MainActivity">

     </LinearLayout>
</layout>
```

代码中的 data 元素节点为数据与 UI 提供了一个桥梁。data 中声明了一个 variable，为一变量，该变量为 UI 元素提供数据，然后在 Java 代码中把数据与该 variable 进行绑定，就实现了数据与 UI 进行绑定。

在数据绑定之后布局中的 UI 元素就可以通过@{…}的方式使用这些数据，例如在同一布局文件中的 TextView 控件声明中，使用该数据的代码片段如下。

```
<TextView
    android:layout_width = "wrap_content"
    android:layout_marginTop = "10dp"
    android:textSize = "15sp"
    android:layout_height = "wrap_content"
    android:text = "@{user.userName}"/>
```

这时 TextView 展示的数据就是在 Java 代码中和 user 的 userName 变量(variable)绑定的数据。

3. Java 实现代码

经过编译后，每个布局文件都自动生成一个对应的 Binding 类，Binding 类的命名为首字母为大写的布局文件名(去掉下画线)＋Binding。例如，activity_main.xml 生成的 Binding 类名为 ActivityMainBinding。该类包括布局文件中的 View 对象、ID 信息和设置 bean 对象。在 Binding 类的构造方法中，根据传入的 View 和自身的 ID 对其 View 属性进行赋值。

调用 setContentView()或者 inflate()方法传入 layoutId，即可加载布局，生成布局 View。

该类包括布局文件中的 View 对象、ID 信息和设置 bean 对象。BindingImpl 类的名称是可以布局文件名称＋BindingImpl 的形式。Java 中绑定的代码如下。

```
ActivityMainBinding binding = DataBindingUtil.setContentView(this,R.layout.activity_main);
binding.setInput("测试字符串");
User user = new User("张三", "18");
binding.setUser(user);
```

在开发中使用 DataBinding 非常高效。那么是不是开发所有项目都适合使用呢？接下来简单总结一下使用 DataBinding 的优缺点。

5.3.3 使用 DataBinding 的优缺点

1. DataBinding 的优点

最直观的好处就是 DataBinding 可以帮助我们减少很多要重复写的代码，比如 findViewById()、setText()、setVisibility()、setEnabled()等代码，大大提高开发效率。

DataBinding 实现了 VM 层和 V 层数据的双向绑定关联关系，实现双向交互。

DataBinding 在编译时生成一个 ViewDataBinding 的子类，例如 ActivityMainBinding。在该子类中包含了布局文件的所有 View 控件、控件的资源 ID 和属性。在 ActivityMainBinding 里有个关键方法 excuteBinding()，在这里为 View 设置值，同时设置了 BindingAdapter 和 InverseBindingLinstener 等。BindingAdapter 主要提供了 View 的 setXXX()、getXXX()方法和状态 Linstener。

2. DataBinding 的缺点

数据绑定使得缺陷(Bug)很难被定位。当界面出现异常时，有可能是 View 代码有 Bug，也可能是 Model 代码有问题。数据绑定使得一个位置的 Bug 被快速传递到另一位置，要定位原始出问题的地方就变得不那么容易了。

使用 DataBinding 会导致大量的内存消耗，具体在 3 个地方会导致该情况发生。

(1) 会产生多余的数组，存放 view 对象。

(2) 存在大量 handler，looper 不断地循环消息。

(3) 针对每个控件都会产生一个回调对象。

DataBinding 使用 APT 技术，编译期间生成控件与 model 的绑定代码。所以会产生很多类，随着布局文件的增加，编译会越来越慢。

数据双向绑定不利于代码重用。客户端开发最常用的重用是 View，但是数据双向绑定技术，让你在一个 View 都绑定了一个 model，不同模块的 model 都不同。那就不能简单重用 View 了。

所以在开发大型的应用项目时，是否使用 DataBinding 要慎重。

5.4 视图绑定(ViewBinding)

ViewBinding 是 Android Studio 3.6 推出的新特性，目的是替代 findViewById()方法。通过视图绑定，系统会为模块中的每个 XML 布局文件生成一个绑定类，通过绑定类，可以直接操作控件 ID，而不需要调用 findViewById()方法，这样可以避免控件 ID 无效出现的空指针问题。

5.4.1 使用 ViewBinding 的前提条件

首先必须使用 Android Studio 3.6 及以上版本，然后需要添加应用项目的 Gradle 配置。即在项目的模块级 build.gradle 文件中，添加如下代码片段。

```
android {
    ...
    buildFeatures {
        viewBinding = true
    }
}
```

5.4.2 ViewBinding 的基本用法

1. XML 布局文件自动生成类

默认情况下，编译系统会把 XML 布局文件自动生成为一个 XXXBinding 类，其类名的命名规则与 DataBinding 生成的类名命名规则一样，类的实现代码文件路径为：app/build/

generated/data_binding_base_class_source_out/debug/out/<包路径>/databinding/。例如，activity_main.xml 布局文件生成类名为 ActivityMainBinding。

如果某个布局文件不需要生成 Binding 类，可在根布局元素中添加属性"tools:viewBindingIgnore="true""即可。

2. 在 Activity 里使用视图绑定类

在 XML 布局文件对应的视图绑定类提供了三个初始化方法。

(1) inflate(LayoutInflater: inflater)。

(2) inflate(LayoutInflater: inflater, ViewGroup: parent, boolean: attachToParent)。

(3) bind(View: view)。

这三个方法都返回一个 XXXBinding 实例，其成员变量以布局文件里 View 的 ID 来命名。

初始化后，可通过返回的 XXXBinding 类的 getRoot()方法获取布局的 View，再通过 setContentView()添加到 Activity。

1) 获取 View 布局

在 Activity 类中的 onCreate()方法中获取 View 布局，代码片段如下。

```
@Override
protected void onCreate(Bundle savedInstanceState) {
    super.onCreate(savedInstanceState);
    ActivityMainBinding activityMainBinding = ActivityMainBinding.inflate(LayoutInflater.from(this));
    setContentView(activityMainBinding.getRoot());
    ...
}
```

2) 获取 Fragment 布局

在 Fragment 类中的 onCreateView()方法中获取 View 布局。例如 Fragment 的 XML 布局文件名为 fragment_recycler.xml，代码片段如下。

```
@Nullable
@Override
public View onCreateView(@NonNull LayoutInflater inflater, @Nullable ViewGroup container, @Nullable Bundle savedInstanceState) {
    FragmentRecyclerBinding fragRBinding = FragmentRecyclerBinding.inflate(inflater,container, false);
    return fragRBinding.getRoot();
    ...
}
```

3) 使用 View 中的控件

例如，在 XML 布局文件 activity_main.xml 中添加一个文本框控件和一个按钮控件，代码片段如下。

```
<EditText
    android:id = "@ + id/ed_input"
    android:layout_width = "match_parent"
```

```
        android:layout_height = "wrap_content" />

    <Button
        android:id = "@ + id/btn_save"
        android:layout_width = "match_parent"
        android:layout_height = "wrap_content"
        android:text = "保存" />
```

在相应的 Activity 的类实现代码中，可以直接使用对应的控件 ID 资源名，这时控件名稍有变化，去掉了下画线，字母大小写不同。例如下列代码。

```
activityMainBinding.btnSave.setOnClickListener(new View.OnClickListener() {
    @Override
    public void onClick(View v) {
        String content = activityMainBinding.edInput.getText().toString();
        Toast.makeText(MainActivity.this, content, Toast.LENGTH_SHORT).show();
    }
});
```

5.4.3 ViewBinding 和 DataBinding 的区别

ViewBinding 和 DataBinding 都是一种绑定框架，也有相似之处。但是它们是不同的绑定机制，主要区别如下。

(1) Android Studio 更新到 3.6 之后，才有 ViewBinding 的功能；而 DataBinding 在 Android Studio 2.0 就开始使用了。

(2) ViewBinding 不可以自定义 Binding 类名；而 DataBinding 可以自定义 Binding 类名。

(3) ViewBinding 只是绑定 View 中的控件，不能与 View 进行数据双向绑定；而 DataBinding 可以将 XML 与 View 进行数据双向绑定。

(4) ViewBinding 对 XML 布局文件没有要求做修改；而 DataBinding 对 XML 布局文件需要做相应修改。

(5) 不管是使用 ViewBinding 还是 DataBinding，Android Studio 编译后都会自动生成 Binding 类，占用相应的内储空间。但是 ViewBinding 可设置 XML 布局文件编译时不生成 Binding 类。

使用 ViewBinding 的最大好处在于可以省略大量的 findViewById()方法，可以避免因调用 findViewById()方法而在当前绑定 XML 中没有找到相应 View 造成空指针的问题。

对于初学者，本书建议在编程中仍然使用 findViewById()方法来获取 XML 布局的控件。这样做，代码的来龙去脉更清晰，编程逻辑更严密。待熟练掌握 Android 开发之后，再考虑使用 ViewBinding 或 DataBinding 技术。

小结

本章重点介绍了 Android 事件的处理机制，包括几种常用的回调事件和基于监听接口的事件处理。基于监听接口的事件处理编程技术在后续的应用编程中会经常出现，实现监听接口类，重写回调方法有三种方式：使用匿名内部类方式、使用内部类方式和使用外部类方式。本章对每种方式都给出了应用案例。通过对案例的解析说明，相信读者已经基本掌握了事件处理编程。如果需要熟练掌握基于监听接口的事件处理编程，需要不断学习更多案例，不断进行编程实践。

5.3 节和 5.4 节简单地介绍了两种绑定技术：数据绑定和视图绑定，这是 Android 中的较新技术，其主要目的是减少代码篇幅，诸如 findViewById()方法的调用，精简 Android 的逻辑代码，保持用户界面（XML 定义的 UI）与逻辑代码（Java 程序）的数据一致性。但是，使用绑定技术会增加系统内存开销，所以是否使用这些技术需要综合衡量。尽管这些新技术在当今软件公司被许多程序员运用，但是在学习之初，可以了解但不建议使用。

Android 的事件源是产生事件的来源，通常是各种控件类或是容器类或是 Activity 及其派生类。第 4 章介绍了常见的控件类，但是容器类是 Android 中重要的控件类，这些控件有着更灵活、功能更强大的特性，也是应用项目经常使用的屏幕元素。这些容器类控件的编程技术将在第 6 章中介绍。

练习

承第 4 章练习，已设计了“我的音乐盒”的用户登录页面和注册页面，要求实现以下功能。

（1）在用户登录页面，单击“注册”按钮，进入注册页面。

（2）在注册页面，单击“返回”按钮，返回用户登录页面。

第 6 章 Android容器类控件

在应用中经常会用到下拉列表。在 Android 中就有一个叫作 Spinner 的下拉列表控件,当单击这个控件时,会有下拉列表项。还有经常使用的微信和手机 QQ,通过滚动条可以列出众多的表现极为丰富的用户信息列表。那么这些列表中的列表项是怎样定义的呢?又怎样确定用户选择了哪一个选项呢?在 Android 系统中使用了一个叫作适配器的机制来处理这些操作。下面来学习与适配器相关的控件。

6.1 与适配器相关的控件

适配器(Adapter)是对界面数据进行绑定的一种机制。它所操纵的数据包括数组、链表、数据库、集合等。适配器就像显示器,把复杂的东西按人可以接受的方式来展现。

在 Android 中有很多的适配器,常用的适配器有 ArrayAdapter、SimpleAdapter、SimpleCursorAdapter 等,它们都是继承自 BaseAdapter,这些 Adapter 都位于 android.widget 包下。其中以 ArrayAdapter 最为简单,顾名思义,需要把数据放入一个数组中以便显示,一般是展示一行文本字符。SimpleAdapter 则可以绑定多个控件,包括文本和图片,有较好的扩充性,可以自定义出各种效果。SimpleCursorAdapter 可以被认为是 SimpleAdapter 对数据库的简单结合,可以方便地把数据库的内容以列表的形式展示出来。BaseAdapter 的适应性更强,允许开发者在别的代码文件中进行逻辑处理,大大提高了代码的可读性和可维护性。

Adapter 对象有两个主要责任:一是用数据填充布局,二是处理用户的选择。下面介绍几个常见的需要使用适配器填充数据的控件。

6.1.1 自动完成编辑框(AutoCompleteTextView)

AutoCompleteTextView 类继承自 EditText 类,位于 android.widget.AutoCompleteTextView 包中。从外表上看,AutoCompleteTextView 与 EditText 控件是一样的,只有在用户进行输入中,当输入的字符串是该控件定义的字符串集中的子串时,才会自动出现下拉选项,供用户选择。例如,事先为该控件定义了一组字符串集"我们,我要,我想,我的,我喜欢,我非常",当用户在编辑框内输入了一个"我"字,就会在控件下方自动出现下拉选项,将这一系列的"我……"显示出来供用户选择。这有点像在中文输入法中设置了联想输入方式。

AutoCompleteTextView 继承了 EditText 控件的属性方法，此外还有部分属性和方法是 AutoCompleteTextView 特有的。属性可以在 XML 文件中进行设置，对应的方法在 Java 代码中编程实现。AutoCompleteTextView 控件常用的属性及其对应方法见表 6-1。

表 6-1 AutoCompleteTextView 控件常用的属性及其对应方法说明

属　性	方　法	说　明
android:completionThreshold	setThreshold(int)	设置用户输入的字符数，当用户输入够该设定的字符数后开始显示下拉列表
android:dropDownHorizontalOffset	setDropDownHorizontalOffset(int)	设置下拉列表与文本框之间的水平偏移
android:dropDownVerticalOffset	setDropDownVerticalOffset(int)	设置下拉列表与文本框之间的垂直偏移
android:dropDownHeight	setDropDownHeight(int)	设置下拉列表的高度
android:dropDownWidth	setDropDownWidth(int)	设置下拉列表的宽度
android:popupBackground	setDropDownBackgroundResource(int)	设置下拉列表的背景
无	setAdapter(T adapter)	设置下拉列表的数据适配器

从表 6-1 可以看出，这些属性主要用于设置 AutoCompleteTextView 控件下拉时的外形。在下拉列表中的选项内容，需要绑定到数据源上，绑定数据需要用到适配器(Adapter)。为控件下拉列表设置列表内容，使用 setAdapter(T adapter)方法在 Java 代码中实现。

AutoCompleteTextView 中的数据只有文本，所以使用 ArrayAdapter 适配器，把数据放入一个数组中便可以实现。

使用 ArrayAdapter 适配器需要创建 ArrayAdapter 适配器实例，即是为适配器指定显示格式及数据源。实例化 ArrayAdapter 的方法格式如下：

```
public ArrayAdapter (Context context, int textViewResourceId, T[ ] objects)
```

参数 context，为当前的上下文对象。通常使用 this 表示当前 Activity 对象。

参数 textViewResourceId，一个包含 TextView 的布局 XML 文件的 ID，用于告诉系统以什么样的布局方式来填充数据。例如，参数值为“android. R. layout. simple_dropdown_item_1line”，这是 Android 系统定义好的布局文件，表示在下拉列表中一个数据只显示一行文字串。

参数 objects，是给 ArrayAdapter 提供数据的数组，用来填充下拉列表。

下面通过 AutoCompleteTextView 控件的简单应用，说明 ArrayAdapter 的使用。

【案例 6.1】 使用 AutoCompleteTextView 实现国家名称的输入。

说明：AutoCompleteTextView 的下拉列表中只是一些字符串，可以使用 String[]数据源来创建一个 ArrayAdapter，为下拉列表进行数据绑定。

开发步骤及解析：过程如下。

1) 创建项目

在 Android Studio 中创建一个名为 Activity_AutoCompleteTextView 的 Android 项目。其包名为 com. example. ee. activity_autocompletetextview。

2）设计布局

编写 res/layout 目录下的布局文件，名为 activity_main. xml 文件，代码如下。

```
<?xml version = "1.0" encoding = "utf - 8"?>
< LinearLayout
    xmlns:android = "http://schemas.android.com/apk/res/android"
    android:orientation = "vertical"
    android:layout_width = "match_parent"
    android:layout_height = "wrap_content">

    < AutoCompleteTextView android:id = "@ + id/auto_complete"
        android:layout_width = "match_parent"
        android:layout_height = "wrap_content"/>
</LinearLayout >
```

在布局文件中只声明了一个 AutoCompleteTextView 控件，其资源 ID 为"auto_complete"。

3）开发逻辑代码

打开 java/ee. example. activity_autocompletetextview 包下的 MainActivity. java 文件，并进行编辑，代码如下。

```
1    package ee.example.activity_autocompletetextview;
2
3    import androidx.appcompat.app.AppCompatActivity;
4    import android.os.Bundle;
5    import android.widget.ArrayAdapter;
6    import android.widget.AutoCompleteTextView;
7
8    public class MainActivity extends AppCompatActivity {
9
10       @Override
11       protected void onCreate(Bundle savedInstanceState) {
12           super.onCreate(savedInstanceState);
13           setContentView(R.layout.activity_main);
14           setTitle("AutoCompleteTextView_Activity");
15           ArrayAdapter < String > adapter  =  new ArrayAdapter < String >( //创建数组适配器
16                   this,
17                   android.R.layout.simple_dropdown_item_1line,
18                   COUNTRIES);
19           AutoCompleteTextView autotextView
                         = (AutoCompleteTextView) findViewById(R.id.auto_complete);
20           autotextView.setAdapter(adapter); //设置适配器
21           autotextView.setThreshold(1);
22       }
23       /* 为资源数组定义字符串常量 */
24       static final String[] COUNTRIES  =  new String[] {
25               "China" ,"Russia", "Germany","Ukraine", "Belarus",
26               "USA" ,"Canada","China1" ,"China12", "Germany1",
27               "Russia2", "Belarus1", "USA1"
28       };
29   }
```

（1）第 3～6 行是一些类的引入。在程序中用了 ArrayAdapter 和 AutoCompleteTextView 类对象，所以要引入 android. widget. ArrayAdapter 和 android. widget. AutoCompleteTextView 类。

（2）第15～18行创建一个适配器并将其实例化。其中第17行使用的是Android系统定义的自带简单布局，第18行将资源数组COUNTRIES传入。

（3）第19行获取这个控件引用autotextView对象。

（4）第20行使用setAdapter(adapter)为autotextView设置适配器。

（5）第21行设置当用户输入的字符数为1个时，就下拉相应的选项列表。

（6）第24～28行定义一个名为COUNTRIES的常量数组，作为适配器的资源数组。

运行结果：在Android Studio支持的模拟器上，运行Activity_AutoCompleteTextView项目。在输入框中输入c，自动下拉出预先存储的以c开头的字符串列表，供用户选择，这里没有设置区分字母大小写。如图6-1所示。

图6-1　在文本输入框输入c时的界面

6.1.2　下拉框(Spinner)

Spinner位于android.widget.Spinner包中。Spinner的外观是一个一行的列表框，右侧有一个下拉按钮，只有当用户单击这个控件时，才会下拉出选项列表供用户选择。

在应用中常常会遇到这样的情况，应用系统已为用户提供了一些选择项，而不需要用户填写内容。这时需要使用Spinner控件。Spinner每次只显示用户选中的元素，当用户再次单击时，会弹出选择列表供用户选择，这个选择列表中的元素来自一个适配器，通常在Java代码中编写这个选项资源适配器。

在Java代码编程中，Spinner控件有一些常用的方法，见表6-2。

表6-2　Spinner控件常用的方法说明

方　法	说　明
getItemAtPosition(int)	获取在下拉列表中指定位置的数据
getSelectedItem()	获取用户在下拉列表中选定的数据
setPrompt(CharSequence)	设置下拉列表的提示信息
setAdapter(SpinnerAdapter)	设置下拉列表的适配器。适配器可选择ArrayAdapter或SimpleAdapter
setSelection(int,boolean)	设置Spinner在初始化时自动调用一次OnItemSelectedListener事件指定的下拉项。如果禁止调用该事件，可使用setSelection(0,true)
setOnItemSelectedListener(AdapterView.OnItemSelectedListener)	设置下拉列表的选中监听器，该监听器要实现接口OnItemSelectedListener

释疑：

“String”与“CharSequence”的区别？

我们经常在代码文件中看到数据类型String和CharSequence，它们都可以用来定义文本串，只是在使用方法上有所不同。

String 是 Java 中的字符串数据类型，继承于 CharSequence。用 String 声明的变量可以存放字符串。

CharSequence 是一个接口，可以表示字符序列。除了 String 实现了 CharSequence 之外，StringBuffer 和 StringBuilder 也实现了 CharSequence 接口。将 CharSequence 类型数据转换为 String 类型，使用 toString()方法。

1. 实现 Spinner 的编程步骤

在应用编程中，实现一个 Spinner 需要完成以下五个步骤。

(1) 为下拉列表项定义数据源。

(2) 实例化一个适配器。

(3) 为 Spinner 设置下拉列表下拉时的显示样式。一般使用系统中的已有样式，也可以用户自定义样式。

(4) 将适配器添加到 Spinner 上。

(5) 为 Spinner 添加监听器，设置各种事件的响应操作。

2. 适配器加载数据

一般情况下，Spinner 下拉列表项都是文本，可以使用 ArrayAdapter 为 Spinner 的下拉列表加载数据；如果在下拉列表项中有图标元素，则需要使用 SimpleAdapter 为 Spinner 的下拉列表加载数据。

使用 ArrayAdapter 加载数据可以有两种方式。

1) 动态加载数据项

使用 Java 代码动态地定义下拉列表的数据源。例如向 Spinner 的下拉列表加载星期名称，可使用如下方法。

```
ArrayAdapter < String > adapter = New ArrayAdapter (this, android. R. layout. simple_ spinner_
item, weekdays);
```

参数 android. R. layout. simple_spinner_item 是系统定义好的布局文件，表示在 Spinner 未被单击时的显示样式。

参数 weekdays 是在代码中定义的数组，该数组为适配器提供预置的星期名。

2) 静态定义数据项

在 res/values 目录下，使用 XML 文件预先定义数据源。例如向 Spinner 的下拉列表中加载星期名，可使用如下方法。

```
ArrayAdapter < CharSequence > adapter =
    ArrayAdapter.createFromResource(this, R.array.weekdays, android.R.layout.simple_spinner_item);
```

参数 R. array. weekdays 对应于 res/values 目录下 XML 格式的数组资源描述文件，在其中预先定义一组星期名，为 Spinner 的下拉列表提供数据。

参数 android. R. layout. simple_spinner_item 设置在 Spinner 未被单击时的显示样式。

也可以先从 arrays. xml 中获得数组元素，然后使用方式一向适配器中加载数据。从 arrays. xml 文件中载入数组值方法如下。

```
String[] weekdays = getResources().getStringArray(R.array.wkdays);
```

下面通过一个案例来说明静态定义数据项的用法。

【案例 6.2】 试设计 Spinner,用于选择星期名。

说明:在这个 Spinner 中,下拉列表项只是一周的几个星期名,可以使用静态的方式来定义 String[]数据源创建 ArrayAdapter,为下拉列表进行数据绑定。

前面已经介绍,为 Spinner 创建 ArrayAdapter 实例有两种方式,因为使用第一种方式创建 ArrayAdapter 实例已在案例 6.1 中进行了介绍,所以本例使用第二种方式创建 ArrayAdapter 实例。

开发步骤及解析:过程如下。

1) 创建项目

在 Android Studio 中创建一个名为 Activity_Spinner 的 Android 项目。其包名为 ee.example.activity_spinner。

2) 创建数组资源文件

在 res/values 目录下创建一个名为 arrays.xml 的文件(如果使用第一种方式为 Spinner 的下拉列表加载数据,就不需要创建这个文件)。arrays.xml 文件的代码如下。

```
1    <?xml version = "1.0" encoding = "utf - 8"?>
2    < resources >
3        < string - array name = "wkdays">
4            < item >星期日</item >
5            < item >星期一</item >
6            < item >星期二</item >
7            < item >星期三</item >
8            < item >星期四</item >
9            < item >星期五</item >
10           < item >星期六</item >
11       </string - array >
12   </resources >
```

(1) 第 3 行定义了这个资源数组的名称为 wkdays。注意,在代码中调用此数组资源名,只与"< string-array name="wkdays">"定义的名称 wkdays 有关,而与 XML 文件名无关。

(2) 第 3～11 行声明的是名为 wkdays 的资源数组为数组元素提供的内容,每个< item >声明的内容为一个数组元素提供值。

3) 设计布局

编写 res/layout 目录下的布局文件 activity_main.xml,代码如下。

```
<?xml version = "1.0" encoding = "utf - 8"?>
< LinearLayout
    xmlns:android = "http://schemas.android.com/apk/res/android"
    android:id = "@ + id/widget28"
    android:layout_width = "match_parent"
    android:layout_height = "match_parent"
    android:orientation = "vertical"
```

```
8        >
9
10       <TextView
11           android:id="@+id/TextView_Show"
12           android:layout_width="match_parent"
13           android:layout_height="wrap_content"
14           android:text="请选择日期："
15           android:textSize="18sp"/>
16
17       <Spinner
18           android:id="@+id/spinner_Weekday"
19           android:layout_width="match_parent"
20           android:layout_height="wrap_content"
21           android:spinnerMode="dialog" />
22
23   </LinearLayout>
```

(1) 第10～15行声明了一个TextView控件,用于显示提示信息。

(2) 第17～21行声明了一个Spinner控件。

4) 开发逻辑代码

打开Java/ee.example.activity_spinner包下的MainActivity.java文件,并进行编辑,代码如下。

```
package ee.example.activity_spinner;

import androidx.appcompat.app.AppCompatActivity;
import android.os.Bundle;
import android.view.View;
import android.widget.AdapterView;
import android.widget.ArrayAdapter;
import android.widget.Spinner;
import android.widget.TextView;

public class MainActivity extends AppCompatActivity {
    private TextView text;
    private Spinner spinner;

    @Override
    protected void onCreate(Bundle savedInstanceState) {
        super.onCreate(savedInstanceState);
        setContentView(R.layout.activity_main);
        text = (TextView)findViewById(R.id.TextView_Show);
        spinner = (Spinner)findViewById(R.id.spinner_Weekday);

        //实例化 ArrayAdapter
        ArrayAdapter<CharSequence> adapter = ArrayAdapter.createFromResource(
                this,
                R.array.wkdays,
                android.R.layout.simple_spinner_item);

```

```
28          //设置 Spinner 的下拉列表显示样式
29          adapter.setDropDownViewResource(android.R.layout.simple_spinner_dropdown_item);
30
31          //将 adapter 添加到 spinner 中
32          spinner.setAdapter(adapter);
33
34          //设置 Spinner 的一些属性
35          spinner.setPrompt("请选择星期几：");
36          spinner.setSelection(0, true);
37
38          //添加 Spinner 事件监听
39          spinner.setOnItemSelectedListener(new Spinner.OnItemSelectedListener(){
40              @Override
41              public void onItemSelected(AdapterView<?> arg0, View arg1, int arg2, long arg3) {
42                  text.setText("今天是：" + arg0.getItemAtPosition(arg2).toString());
43                  //设置显示当前选择的项
44                  arg0.setVisibility(View.VISIBLE);
45              }
46
47              @Override
48              public void onNothingSelected(AdapterView<?> arg0) {
49              }
50          });
51      }
52  }
```

(1) 第 3～9 行是一些类的引入。在代码程序中使用了 View、AdapterView、ArrayAdapter、Spinner 和 TextView 类对象，所以要引入它们所在的包。

(2) 第 16～51 行重写了 onCreate()方法。

(3) 第 23～26 行使用方式一创建一个名为 adapter 的 ArrayAdapter 实例。这个 ArrayAdapter 的数据来自 arrays.xml 数组描述文件，注意，使用该方式，ArrayAdapter 的类型必须指定为 CharSequence，不能是 String，否则会出错。其中，第 25 行指定数据源是资源数组文件中定义的名为“wkdays”的内容。第 26 行设置下拉列表项的显示样式。

(4) 第 29 行设置 adapter 将要绑定的 Spinner 对象的下拉列表显示样式。

(5) 第 32 行为 Spinner 对象 spinner 添加适配器 adapte。

(6) 第 35、36 行为 Spinner 设置部分属性，这些属性的设置有助于 UI 的友好性。其中，第 35 行是设置该 Spinner 的下拉列表的提示信息，它可以起到下拉列表的标题作用；第 36 行是保证当项目初始运行时，设置下拉列表项默认选择第 1 个列表项。这两条语句不是必须的，可以省略。

(7) 第 39～50 行为 Spinner 对象添加一个 OnItemSelectedListener 监听，在其中重写回调方法 onItemSelected()和 onNothingSelected()。通常重写 onItemSelected()方法，定义在选择了列表项之后要执行的操作。

释疑：

onItemSelected()方法中的参数各是什么含义？

onItemSelected()方法的格式为：

```
public void onItemSelected(AdapterView <?> arg0,View arg1, int arg2, long arg3)
```

参数 arg0 指的是适配器视图对象，在这里可以理解为 Spinner 的下拉列表视图。其中，AdapterView 是内容由适配器来决定的视图类，<? >是适配器里内容的类型，可以把“?”理解成你的适配器中的选项数据的类型。

参数 arg1 指的是适配器视图里的被单击的对象。可以理解成下拉列表中被选中的那一项。

参数 arg2 指在下拉列表中被选择项在适配器中的位置。这个参数类型是 int 型，从 0 开始。

参数 arg3 指被单击选项所在行的行号。这个参数类型是 long 型。

(8) 第 42 行取得用户选中的 Spinner 下拉选项值，并将其赋予 TextView 的对象 text 中。由于选项值是 CharSequence 类型的，所以使用 toString()将获取的值强制为 String 类型。

(9) 第 44 行，显示用户当前选择项的信息。

运行结果：在 Android Studio 支持的模拟器上，运行 Activity_Spinner 项目，如图 6-2(a)所示。单击 Spinner 控件的下拉按钮，在下拉列表中进行选择，如图 6-2(b)所示。

(a) 初始运行显示默认的信息

(b) 单击下拉按钮选择“星期二”

图 6-2　下拉列表的运行效果

6.1.3　列表视图(ListView)

ListView 类位于 android.widget 包下，是 Android 应用开发过程中最常用的控件之一。它是以垂直的可滚动的列表方式显示一组列表项的视图，ListView 里面的每个条目 Item 可以是一个 TextView，也可以是由多个 TextView 和 ImageView 组成的一个组合控件。例如，显示联系人名单、系统设置项等，都会用到 ListView。

列表视图 ListView 特有的属性和方法见表 6-3。

表 6-3 ListView 常用的属性和相应方法说明

属 性	方 法	说 明
android:divider	setDivider(Drawable)	指定分隔线的图形。如果不要分隔线,则设置为@null
android:dividerHeight	setDividerHeight(int)	设置分隔线的高度
android:headerDividersEnabled	setHeaderDividersEnabled(boolean)	设置是否显示列表开头的分隔线
android:footerDividersEnabled	setFooterDividersEnabled(boolean)	设置是否显示列表末尾的分隔线
无	setAdapter(ListAdapter adapter)	设置列表视图的数据适配器
无	setOnItemClickListener (AdapterView. OnItemClickListener)	设置列表项的单击事件监听器 OnItemClickListener
无	setOnItemLongClickListener (AdapterView. OnItemLongClickListener)	设置列表项的长按事件监听器 OnItemLongClickListener

1. 实现 ListView 的编程步骤

实现一个 ListView 控件,主要分为以下四个步骤。

第一步,准备 ListView 要显示的数据,使用一维或多维动态数组保存数据。

第二步,构建适配器。选择什么样的适配器取决于 ListView 的每个 Item 的组成。如果 Item 的组成比较简单,可以选择 ArrayAdapter 或 SimpleAdapter;如果 Item 的组成比较复杂,大都选择 BaseAdapter 来为 ListView 绑定数据。

第三步,使用 setAdapter(),把适配器添加到 ListView,并显示出来。

第四步,为 ListView 添加监听器,设置各种事件(如单击、滚动、单击长按等)的响应操作。

ListView 常用的监听包括以下几种。

(1) 单击监听,添加单击监听使用 ListView. setOnItemClickListener()。

(2) 滚动监听,添加滚动监听使用 ListView. setOnItemSelectedListener()。

(3) 长按监听,添加长按监听使用 setOnCreateContextMenuListener()。

2. 使用适配器加载数据

1) 使用 ArrayAdapter 适配器

在设计中,使用 ArrayAdapter 适配器为 ListView 绑定数据,可以创建每条条目只显示一行字符串的 ListView 控件。示例如下。

```
ArrayAdapter < String > adapter = new ArrayAdapter < String >(this, android. R. layout. simple_
list_item_1, strings);
```

其中,"android. R. layout. simple_list_item_1"是系统定义好的布局,表示以一行的文本显示 ListView 的一个 Item 项的样式;"strings"是定义的字符串数组,也可以是一个列表数据集合 List,它们为适配器提供数据源,用于 ListView 的显示。其具体的实现方法与案例 6.1、案例 6.2 类似,在此不做赘述。

2) 使用 SimpleAdapter 适配器

SimpleAdapter 的扩展性较好,可以定义各式各样的布局,例如可以放上 ImageView

(图片),还可以放上 Button(按钮)、CheckBox(复选框)等。使用 SimpleAdapter 构造数据一般使用数组列表 ArrayList,它定义于 java. util. ArrayList 类中,而 ArrayList 一般通过 HashMap 构成,HashMap 是一组键-值对的集合,HashMap 定义于 java. util. HashMap 类中。

例如,要生成一个 ArrayList 类型的变量 list,并向其中填充两组 HashMap 键-值对 map1 和 map2,使用代码段如下。

```
1    ArrayList<HashMap<String, String>> list = newArrayList<HashMap<String,String>>();
2    //生成两个 HashMap 类型的变量 map1 和 map2
3    HashMap<String, String> map1 = new HashMap<String, String>();
4    HashMap<String, String> map2 = new HashMap<String, String>();
5    //把数据填充到 map1 和 map2 中
6    map1.put("title", "百度");
7    map1.put("title_ip", " http://www.baidu.com/");
8    map2.put("title", "新浪");
9    map2.put("title_ip", " http://www.sina.com.cn/");
10   //把 map1 和 map2 添加到 list 中
11   list.add(map1);
12   list.add(map2);
```

第 6 行为 map1 的键名为 title 的键-值传值“百度”。第 7 行为 map1 的另一键名为 title_ip 的键-值传值 http://www. baidu. com/。这个 HashMap 有两个键-值对。

利用 SimpleAdapter 创建适配器实例,其构造方法有 5 个参数,有些参数还比较复杂。例如,在本类中创建一个名为 adapter 的 SimpleAdapter 对象,使用语句如下。

```
SimpleAdapter adapter = new SimpleAdapter(
     this,
     alist,
     R.layout.item,
     new String[] {"img","title","info"},
     new int[] {R.id.img,R.id.title,R.id.info});
```

参数 this 是当前 Activity 的对象。

参数 alist 是一个 ArrayList 类型的列表对象,它向 adapter 中填充数据。

参数 R. layout. item 是一个 XML 布局文件的资源 ID,ID 所指的布局文件用于设置 ListView 中 Item 的布局。

参数 new String[] {"img","title","info"}是一个 String 类型的数组,该数组中的元素确定了 alist 对象中的列,alist 中有几列对应这个数组中就要有几个元素。如果 alist 是 ArrayList<HashMap<String,String>>的对象,那么,这个参数多为该 HashMap 键-值对的键名。

参数 new int[] {R. id. img,R. id. title,R. id. info}是一个 int 类型的数组,该数组中的元素对应着 R. layout. item 所指的布局文件中的控件资源 ID,并且其顺序和个数与上一个参数 String 类型数组中的列名一一对应。例如,String 类型数组的第一个元素是“img”,那么 int 类型数组的第一个元素就是 R. id. img,它是 R. layout. item 布局文件中声明的名为“img”的控件 ID,String 类型数组的第二个元素是“title”,那么 int 类型数组的第二个元素就是 R. id. title,它是 R. layout. item 布局文件中声明的名为“title”的控件 ID,……,如此对应下去。

下面通过一个案例来说明如何使用 simpleAdapter 适配器为 ListView 控件绑定数据。

【案例 6.3】 使用 SimpleAdapter 适配器为 ListView 绑定数据，列出国内几个公众网站名及网址，单击某一条目时，在标题栏显示其网址，如图 6-3 所示。

说明：使用 SimpleAdapter 构造数据需要用到 ArrayList，其中的 HashMap 对象对应于 ListView 中的每个条目（Item）。在本例中，ListView 中的每个 Item 包括一个 ImageView 控件和两个分上下行的 TextView 控件。这个布局可以使用一个在 res/layout 目录中的 XML 布局文件来定义。

在本案例中要求每单击 ListView 的一个 Item 项，就要在标题栏显示该 Item 的相关信息，所以需要为该 ListView 对象添加 OnItemClickListener()监听，重写 onItemClick()回调方法。在 onItemClick()方法内执行获取 Item 的信息并将其相关信息显示在标题栏中的操作。

开发步骤及解析：过程如下。

1）创建项目

在 Android Studio 中创建名为 Activity_ListViewSimpleAdt 的 Android 项目。其包名为 ee. example. activity_listviewsimpleadt。

2）准备图片资源

将准备好的网址 Logo 图片资源复制到本项目的 res/drawable 目录中，如图 6-4 所示。

图 6-3 单击 ListView 第三项后的运行界面

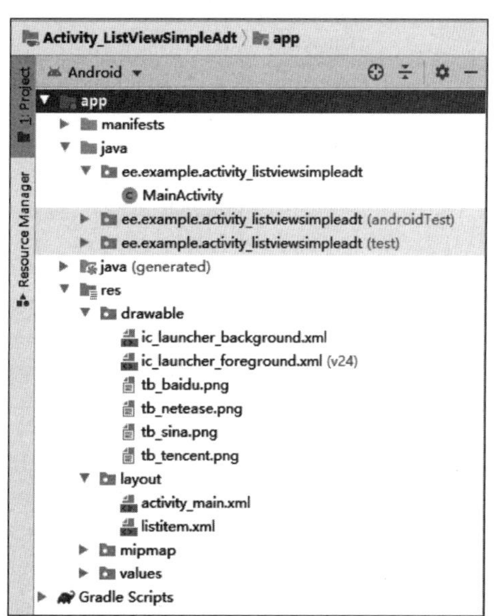

图 6-4 本案例的资源目录

3）设计布局

本案例需要设计两个布局文件，一个是 Activity 的显示页面布局；另一个是定义每个 ListView 条目的布局。

首先设计 Activity 布局，即主布局文件。打开 res/layout 目录下的 activity_main.xml，并进行编辑，代码如下。

```
1   <?xml version="1.0" encoding="utf-8"?>
2   <LinearLayout
3       xmlns:android="http://schemas.android.com/apk/res/android"
4       android:id="@+id/LinearLayout01"
5       android:layout_width="match_parent"
6       android:layout_height="match_parent">
7
8       <ListView
9           android:id="@+id/ListView01"
10          android:layout_width="match_parent"
11          android:layout_height="wrap_content"/>
12
13  </LinearLayout>
```

第8～11行声明了一个 ListView 控件，其 ID 为 ListView01。

设计 ListView 的条目布局。在 res/layout 目录下创建一个名为 listitem.xml 的布局文件，该文件为 ListView 的每个 Item 对象布局，代码如下。

```
1   <?xml version="1.0" encoding="utf-8"?>
2   <LinearLayout
3       xmlns:android="http://schemas.android.com/apk/res/android"
4       android:orientation="horizontal"
5       android:layout_width="match_parent"
6       android:layout_height="match_parent">
7
8       <ImageView android:id="@+id/img"
9           android:layout_width="49dp"
10          android:layout_height="50dp"
11          android:layout_margin="5sp"/>
12
13      <LinearLayout android:orientation="vertical"
14          android:layout_width="wrap_content"
15          android:layout_height="wrap_content">
16          <TextView android:id="@+id/title"
17              android:layout_width="wrap_content"
18              android:layout_height="wrap_content"
19              android:textColor="#06067a"
20              android:textSize="22sp" />
21          <TextView android:id="@+id/info"
22              android:layout_width="wrap_content"
23              android:layout_height="wrap_content"
24              android:textColor="#06067a"
25              android:textSize="13sp" />
26      </LinearLayout>
27  </LinearLayout>
```

(1) 第8～11行声明了一个 ImageView 控件，其 ID 为 img。为了在 ListView 中每个 Item 的高度保持一致，并且显示的图片大小也相应一致，在此给出 ImageView 的具体宽度、高度值。

(2) 第 13～26 行声明一个内嵌的 LinearLayout，用于定义两行文本控件，所以需要设置属性 android:orientation="vertical"。

(3) 第 16～20 行声明了一个 TextView 控件，其 ID 为 title，并设置了文本的大小和文字颜色。

(4) 第 21～25 行声明另一个 TextView 控件，其 ID 为 info，并设置了文本的大小和文字颜色。

4) 开发逻辑代码

打开 java/ee.example.activity_listviewsimpleadt 包下的 MainActivity.java 文件，并进行编辑，代码如下。

```
package ee.example.activity_listviewsimpleadt;

import androidx.appcompat.app.AppCompatActivity;
import android.os.Bundle;
import android.widget.ListView;
import android.widget.SimpleAdapter;
import android.view.View;
import android.widget.AdapterView;
import android.widget.AdapterView.OnItemClickListener;
import java.util.ArrayList;
import java.util.HashMap;
import java.util.List;
import java.util.Map;

public class MainActivity extends AppCompatActivity {

    @Override
    protected void onCreate(Bundle savedInstanceState) {
        super.onCreate(savedInstanceState);
        setContentView(R.layout.activity_main);
        //获得 Layout 里面的 ListView
        ListView list = (ListView) findViewById(R.id.ListView01);

        //生成适配器的 Item 和动态数组对应的元素
        SimpleAdapter listItemAdapter = new SimpleAdapter(
                this,
                  getData(),
                  R.layout.listitem,
                  new String[]{"img","title","info"},
                  new int[]{R.id.img,R.id.title,R.id.info});

        //添加并且显示
        list.setAdapter(listItemAdapter);

        //添加单击监听
        list.setOnItemClickListener(new OnItemClickListener() {
            @Override
            public void onItemClick(AdapterView<?> arg0, View arg1, int arg2, long arg3) {
                Map<String, Object> clkmap = (Map<String, Object>) arg0.getItemAtPosition(arg2);
                setTitle(clkmap.get("title").toString() + "的网址为: " + clkmap.get("info").
```

```
    toString());
41                  }
42              });
43          }
44
45          //生成多维动态数组,并加入数据
46          private List < Map < String, Object >> getData() {
47              ArrayList < Map < String, Object >> listitem = new ArrayList < Map < String, Object >>();
48              Map < String, Object > map = new HashMap < String, Object >();
49              map.put("img", R.drawable.tb_baidu);
50              map.put("title", "百度");
51              map.put("info", "http://www.baidu.com/");
52              listitem.add(map);
53
54              map = new HashMap < String, Object >();
55              map.put("img", R.drawable.tb_sina);
56              map.put("title", "新浪");
57              map.put("info", "http://www.sina.com.cn/");
58              listitem.add(map);
59
60              map = new HashMap < String, Object >();
61              map.put("img", R.drawable.tb_tencent);
62              map.put("title", "腾讯");
63              map.put("info", "http://www.qq.com/");
64              listitem.add(map);
65
66              map = new HashMap < String, Object >();
67              map.put("img", R.drawable.tb_netease);
68              map.put("title", "网易");
69              map.put("info", "http://www.163.com/");
70              listitem.add(map);
71
72              return listitem;
73          }
74
75      }
```

(1) 第3～9行引入代码中用到的AndroidX和Android中的相关类。第10～13行是一些Java类的引入。在代码中使用了ArrayList、HashMap、List和Map对象，这些对象都定义于java.util下的相应包内，所以需要引入相应的包。

(2) 第18～43行重写onCreate()方法。其中，第22行声明了一个ListView对象list，并将list指向布局文件activity_main.xml中定义的资源ID的ListView01；第25～30行创建了SimpleAdater对象listItemAdapter，并实例化listItemAdapter，生成适配器的Item和动态数组对应的元素；第33行为list添加适配器，并显示其内容；第36～42行为list添加一个单击监听器。

(3) 在第25～30行创建的SimpleAdapter实例中，第二个参数使用的是一个自定义的getData()方法，该方法返回一个ArrayList列表。第46～73行定义getData()方法。其中第47行创建一个ArrayList对象listitem；第48行创建一个HashMap对象map，这个map内有三组键-值对，它们分别是img、title和info，因为img键对应的值是一张图片资源，所以map的值不全是String类型的，在声明时使用“Map < String，Object > map = new

HashMap < String,Object >();",这里的 String 指定键名的类型,Object 指定键值的类型;第 49~51 行为这个 map 相应的键名传入相应的值内容,第 52 行将 map 对象添加到 listitem 列表中。如此下去直到所有的数据都传入完毕。第 72 行将赋有值的 listitem 对象返回。

(4) 第 36~42 行实现监听接口,重写了 onItemClick()回调方法。该方法中的四个参数与前面讲到的 onItemSelected()方法中的参数含义相似。第 39 行创建一个 Map 对象 clkmap,使用 getItemAtPosition()方法从 arg0(即 ListView 对象)的 arg2 所指的那个条目中获取一组 Map 数据给 clkmap;第 40 行从 clkmap 中取出键名为 title 和 info 的值组成一个文字串,显示在标题栏中。

运行结果:在 Android Studio 支持的模拟器上,运行 Activity_ListViewSimpleAdt 项目。运行结果满足预期效果。

有时候,在 ListView 的使用中,需要在 Item 里面加入按钮等控件,对按钮实现单击操作。但是,如果使用 SimpleAdapter 来为 ListView 绑定数据,虽然可以在 ListView 中显示出按钮来,但是无法为这个按钮添加事件监听。因为,按钮无法获得焦点,单击操作被 ListView 的 Item 所覆盖。如何才能让 Item 里的按钮获得焦点呢?此时 BaseAdapter 适配器就派上用场了。

3) 使用 BaseAdapter 适配器

BaseAdapter 与其他 Adapter 有些不一样,其他的 Adapter 可以直接在其构造方法中进行数据的设置。而 BaseAdapter 是一个抽象类,必须写一个子类来继承 BaseAdapter。继承 BaseAdapter 类必须重写四个方法,这四个方法见表 6-4。BaseAdapter 的灵活性就在于它要重写的这些方法,其中最重要的方法是 getView()。

表 6-4 继承 BaseAdapter 类需要重写的方法及说明

方法	说明
public int getCount()	获取此适配器所指数据集的条目数,即为 ListView 长度
public Object getItem(int position)	获取数据集中与指定条目位置对应的数据项
public long getItemId(int position)	获取在列表中与指定条目位置对应的行 ID
public View getView(int position, View convertView, ViewGroup parent)	按指定的布局绘制列表中的每个 Item 项。其中: 参数 position 表示列表中的位置,从 0 开始; 参数 convertView 是列表中的 Item 要显示的 View,例如 Spinner、ListView 中每项要显示的 View; 参数 parent 是列表 Item 的父容器,可以理解为如 Spinner、ListView 等控件

ListView 绘制的过程如下:首先,系统在绘制 ListView 之前,将会先调用 getCount()方法获取 Item 的个数。之后每绘制一个 Item 就会调用一次 getView()方法,在此方法内就可以引用事先定义好条目的布局文件,或在 getView()方法内动态生成显示布局,来确定显示的效果并返回一个 View 对象作为一个 Item 显示出来。如果 getCount()返回值为 0,列表将不显示,如果返回值为 1,则只显示一行。也正是在这个过程中完成了适配器的主要转换功能,把数据和资源以开发者想要的效果显示出来。

在定义 ListView 时,getCount()和 getView()方法直接描述了 ListView 的显示效果,

而 getItem()和 getItemId()方法将在调用 ListView 的响应方法的时候也会被调用。相比之下，后两者没有前两种方法重要，通常在简单应用中将省略重写这两个方法的内容，但必须重写方法(即空方法)，以保证 ListView 的各个方法有效。但是如果 getItemId()方法内容为空，当调用 ListView 的 getItemIdAtPosition()方法时将得不到想要的结果，因为该方法就是调用了对应的适配器的 getItemId()方法。因此，在开发中，应根据需要来确定这些方面的重写内容。

在定义 getView()方法时，如果 ListView 的长度为 1 行，那么需要绘制 1 行条目信息，如果 ListView 的长度为 10 行，那么需要绘制 10 行条目信息。由此可知，ListView 的长度越长，绘制的效率越低，在 ListView 上滑动操作会非常慢。这种直接构造 getView()的方法不可取，尤其是在 ListView 的长度较大时。通常，优化方案是采取 convertView＋ViewHolder 的模式，来实现对 ListView 的绘制。下面通过一个案例来说明如何使用 BaseAdapter 构建 ListView。

【案例 6.4】 在案例 6.3 的 ListView 中增加下列特性：每条条目添加一个按钮控件，当单击 ListView 的 Item 时，在标题栏显示单击条目是第几项；当单击每个条目中的按钮时，在标题栏显示单击的条目名称和网址信息。

说明：在本例中，ListView 的条目中有按钮，并且这些按钮要能获取焦点，完成单击事件。因此，需要使用 BaseAdapter 适配器为 ListView 绑定数据。

在 BaseAdapter 的类对象定义中重点放在重写 getView()方法上，并且需要对条目中的按钮添加监听方法 setOnClickListener()。

在定义 BaseAdapter 子类时要使用 res/layout 目录下的 XML 布局文件，Android 提供了一个专门的 LayoutInflater 类。LayoutInflater 的作用类似于 findViewById()，不同的是，LayoutInflater 是用来找 res/layout 目录下的布局文件，并且实例化；而 findViewById()则是找具体某一个 widget 控件(如 Button、TextView 等)。

为 BaseAdapter 提供的数据源全部放在一个数组描述资源文件和字符串描述资源文件中，在代码中使用 getResources(). getIdentifier()方法，通过资源名来获取这些数据的 ID，并加载到适配器中。

为该 ListView 对象添加条目单击监听 OnItemClickListener()，重写 onItemClick ()回调方法。获取 Item 的信息，并将其显示在标题栏中。

开发步骤及解析：过程如下。

1) 创建项目

在 Android Studio 中创建一个名为 Activity_ListViewBaseAdt 的 Android 项目。其包名为 ee. example. activity_listviewbaseadt。

2) 准备图片资源

将图片资源复制到本项目的 res/drawable 目录中。

3) 准备字符串资源

编写 res/values 目录下的 strings. xml 文件，代码如下。

```
<resources>
    <string name = "app_name"> Activity_ListViewBaseAdt </string>
    <string name = "baidu">百度</string>
```

```
4        <string name="sina">新浪</string>
5        <string name="tencent">腾讯</string>
6        <string name="netease">网易</string>
7        <string name="baiduurl">http://www.baidu.com/</string>
8        <string name="sinaurl">http://www.sina.com.cn/</string>
9        <string name="tencenturl">http://www.qq.com/</string>
10       <string name="neteaseurl">http://www.163.com/</string>
11   </resources>
```

第3～10行声明的字符串信息，分别是公众网络的名称和对应首页网址。

4）创建颜色资源

编写 res/values 目录下的颜色描述文件 colors.xml，代码如下。

```
<?xml version="1.0" encoding="utf-8"?>
<resources>
    <color name="colorPrimary">#6200EE</color>
    <color name="colorPrimaryDark">#3700B3</color>
    <color name="colorAccent">#03DAC5</color>

    <color name="white">#FFFFFFFF</color>
    <color name="red">#FFFD8D8D</color>
    <color name="blue">#0628f5</color>
</resources>
```

5）创建数组资源

创建并编写 res/values 目录下的数组描述文件 arrays.xml，代码如下。

```
1    <?xml version="1.0" encoding="utf-8"?>
2    <resources>
3        <string-array name="images">
4            <item>@drawable/tb_baidu</item>
5            <item>@drawable/tb_sina</item>
6            <item>@drawable/tb_tencent</item>
7            <item>@drawable/tb_netease</item>
8        </string-array>
9        <string-array name="titles">
10           <item>@string/baidu</item>
11           <item>@string/sina</item>
12           <item>@string/tencent</item>
13           <item>@string/netease</item>
14       </string-array>
15       <string-array name="urlinfos">
16           <item>@string/baiduurl</item>
17           <item>@string/sinaurl</item>
18           <item>@string/tencenturl</item>
19           <item>@string/neteaseurl</item>
20       </string-array>
21   </resources>
```

（1）第3～8行声明一组图片资源ID的数组images，对应于存放在drawable目录中的图片资源文件名，所以每个值前都包含“@drawable/”。

（2）第9～14行声明一组字符串资源ID的数组titles，对应于存放在strings.xml中的网站名称，所以每个值前都包含“@string/”。

(3) 第15～20行声明一组字符串资源ID的数组infos，对应于存放在strings.xml中的网站地址，同样，每个值前都包含“@string/”。

6）设计布局

首先设计主布局。在res/layout目录下打开Activity布局文件activity_main.xml，并进行编辑，代码如下。

```
<?xml version = "1.0" encoding = "utf-8"?>
<LinearLayout
    xmlns:android = "http://schemas.android.com/apk/res/android"
    android:id = "@+id/LinearLayout01"
    android:layout_width = "match_parent"
    android:layout_height = "match_parent"
    >
    <ListView
        android:id = "@+id/ListView02"
        android:layout_width = "match_parent"
        android:layout_height = "wrap_content"
        />
</LinearLayout>
```

设计ListView的条目布局。在res/layout目录下创建一个名为listitem.xml的布局文件，该文件为ListView的每个Item对象提供布局，代码如下。

```
<?xml version = "1.0" encoding = "utf-8"?>
<LinearLayout
    xmlns:android = "http://schemas.android.com/apk/res/android"
    android:orientation = "horizontal"
    android:layout_width = "match_parent"
    android:layout_height = "match_parent">

    <ImageView android:id = "@+id/itemimg"
        android:layout_width = "49dp"
        android:layout_height = "50dp"
        android:layout_margin = "5dp"/>

    <LinearLayout android:orientation = "vertical"
        android:layout_width = "wrap_content"
        android:layout_height = "wrap_content">
        <TextView android:id = "@+id/itemtitle"
            android:layout_width = "wrap_content"
            android:layout_height = "wrap_content"
            android:textColor = "@color/blue"
            android:textSize = "22sp" />
        <TextView android:id = "@+id/iteminfo"
            android:layout_width = "wrap_content"
            android:layout_height = "wrap_content"
            android:textColor = "@color/blue"
            android:textSize = "13sp" />
    </LinearLayout>

    <LinearLayout android:orientation = "horizontal"
```

```
            android:layout_width = "match_parent"
            android:layout_height = "wrap_content"
            android:padding = "2dp"
            android:gravity = "end">
            < Button
                android:id = "@ + id/itembtn"
                android:layout_width = "52dp"
                android:layout_height = "wrap_content"
                android:text = "网址显示"
                />
        </LinearLayout >
    </LinearLayout >
```

7）开发逻辑代码

打开 java/ee. example. activity_listviewbaseadt 包下的 MainActivity. java 文件，并进行编辑，代码如下。

```
package ee.example.activity_listviewbaseadt;

import androidx.appcompat.app.AppCompatActivity;
import android.os.Bundle;
import android.view.View;
import android.view.LayoutInflater;
import android.view.ViewGroup;
import android.widget.AdapterView;
import android.widget.BaseAdapter;
import android.widget.Button;
import android.widget.ImageView;
import android.widget.ListView;
import android.widget.TextView;
import android.content.Context;
import android.content.res.TypedArray;
import java.util.ArrayList;
import java.util.HashMap;

public class MainActivity extends AppCompatActivity {
    private ListView listv;

    @Override
    protected void onCreate(Bundle savedInstanceState) {
        super.onCreate(savedInstanceState);
        setContentView(R.layout.activity_main);
        listv = (ListView) this.findViewById(R.id.ListView02); //初始化 ListView
        MyAdapter BAdapter = new MyAdapter(this);  //得到一个 MyAdapter 对象
        listv.setAdapter(BAdapter);                //为 ListView 绑定 Adapter

        //为 ListView 的每个 item 添加单击事件的监听器
        listv.setOnItemClickListener(new AdapterView.OnItemClickListener() {
            @Override
            public void onItemClick(AdapterView<?> arg0, View arg1, int arg2, long arg3) {
                setTitle("单击了 ListView 的第 " + (arg2 + 1) + " 条目"); //在标题栏显示
                                                                          //条目信息
            }
        });
```

```java
    }

    //获得数据的方法
    private ArrayList<HashMap<String, String>> getDate() {

        //所有图片资源名(tb_baidu、tb_sina、tb_tencent、tb_netease)的数组
        TypedArray imagesArray = getResources().obtainTypedArray(R.array.images);
        //所有标题资源名(baidu、sina、tencent、netease)的数组
        String[] titles = getResources().getStringArray(R.array.titles);
        //所有网址资源名(baiduurl、sinaurl、tencenturl、neteaseurl)的数组
        String[] urlinfos = getResources().getStringArray(R.array.urlinfos);

        ArrayList<HashMap<String, String>> listItem = new ArrayList<HashMap<String, String>>();

        //为动态数组添加数据
        for (int i = 0; i < titles.length; i++) {
            HashMap<String, String> map = new HashMap<String, String>();
            map.put("Itemimg", String.valueOf(imagesArray.getResourceId(i,0)));
            map.put("ItemTitle", titles[i]);
            map.put("ItemText", urlinfos[i]);
            listItem.add(map);
        }
        return listItem;
    }

    //定义 ViewHolder 类,存放控件
    private final class ViewHolder {
        private ImageView img;
        private TextView title;
        private TextView text;
        private Button btn;
    }

    // 定义 BaseAdapter 适配器的子类
    private class MyAdapter extends BaseAdapter {
        private LayoutInflater mInflater;  //声明一个 LayoutInfalter 对象用来导入布局
        private final ArrayList<HashMap<String, String>> datas; //声明 HashMap 类型的数组

        //构造函数
        public MyAdapter(Context context) {
            this.mInflater = LayoutInflater.from(context);
            this.datas = getDate();                //为 HashMap 类型的数组赋初值
        }

        @Override
        public int getCount() {
            return datas.size();                   //返回数组的长度
        }

        @Override
        public Object getItem(int position) {
            return datas.get(position);
        }
```

```

        @Override
        public long getItemId(int position) {
            return position;
        }

        /**
         * 动态生成每个下拉项对应的 View.每个下拉项 View 通过一个 LinearLayout 布局
         * 来设计。在该布局中包含一个 ImageView 和两个内嵌的 LinearLayout,其中一个
         * LinearLayout 中包含两个 TextView,另一个 Linearlayout 中包含一个按钮 **/
        @Override
        public View getView( int position, View convertView, ViewGroup parent) {
            ViewHolder holder;

            if (convertView == null) {
                convertView = mInflater.inflate(R.layout.listitem,null);
                holder = new ViewHolder();
                //得到各个控件的对象
                holder.img = (ImageView) convertView.findViewById(R.id.itemimg);
                holder.title = (TextView) convertView.findViewById(R.id.itemtitle);
                holder.text = (TextView) convertView.findViewById(R.id.iteminfo);
                holder.btn = (Button) convertView.findViewById(R.id.itembtn);
                convertView.setTag(holder);          //绑定 ViewHolder 对象
            } else {
                holder = (ViewHolder) convertView.getTag();  //取出 ViewHolder 对象
            }
            HashMap<String, String> map = datas.get(position);

            //设置 TextView 显示的内容,即存放在动态数组中的数据
            holder.img.setImageResource(Integer.parseInt(map.get("Itemimg")));
            holder.title.setText(map.get("ItemTitle"));
            holder.text.setText(map.get("ItemText"));
            //为 Button 添加单击事件
            holder.btn.setFocusable(false);          //释放焦点
            holder.btn.setTag(String.valueOf(position));
            holder.btn.setOnClickListener(
                new View.OnClickListener(){
                    @Override
                    public void onClick(View v) {
                        int position = Integer.parseInt((String)v.getTag());
                        StringBuilder cb = new StringBuilder(); //用 StringBuilder 动态生成信息
                        cb.append("单击" + datas.get(position).get("ItemTitle") + "(网址: ");
                        cb.append(datas.get(position).get("ItemText") + ")");
                        setTitle(cb.toString());
                    }
                });
            return convertView;
        }
    }
}
```

（1）第 23～37 行重写 onCreate()方法，其中第 26 行对 ListView 对象 listv 进行初始化，将 listv 指向 XML 布局文件中定义的 ListView 对象，其资源 ID 号为“ListView02”；第 27 行声明一个自定义类 MyAdapter 的适配器对象 BAdapter，这个自定义类继承于 BaseAdapter 类；第 28 行为 listv 对象设置适配器 BAdapter；第 31～36 行为 listv 添加条目单击事件监听器，在监听器中重写了 onItemClick()方法，定义了单击 ListView 的某个条目，将执行把该条目编号信息显示在标题栏上的操作。

（2）第 40～60 行定义 getDate()方法，用于对需要绑定的数据进行赋值。其中第 43 行为图片资源数组赋值；第 45、47 行为网站名数组、网址数组赋值。第 49 行声明一个类型为 HashMap 的数组列表对象 listItem，第 52～58 行为每个数组元素一一赋值，这里的 ItemImg 是图片键-值对的键名，值由 String. valueOf(imagesArray. getResourceId(i,0))获得图片资源的 ID 值；ItemTitle 是网站键-值对的键名，ItemText 是网址键-值对的键名。第 59 行返回 HashMap 数组的值。

（3）第 63～68 行定义一个 ViewHolder 类，定义一个类如果用 private final 修饰，那么这个类不能被外部代码引用、不可继承，并且类的数据成员只能在构造方法中赋值，一经赋值不能改变。也有些开发者将 ViewHolder 定义成静态类，其目的就是不能改变其中的赋值。使用 ViewHolder 的关键作用在于缓存了显示数据的视图(View)，加快了用户界面(UI)的响应速度。

（4）第 71～138 行定义 MyAdapter 子类，该类继承自抽象类 BaseAdapter。该适配器用于构建 ListView。在类中必须定义构造方法并重写 getCount()、getItem()、getItemId()、getView()方法。

（5）第 76～79 行构造方法，用于为子类中的各成员变量初始化。在其中初始化了一个布局和一个 HashMap 数组。在此，调用了方法 getDates()为 HashMap 数组初始化。

（6）第 101～138 行重写了 getView()方法。

（7）第 104～115 行获取 ViewHolder 中的各控件对象。根据判断 convertView 是否为空，分两种情形获取：如果 convertView 为空，就根据设计好的 List 的 Item 布局(XML 文件)，来为 convertView 赋值，并生成一个 viewHolder 来绑定 converView 里面的各个 View 控件(即 XML 布局里面的那些控件)。再用 convertView 的 setTag()将 viewHolder 设置到 Tag 中，以便系统第二次绘制 ListView 时从 Tag 中取出。如果 convertView 不为空，就直接用 convertView 的 getTag()来获得一个 ViewHolder。

（8）第 119～121 行是为 ViewHolder 中的对象 holder 传值，这些值来源于预先存放在动态数组中的数据。

（9）第 123 行释放 holder 中按钮对象的焦点，其目的是可以让用户对 ListView 的每个条目进行单击操作。

（10）第 125～135 行为 holder 中按钮对象定义监听器，重写按钮的 onClick()事件。

提醒：

使用 getResources()方法的注意事项：getResources()方法的功能是获取资源。在使用 getResources()方法时最好在其前面加上限定前缀以明确是谁的资源，即 MainActivity.

this. getResources()。不过，如果在类的 onCreate()方法内使用 getResources()，可以省略其限定前缀，因为此时所有资源都被默认为 MainActivity 类的资源。由于篇幅所限，在本例中都省略了“MainActivity. this”。

切记不能在 onCreate 之前使用 getResources()方法。

释疑：

StringBuilder 是什么类型的数据?

StringBuilder 与 String 类型相似，都用来存放字符串数据。在做字符串拼接时，String 会产生一个新的实例，而 StringBuilder 则不会。所以在大量字符串拼接或频繁对某一字符串进行操作时最好使用 StringBuilder，不要使用 String。

运行结果：在 Android Studio 支持的模拟器上，运行 Activity_ListViewBaseAdt 项目。分别执行单击 ListView 的条目项和条目项中的按钮项，均在标题栏中显示相应的信息，运行界面如图 6-5 所示。运行结果满足预期效果。

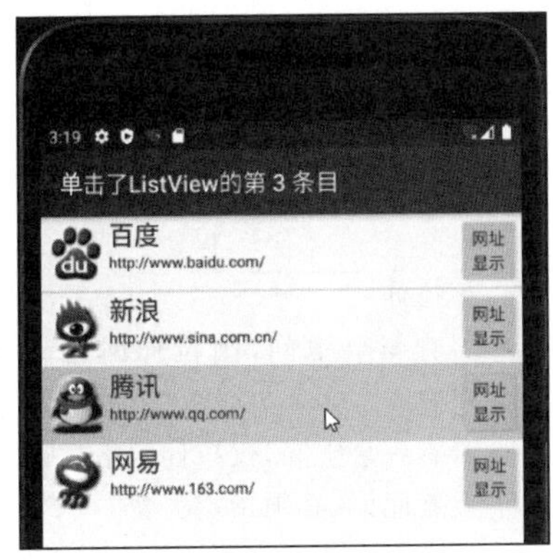

(a) 单击了第三条目项

(b) 单击了第二条目中的按钮

图 6-5 单击 ListView 的条目项和条目项中按钮时的运行界面

本案例是采用 convertView＋ViewHolder 模式来构建 ListView 的，这种模式与直接使用 convertView 有什么区别呢?

使用 convertView＋ViewHolder 模式，可以通过 getView()方法返回的视图的标签(Tag)中存储一个数据结构，这个数据结构包含了指向要绑定数据视图的引用，从而避免每次调用 getView()的时候调用 findViewById()。

直接使用 convertView，每次调用 getView()的时候都要调用 findViewById()。太多的 findViewById()会影响性能。

6.1.4 网格视图(GridView)

GridView 类位于 android. widget. GridView 包内，该视图将其他控件以可滚动的二维网格形式显示出来，每个网格项(Item)的显示内容来自与之相关的 ListAdapter。GridView 是一种较常见的控件，一般用于显示多张图片内容，例如九宫图等。

GridView 类的常用的属性和对应方法，见表 6-5。

表 6-5 GridView 常用的属性及对应方法说明

属 性	方 法	说 明
android:columnWidth	setColumnWidth (int)	设置 GridView 的列宽度
android:gravity	setGravity (int)	设置 GridView 中的内容在其内的位置。可选的值有：top、bottom、left、right、center、fill、center_vertical、fill_vertical、center_horizontal、fill_horizontal、clip_vertical。可以多选，用"|"分开
android:horizontalSpacing	setHorizontalSpacing(int)	设置两列之间的间距
android:numColumns	setNumColumns (int)	设置 GridView 的列数
android:stretchMode	setStretchMode (int)	设置 GridView 剩余空间的拉伸模式，有 4 种模式
android:verticalSpacing	setVerticalSpacing(int)	设置两行之间的间距

GridView 的 numColumns 值一般都应该大于 1，如果其值等于 1，那么 GridView 就是一个 ListView。

GridView 的 stretchMode 模式有 4 种取值，既可以使用 XML 属性来设置，也可以在程序代码中用常量来设置。这 4 种取值及说明见表 6-6。

表 6-6 stretchMode 模式的取值及说明

属性值	系统常量	说 明
none	NO_STRETCH	不拉伸
columnWidth	STRETCH_COLUMN_WIDTH	若有剩余空间，则拉伸网格元素列宽挤掉空隙
spacingWidth	STRETCH_SPACING	若有剩余空间，仅拉伸网格元素之间的间距。设置此值，必须指定列宽
spacingWidthUniform	STRETCH_SPACING_UNIFORM	若有剩余空间，仅拉伸网格元素左右两边的间距。设置此值，必须指定列宽

GridView 的每个网格项的内容也需要使用适配器为之绑定数据。在使用适配器的用法上与 ListView 相同。下面通过一个完整案例介绍如何使用 GridView 实现多图展示。

【案例 6.5】 使用 GridView 实现九宫图，每个网格中图片在上方，图片的名称在下方。要求能够动态变换网格的列数和添加/不添加分隔线。

说明：GridView 的用法与 ListView 极其类似。在本例中，使用一个外部类实现 BaseAdapte 子类的定义，使用一个外部类来定义网格内部的数据结构。

为网络添加分隔线使用背景色与网格间隙组合实现。改变 GridView 的网格列数和添加/不添加分隔线的选择使用下拉列表项来实现。

开发步骤及解析：过程如下。

1）创建项目

在 Android Studio 中创建一个名为 Activity_GridView 的 Android 项目。其包名为 ee. example. activity_gridview。

2）准备图片资源

准备大量的狗狗图片，本例准备了 18 张不同的小狗图片，将这些图片资源复制到本项目的 res/drawable 目录中。以狗狗的名称命名图片资源名。

3）准备数组资源

将图片资源名和对应的狗狗名称使用两组数组来描述。在本项目的 res/values 目录中创建 arrays. xml，并进行编辑，代码片段如下。

```
<?xml version = "1.0" encoding = "utf - 8"?>
<resources>
    <string - array name = "filearrs">
        <item>@drawable/border_collie</item>
        <item>@drawable/golden_retriever</item>
        <item>@drawable/teddy</item>
        ...
        <item>@drawable/hushy</item>
    </string - array>
    <string - array name = "namearrs">
        <item>边牧</item>
        <item>金毛</item>
        <item>泰迪</item>
        ...
        <item>哈士奇</item>
    </string - array>
</resources>
```

4）设计布局

本例需要设计两个布局文件，一个是 Activity 的页面布局，称主布局文件，另一个是网格单元的布局文件。首先来编辑主布局文件，打开 res/layout 目录下的 activity_main. xml，并进行编辑，代码如下。

```
<?xml version = "1.0" encoding = "utf - 8"?>
<LinearLayout xmlns:android = "http://schemas.android.com/apk/res/android"
    android:layout_width = "match_parent"
    android:layout_height = "match_parent"
    android:orientation = "vertical"
    android:padding = "5dp" >

    <RelativeLayout
        android:layout_width = "match_parent"
        android:layout_height = "50dp"
        android:background = "#eeeeee">

        <TextView
            android:id = "@ + id/tv_tit"
            android:layout_width = "wrap_content"
            android:layout_height = "match_parent"
            android:layout_alignParentLeft = "true"
            android:gravity = "center"
            android:paddingLeft = "3dp"
            android:text = "好多可爱的狗狗!"
            android:textColor = "#000000"
            android:textSize = "20sp" />

        <Spinner
            android:id = "@ + id/sp_gridline"
```

```
26                android:layout_width = "match_parent"
27                android:layout_height = "match_parent"
28                android:layout_toRightOf  = "@id/tv_tit"
29                android:gravity = "left|center"
30                android:spinnerMode = "dialog" />
31        </RelativeLayout >
32
33        < GridView
34            android:id = "@ + id/gv_gridimage"
35            android:layout_width = "match_parent"
36            android:layout_height = "wrap_content"
37            android:numColumns = "2"
38            android:stretchMode = "columnWidth"
39            android:gravity = "center" />
40
41    </LinearLayout >
```

（1）第 2～6 行声明一个最外层的纵向线性布局。其内嵌一个 RelativeLayout 和一个 GridView。

（2）第 8～31 行，在 RelativeLayout 中声明一个 TextView 和 Spinner。

（3）第 33～39 行，声明 GridView 控件。这里只是设置 GridView 控件的属性，其网格项的布局由另一布局文件设计。

设计 GridView 的网格单元布局。在 res/layout 目录下创建一个名为 gridview_item.xml 的文件，该文件为 GridView 的每个 Item 对象设计布局，代码如下。

```
<?xml version = "1.0" encoding = "utf - 8"?>
< LinearLayout
     xmlns:android = "http://schemas.android.com/apk/res/android"
     android:id = "@ + id/llayout"
     android:orientation = "vertical"
     android:layout_width = "match_parent"
     android:layout_height = "wrap_content" >
     < ImageView
         android:id = "@ + id/imgview"
        android:layout_width = "match_parent"
        android:layout_height = "120dp"
        android:layout_gravity = "center"
        android:scaleType = "fitCenter"/>
    < TextView
        android:id = "@ + id/imgname"
        android:layout_width = "match_parent"
        android:layout_height = "wrap_content"
        android:gravity = "center"
        android:paddingTop = "3dp"
        android:paddingBottom = "3dp"
        android:textColor = "#000000"
        android:textSize = "16sp"/>
</LinearLayout >
```

5）开发逻辑代码

本例将实现两个外部类，一个类用来实现网格单元中显示数据控件的数据结构，另一个类用来定义 BaseAdapter 的子类。而主逻辑类用来实现 MainActivity 的类定义。

首先编写网格单元的数据结构类代码。在 java/ee. example. activity_gridview 包下创建 ImgData. java 文件,并进行编辑,代码如下。

```
package ee.example.activity_gridview;

public class ImgData {
    private String img_file;
    private String img_name;
    // 构造方法
    public ImgData() {
        this.img_file = "";
        this.img_name = "";
    }
    // 构造方法
    public ImgData(String img_f,String img_n) {
        this.img_file = img_f;
        this.img_name = img_n;
    }

    public String getName() { return img_name; }
    public String getImagefile() { return img_file; }

}
```

(1) ImgData 类中定义了两个成员变量,img_file 用于存放图像资源名,img_name 用于存储图像内容的名称。

(2) ImgData 类的两个构造方法,体现了数据结构类的多态性。可以通过带参数的构造方法为 ImgData 类对象传值。

然后编写 BaseLayout 类的子类实现代码。在 java/ee. example. activity_gridview 包下创建 GridVAdapter. java 文件,并进行编辑,代码如下。

```
package ee.example.activity_gridview;

import android.content.Context;
import android.view.LayoutInflater;
import android.view.View;
import android.view.ViewGroup;
import android.widget.AdapterView;
import android.widget.AdapterView.OnItemClickListener;
import android.widget.BaseAdapter;
import android.widget.ImageView;
import android.widget.LinearLayout;
import android.widget.TextView;

import java.util.ArrayList;

public class GridVAdapter extends BaseAdapter implements OnItemClickListener{
    private Context mContext;
    private int mLayoutId;
    private ArrayList<ImgData> mGridItemList;
    private int mBackground;
```

```
    // 构造函数
    public GridVAdapter(Context context, int layout_id, ArrayList< ImgData > item_list,
int background) {
        mContext = context;
        mLayoutId = layout_id;
        mGridItemList = item_list;
        mBackground = background;
    }

    @Override
    public int getCount() {
        return mGridItemList.size();
    }

    @Override
    public Object getItem(int arg0) {
        return mGridItemList.get(arg0);
    }

    @Override
    public long getItemId(int arg0) {
        return arg0;
    }
    // 动态生成每个子项对应的 View.每个子项 View 由 gridview_item.xml 文件定义布局
    @Override
    public View getView(final int position, View convertView, ViewGroup parent) {
        LayoutInflater mInflater;
        ViewHolder holder = null;
        if (convertView == null) {
            //从上下文中获得 LayoutInfalter 对象用来导入布局
            mInflater = LayoutInflater.from(mContext);
            convertView = mInflater.inflate(mLayoutId, null);
            // 得到 gridview_item.xml 中各个控件的对象
            holder = new ViewHolder();
            holder.ll_llayout = (LinearLayout) convertView.findViewById(R.id.llayout);
            holder.iv_imgView = (ImageView) convertView.findViewById(R.id.imgview);
            holder.tv_imgname = (TextView) convertView.findViewById(R.id.imgname);
            convertView.setTag(holder);
        } else {
            holder = (ViewHolder) convertView.getTag();
        }
        ImgData dataitem = mGridItemList.get(position); //通过当前子项的序号获取子项
                                                        //的控件内容
        holder.ll_llayout.setBackgroundColor(mBackground); //设置子项的布局背景色
        holder.iv_imgView.setImageResource(Integer.parseInt(dataitem.getImagefile()));
                                                                    //设置图片资源
        holder.tv_imgname.setText(dataitem.getName()); //设置图片名称
        return convertView;
    }

    //定义类 ViewHolder
    public final class ViewHolder {
        private LinearLayout ll_llayout;
        public ImageView iv_imgView;
```

```
72            public TextView tv_imgname;
73        }
74
75        @Override
76        public void onItemClick(AdapterView<?> parent, View view, int position, long id) {
77            String desc = String.format("%d号狗狗叫"%s".", position + 1,
78                    mGridItemList.get(position).getName());
79            MainActivity.tv_title.setText(desc);
80        }
81
82    }
```

(1) 第 17～20 行声明该子类的成员变量。其中 mContext 用于存储上下文对象，mLayoutId 用于存储布局文件的资源 ID，mGridItemList 用于存储 ImgData 类型的列表数组，mBackground 用于存储 GridView 的背景颜色值。

(2) 该子类必须定义构造方法，以便对成员变量进行初始化。第 22～27 行定义构造方法，为成员变量初始化值。

(3) 第 29～66 行，重写 BaseAdapter 类的四个方法。其中第 45～66 行重写 getView() 方法，为 GridView 的每个网格项绑定数据。

(4) 第 53～57 行创建 ViewHolder 对象 holder，并为 holder 绑定布局文件中的各控件对象。调用 setTag()将 holder 设置到 Tag 中。

(5) 第 61～64 行，将 ImgData 类型列表数组的当前项的数据分别赋值给当前网格的图片、图片名称和子项背景色。

(6) 第 76～80 行实现网格单元的 onItemClick()事件方法。其中定义当网格单元被单击后，触发在 MainActivity 的 TextView 控件上显示被单击到的网格相关信息。这里显示了被单击的网格序号，以及网格中图片内容的名称。

最后编写主逻辑代码。打开 java/ee.example.activity_gridview 包下的 MainActivity.java 文件，并进行编辑，代码如下。

```
package ee.example.activity_gridview;

import androidx.appcompat.app.AppCompatActivity;
import android.os.Bundle;
import android.content.res.TypedArray;
import android.graphics.Color;
import android.view.View;
import android.widget.AdapterView;
import android.widget.ArrayAdapter;
import android.widget.GridView;
import android.widget.Spinner;
import android.widget.AdapterView.OnItemSelectedListener;
import android.widget.TextView;

import java.util.ArrayList;

public class MainActivity extends AppCompatActivity {
    public static TextView tv_title;
    private GridView gv_gridimage;
```

```
    private static int divlineWidth = 0;          //分隔线的线条宽度
    private static int numcols = 2;               //每行显示的图片个数
    private static int bgcolor = 0xFFFF0000;      //背景线颜色

    @Override
    protected void onCreate(Bundle savedInstanceState) {
        super.onCreate(savedInstanceState);
        setContentView(R.layout.activity_main);

        tv_title = (TextView) findViewById(R.id.tv_tit);

        GridVAdapter gv_adapter = new GridVAdapter(
                this,
                R.layout.gridview_item,
                getDataList(), //获取以自定义类 ImgData 对象为列表项的列表数据
                Color.WHITE);
        gv_gridimage = (GridView) findViewById(R.id.gv_gridimage);
        gv_gridimage.setAdapter(gv_adapter);
        gv_gridimage.setOnItemClickListener(gv_adapter);

        ArrayAdapter<String> sp_adapter = new ArrayAdapter<String>(
                this,
                android.R.layout.simple_spinner_item,
                selecterArray);
        //设置 Spinner 的下拉列表显示样式
        sp_adapter.setDropDownViewResource(android.R.layout.simple_spinner_dropdown_item);
        Spinner sp_gridline = (Spinner) findViewById(R.id.sp_gridline);
        sp_gridline.setPrompt("请选择分隔线显示方式：");
        sp_gridline.setAdapter(sp_adapter);
        sp_gridline.setOnItemSelectedListener(new DividerSelectedListener());
        sp_gridline.setSelection(1);
    }
    //定义 getDataList()方法,该方法实现获取以自定义类 ImgData 对象为列表项的列表数据
    public ArrayList<ImgData> getDataList() {
        //获得图片的资源名数组
        TypedArray imageArrays = getResources().obtainTypedArray(R.array.filearrs);
        //获得图片的名称数组
        String[] nameArrays = getResources().getStringArray(R.array.namearrs);

        /*将一组图片的资源名、图片的名称相关数据逐一添加到数据列表中*/
        ArrayList<ImgData> dataList = new ArrayList<ImgData>();
        String img_f;
        String img_n;
        for (int i = 0; i < nameArrays.length; i++) {
            img_f = String.valueOf(imageArrays.getResourceId(i, 0));
            img_n = nameArrays[i];
            ImgData map = new ImgData(img_f,img_n); //使用带参数构造方法创建 ImgData 对象
            dataList.add(map);
        }
        return dataList;
    }

    private String[] selecterArray = {
            "每行显示 1 个","每行显示 2 个","每行显示 3 个",
```

```
74                  "不显示分隔线","只显示内部分隔线","显示全部分隔线"
75          };
76          class DividerSelectedListener implements OnItemSelectedListener {
77              public void onItemSelected(AdapterView<?> arg0, View arg1, int arg2, long arg3) {
78                  switch (arg2) {
79                      case 0:
80                          numcols = 1;
81                          gv_gridimage.setNumColumns(numcols);      //设置列数
82                          break;
83                      case 1:
84                          numcols = 2;
85                          gv_gridimage.setNumColumns(numcols);
86                          break;
87                      case 2:
88                          numcols = 3;
89                          gv_gridimage.setNumColumns(numcols);
90                          break;
91                      case 3:
92                          bgcolor = 0xFFFFFFFF;                     //赋予白色
93                          divlineWidth = 0;
94                          break;
95                      case 4:
96                          bgcolor = 0xFFFF0000;                     //赋予红色
97                          divlineWidth = 2;
98                          gv_gridimage.setPadding(0, 0, 0, 0);
99                          break;
100                     case 5:
101                       bgcolor = 0xFFFF0000;                       //赋予红色
102                       divlineWidth = 2;
103                       gv_gridimage.setPadding(divlineWidth, divlineWidth, divlineWidth,
     divlineWidth);
104                       break;
105                 }
106                 gv_gridimage.setBackgroundColor(bgcolor);          //设置背景颜色
107                 gv_gridimage.setHorizontalSpacing(divlineWidth);   //设置水平间距
108                 gv_gridimage.setVerticalSpacing(divlineWidth);     //设置垂直间距
109             }
110
111             public void onNothingSelected(AdapterView<?> arg0) {
112             }
113         }
114
115     }
```

(1) 第 31～35 行声明了 GridVAdapter 类的对象 gv_adapter，同时实例化它。该适配器对象是向 GridView 网格视图提供数据绑定的。在实例化中将 GridVAdapter 需要的参数传入。其中 this 指当前的 MainActivity 为上下文，布局文件的资源指向 gridview_item.xml 布局文件，ImgData 类型的列表数组由 getDataList()方法获取，第 53～70 行定义了 getDataList()方法。

(2) 第 36～38 行，初始化 GridView 对象 gv_gridimage，并且为该对象设置适配器对象 gv_adapter，注册 OnItemClickListener 监听。

(3) 第 40～43 行声明一个 ArrayAdapter 适配器对象并实例化。该数组适配器对象 sp_adapter 是向下拉列表提供数据绑定的。

(4) 第 47～49 行设置了下拉列表的标题，为下拉列表设置适配器，注册 OnItemSelectedListener 监听。

(5) 第 50 行设置下拉列表默认选择第 2 项（下拉列表项从 0 开始）。

(6) 第 76～113 行，使用内部类方式实现 OnItemSelectedListener 监听接口，并重写 onItemSelected()方法。在 switch-case 语句中设置一些变量和属性，case 0:、case 1:、case 2: 分别设置网格成 1 列、2 列、3 列；case 3:设置 GridView 的背景色为白色，分隔线的宽度变量 divlineWidth 值为 0，就不会出现分隔线；case 4:设置 GridView 的背景色为红色，divlineWidth 值为 2，就会出来网格间的分隔线，setPadding(0,0,0,0)表示四周间隙为 0，就不会出现外框线；case 5:设置 divlineWidth 值为 2，setPadding(divlineWidth,divlineWidth,divlineWidth,divlineWidth)，就会出现 GridView 四周和内部全部出现分隔线。

(7) 第 106～108 行，再通过变量对 gv_gridimage 的背景色进行设置、对水平和垂直间距进行设置。从而实现不同的显示效果。

运行结果：在 Android Studio 支持的模拟器上，运行 Activity_GridView 项目。初始运行界面默认每行显示 2 列，如图 6-6(a)所示。当一屏显示不下时会自动出现垂直方向的滚动条，拉动滚动条进行浏览。如果单击下拉按钮，选择“每行选择 3 个”，如图 6-6(b)所示，即可让 GridView 显示为 3 列的。如果单击其中某个网格，会在上面文本中出现相应信息，比如单击了第 4 张图片，运行界面如图 6-6(c)所示。如果单击下拉按钮，选择“显示全部分隔线”，运行界面如图 6-6(d)所示。

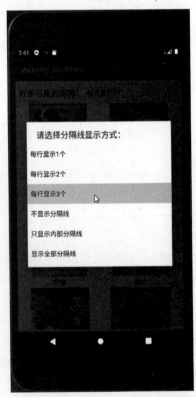

(a) 初始运行界面　　(b) 单击下拉按钮选择“每行显示3个”

图 6-6　网格视图中图片文字显示效果

(c)单击了第4张图

(d) 单击下拉按钮选择“显示全部分隔线”

图 6-6 （续）

6.1.5 循环视图（RecyclerView）

RecyclerView 是 Android 一个增强型列表控件，它不仅可以实现 ListView 的功效，也可以实现 GridView 的功效，而且优化了它们的不足，例如用 RecyclerView 实现的列表视图（外观类似 ListView）不仅可以让列表项纵向滚动，也可以让列表项数据横向滚动；再如，当竖屏时显示的是 ListView 形式，横屏时显示的是 2 列 GridView 形式；更重要的是，RecyclerView 可以让它的 item 拥有回收复用的功能；等等。总之，使用 RecyclerView 开发 App，会使功能更加强大，操作更加灵活。

RecyclerView 是 Google 公司推出的一个用于大量数据展示的新控件，从 Android 5.0（API 21）开始引入。RecyclerView 类位于 androidx.recyclerview.widget.RecyclerView 包中。为了兼容以前的 Android 版本，在使用之前需要在应用项目的模块 build.gradle 中添加依赖。

```
dependencies {
    ...
    implementation 'androidx.recyclerview:recyclerview:1.1.0'
    ...
}
```

1. RecyclerView 控件的优点

从外观上看，RecyclerView 像 ListView，但是较之功能与性能，RecyclerView 要优于 ListView。主要优点如下。

(1) RecyclerView 封装了 ViewHolder。RecyclerView 将 ViewHolder 标准化，编写 Adapter 面向的是 ViewHolder 对象而不再是 View 对象。ViewHolder 对象可以被回收复用，复用的逻辑被封装，写出的代码更加简单，省去了 ListView 中 convertView. setTag (holder)和 convertView. getTag()这些烦琐的步骤。

(2) 提供插拔式的体验。RecyclerView 针对一个 Item，专门抽取出了相应的类来控制 Item 的显示，使其的扩展性非常强。使用起来就像可插拔一样，异常灵活。

(3) 可设置多种布局方式。通过布局管理器 LinearLayoutManager 类来控制纵向、横向、网格以及瀑布流的布局方式，实现多种效果的展示方式。

(4) 可设置 Item 的间隔样式。通过继承 RecyclerView 的 ItemDecoration 类，可绘制针对自己业务需求的间隔样式。

(5) 可以控制 Item 增删的动画。可以通过 ItemAnimator 类进行控制。

2. RecyclerView 的适配器类

在使用 RecyclerView 时，必须指定一个适配器 Adapter，这个适配器由 RecyclerView. Adapter 派生而来。在实现一个从 RecyclerView. Adapter 派生而来的数据适配器中，必须重写以下 3 个方法。

(1) getItemCount()方法，返回 RecyclerView 的列表项的数目。

(2) onCreateViewHolder()方法，用于创建 ViewHolder 实例，并把加载的布局传入构造函数去，再把 ViewHolder 实例返回。

(3) onBindViewHolder()方法，用于对列表项的数据进行赋值。该方法在每个列表项被滚动到屏幕内时触发执行。

还有些方法，在派生类中可以重写，也可以不重写。常用的如下。

(4) getItemViewType()方法，返回每个列表项的视图类型。这里返回的视图类型供 onCreateViewHolder()方法使用。

(5) getItemId()方法，用于获取每个列表项的编号。

在定义 RecyclerView. Adapter 的子类中，需要实现一些事件方法，例如关于 Item 的单击和长按事件等。

3. RecyclerView 的用法

RecyclerView 功能强大，无疑，Androidx 为它提供了大量的方法。本节只列出几个常用的方法，见表 6-7。

表 6-7 RecyclerView 常用方法及说明

方法	说明
addItemDecoration(RecyclerView. ItemDecoration)	添加列表项的分割线
addOnItemTouchListener(RecyclerView. OnItemTouchListener)	添加列表项的触摸监听器
addOnScrollListener(RecyclerView. OnScrollListener)	添加 RecyclerView 的滚动(滑动)监听器
removeItemDecoration(RecyclerView. ItemDecoration)	移除列表项的分割线
removeOnItemTouchListener(RecyclerView. OnItemTouchListener)	移除列表项的触摸监听器
removeOnScrollListener(RecyclerView. OnScrollListener)	移除 RecyclerView 的滚动(滑动)监听器
setAdapter(Adapter)	设置列表项的适配器。这里使用 RecyclerView. Adapter 适配器
setItemAnimator(RecyclerView. ItemAnimator)	设置列表项的增删动画,默认使用系统自带的 DefaultItemAnimator
setLayoutManager(RecyclerView. LayoutManager)	设置列表项的布局管理器

在 RecyclerView 中没有对列表项提供监听接口,所以 Androidx 提供了 addOn...Listener()系列的监听方法来添加监听器。

前面提到,RecyclerView 能够支持多种布局效果,这是 ListView 所不具有的功能。实现这个功能需要指定一个布局管理器 RecyclerView. LayoutManager 类。LayoutManager 负责 RecyclerView 的布局,其中包含了列表项的 View 获取与回收。RecyclerView. LayoutManager 提供了三种布局管理器。线性布局管理器 LinerLayoutManager 以垂直或者水平列表方式展示列表项;网格布局管理器 GridLayoutManager 以网格方式展示列表项;瀑布流布局管理器 StaggeredGridLayoutManager 以瀑布流方式展示列表项。

下面通过一个案例来学习 RecyclerView 的编程。

【案例 6.6】 使用 RecyclerView 控件实现一张图片组的浏览。要求使用纵向列表方式和网格排列方式两种方式来展示图片,每张图片配图片名称;并且可以往展示区添加或删除图片。

说明:使用下拉列表控件来实现布局效果选择。此时要用到 RecyclerView. LayoutManager。

RecyclerView 的数据来源于 Adapter,定义一个外部类实现这个 Adapter,它继承自 RecyclerView. Adapter。RecyclerView 的列表项需要的数据存储在 HashMap 列表数组中。

在 Adapter 子类中,实现 RecyclerView. ViewHolder 的 OnClickListener 接口,在其中定义 OnClick()事件方法。

开发步骤及解析:过程如下。

1) 创建项目

在 Android Studio 中创建一个名为 Activity_RecyclerView 的 Android 项目。其包名为 ee. example. activity_recycleview。

2) 准备图片资源

将准备好的 15 张小动物图片复制到本项目的 res/mipmap-xhdpi 目录中。

当然,也可以把这些图片复制到其他的图片资源目录中,例如 res/drawable,或者其他分辨率级别目录 res/mipmap-xxhdpi 等，试着运行看看，有没有效果差异？

3）准备字符串资源

在本项目的 res/values 目录中打开 strings.xml 文件，并进行编辑，代码如下。

```
<resources>
    <string name = "app_name"> Activity_RecycleV </string>

    <string name = "add">添加图片</string>
    <string name = "del">删除图片</string>

</resources>
```

4）准备维度资源

在本项目的 res/values 目录中创建 dimens.xml 文件，并进行编辑，代码如下。

```
<resources>
    <!-- Default screen margins, per the Android Design guidelines. -->
    <dimen name = "activity_horizontal_margin"> 16dp </dimen>
    <dimen name = "activity_vertical_margin"> 16dp </dimen>

    <dimen name = "height"> 180dp </dimen>
    <dimen name = "width"> 160dp </dimen>

</resources>
```

5）准备数组资源

在本项目的 res/values 目录中创建 arrays.xml 文件，并进行编辑，代码如下。

```
<resources>
    <string - array name = "img_r">
       <item>@mipmap/test01 </item>
       <item>@mipmap/test02 </item>
      ...
      <item>@mipmap/test15 </item>
    </string - array>
    <string - array name = "img_t">
        <item>学习飞翔</item>
        <item>小狗</item>
        ...
        <item>小白鼠</item>
    </string - array>

</resources>
```

6）设计布局

本例要设计两个布局文件，一个是主布局文件，另一个是为 RecyclerView 的列表项提供布局设计。

首先设计主布局文件。打开 res/layout 目录下的 activity_main.xml，并进行编辑，代码如下。

```
<?xml version = "1.0" encoding = "utf - 8"?>
<LinearLayout
```

```
3        xmlns:android="http://schemas.android.com/apk/res/android"
4        android:layout_width="match_parent"
5        android:layout_height="match_parent"
6        android:orientation="vertical"
7        android:paddingBottom="@dimen/activity_vertical_margin"
8        android:paddingLeft="@dimen/activity_horizontal_margin"
9        android:paddingRight="@dimen/activity_horizontal_margin"
10       android:paddingTop="@dimen/activity_vertical_margin"
11       >
12
13       <androidx.recyclerview.widget.RecyclerView
14           android:id="@+id/rc_main"
15           android:layout_width="match_parent"
16           android:layout_height="0dp"
17           android:layout_weight="1">
18       </androidx.recyclerview.widget.RecyclerView>
19
20       <LinearLayout
21           android:layout_width="match_parent"
22           android:layout_height="wrap_content"
23           android:orientation="horizontal">
24
25           <Spinner
26               android:id="@+id/sp_main"
27               android:layout_width="wrap_content"
28               android:layout_height="wrap_content"/>
29
30           <Button
31               android:id="@+id/btn_main_add"
32               android:layout_width="wrap_content"
33               android:layout_height="wrap_content"
34               android:layout_marginRight="10dp"
35               android:text="@string/add"/>
36
37           <Button
38               android:id="@+id/btn_main_del"
39               android:layout_width="wrap_content"
40               android:layout_height="wrap_content"
41               android:text="@string/del"/>
42
43       </LinearLayout>
44   </LinearLayout>
```

(1) 在根布局中声明两个控件，一个是 RecyclerView 控件，另一个是 LinearLayout 子布局。在子布局中横向声明三个控件。

(2) 声明 RecyclerView 控件需要写出控件路径全名。

(3) 第 16、17 行表示除了下面的 LinearLayout 子布局高度外，将撑满整个屏幕高度。

为 RecyclerView 的 Item 设计显示内容布局。在 res/layout 下创建并编写 rc_item.xml 布局文件，代码如下。

```
<?xml version="1.0" encoding="utf-8"?>
<LinearLayout xmlns:android="http://schemas.android.com/apk/res/android"
```

```
    xmlns:tools="http://schemas.android.com/tools"
    android:layout_width="wrap_content"
    android:layout_height="wrap_content"
    android:layout_margin="3dp"
    android:background="#E3E0E0"
    android:gravity="center"
    android:orientation="vertical">

    <ImageView
        android:id="@+id/iv_img_holder"
        android:layout_width="wrap_content"
        android:layout_height="wrap_content"
        tools:src="@mipmap/ic_launcher"/>

    <TextView
        android:id="@+id/tv_tit_holder"
        android:layout_width="wrap_content"
        android:layout_height="wrap_content"
        android:padding="2dp"
        android:textColor="@android:color/black"
        android:textSize="16sp"/>

</LinearLayout>
```

7）开发逻辑代码

本例将实现一个外部类，用来实现 RecyclerView.Adapter 的派生子类。主逻辑类由 MainActivity 定义。

首先来编写 RecyclerView.Adapter 派生子类代码。在 java/ee.example.activity_recycleview 包下创建 RecycleAdapter.java 文件，并进行编辑，代码如下。

```
package ee.example.activity_recycleview;

import androidx.recyclerview.widget.RecyclerView;

import android.content.Context;
import android.view.LayoutInflater;
import android.view.View;
import android.view.ViewGroup;
import android.widget.ImageView;
import android.widget.LinearLayout;
import android.widget.TextView;

import java.util.ArrayList;
import java.util.HashMap;

public class RecyclerAdapter extends RecyclerView.Adapter<RecyclerAdapter.ViewHolder> {
    private ArrayList<HashMap<String, String>> mData;
    private Context mContext;
    private LayoutInflater mInflater;

    public RecyclerAdapter(Context context, ArrayList<HashMap<String, String>> data) {
        mContext = context;
        mInflater = LayoutInflater.from(context);
```

```
            mData = data;
        }

        //定义一个监听对象,用来存储监听事件
        public OnItemClickListener mOnItemClickListener;

        public void setOnItemClickListener(OnItemClickListener itemClickListener) {
            mOnItemClickListener = itemClickListener;
        }

        //定义 OnItemClickListener 的接口,便于在实例化时实现它的单击效果
        public interface OnItemClickListener {
            void onItemClick(View view, int position);
        }

        //内部类,继承 RecyclerView.ViewHolder 类,为 RecyclerView.Adapter 提供数据结构,
        //并实现 OnClickListener
        public class ViewHolder extends RecyclerView.ViewHolder implements View.OnClickListener {
            public ImageView ivViewHolder;
            public TextView tvViewHolder;
            public LinearLayout llViewHolder;

            //初始化 viewHolder,此处绑定后在 onBindViewHolder 中可以直接使用
            public ViewHolder(View itemView){
                super(itemView);
                ivViewHolder = (ImageView)itemView.findViewById(R.id.iv_img_holder);
                tvViewHolder = (TextView)itemView.findViewById(R.id.tv_tit_holder);
                llViewHolder = (LinearLayout) itemView;
                llViewHolder.setOnClickListener(this);
            }

            //通过接口回调实现 RecyclerView 的单击事件
            @Override
            public void onClick(View v) {
                if(mOnItemClickListener!= null) {
                    //此处调用的是 onItemClick 方法,而这个方法会在 RecyclerAdapter 被
                    //实例化的时候实现
                    mOnItemClickListener.onItemClick(v, getItemCount());
                }
            }
        }

        @Override
        public ViewHolder onCreateViewHolder(ViewGroup parent, int viewType) {
            View views;
            ViewHolder holder;
            views = mInflater.inflate(R.layout.rc_item,parent,false);
            holder = new ViewHolder(views);
            return holder;
        }

        @Override
        public void onBindViewHolder(ViewHolder holder, int position) {
            //建立起 ViewHolder 中视图与数据的关联
```

```
76            holder.ivViewHolder.setImageResource(Integer.parseInt(mData.get(position).get("image")));
77            holder.tvViewHolder.setText(mData.get(position).get("title"));
78        }
79
80        @Override
81        public int getItemCount() {
82            return mData.size();
83        }
84    }
```

(1) RecyclerAdapter 子类是 RecyclerView.Adapter 派生类，操作的数据对象类型是 RecyclerAdapter.ViewHolder。

(2) 第 21～25 行是构造方法。

(3) 第 27～37 行自定义一个 OnItemClickListener 接口。因为 RecyclerView.Adapter 是没有这个监听接口的，需要开发者自定义。

(4) 第 40～62 行定义一个内部类，继承 RecyclerView.ViewHolder 类，为 RecyclerView.Adapter 提供 holder 布局中各控件对象的绑定，并实现 OnClick()方法。

(5) 第 65～71 行定义 onCreateViewHolder()方法，返回一个 holder 对象。

(6) 第 74～78 行定义 onBindViewHolder()方法，建立 holder 与布局视图中控件的关联。

然后编写主逻辑代码。打开 java/ee.example.activity_recyclerview 包下的 MainActivity.java 文件，并进行编辑，代码如下。

```
package ee.example.activity_recyclerview;

import androidx.appcompat.app.AppCompatActivity;
import androidx.recyclerview.widget.GridLayoutManager;
import androidx.recyclerview.widget.LinearLayoutManager;
import androidx.recyclerview.widget.RecyclerView;

import android.content.res.TypedArray;
import android.graphics.Color;
import android.os.Bundle;
import android.view.View;
import android.widget.AdapterView;
import android.widget.ArrayAdapter;
import android.widget.Button;
import android.widget.Spinner;
import android.widget.TextView;
import android.widget.Toast;

import java.util.ArrayList;
import java.util.HashMap;
import java.util.List;

public class MainActivity extends AppCompatActivity {
    private RecyclerView mRecyclerView;
```

```
    private RecyclerAdapter mRecyclerAdapter;
    private RecyclerView.LayoutManager mLayoutManager;
    private Spinner mSpinner;

    private ArrayList < HashMap < String, String >> mData = new ArrayList < HashMap < String, String >>();

    @Override
    protected void onCreate(Bundle savedInstanceState) {
        super.onCreate(savedInstanceState);
        setContentView(R.layout.activity_main);

        //增加测试数据
        mData.add(getDataList().get(0));
        mData.add(getDataList().get(1));
        mData.add(getDataList().get(2));

        initView();
    }

    //定义初始化方法
    private void initView() {
        mRecyclerView = (RecyclerView) findViewById(R.id.rc_main);
        mLayoutManager = new LinearLayoutManager(this);
        mRecyclerView.setLayoutManager(mLayoutManager);
        mRecyclerView.setHasFixedSize(true);

        //设置 Spinner
        mSpinner = (Spinner) findViewById(R.id.sp_main);
        List < String > mList = new ArrayList < String >();
        mList.add("LinearLayout");
        mList.add("GridLayout");
        mSpinner.setAdapter(new ArrayAdapter < String >(
                         this, android.R.layout.simple_list_item_1, mList));
        mSpinner.setOnItemSelectedListener(new AdapterView.OnItemSelectedListener() {
            @Override
            public void onItemSelected(AdapterView <?> parent, View view, int position, long id) {
                switch (position) {
                    case 0:
                        //设置为线性布局
                        mRecyclerView.setLayoutManager(
                                     new LinearLayoutManager(MainActivity.this));
                        break;
                    case 1:
                        //设置为网格布局,3 列
                        mRecyclerView.setLayoutManager(
                                     new GridLayoutManager(MainActivity.this, 3));
                        break;
                }
            }
```

```
            @Override
            public void onNothingSelected(AdapterView<?> parent) {

            }
        });

        //设置 RecycleAdapter
        mRecyclerAdapter = new RecyclerAdapter(MainActivity.this,mData);
        mRecyclerView.setAdapter(mRecyclerAdapter);
        mRecyclerAdapter.setOnItemClickListener(new RecyclerAdapter.OnItemClickListener() {
            //此处实现 onItemClick 的接口
            @Override
            public void onItemClick(final View view, int position) {
                TextView tvRecycleViewItemText = (TextView)
                                        view.findViewById(R.id.tv_tit_holder);
                //如果字体本来是黑色就变成红色,反之就变为黑色
                if (tvRecycleViewItemText.getCurrentTextColor() == Color.BLACK)
                    tvRecycleViewItemText.setTextColor(Color.RED);
                else
                    tvRecycleViewItemText.setTextColor(Color.BLACK);
            }
        });

        //按钮实例化,设置按钮单击监听
        Button btnAdd = (Button) findViewById(R.id.btn_main_add);
        Button btnDel = (Button) findViewById(R.id.btn_main_del);
        btnAdd.setOnClickListener(new View.OnClickListener() {
            boolean enb = true;
            @Override
            public void onClick(View v) {
                int position = mData.size();
                if (position < 15) {
                    mData.add(getDataList().get(position));
                    mRecyclerAdapter.notifyDataSetChanged();
                } else
                    Toast.makeText(MainActivity.this,"已经没有可加的了.",
                                        Toast.LENGTH_SHORT).show();
        }

        });
        btnDel.setOnClickListener(new View.OnClickListener() {
            @Override
            public void onClick(View v) {
                int position = mData.size();
                if (position > 0) {
                    mData.remove(position - 1);
                    mRecyclerAdapter.notifyDataSetChanged();
                }
            }
        });

```

```
120     }
121
122     //获得数据的方法
123     private ArrayList<HashMap<String, String>> getDataList() {
124         //所有图片资源名数组
125         TypedArray imagesArray = getResources().obtainTypedArray(R.array.img_r);
126         //所有标题资源数组
127         String[] nameArray = getResources().getStringArray(R.array.img_t);
128
129         ArrayList<HashMap<String, String>> listItem = new ArrayList<HashMap<String, String>>();
130         //为 listItem 项添加数据
131         for (int i = 0; i < nameArray.length; i++) {
132             HashMap<String, String> m = new HashMap<String, String>();
133             m.put("image", String.valueOf(imagesArray.getResourceId(i,0)));
134             m.put("title", nameArray[i]);
135             listItem.add(m);
136         }
137         return listItem;
138     }
139
140 }
```

(1) 第 29 行声明一个 HashMap < String,String >类型的列表数组 mData。

(2) 第 37～39 行向 mData 中添加三个 HashMap < String,String >类型数据作为 RecyclerView 的列表项。数据通过 getDataList()方法获取,该方法定义在第 123～138 行。

(3) 第 41 行调用自定义方法 initView(),完成其他初始化设置。实现 initView()方法定义在第 45～120 行。

(4) 第 51～75 行完成对 Spinner 对象 mSpinner 的初始化。其中第 56 行为 mSpinner 设置一个匿名的数组适配器,其数据来自 mList。第 54、55 为 mList 赋值;第 57～75 行实现 OnItemSelectedListener 接口,重写 onItemSelected()方法,在该方法内根据下拉列表项的选择来确定是设置 LinearLayoutManager(线性布局)还是 GridLayoutManager(网格布局)。

(5) 第 78 行实例化 RecycleAdapter 对象,将数据传入适配器对象 mRecycleAdapter。

(6) 第 80～91 行实现在 RecycleAdapter 类定义的接口 OnItemClickListener,并重写 onItemClick()方法。该方法定义:当单击了 RecyclerView 的列表项时,列表项布局中的文本变色,原来是黑色的会变红色,而原来是红色的会变黑色。未被单击的不变色。

(7) 第 94～118 行对两个按钮进行实例化,并实现单击监听。重写 onClick()方法。在该方法中,通过调用 add(getDataList().get(position))方法来向 RecycleAdapter 的数据项 mData 添加一个 View 需要的数据,通过调用 remove(position-1)方法从 RecycleAdapter 的数据项 mData 移出位于 position 位置的数据项。

运行结果:在 Android Studio 支持的模拟器上,运行 Activity_RecyclerView 项目。运行结果如图 6-7 所示。

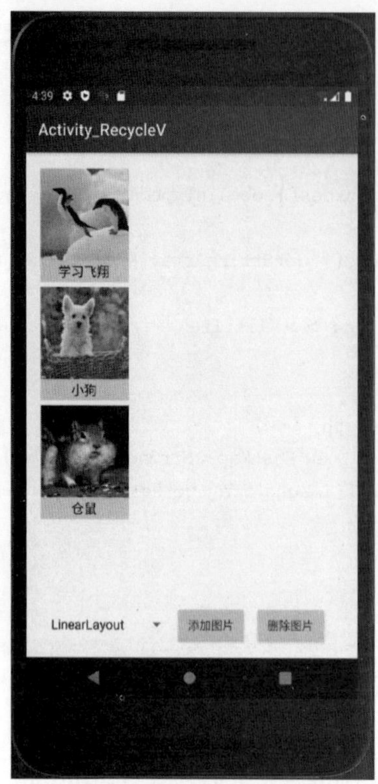

(a) 初始界面显示前3张图片

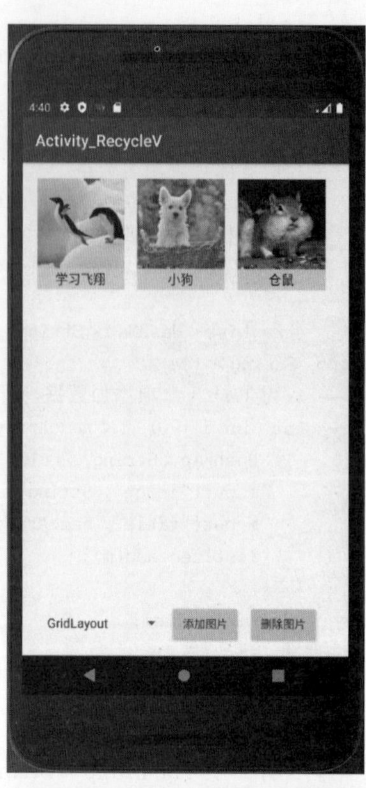

(b) 单击下拉列表框选择网格布局的效果

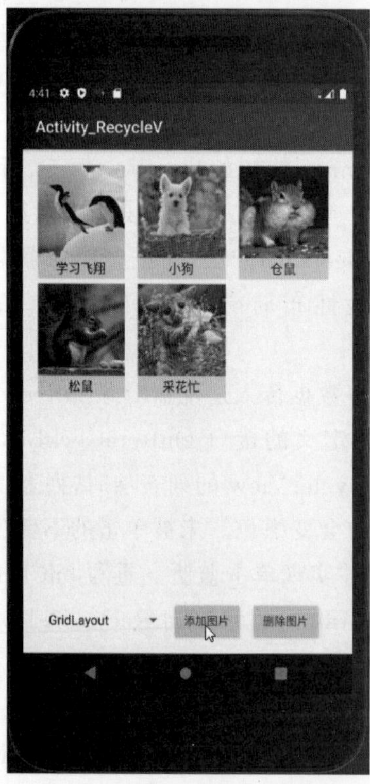

(c) 单击两次“添加图片”按钮

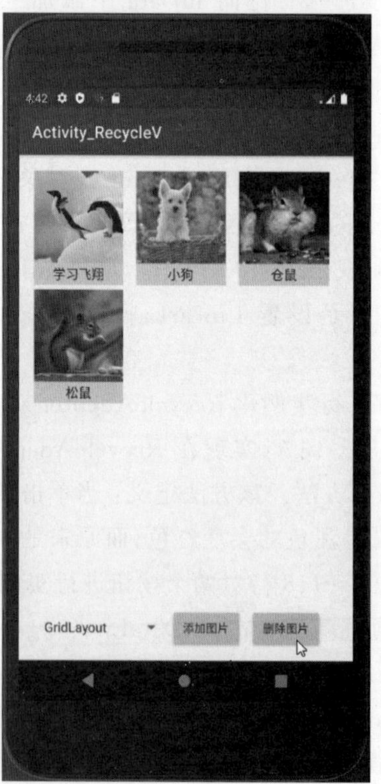

(d) 单击一次“删除图片”按钮

图 6-7　使用 RecyclerView 浏览图片的效果

6.1.6　下拉刷新(SwipeRefreshLayout)

在手机实际应用中,经常会遇到下拉刷新、上拉加载更多的应用情形。Android 提供了完成这项功能的解决控件,它就是下拉刷新 SwipeRefreshLayou 类,使用起来非常简单、灵活。SwipeRefreshLayou 类位于 androidx. swiperefreshlayout. widget. SwipeRefreshLayout 包中。

1. SwipeRefreshLayout 的常用方法

SwipeRefreshLayout 实现下拉刷新时,可以通过很多方法来设置下拉时进度样式,以及下拉的位置、距离等。SwipeRefreshLayout 常用的方法见表 6-8。

表 6-8　SwipeRefreshLayout 的常用方法及说明

方　法	说　明
isRefreshing()	判断当前状态是否是刷新状态
setRefreshing(boolean refreshing)	设置刷新状态,true 表示正在刷新,false 表示取消刷新
setSize(int size)	设置进度 View 样式的大小,只有两个参数值 DEFAULT 和 LARGE
setProgressViewOffset(boolean scale,int start,int end)	设置进度 View 下拉的起始点和结束点,scale 设置是否需要放大或者缩小动画
setProgressViewEndTarget(boolean scale,int end)	设置进度 View 下拉的结束点,scale 设置是否需要放大或者缩小动画
setColorSchemeColors(int… colors)	使用颜色值设置进度 View 的组合颜色,在手指上下滑时使用第一个颜色,在刷新中,会一个个颜色进行切换
setColorSchemeResources(int... colorResIds)	使用颜色资源 ID 设置进度 View 的组合颜色
setDistanceToTriggerSync(int distance)	设置触发刷新的距离
setOnChildScrollUpCallback (SwipeRefreshLayout. OnChildScrollUpCallback callback)	如果 child 是自定义的 view,通过这个方法回调,告诉 swipeRefreshLayoutchild 是否可以滑动。需重写 canChildScrollUp()方法
setOnRefreshListener (SwipeRefreshLayout. OnRefreshListener listener)	设置下拉监听器

例如,SwipeRefreshLayout 的对象为 mSwipeRefreshLayout,要设置进度 View 样式的大小为 DEFAULT;下拉的起始点为 0,结束点为 100,需要放大或者缩小动画。代码片段如下。

```
mSwipeRefreshLayout.setSize(DEFAULT);
mSwipeRefreshLayout.setProgressViewOffset(true, 0, 100);
```

例如,设置下拉的结束点为 200,触发刷新的距离为 180,需要放大或者缩小动画;在手指上下滑时使用黑色,然后依次变为绿、红、黄、蓝色。代码片段如下。

```
mSwipeRefreshLayout.setProgressViewEndTarget(true, 200);
mSwipeRefreshLayout.setDistanceToTriggerSync(180);
mSwipeRefreshLayout.setColorSchemeColors(Color.BLACK, Color.GREEN, Color.RED, Color.YELLOW, Color.BLUE);
```

2. SwipeRefreshLayout 的基本用法

SwipeRefrshLayout 类实际上是一容器类。使用 SwipeRefrshLayout 实现刷新，首先需要在其中放置子控件作为其刷新的对象，并且只能有一个子控件。SwipeRefrshLayout 常与 ScrollView、ListView、RecyclerView 等控件一起使用。然后在代码里设置 OnRefreshListener 下拉监听，在重写 onRefresh()方法里设置刷新时的数据获取即可。

1）在 XML 中引入 SwipeRefreshLayout

在 XML 布局文件中添加 SwipeRefreshLayout 元素节点。注意，该元素名需要包含包名，并且该元素只允许有一个子节点。例如在 SwipeRefreshLayout 元素下放置一个 ListView 控件，代码片段如下。

```
<?xml version="1.0" encoding="utf-8"?>
<LinearLayout
    xmlns:android="http://schemas.android.com/apk/res/android"
    xmlns:tools="http://schemas.android.com/tools"
    android:layout_width="match_parent"
    android:layout_height="match_parent"
    tools:context=".MainActivity">

    <androidx.swiperefreshlayout.widget.SwipeRefreshLayout
        android:id="@+id/refreshLayout"
        android:layout_width="wrap_content"
        android:layout_height="wrap_content"
        android:text="Hello World!">
        <ListView
            android:id="@+id/listView"
            android:layout_width="match_parent"
            android:layout_height="wrap_content" />
    </androidx.swiperefreshlayout.widget.SwipeRefreshLayout>

</LinearLayout>
```

2）在 Java 代码中实现监听

在相应类的实现代码中，要定义 SwipeRefreshLayout 对象的下拉监听器。例如 SwipeRefreshLayout 对象为 mSwipeRefreshLayout，在相应的 MainActivy.java 中实现下拉监听，代码片段如下。

```
@Override
protected void onCreate(Bundle savedInstanceState) {
    super.onCreate(savedInstanceState);
    setContentView(R.layout.activity_main);
    mSwipeRefreshView = findViewById(R.id.swipe_refresh_view);
    //设置刷新时动画的颜色，设置 4 个颜色值
    mSwipeRefreshView.setColorSchemeResources(
        android.R.color.blue_light,
```

```
            android.R.color.red_light,
            android.R.color.orange_light,
            android.R.color.green_light,);
        //设置下拉刷新监听
        mSwipeRefreshLayout.setOnRefreshListener(new SwipeRefreshLayout.OnRefreshListener() {
            @Override
            public void onRefresh() {
                //模拟网络请求需要 3000ms,请求完成,设置 setRefreshing 为 false
                new Handler().postDelayed(new Runnable() {
                    @Override
                    public void run() {
                        mListView.setLVRefresh (false);     //调用刷新 ListView 的方法
                        mSwipeRefreshLayout.setRefreshing(false);
                    }
                }, 3000);
            }
        });
        ...
    }
```

上面的代码很简单，先给 SwipeRefreshLayout 设置了刷新时的动画颜色，然后给 SwipeRefreshLayout 添加下拉的监听器，在 onRefresh()回调方法中来刷新 ListVIew 里面的内容。这里使用到了一个 Handler 对象来模拟耗时操作。关于 Handler 的使用方法将在后续章节详细介绍。

上述的 AutoCompleteTextView、Spinner、ListView、GridView 都是 AdapterView 的子类，AdapterView 是 ViewGroup 的子类，它决定了通过 Adapter 来绑定特殊的数据类型并以它定义的布局展现视图，并且对屏幕上的某些操作进行监听及响应的应用。RecyclerView 通过 RecyclerView. Adapter 开发适配器。例外的是 SwipeRefreshLayout，虽然不需要开发适配器，但其内所包含的控件多为适配器类控件。这些控件展现在屏幕上的内容，都依赖于适配器。

对于初学者而言，虽然使用 Adapter 绑定数据编程有一定的难度，但由此带来的应用界面的丰富表现及良好的用户体验，即使有些难度也值得学习。后续将介绍的部分容器类控件也会涉及适配器编程。所以，掌握适配器编程技术十分重要。接下来，将介绍与视图展示效果相关的容器类控件。

6.2 与视图动态展示相关的控件

在很多时候，我们在手机上翻看的内容很多而屏幕的大小有限，需要不断地上下滚动或左右滑动来查看内容；有时候需要缩略图；有时候需要对图片或文本的显示效果进行渲染，等等。这时候就要用到一些视图控件。

6.2.1 滚动视图(ScrollView 与 HorizontalScrollView)

1. ScrollView

ScrollView 类位于 android. widget. ScrollView 包中。ScrollView 继承自 FrameLayout，在 ScrollView 中只能添加一个控件，就像 FrameLayout 一样。当其内控件的内容在一个屏幕

高度显示不完时，便会自动产生滚动功能，通过纵向滚动的方式以显示被挡住的部分内容。ScrollView 只支持垂直滚动。

注意，ScrollView 内只能添加一个元素，这个元素可以是一个控件，也可以是一个布局。如果要添加两个或以上控件时，一般的处理方法是使用布局，然后将这些控件添加进布局中。这个布局通常是使用线性布局。这样，既满足了在 ScrollView 内只有一个元素的要求，又满足了在页面上可以看到多个控件元素的用户界面。

与 ScrollView 对应，Android 还提供了 HorizontalScrollView，它是一个只能水平方向滑动的控件。

2. HorizontalScrollView

HorizontalScrollView 位于 android. widget. HorizontalScrollView 包中。HorizontalScrollView 也继承自 FrameLayout，在 HorizontalScrollView 中也只能添加一个元素。呈现在屏幕中的一个页面是 HorizontalScrollView 的一个子项，其子项其实就是一个 FrameLayout，当它被滚动查看时是整体移动的。子项本身可以设置成一个布局，这样就可以展现比较复杂的界面内容。HorizontalScrollView 只支持水平方向的滑动。

需要注意的是，HorizontalScrollView 不可以和 ListView、TextView 等自带滚动条的控件同时使用。因为当这些控件里面内容很多时，其自己的滚动条设置会受 HorizontalScrollView 的影响，原有的一些重要的优化会失效。

ScrollView 与 HorizontalScrollView 的使用方法一致，唯一区别就是滚动的方向不同。

需要说明的是，在 Android 4.1(API 16)以前的版本，支持 Gallery 控件，它就是画廊控件。但是它所完成的功能完全可以由其他控件代替，所以在 API 16 之后就摒弃了 Gallery 控件。在画廊图片不是非常多的情况下，可以用 HorizontalScrollView 控件来完美实现。下面给出一个使用 HorizontalScrollView 实现画廊的案例。

【案例 6.7】 使用 HorizontalScrollView 实现一个画廊，该画廊展示 IT 业一些著名人士照片，并且在每个照片下显示对应的人名。

说明：由于 HorizontalScrollView 是 FrameLayout 框架，要实现 Gallery 效果，首选当然是 LinearLayout，并且设置为水平方向。

根据需求，每张照片下需要显示对应人名，可考虑定义另一布局，作为内嵌到 LinearLayout 布局内的显示单元。这个显示单元将在代码中动态生成。

开发步骤及解析：过程如下。

1）创建项目

在 Android Studio 中创建一个名为 Activity_HorizontalScrollView 的 Android 项目。其包名为 ee. example. activity_horizontalscrollview。

2）准备图片资源

将准备好的 5 张 IT 业界著名人士的肖像图片复制到本项目的 res/drawable 目录中。

3）创建数组资源

创建并编写 res/values 目录下的数组描述文件 arrays. xml，代码如下。

```
<resources>
    <string-array name="imagarr">
```

```
        <item>@drawable/turing</item>
        <item>@drawable/edgar</item>
        <item>@drawable/torvalds</item>
        <item>@drawable/bill</item>
        <item>@drawable/andy</item>
    </string-array>
    <string-array name="titarr">
        <item>Turing</item>
        <item>Edgar</item>
        <item>Torvalds</item>
        <item>Bill</item>
        <item>Andy</item>
    </string-array>
</resources>
```

4）设计布局

本例要设计两个布局文件，一个是主布局文件，另一个是为动态生成的显示单元提供布局设计。首先设计主布局文件。打开 res/layout 目录下的 activity_main.xml，并进行编辑，代码如下。

```
1   <?xml version="1.0" encoding="utf-8"?>
2   <LinearLayout xmlns:android="http://schemas.android.com/apk/res/android"
3       android:layout_width="match_parent"
4       android:layout_height="match_parent" >
5
6       <HorizontalScrollView
7           android:layout_width="wrap_content"
8           android:layout_height="380dp"
9           android:layout_gravity="center_vertical"
10          android:scrollbars="none" >
11
12          <LinearLayout
13              android:id="@+id/gallery_id"
14              android:layout_width="wrap_content"
15              android:layout_height="wrap_content"
16              android:layout_gravity="center_vertical"
17              android:orientation="horizontal" >
18          </LinearLayout>
19
20      </HorizontalScrollView>
21
22  </LinearLayout>
```

第 10 行设置 HorizontalScrollView 不显示横向的滚动条。使其更接近 Gallery 的外观。

为 HorizontalScrollView 内部的 LinearLayout 设计显示内容布局。在 res/layout 下创建名为 gallery_item.xml 的布局文件，代码如下。

```
<RelativeLayout
    xmlns:android="http://schemas.android.com/apk/res/android"
    android:layout_width="370dp"
    android:layout_height="370dp">
```

```

    <ImageView
        android:id="@+id/gallery_image"
        android:layout_width="300dp"
        android:layout_height="300dp"
        android:layout_alignParentTop="true"
        android:layout_centerHorizontal="true"
        android:layout_margin="5dp"
        android:scaleType="centerCrop" />

    <TextView
        android:id="@+id/gallery_text"
        android:layout_width="wrap_content"
        android:layout_height="wrap_content"
        android:layout_below="@id/gallery_image"
        android:layout_centerHorizontal="true"
        android:layout_marginBottom="5dp"
        android:layout_marginTop="5dp"
        android:textColor="#ff0000"
        android:textSize="25sp" />

</RelativeLayout>
```

5）开发逻辑代码

打开 java/ee.example.avtivity_horizontalscrollview 包下的 MainActivity.java 文件，并进行编辑，代码如下。

```
package ee.example.activity_horizontalscrollview;

import androidx.appcompat.app.AppCompatActivity;
import android.os.Bundle;
import android.view.LayoutInflater;
import android.view.View;
import android.view.Window;
import android.widget.ImageView;
import android.widget.LinearLayout;
import android.widget.TextView;
import android.content.res.TypedArray;

public class MainActivity extends AppCompatActivity {
    private LayoutInflater mInflater;
    private LinearLayout mLlayout;
    private int[] imgId;            //存储图片资源 ID 的数组
    private String[] titName;       //存储人名的数组

    @Override
    protected void onCreate(Bundle savedInstanceState) {
        super.onCreate(savedInstanceState);
        requestWindowFeature(Window.FEATURE_NO_TITLE);
        setContentView(R.layout.activity_main);
        mInflater = LayoutInflater.from(this);

        TypedArray ar = getResources().obtainTypedArray(R.array.imagarr);
        int len = ar.length();
```

```
28            imgId = new int[len];
29            for (int i = 0; i < len; i++)
30                imgId[i] = ar.getResourceId(i, 0);
31            ar.recycle();
32            titName = getResources().getStringArray(R.array.titarr);
33
34            initView();
35        }
36        //初始化页面,为页面加载图片和文字
37        private void initView() {
38            mLlayout = (LinearLayout) findViewById(R.id.gallery_id);
39
40            for (int i = 0; i < imgId.length; i++) {
41                View view = mInflater.inflate(R.layout.gallery_item, mLlayout, false);
42                ImageView img = (ImageView) view.findViewById(R.id.gallery_image);
43                img.setImageResource(imgId[i]);
44                TextView txt = (TextView) view.findViewById(R.id.gallery_text);
45                txt.setText(titName[i]);
46                mLlayout.addView(view);
47            }
48        }
49    }
```

(1) 第 14 行声明 LayoutInflater 的私有对象 mInflater。其中 LayoutInflater 是一个类,它的作用类似于 findViewById(),用于找 res/layout/下的 XML 布局文件。mInflater 将由一个 XML 布局文件来实例化。

(2) 第 15 行声明 LinearLayout 的私有对象 mLlayout。其中 LinearLayout 是一个线性布局控件类,它对应一个线性布局控件。mLlayout 将由 XML 布局文件内部的某个 LinearLayout 来实例化。

(3) 第 22 行设置隐藏 activity 的标题栏。当不希望在屏幕窗口中出现一些信息时,可以使用 requestWindowFeature()方法来设置,通常在 onCreate()方法中设置,参数 Window.FEATURE_NO_TITLE 表示窗口不显示标题栏,并且要在 setContentView()之前设置才能有效。

(4) 第 24 行实例化 mInflater 对象。当前的 activity 对应的布局文件是 activity_main.xml,所以 mInflater 对应着 activity_main.xml 布局内容。

(5) 第 26~31 行执行从数组资源文件的 imagarr 资源中取出相应的图片 ID 号给图片类型数组 imgId 赋值。

(6) 第 32 行执行从数组资源文件的 titarr 资源中取出相应的文本串给文本类型数组 titName 赋值。

(7) 第 38 行实例化 mLlayout 对象。mLlayout 对应于布局文件 activity_main.xml 中名为 gallery_id 的 LinearLayout 控件。

(8) 第 41 行声明一个 View 对象 view,这里的 view 对应于 gallery_item.xml 布局,其父布局是 mLlayout。inflate()方法实现将一个新的视图层次结构填充到指定的 XML 资源文件中。推荐使用格式如下。

```
public View inflate(int resourece,ViewGroup root,false)
```

参数 resource：View 的 layout 的 ID。

参数 root：生成的层次结构的根视图。

返回值：填充的层次结构的根视图。如果参数 root 不为 null，根视图就是 root；否则根视图就是当前布局的根视图。如果第三参数为 true，则容易产生异常，所以推荐使用 false。

(9) 第 42～45 行分别为布局文件 gallery_item.xml 中的图片控件 gallery_image 和文本控件 gallery_text 传值。

(10) 第 46 行将 view 对象加载到父布局 mLlayout 中。

运行结果：在 Android Studio 支持的模拟器上，运行 Activity_HorizontalScrollView 项目。运行结果如图 6-8 所示。

(a) 初始界面显示第一张图片

(b) 向左滑动显示后面的图片

图 6-8　IT 名人画廊显示效果

由该案例的执行效果可以看到，HorizontalScrollView 完全可以代替 Gallery 实现画廊，并且可以在画廊中添加其他元素，比如文字说明。这是原来的 Gallery 控件无法实现的。

6.2.2　图像切换器(ImageSwitcher)

案例 6.7 实际上是一种图片切换的应用。每幅人物图片在一个 FrameLayout 中显示，从一幅图到另一幅图的转换，还可以增加动画效果。图像切换器 ImageSwitch 可以实现图片之间切换的动画效果。

ImageSwitcher 位于 android. widget. ImageSwitcher 包中，继承于视图切换器 ViewSwitcher。ImageSwitcher 具有与 ViewSwitcher 相同的属性和方法，同时也有它特有的属性和方法。ImageSwitcher 常用的方法见表 6-9。

表 6-9 ImageSwitcher 常用方法及说明

方法	说明
setFactory(ViewSwitcher. ViewFactory factory)	设置一个视图工厂。该视图工厂由 ViewFactory 派生出来，需要重写 makeView()方法返回具体视图。在此，工厂返回 ImageView 对象
setImageDrawable(Drawable drawable)	设置当前图像的 Drawable 对象
setImageResource(int resid)	设置当前图像的资源 ID
setImageURI(Uri uri)	设置当前图像的 URI 地址
showNext()	手动显示下一张图像
showPrevious()	手动显示前一张图像
setInAnimation(Animation inAnimation)	设置后一张图像的进入动画
setOutAnimation(Animation outAnimation)	设置前一张图像的退出动画

设置当前图像有三种方式：setImageResource()、setImageDrawable()和 setImageURI()。在代码中根据图像的来源调用其中一种方法就可以了。

ImageSwitcher 与 ImageView 的功能很相似，它们都用于显示图片，只是在使用方式上有所不同。使用 ImageSwitcher 需要完成如下两步。

(1) 为 ImageSwitcher 提供一个 ViewFactory，该 ViewFactory 生成的 View 必须是 ImageView。

(2) 需要切换图片时，只要调用 ImageSwitcher 的 setImageDrawable()、setImageResource()或 setImageURI()方法，才能更换图片。

下面通过一个案例介绍 ImageSwitcher 的用法。

【案例 6.8】 使用 ImageSwitcher 实现一组画像切换。通过单击小缩略图来切换图，切换时添加一些切换动画。

说明：为每张大图配一张小图，分别存储到两个数组中。使用 ImageSwitcher 显示大图，使用 GridView 显示缩略图，将小图赋于其中。

每单击 GridView 中的缩略图，通过 GridView 中的网格项 ID，关联到相应的大图在 ImageSwitcher 中显示。

开发步骤及解析：过程如下。

1) 创建项目

在 Android Studio 中创建一个名为 Activity_ImageSwitch 的 Android 项目。其包名为 ee. example. activity_imageswitch。

2) 准备图片资源

同时准备好 5 张 IT 业界著名人士的肖像大图和 5 张小图，然后复制到 res/drawable 目录中。

3) 设计布局

本例要设计两个布局文件，一个是主布局文件，另一个是为显示缩略图 GridView 的网格项提供的布局设计。首先设计主布局文件。打开 res/layout 目录下的 activity_main.xml，并进行编辑，代码如下。

```
1   <?xml version = "1.0" encoding = "utf - 8"?>
2   < RelativeLayout
3       xmlns:android = "http://schemas.android.com/apk/res/android"
4       android:layout_width = "match_parent"
5       android:layout_height = "match_parent"
6       android:padding = "5dp">
7
8       < ImageSwitcher
9           android:id = "@ + id/imgswitcher"
10          android:layout_width = "match_parent"
11          android:layout_height = "680dp"
12          android:layout_alignParentTop = "true"
13          android:layout_alignParentLeft = "true"
14          android:layout_alignParentStart = "true"
15          android:layout_centerHorizontal = "true"
16          android:inAnimation = "@android:anim/slide_in_left"
17          android:outAnimation = "@android:anim/slide_out_right"/>
18
19      < GridView android:id = "@ + id/grid_imgThm"
20          android:background = "#55000000"
21          android:layout_width = "match_parent"
22          android:layout_height = "wrap_content"
23          android:layout_alignParentBottom = "true"
24          android:layout_alignParentLeft = "true"
25          android:layout_alignParentStart = "true"
26          android:gravity = "left|center"
27          android:horizontalSpacing = "0pt"
28          android:verticalSpacing = "5pt"
29          android:numColumns = "5"
30          android:unselectedAlpha = "1" />
31
32  </RelativeLayout >
```

(1) 第 16、17 行设置 ImageView 的图像进入和退出时的动画效果，进入时选择系统内置的动画效果"@android:anim/slide_in_left"表示从左边推进，退出时的动画效果选择系统内置的"@android:anim/slide_out_right"，表示从右边移出。

(2) 使用< RelativeLayout >布局，可以为控件设置"android:layout_alignParent..."的属性，让控件保持贴附在父容器控件的某一边上。第 23～25 行即为设置 GridView 控件保持贴附在左侧和底部。

设计 GridView 中的网格单元布局。在 res/layout 目录下创建一个名为 griditem.xml 的文件，在其根布局< LinearLayout >中只需要添加一个 ImageView 控件，其代码片段如下。

```
< ImageView android:id = "@ + id/img"
    android:layout_width = "wrap_content"
    android:layout_height = "78dp"
    android:layout_gravity = "center"/>
```

4）开发逻辑代码

打开 java/ee.example.activity_imageswitch 包下的 MainActivity.java 文件，并进行编辑，代码如下。

```
package ee.example.activity_imageswitch;

import androidx.appcompat.app.AppCompatActivity;
import android.os.Bundle;
import android.view.View;
import android.view.ViewGroup;
import android.view.Window;
import android.widget.AdapterView;
import android.widget.GridView;
import android.widget.ImageSwitcher;
import android.widget.ImageView;
import android.widget.SimpleAdapter;
import android.widget.ViewSwitcher;

import java.util.ArrayList;
import java.util.HashMap;
import java.util.List;
import java.util.Map;

public class MainActivity extends AppCompatActivity {
    private ImageSwitcher mySwitcher;
    private GridView myGridView;
    private Integer[] myThmIds = {
            R.drawable.turing_sw, R.drawable.edgar_sw, R.drawable.torvalds_sw,
            R.drawable.bill_sw, R.drawable.andy_sw};
    private Integer[] myImgIds = {
            R.drawable.turing, R.drawable.edgar, R.drawable.torvalds,
            R.drawable.bill, R.drawable.andy};

    @Override
    protected void onCreate(Bundle savedInstanceState) {
        super.onCreate(savedInstanceState);
        requestWindowFeature(Window.FEATURE_NO_TITLE); //设置这个 Activity 没有标题栏
        setContentView(R.layout.activity_main);
        //创建一个 List 对象,List 对象的元素是 Map 类型的
        List<Map<String, Object>> ListItems = new ArrayList<Map<String, Object>>();
        for (int i = 0; i < myImgIds.length; i++) {
            Map<String, Object> litem = new HashMap<String, Object>();
            litem.put("image", myImgIds[i]);
            ListItems.add(litem);
        }

        //获取显示图片的 ImageSwitcher
        mySwitcher = (ImageSwitcher) findViewById(R.id.imgswitcher);
        //为 ImageSwitcher 设置动画效果
        mySwitcher.setFactory(new ViewSwitcher.ViewFactory(){
            @Override
            public View makeView() {
                //创建 ImageView 对象
```

```
                ImageView mImgView = new ImageView(MainActivity.this);
                mImgView.setScaleType(ImageView.ScaleType.FIT_CENTER);
                mImgView.setPadding(5,5,5,5);
                mImgView.setLayoutParams(
                        new ImageSwitcher.LayoutParams(
                                ViewGroup.LayoutParams.MATCH_PARENT,
                                ViewGroup.LayoutParams.MATCH_PARENT)
                );
                //返回 ImageView 对象
                return mImgView;
            }
        });

        //创建一个 SimpleAdapter
        SimpleAdapter mSimpleAdt = new SimpleAdapter(
                this,
                ListItems,
                R.layout.griditem,
                new String[]{"image"},
                new int[] {R.id.img}
        );
        myGridView = (GridView) findViewById(R.id.grid_imgThm);
        //为 GridView 设置 Adaper
        myGridView.setAdapter(mSimpleAdt);
        //添加列表项被选中的监听器
        myGridView.setOnItemSelectedListener(new AdapterView.OnItemSelectedListener() {
            @Override
            public void onItemSelected(AdapterView<?> parent, View view, int position,
long id) {
                //显示当前被选中的图片
                mySwitcher.setImageResource(myImgIds[position]);
            }

            @Override
            public void onNothingSelected(AdapterView<?> parent) {
            }
        });

        //添加列表项被单击的监听器
        myGridView.setOnItemClickListener(new AdapterView.OnItemClickListener() {
            @Override
            public void onItemClick(AdapterView<?> parent, View view, int position,
long id) {
                //显示被单击的图片
                mySwitcher.setImageResource(myImgIds[position]);
            }
        });

        //显示第 1 张图片
        mySwitcher.setImageResource(myImgIds[0]);

    }
}
```

(1) 第 23～25 行声明 myThmIds 数组并赋值，用于存储小图的资源 ID。第 26～28 行声明 myImgIds 数组并赋值，用于存储大图的资源 ID。

(2) 第 36～41 行创建一个 Map 类型的 List 对象 ListItems 并赋值，用于为 ImagSwitcher 控件提供图像数据。这个数组元素只有一个 Map 键-值对数据，就是大图的 ID。

(3) 第 46～61 行为 ImagSwitcher 控件对象 mySwitcher 实现 setFactory()方法，重写 makeView()。在其中动态声明一个 ImageView，设置其必要的属性，并返回该 ImageView 对象。

(4) 第 64～73 行创建并实例化一个 SimpleAdapter 对象 mSimpleAdt，为 GridView 提供小图数据；mSimpleAdt 的布局文件指向 griditem.xml，数据来源于 ListItems。然后绑定 GridView 对象 myGridView。

(5) 第 75～85 行为 myGridView 注册 OnItemSelectedListener 监听，实现监听接口。在重写 onItemSelected()方法中，根据当前被选中项的 ID 来确定 mySwitcher 对象显示的大图资源号，从而在 mySwitcher 中显示相应的大图图像。

(6) 第 88～94 行为 myGridView 注册 setOnItemClickListener 监听，实现监听接口。在重写 onItemClick ()方法中，根据当前被单击项的 ID 来确定 mySwitcher 对象显示的大图资源号，从而在 mySwitcher 中显示相应的大图图像。

(7) 第 97 行，设置初始界面默认选中第 1 幅图。

运行结果：在 Android Studio 支持的模拟器上，运行 Activity_ImageSwitch 项目。运行结果如图 6-9 所示。

(a) 初始界面显示第一张图片

(b) 单击另一缩略图后的过渡效果

图 6-9 单击缩略图看大图的执行效果

6.2.3 卡片视图(CardView)

CardView 是一个用于实现卡片式布局的重要控件，出现在 Android 5.0(API 21)以后。CardView 位于 androidx. cardview. widget. CardView 包中。可以设置卡片的圆角、阴影，或者单击后产生水波纹动画效果，增强界面的视觉美感，深受用户的喜欢。当然这一切效果只有在 Android 5.0 及以上的平台上生效。

1. CardView 的属性和方法

CardView 本身是一个 Layout，可以类似于卡片一样用来布局其他的 View 控件，产生立体的一致性效果。CardView 继承自 FrameLayout，拥有与 FrameLayout 一致的属性。同时也有其自身的属性特征。CardView 常用的属性及对应方法见表 6-10。

表 6-10 CardView 常用属性及对应方法说明

属 性	方 法	说 明
app:cardBackgroundColor	setCardBackgroundColor(color)	设置背景颜色
app:cardCornerRadius	setRadius(float)	设置圆角
app:cardElevation	setCardElevation(float)	设置 z 轴的阴影大小
app:cardUseCompatPadding	setUseCompatPadding(boolean)	是否使用额外的 padding 绘制阴影
app:contentPadding	setContentPadding (int left, int top, int right, int bottom)	设置内容的 padding
app:contentPaddingLeft		设置内容的左 padding
app:contentPaddingTop		设置内容的上 padding
app:contentPaddingRight		设置内容的右 padding
app:contentPaddingBottom		设置内容的底 padding
android:foreground	setForeground(Drawable)	设置单击效果

表中的属性有些是 App 的，有些是 Android 的，使用时要注意区分。属性 Elevation 表示 CardView 的 z 轴阴影，数字越大阴影范围就越大。

2. CardView 的用法

在使用 CardView 进行布局时基本上与 FrameLayout 的用法一致。CardView 是 Android 5.0 之后新增的控件，为了兼容以前的 Android 版本，在使用之前需要在模块的 build. gradle 中添加依赖。

```
dependencies {
    ...
    implementation 'androidx.cardview:cardview:1.0.0'
    ...
}
```

修改了 build. gradle 配置之后，一般需要把新的 Gradle 配置与应用项目同步。操作步骤是：依次选择菜单 File→Sync Project with Gradle Files 即可完成项目与 Gradle 配置的同步。

下面用一个案例来介绍 CardView 的具体使用方法。

【案例 6.9】 使用 CardView 控件实现卡片画册浏览。每幅画都有名称和评论。

说明：实现浏览必将实现上、下滚动或左、右滑动。本例使用 ListView 控件设计上、下滚动浏览的功能。将画册 CardView 嵌入在 ListView 中。该 ListView 使用 BaseAdapter 适配器绑定数据。

CardView 由专门的布局文件设计，在 CardView 上设计圆角、阴影和单击动画效果，增强浏览效果。

CardView 中内容包含图片、名称、评论，用数组的形式存储信息内容。

开发步骤及解析：过程如下。

1）创建项目

在 Android Studio 中创建一个名为 Activity_CardViewList 的 Android 项目。其包名为 ee.example.activity_cardviewlist。

2）准备图片资源

将准备好的 5 张小狗狗的图片复制到本项目的 res/drawable 目录中。

3）准备动画资源

编写单击动画描述文件，在 res/drawable 目录中创建 state_animator.xml 文件，并进行编辑，代码如下。

```
1   <selector
2       xmlns:android="http://schemas.android.com/apk/res/android">
3
4       <item
5           android:state_pressed="true">
6           <objectAnimator
7               android:duration="@android:integer/config_shortAnimTime"
8               android:propertyName="translationZ"
9               android:valueTo="15dp"
10              android:valueType="floatType"/>
11      </item>
12      <item>
13          <objectAnimator
14              android:duration="@android:integer/config_shortAnimTime"
15              android:propertyName="translationZ"
16              android:valueTo="0dp"
17              android:valueType="floatType"/>
18      </item>
19
20  </selector>
```

第 4～11 行定义当对象被按下时的动画；第 12～18 行定义未按下时的状态。

4）创建数组资源

创建并编写 res/values 目录下的数组描述文件 arrays.xml，在其中定义了 3 个数组的数据，代码如下。

```
<?xml version="1.0" encoding="utf-8"?>
<resources>
    <string-array name="picarrs">
```

```
            <item>@drawable/pic1</item>
            <item>@drawable/pic2</item>
            <item>@drawable/pic3</item>
            <item>@drawable/pic4</item>
            <item>@drawable/pic5</item>
        </string-array>
        <string-array name="titlearrs">
            <item>红毯好舒服</item>
            <item>我好暖和</item>
            <item>这是我的床垫</item>
            <item>让我看看</item>
            <item>母女同台</item>
        </string-array>>
        <string-array name="descearrs">
            <item>嘿小家伙,红毯是走的,不是躺的!</item>
            <item>这狗子当自己是人了,哈哈!</item>
            <item>小雪纳瑞,没有人跟你抢啊.</item>
            <item>瞧这威严,看起来真像个狗爸.</item>
            <item>美丽的西施狗狗,你这身长毛要长多久呢?</item>
        </string-array>
    </resources>
```

5）设计布局

本例要设计两个布局文件，一个是主布局文件，另一个是为 ListView 的列表项提供布局设计。

首先设计主布局文件。打开 res/layout 目录下的 activity_main.xml，并进行编辑，代码如下。

```
<?xml version="1.0" encoding="utf-8"?>
<LinearLayout xmlns:android="http://schemas.android.com/apk/res/android"
    android:layout_width="match_parent"
    android:layout_height="match_parent" >

    <ListView
        android:id="@+id/picListView"
        android:layout_width="match_parent"
        android:layout_height="wrap_content"
        />

</LinearLayout>
```

为 ListView 的 item 设计显示内容布局。在 res/layout 下创建并编写 piclistitem.xml 布局文件，代码如下。

```
<?xml version="1.0" encoding="utf-8"?>
<LinearLayout xmlns:android="http://schemas.android.com/apk/res/android"
    xmlns:app="http://schemas.android.com/apk/res-auto"
    xmlns:tools="http://schemas.android.com/tools"
    android:layout_width="match_parent"
    android:layout_height="match_parent"
    android:orientation="vertical"
    android:padding="10dp">

```

```xml
    <androidx.cardview.widget.CardView
        android:id="@+id/cardview"
        android:layout_width="380dp"
        android:layout_height="380dp"
        android:layout_gravity="center_horizontal"
        android:clickable="true"
        android:foreground="?attr/selectableItemBackground"
        android:stateListAnimator="@drawable/state_animator"
        app:cardCornerRadius="30dp"
        app:cardElevation="10dp"
        app:cardBackgroundColor="#DDE0FA" >
        <!-- 这是设置背景颜色 -->

        <RelativeLayout
            android:layout_width="match_parent"
            android:layout_height="match_parent"
            android:gravity= "center">

            <ImageView
                android:id="@+id/imgv"
                android:layout_width="wrap_content"
                android:layout_height="wrap_content"
                tools:src="@drawable/pic5"
                android:layout_centerHorizontal="true"
                android:scaleType="fitCenter" />

            <TextView
                android:id="@+id/text_title"
                android:layout_width="wrap_content"
                android:layout_height="wrap_content"
                android:layout_below="@+id/imgv"
                android:layout_centerHorizontal="true"
                android:layout_marginTop="15dp"
                tools:text="This is a title."/>
        </RelativeLayout>
    </androidx.cardview.widget.CardView>

    <Space
        android:layout_width="match_parent"
        android:layout_height="20dp"/>

    <androidx.cardview.widget.CardView
        android:layout_width="380dp"
        android:layout_height="60dp"
        android:layout_gravity="center_horizontal"
        app:cardCornerRadius="6dp"
        app:cardElevation="8dp">

        <TextView
            android:id="@+id/text_desc"
            android:layout_width="match_parent"
            android:layout_height="50dp"
            android:background="#5f00"
            android:singleLine="false"
```

```
64                  android:layout_margin = "5dp"
65                  android:padding = "10dp"
66                  tools:text = "This is the picture's description. "/>
67
68          </androidx.cardview.widget.CardView>
69
70      </LinearLayout>
```

(1) 第 4 行设置根布局的 xmlns:tools 属性，第 32、43、66 行这三个属性只是在编辑时对布局预览有效，不参与运行。

(2) 第 10～45 行声明第一个 CardView 控件，资源 ID 为 cardview。在该卡片视图中显示两个控件，一个是 ImageView，一个是 TextView。使用< RelativeLayout >将这两个控件嵌入。注意，该控件是在 androidx. cardview. widget. CardView 包中，需要写包的路径全名。

(3) 第 16 行设置 android:foreground 属性，设置单击 CardView 后的动画。第 17 行设置动画描述文件是"@drawable/state_animator"。

(4) 第 47～49 行声明一定高度的空隙。

(5) 第 51～68 行声明第二个 CardView，其内有一个 TextView 控件。

6) 开发逻辑代码

打开 java/ee. example. activity_cardviewlist 包下的 MainActivity. java 文件，并进行编辑，代码如下。

```
package ee.example.activity_cardviewlist;

import androidx.appcompat.app.AppCompatActivity;
import android.content.Context;
import android.content.res.TypedArray;
import android.os.Bundle;
import android.view.LayoutInflater;
import android.view.View;
import android.view.ViewGroup;
import android.widget.BaseAdapter;
import android.widget.ImageView;
import android.widget.ListView;
import android.widget.TextView;

import java.util.ArrayList;

public class MainActivity extends AppCompatActivity {
    private ListView mPiclistv;

    @Override
    protected void onCreate(Bundle savedInstanceState) {
        super.onCreate(savedInstanceState);
        setContentView(R.layout.activity_main);
        mPiclistv = (ListView) this.findViewById(R.id.picListView); //初始化 ListView
        ListVAdapter BAdapter = new ListVAdapter(getData());  //得到一个 MyAdapter 对象
        mPiclistv.setAdapter(BAdapter);  //为 ListView 绑定 Adapter
    }

```

```
    //内部类 Bean,用于定义构成 ListView 数据项的数据结构
    private class Bean {
        private String pic_Resource;
        private String pic_Title;
        private String pic_Description;
        //构造方法
        public Bean() {
            this.pic_Resource = "";
            this.pic_Title = "";
            this.pic_Description = "";
        }
        //构造方法
        public Bean(String pic_r,String pic_t,String pic_d) {
            this.pic_Resource = pic_r;
            this.pic_Title = pic_t;
            this.pic_Description = pic_d;
        }

        public String getTitle() { return pic_Title; }
        public String getImageResource() { return pic_Resource; }
        public String getDescription() { return pic_Description; }
    }

    //获得 Bean 数据的方法
    private ArrayList<Bean> getData() {
        //所有图片资源名数组
        TypedArray imagesArray = getResources().obtainTypedArray(R.array.picarrs);
        //所有标题资源数组
        String[] titles = getResources().getStringArray(R.array.titlearrs);
        //所有描述资源数组
        String[] descinfos = getResources().getStringArray(R.array.descearrs);

        ArrayList<Bean> listItem = new ArrayList<Bean>();
        //为 listItem 项添加数据
        String r,t,d;
        for (int i = 0; i < titles.length; i++) {
            r = String.valueOf(imagesArray.getResourceId(i,0));
            t = titles[i];
            d = descinfos[i];
            Bean map = new Bean(r,t,d); //声明名 - 值对 HashMap 对象 map
            listItem.add(map);
        }
        return listItem;
    }

    //定义 ViewHolder 类,存放控件
    private final class ViewHolder {
        private ImageView mpivture;
        private TextView mtitle;
        private TextView mdesc;
    }
```

```
    //定义适配器
    private class ListVAdapter extends BaseAdapter {
        ArrayList<Bean> beans = new ArrayList<Bean>(); //声明 HashMap 类型的数组
        private ArrayList<Bean> mBeans;

        //构造方法
        public ListVAdapter(ArrayList<Bean> beans) {
            mBeans = beans; //为 HashMap 类型的数组赋初值
        }

        @Override
        public int getCount() {
            return mBeans.size(); //返回数组的长度
        }

        @Override
        public Object getItem(int position) {
            return mBeans.get(position);
        }

        @Override
        public long getItemId(int position) {
            return position;
        }

        /*
         * 动态生成每个下拉项对应的 View.每个下拉项 View 包含一个 ImageView,
         * 两个 TextView
         */
        @Override
        public View getView(int position, View convertView, ViewGroup parent) {
            LayoutInflater mInflater = (LayoutInflater) MainActivity.this
                                        .getSystemService(Context.LAYOUT_INFLATER_SERVICE);
                                            //声明一个 LayoutInfalter 对象用来导入布局
            ViewHolder holder = null;

            if (convertView == null) {
                convertView = mInflater.inflate(R.layout.piclistitem,null);
                holder = new ViewHolder();
                //得到各个控件的对象
                holder.mpivture = (ImageView) convertView.findViewById(R.id.imgv);
                holder.mtitle = (TextView) convertView.findViewById(R.id.text_title);
                holder.mdesc = (TextView) convertView.findViewById(R.id.text_desc);
                convertView.setTag(holder); //绑定 ViewHolder 对象
            } else {
                holder = (ViewHolder) convertView.getTag(); //取出 ViewHolder 对象
            }

            //给 holder 中的控件进行赋值
            Bean bean = mBeans.get(position);
```

```
129                 holder.mpivture.setImageResource(Integer.parseInt(bean.getImageResource()));
130                 holder.mtitle.setText(bean.getTitle());
131                 holder.mdesc.setText(bean.getDescription());
132                 return convertView;
133             }
134         }
135 
136 }
```

(1) 第 30～50 行，实现内部类 Bean，用于定义对 ListView 的列表项的控件提供数据的数据结构及获取数据元素的方法。

(2) 第 53～72 行，定义 getData()方法，该方法实现从三个数组中获取数据，赋值给以 Bean 为数据类型的列表数组 listItem。

(3) 第 75～79 行，定义 ViewHolder 类，用于存放布局文件 piclistitem.xml 中的 ImageView、TextView 等控件，用于缓存显示数据的视图，提高 UI 的响应速度。

(4) 第 82～134 行，实现内部类 ListVAdapter，它是 BaseAdapter 的子类。在其中要重写 getCount()、getItem()、getItemId()和 getView()方法。前面几个案例已经多次定义 BaseAdapter 子类，几乎是一个统一的编程模板。

运行结果：在 Android Studio 支持的模拟器上，运行 Activity_CardViewList 项目。可以通过上、下滑动的方式浏览画册图片和文字。运行结果如图 6-10 所示。

(a) 显示画册的初始界面

图 6-10 上下滚动浏览画册运行效果

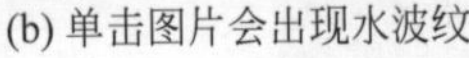
(b) 单击图片会出现水波纹

(c) 向下滚动可显示后面的图片

图 6-10 （续）

6.2.4 翻页视图(ViewPager)

ViewPager类位于androidx.viewpager.widget.ViewPager包中，继承于ViewGroup。ViewPager正如其名，是负责翻页的一个View，准确说应该是一个ViewGroup，其中包含了多个View页面，在手指横向滑动屏幕时，实现对View的切换。ViewPager在Android开发中使用率比较高，比如用户经常用它来实现App的引导图、广告的轮播图等。

1. PagerAdapter适配器

ViewPager不直接处理每个页面视图，而是通过一个键值将各个视图联系起来。这个键用来跟踪且唯一代表一个页面。所以，ViewPager和ListView等控件使用方法一样，需要定义适配器PagerAdapter。这个PagerAdapter是一个基类适配器。为实现一个最基本的PagerAdapter，必须实现4个方法。

(1) getCount()方法，用于获取页面的个数。

(2) instantiateItem(ViewGroup container,int position)方法，用于生成单个页面视图View。该方法有两个功能：其一，将当前视图添加到container中；其二，返回当前View。

(3) destroyItem(ViewGroup container,int position,Object object)方法，用于从当前

容器中删除指定位置(position)的页面。

(4) isViewFromObject(View view,Object object)方法,判断一个视图是否与一个给定的key相对应。ViewPager并不直接管理页面,而是通过一个key将每个页面联系起来。这个key用来跟踪和唯一标识一个给定的页面,且该key独立于Adapter之外。

2. ViewPager的常用方法

ViewPager不仅需要一个PagerAdapter适配器为它提供数据,它还需要设置监听器来监听页面的切换。ViewPager常用的方法见表6-11。

表6-11 ViewPager常用方法及说明

方　法	说　明
addView(View,int,ViewGroup.LayoutParams)	使用指定的布局属性参数添加一个View到页面
addView(View child)	添加一个指定View到页面
removeView(View view)	移出一个指定的页面项
setAdapter(PagerAdapter)	设置页面项的适配器。使用PagerAdapter及其子类
setCurrentItem(int)	设置当前页码,即打开翻页视图时默认显示的页面
addOnPageChangeListener (ViewPager.OnPageChangeListener)	设置页面切换监听器

在实现页面切换监听器接口addOnPageChangeListener()时,需要重写以下3个方法。

(1) onPageScrollStateChanged(int state)方法,用于定义在页面滑动状态变化时的事件操作。在页面滑动状态变化时触发该方法。

(2) onPageScrolled(int position,float positionOffset,int positionOffsetPixels)方法,用于定义在页面滑动过程中的事件操作。在页面滑动过程中触发该方法。

(3) onPageSelected(int position)方法,用于定义在选中页面时的事件操作。在滑动结束后触发该方法。

下面通过一个案例来介绍ViewPager的用法。

【案例6.10】 使用ViewPager实现一个画册,该画册展示IT业一些著名人士照片,并且在每个照片下显示对应的人名和简介。

说明:ViewPager内的页面只加载ImageView控件用于展示人物照片,显示在屏幕的主要位置。

使用外部类定义页面的数据结构。使用外部类定义PagerAdapter类的子类,重写4个必须实现的方法。

将显示人物姓名和简介的TextView控件放在主Activity,用于观察addOnPageChange-Listener()接口内几个方法的触发时刻。

开发步骤及解析:过程如下。

1) 创建项目

在Android Studio中创建一个名为Activity_ViewPager的Android项目。其包名为ee.example.activity_viewpager。

2) 准备图片资源

将准备好的5张IT业界著名人士的肖像图片复制到本项目的res/drawable目录中。

3）准备字符串资源

将人物简介写入字符串描述文件。在本项目的 res/values 目录中打开 strings.xml 文件，并进行编辑，代码如下。

```
1   <resources>
2       <string name="app_name">Activity_ViewPager</string>
3
4       <string name="andy">        
5           Andy Rubin 是 Google 移动平台资深总监，Android 的创始人之一。</string>
6       <string name="bill">        
7         Bill Joy 是 Java 创造者之一，是一位令人崇敬的软件天才，被誉为软件业的爱迪生。</string>
8       <string name="edgar">        
9         Edgar F. Codd 创造的关系模型是关系数据库的理论基础，被誉为关系数据库之父。</string>
10      <string name="torvalds">        
11          Linus Torvalds 是一名芬兰的计算机天才，他是 Linux 系统的创始人。</string>
12      <string name="turing">        
13          Turing Alan 对早期计算的理论和实践做出了突出的贡献，被誉为 IT 的祖师爷。</string>
14  </resources>
```

出现在第 4、6、8、10 和 12 行中的多个“ ”表示空格，这是 XML 文件表示空格的用法。

4）准备数组资源

将图片资源名和对应人物姓名以及对应的简介（即写在 strings.xml 文件中的文本资源名）使用 3 组数组来描述。在本项目的 res/values 目录中创建 arrays.xml，并进行编辑，代码如下。

```
<resources>
    <string-array name="p_picture">
        <item>@drawable/turing</item>
        <item>@drawable/edgar</item>
        <item>@drawable/torvalds</item>
        <item>@drawable/bill</item>
        <item>@drawable/andy</item>
    </string-array>
    <string-array name="p_name">
        <item>Turing</item>
        <item>Edgar</item>
        <item>Torvalds</item>
        <item>Bill</item>
        <item>Andy</item>
    </string-array>
    <string-array name="p_description">
        <item>@string/turing</item>
        <item>@string/edgar</item>
        <item>@string/torvalds</item>
        <item>@string/bill</item>
        <item>@string/andy</item>
    </string-array>

</resources>
```

5）设计布局

打开 res/layout 目录下的 activity_main. xml，并进行编辑，代码如下。

```
1   <?xml version = "1.0" encoding = "utf - 8"?>
2   < LinearLayout
3       xmlns:android = "http://schemas.android.com/apk/res/android"
4       xmlns:tools = "http://schemas.android.com/tools"
5       android:layout_width = "match_parent"
6       android:layout_height = "match_parent"
7       android:orientation = "vertical"
8       android:padding = "10dp" >
9
10      < androidx.viewpager.widget.ViewPager
11          android:id = "@ + id/vp_content"
12          android:layout_width = "match_parent"
13          android:layout_height = "0dp"
14          android:layout_weight = "1"/>
15
16      < TextView
17          android:id = "@ + id/tv_nm"
18          android:layout_width = "match_parent"
19          android:layout_height = "wrap_content"
20          android:layout_centerHorizontal = "true"
21          android:gravity = "center"
22          android:layout_marginTop = "10dp"
23          tools:text = "名字"
24          android:textColor = "#000000"
25          android:textStyle = "bold"
26          android:textSize = "20sp" />
27      < TextView
28          android:id = "@ + id/tv_desc"
29          android:layout_width = "match_parent"
30          android:layout_height = "wrap_content"
31          android:layout_marginTop = "10dp"
32          android:padding = "10dp"
33          tools:text = "人员介绍"
34          android:textColor = "#000000"
35          android:textSize = "18sp" />
36
37  </LinearLayout >
```

第 10～14 行声明 ViewPager 控件，注意，该控件在 androidx. viewpager. widget. ViewPager 包中，需要写包的路径全名。

第 13、14 行的写法，表示除了两个 TextView 外，ViewPager 控件占据屏幕的剩余空间。

6）开发逻辑代码

本案例将实现两个外部类，一个类用来实现页面项 View 中显示数据控件的数据结构，另一个类用来定义 PagerAdapter 的子类。而主逻辑类用来实现 MainActivity 的类定义。

首先来编写页面项 View 的数据结构类代码。在 java/ee. example. activity_viewpager 包下创建 PersonsInfo. java 文件，并进行编辑，代码如下。

```
package ee.example.activity_viewpager;

public class PersonsInfo {
    public int pic;
    public String name;
    public String desc;
    //构造方法
    public PersonsInfo() {
        pic = 0;
        name = "";
        desc = "";
    }
    //构造方法
    public PersonsInfo(int p,String n,String d) {
        pic = p;
        name = n;
        desc = d;
    }

    public int getPicture() {
        return pic;
    }
    public String getName() {
        return name;
    }
    public String getDescription() {
        return desc;
    }

}
```

然后编写 PagerAdapter 类的子类实现代码。在 java/ee.example.activity_viewpager 包下创建 ImagePagerAdapter.java 文件，在其中必须实现构造方法，以及 getCount()、instantiateItem()、destroyItem()和 isViewFromObject()方法，并进行编辑，代码如下。

```
package ee.example.activity_viewpager;

import androidx.viewpager.widget.PagerAdapter;

import android.content.Context;
import android.view.View;
import android.view.ViewGroup;
import android.view.ViewGroup.LayoutParams;
import android.widget.ImageView;
import android.widget.ImageView.ScaleType;

import java.util.ArrayList;

public class ImagePagerAdapater extends PagerAdapter {

    private Context mContext;
    private ArrayList<ImageView> mViewList = new ArrayList<ImageView>();
    private ArrayList<PersonsInfo> mPersonsList = new ArrayList<PersonsInfo>();
```

```
19        //构造方法
20        public ImagePagerAdapater(Context context, ArrayList<PersonsInfo> psList) {
21            mContext = context;
22            mPersonsList = psList;
23            //初始化 mViewList
24            for (int i = 0; i < mPersonsList.size(); i++) {
25                ImageView view = new ImageView(mContext);
26                view.setLayoutParams(new LayoutParams(
27                        LayoutParams.MATCH_PARENT, LayoutParams.WRAP_CONTENT));
28                view.setImageResource(mPersonsList.get(i).pic); //获取相应的图片资源 ID
29                view.setScaleType(ScaleType.FIT_CENTER);
30                mViewList.add(view);
31            }
32        }
33
34        @Override
35        public int getCount() {
36            return mViewList.size();
37        }
38
39        @Override
40        public boolean isViewFromObject(View arg0, Object arg1) {
41            return arg0 == arg1;
42        }
43
44        @Override
45        public void destroyItem(ViewGroup container, int position, Object object) {
46            container.removeView(mViewList.get(position));
47        }
48
49        @Override
50        public Object instantiateItem(ViewGroup container, int position) {
51            container.addView(mViewList.get(position));
52            return mViewList.get(position);
53        }
54
55        @Override
56        public CharSequence getPageTitle(int position) {
57            return mPersonsList.get(position).name;
58        }
59
60    }
```

(1) 第 24～31 行初始化 mViewList 对象，在其中动态创建了 ImageView 控件，并设置了该控件的属性，包括指定图像资源 ID。

(2) 第 51 行，在重写 instantiateItem()方法中，将 mViewList 的当前的 ImageView 添加到页面项。

最后编写主逻辑代码。打开 java/ee.example.activity_viewpager 包下的 MainActivity.java 文件，并进行编辑，代码如下。

```
package ee.example.activity_viewpager;

```

```
import androidx.appcompat.app.AppCompatActivity;
import androidx.viewpager.widget.ViewPager.OnPageChangeListener;
import androidx.viewpager.widget.ViewPager;

import android.content.res.TypedArray;
import android.os.Bundle;
import android.widget.TextView;

import java.util.ArrayList;

public class MainActivity extends AppCompatActivity implements OnPageChangeListener {
    private ArrayList<PersonsInfo> perponList;
    private TextView tv_n,tv_d;

    @Override
    protected void onCreate(Bundle savedInstanceState) {
        super.onCreate(savedInstanceState);
        setContentView(R.layout.activity_main);
        tv_n = (TextView) findViewById(R.id.tv_nm);
        tv_d = (TextView) findViewById(R.id.tv_desc);

        ViewPager vp_content = (ViewPager) findViewById(R.id.vp_content);
        perponList = getDataList();
        ImagePagerAdapater adapter = new ImagePagerAdapater(this, perponList);
        vp_content.setAdapter(adapter);
        vp_content.setCurrentItem(0); //设置显示第 1 个页面
        vp_content.addOnPageChangeListener(this);

        tv_n.setText(perponList.get(0).name);
        tv_d.setText(perponList.get(0).desc);
    }

    //获得数据的方法
    private ArrayList<PersonsInfo> getDataList() {
        //所有图片资源名数组
        TypedArray imagesArray = getResources().obtainTypedArray(R.array.p_picture);
        //所有标题资源数组
        String[] nameArray = getResources().getStringArray(R.array.p_name);
        //所有描述资源数组
        String[] descArray = getResources().getStringArray(R.array.p_description);

        ArrayList<PersonsInfo> listItem = new ArrayList<PersonsInfo>();
        //为 listItem 项添加数据
        int p;
        String n,d;
        for (int i = 0; i < nameArray.length; i++) {
            p = Integer.valueOf(imagesArray.getResourceId(i,0));
            n = nameArray[i];
            d = descArray[i];
            PersonsInfo map = new PersonsInfo(p,n,d); //声明键 - 值对 HashMap 对象 map
            listItem.add(map);
        }
        return listItem;
    }

    @Override
```

```
59          public void onPageScrollStateChanged(int arg0) {
60          }
61
62          @Override
63          public void onPageScrolled(int arg0, float arg1, int arg2) {
64          }
65
66          @Override
67          public void onPageSelected(int arg0) {
68              tv_n.setText(perponList.get(arg0).name);
69              tv_d.setText(perponList.get(arg0).desc);
70          }
71
72      }
```

(1) 第 26 行实例化一个 ImagePagerAdapater 子类的对象 adapter。

(2) 第 27 行为 ViewPager 对象 vp_content 绑定适配器对象 adapter。

(3) 第 29 行为对象 vp_content 设置 OnPageChangeListener 监听。

(4) 由于在 13 行声明 MainActivity 类时就声明了 implements OnPageChangeListener，所以在 MainActivity 类中，直接重写了 OnPageChangeListener 接口的三个方法(见第 58～70 行)。

运行结果：在 Android Studio 支持的模拟器上，运行 Activity_ViewPager 项目。运行结果如图 6-11 所示。

(a) 初始界面显示第一张图片及简介

图 6-11　IT 名人画册显示效果

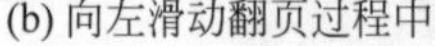
(b) 向左滑动翻页过程中

(c) 向左翻页后的界面

图 6-11 （续）

试着在 MainActivity. java 代码中，将 onPageSelected()方法内的两行代码分别换到 onPageScrolled()方法内和 onPageScrollStateChanged()方法内，运行应用项目，看看会是什么结果。

6.3 Fragment 类

Fragment，简称碎片，是 Android 3.0(API 11)提出的。Fragment 有点像报纸上的专栏，看起来只占据页面的一小块，像个碎片，可以自行其是。可以认为 Fragment 是 Activity 的一个模块零件，并且可以在 Activity 运行时添加或者删除，并且这一小块碎片的特性无论在哪个页面，添加或删除后不影响宿主页面的其他区域。引入 Fragment 的初衷是为了适应大屏幕平板电脑，开发者为了简化大屏幕 UI 设计，使用 Fragment 对 UI 组件进行分组、实施模块化管理，方便动态更新局部 UI。

Fragment 最开始由 Android Support v4 库开发的一套 Fragment API 支持，现在由 AndroidX 库支持，Fragment 类位于 androidx. fragment. app. Fragment 包中。Fragment 必须依赖于 Activity，不能独立存在。一个 Activity 里可以有多个 Fragment；一个 Fragment 可以被多个 Activity 重用。Fragment 有自己的生命周期，并能接收输入事件。

6.3.1 Fragment 的生命周期

Fragment 有自己的生命周期，但是 Fragment 的生命周期直接受其宿主 Activity 的生命周期的影响。

1. Fragment 的生命周期状态

管理 Fragment 生命周期与管理 Activity 生命周期很相像。像 Activity 一样，Fragment 也有三种状态。

Resumed 状态：Fragment 在运行中的 Activity 可见。

Paused 状态：当另一个 Activity 处于前台且获得焦点，而该 Fragment 的宿主 Activity 失去焦点但仍然可见。

Stopped 状态：Fragment 不可见。这种状态有两种情况，要么宿主 Activity 已经停止，要么 Fragment 已经从 Activity 中移除，但已被添加到后台栈中。

一个停止的 Fragment 仍然活着(所有状态和成员信息仍然由系统保留着)。但是，它对用户来讲已经不再可见。如果 Activity 被杀掉，Fragment 也跟着被杀掉。

2. Fragment 的生命周期方法

Fragment 有与 Activity 相同的生命周期回调方法，如 onCreate()、onPause()、onResume()、onStart()、onStop()、onDestroy()以及 onSaveInstanceState()等。此外，Fragment 还有一些额外的生命周期回调方法，用于创建和销毁 Fragment 界面。常用的生命周期回调方法及说明见表 6-12。

表 6-12 Fragment 特有的常用回调方法及说明

方　法	说　明
onAttach(Context context)	当 Fragment 被绑定到指定的上下文对象时被调用。这个上下文通常是一 Activity
onCreateView(LayoutInflater, ViewGroup, Bundle)	将本身的布局构建到 Activity 中去，即 Fragment 作为 Activity 界面的一部分
onDetach()	当 Fragment 正与 Activity 解除关联时被调用
onDestroyView()	当与 Fragment 关联的视图体系正被移除时被调用
onViewCreated(View, Bundle)	当 Activity 的 onCreateView()方法返回时被调用。该方法可以替换被弃用的 onActivityCreated()方法

Fragment 的宿主 Activity 生命周期直接影响着 Fragment 的生命周期，对于 Activity 的每个生命周期回调方法都会引发一个 Fragment 类似的回调方法。例如，当 Activity 接收到 onPause()时，该 Activity 之中的每个 Fragment 都会接收到 onPause()。

例如，一个 Fragment 类的日志 TAG 名为“StaticFragment”，其所在的 Activity 的日志 TAG 名为 StaticFragmentActivity。它们回调生命周期方法的顺序如图 6-12 所示。

(1) 当项目启动时，StaticFragment 与宿主 StaticFragmentActivity 的回调方法顺序见图中标记框 1 的顺序，即回调顺序如下。

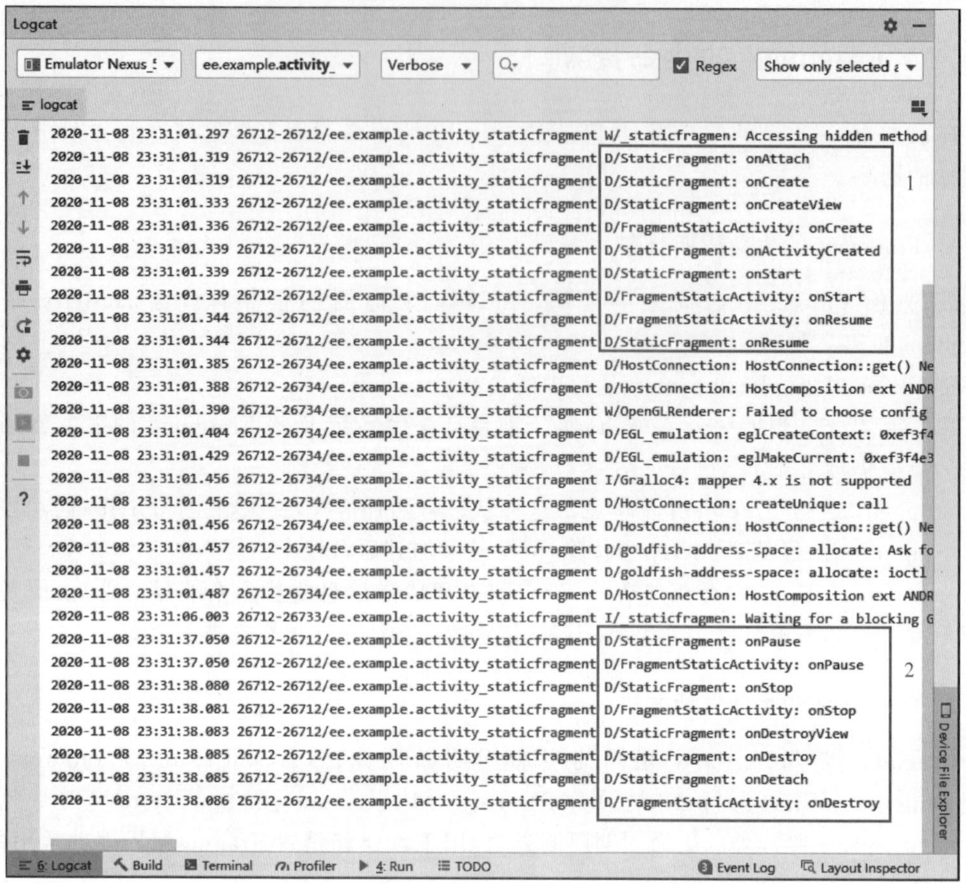

图 6-12　包含 Fragment 的项目启动与退出时的日志信息

① StaticFragment 调用 onAttach()、onCreate()和 onCreateView()。

② StaticFragmentActivity 调用 onCreate()。

③ StaticFragment 调用 onActivityCreate()。

④ StaticFragmentActivity 调用 onStart()。

⑤ StaticFragment 调用 onStart()。

⑥ StaticFragmentActivity 调用 onResume()。

⑦ StaticFragment 调用 onResume ()。

(2) 当项目退出时，回调方法顺序见图中标记框 2 的顺序。即回调顺序如下。

① StaticFragment 调用 onPause()。

② StaticFragmentActivity 调用 onPause()。

③ StaticFragment 调用 onStop()。

④ StaticFragmentActivity 调用 onStop()。

⑤ StaticFragment 调用 onDestroyView()，onDestroy()，onDetach()。

⑥ StaticFragmentActivity 调用 onDestroy ()。

从使用 Fragment 应用项目的启动与退出的运行日志信息来看，清晰地描绘出了 Fragment 对 Activity 的依赖关系。

6.3.2 创建 Fragment

要创建一个 Fragment 与创建 Activity 类似，必须实现一个 Fragment 子类继承于 Fragment 基类，需要重写与 Activity 类似的生命周期回调方法，如 onCreate()、onCreateView()、onStart()、onResume()、onPause()、onStop()等。一般情况下，至少需要实现以下 3 个 Fragment 回调方法。

1. onCreate()

在创建 Fragment 时系统会调用此方法。在实现代码中，可以初始化想要在 Fragment 中保持的那些必要组件，当 Fragment 处于暂停或者停止状态之后可重新启用它们。

2. onCreateView()

在第一次为 Fragment 绘制用户界面时系统会调用此方法。为 Fragment 绘制 UI 布局，这个方法必须要返回所绘出的 Fragment 的根 View。如果 Fragment 没有用户界面可以返回空。onCreateView()方法的格式如下。

```
@Override
    public View onCreateView (LayoutInflater inflater, ViewGroup container, Bundle savedInstanceState) {
        //Inflate the layout for this fragmentreturn inflater.inflate(R.layout.example_fragment, container, false);
    }
```

该方法中的 inflate()方法需要以下三个参数。

(1) 要 inflate 的布局的资源 ID。

(2) 被 inflate 的布局的父 ViewGroup。

(3) 一个布尔值，表明在 inflate 期间被 infalte 的布局是否应该附上 ViewGroup(第二个参数 container)。需要注意的是 inflate()的第三个参数是 false，因为在 Fragment 内部实现中，会把该布局添加到 container 中，如果设为 true，那么就会重复做两次添加，则会抛出异常。

3. onPause()

系统回调用该函数作为用户离开 Fragment 的第一个预兆(尽管这并不总意味着 Fragment 被销毁)。在当前用户会话结束之前，通常要在这里提交任何应该持久化的变化(因为用户可能不再返回)。

如果在创建 Fragment 时要传入参数，官方建议要通过 setArguments(Bundle bundle)方法添加，而不建议通过为 Fragment 添加带参数的构造函数。因为通过 setArguments()方法添加，在由于内存紧张导致 Fragment 被系统杀掉并恢复(re-instantiate)时能保留这些数据。可以在 Fragment 的 onAttach()方法中通过 getArguments()获得传进来的参数，并在之后使用这些参数。

如果要获取 Activity 对象，不建议调用 getActivity()，而是在 onAttach()中将 Context

对象强制转换为 Activity 对象。

为了在 Activity 中显示 Fragment，就必须把 Fragment 添加到 Activity 中。在 Activity 中添加 Fragment 有两种方式：一种是静态方式，另一种是动态方式。

6.3.3 静态添加 Fragment

在布局文件中，通过< fragment.../>元素添加 Fragment，类似于一个普通的控件。其中< fragment.../>元素必须设置 android:name 属性，指定 Fragment 的实现类。

< fragment.../>元素可以被多个布局文件同时引用。通过静态方式添加的 Fragment 一旦添加就不能在运行时删除。通常使用静态方式添加一些通用页面的部件，如 Logo 条、广告条等。每个 Activity 页面均可以直接引用这些静态 Fragment 部件。

使用静态 Fragment 需要注意以下三点。

(1) 在< fragment.../>元素中必须设置 android:id 属性，以便由 Activity 引用。如果不指定该属性，运行时会报错。

(2) 在< fragment.../>元素中必须设置 android:name 属性，指定 Fragment 的实现类。

(3) 如果引用它的 Activity 继承自 Activity，Fragment 类就必须继承自 android. app. Fragment，即要引入的语句为“import android. app. Fragment;”；如果引用它的 Activity 继承自 AppCompatActivity，则 Fragment 类就必须继承自 androidx. fragment. app. Fragment，即要引入的语句为“import androidx. fragment. app. Fragment;”。

下面通过一个案例来学习静态添加 Fragment 的编程。

【案例 6.11】 使用静态添加方式向页面上添加一个 Fragment。要求在 Fragment 内可独立实现一些操作，并且可以监视生命周期回调方法的执行顺序。

说明：对于 Fragment 的 UI 布局要有专门的布局文件。

在主页面布局文件中使用< fragment >元素，让 Fragment 嵌入页面中，占据一部分空间。

在 Fragment 界面内实现单击其中的控件显示相应的提示文本。

使用日志来监视生命周期方法的回调顺序。

开发步骤及解析：过程如下。

1) 创建项目

在 Android Studio 中创建一个名为 Activity_StaticFragment 的 Android 项目。其包名为 ee. example. activity_staticfragment。

2) 准备图片资源

将准备好的 3 张小动物图片复制到本项目的 res/drawable 目录中。

3) 设计布局

本例要设计两个布局文件，一个是主布局文件，另一个是 Fragment 的 UI 布局文件。

首先设计主布局文件。打开 res/layout 目录下的 activity_main. xml，并进行编辑，代码如下。

```
<?xml version = "1.0" encoding = "utf - 8"?>
<LinearLayout xmlns:android = "http://schemas.android.com/apk/res/android"
```

```
3       android:layout_width = "match_parent"
4       android:layout_height = "match_parent"
5       android:orientation = "vertical"
6       android:padding = "5dp" >
7
8       < fragment
9           android:id = "@ + id/fragment_static"
10          android:layout_width = "match_parent"
11          android:layout_height = "230dp"
12          android:name = "ee.example.activity_staticfragment.StaticFragment" />
13
14      < TextView
15          android:layout_width = "match_parent"
16          android:layout_height = "match_parent"
17          android:gravity = "center|top"
18          android:text = "这里是 Activity 页面的具体内容"
19          android:textColor = "#000000"
20          android:textSize = "18sp"
21          android:layout_marginTop = "10dp"/>
22
23  </LinearLayout >
```

(1) 根布局是纵向线性布局。在根布局下声明了两个控件，一个是 Fragment，作为控件形式声明在布局中。另一个是 TextView 控件。

(2) 第 8～12 行声明< fragment >元素，设置了 android:id 属性指定 ID，设置了 android:name 属性指定 Fragment 的实现子类及其在包内的全路径。并且指定了< fragment >的高度。

然后设计 Fragment 的 UI 布局文件。Fragment 的布局文件设计与 Activity 的布局文件设计没有区别。在 res/layout 目录下创建并编写 fragment_static.xml 文件，代码如下。

```
< LinearLayout xmlns:android = "http://schemas.android.com/apk/res/android"
    android:layout_width = "match_parent"
    android:layout_height = "wrap_content"
    android:orientation = "vertical"
    android:background = "#B8E6B8" >

    < TextView
        android:id = "@ + id/tv_txt"
        android:layout_width = "match_parent"
        android:layout_height = "wrap_content"
        android:gravity = "left|center"
        android:text = "这是一个 Fragment.单击这里的任何一项试试."
        android:textColor = "#000000"
        android:textSize = "18sp"
        android:layout_marginVertical = "5dp"/>

    < LinearLayout
        android:layout_width = "match_parent"
        android:layout_height = "wrap_content"
        android:orientation = "horizontal"
        android:layout_marginVertical = "10dp">

```

```
        <ImageView
            android:id="@+id/iv_pom"
            android:layout_width="0dp"
            android:layout_height="wrap_content"
            android:layout_weight="1"
            android:src="@drawable/pomeranian"
            android:scaleType="fitCenter"/>

        <ImageView
            android:id="@+id/iv_lab"
            android:layout_width="0dp"
            android:layout_height="wrap_content"
            android:layout_weight="1"
            android:src="@drawable/labrador"
            android:scaleType="fitCenter"/>

        <ImageView
            android:id="@+id/iv_gdr"
            android:layout_width="0dp"
            android:layout_height="wrap_content"
            android:layout_weight="1"
            android:src="@drawable/goldenretriever"
            android:scaleType="fitCenter"/>

    </LinearLayout>

</LinearLayout>
```

4）开发逻辑代码

本例需要编写两个类的实现代码，一个是 Fragment 类的实现代码，另一个是主逻辑类 MainActivity 的代码。

首先编写 Fragment 类的实现代码。在 java/ee.example.activity_staticfragment 包下创建 StaticFragment.java 文件，并进行编辑，代码如下。

```
package ee.example.activity_staticfragment;

import androidx.fragment.app.Fragment;
import android.content.Context;
import android.os.Bundle;
import android.util.Log;
import android.view.LayoutInflater;
import android.view.View;
import android.view.View.OnClickListener;
import android.view.ViewGroup;
import android.widget.ImageView;
import android.widget.TextView;

public class StaticFragment extends Fragment implements OnClickListener {
    private static final String TAG = "StaticFragment";
    protected View mView;
    protected Context mContext;
    private TextView tv_tt;
    private ImageView iv_1,iv_2,iv_3;
```

```

    @Override
    public View onCreateView(LayoutInflater inflater, ViewGroup container,
                             Bundle savedInstanceState) {
        mContext = getActivity();
        mView = inflater.inflate(R.layout.fragment_static, container, false);
        tv_tt = (TextView) mView.findViewById(R.id.tv_txt);
        iv_1 = (ImageView) mView.findViewById(R.id.iv_pom);
        iv_2 = (ImageView) mView.findViewById(R.id.iv_lab);
        iv_3 = (ImageView) mView.findViewById(R.id.iv_gdr);
        tv_tt.setOnClickListener(this);
        iv_1.setOnClickListener(this);
        iv_2.setOnClickListener(this);
        iv_3.setOnClickListener(this);
        Log.d(TAG, "onCreateView");
        return mView;
    }

    @Override
    public void onClick(View v) {
        switch(v.getId()){
            case R.id.tv_txt:
                tv_tt.setText(" 在 Fragment 中：噢!点到我了.再试试点别的.");
                break;
            case R.id.iv_gdr:
                tv_tt.setText(" 在 Fragment 中：这是只金毛.点点别的.");
                break;
            case R.id.iv_pom:
                tv_tt.setText(" 在 Fragment 中：这是小博美.再试一试点点其他的……");
                break;
            case R.id.iv_lab:
                tv_tt.setText(" 在 Fragment 中：它是拉不拉多.再点点其他的.");
                break;
        }
    }

    @Override
    public void onAttach(Context mContext){
        super.onAttach(mContext);
        Log.d(TAG, "onAttach");
    }

    @Override
    public void onCreate(Bundle savedInstanceState) {
        super.onCreate(savedInstanceState);
        Log.d(TAG, "onCreate");
    }

    @Override
    public void onDestroy() {
        super.onDestroy();
        Log.d(TAG, "onDestroy");
    }

```

```
74        @Override
75        public void onDestroyView() {
76            super.onDestroyView();
77            Log.d(TAG, "onDestroyView");
78        }
79
80        @Override
81        public void onDetach() {
82            super.onDetach();
83            Log.d(TAG, "onDetach");
84        }
85
86        @Override
87        public void onPause() {
88            super.onPause();
89            Log.d(TAG, "onPause");
90        }
91
92        @Override
93        public void onResume() {
94            super.onResume();
95            Log.d(TAG, "onResume");
96        }
97
98        @Override
99        public void onStart() {
100           super.onStart();
101           Log.d(TAG, "onStart");
102       }
103
104       @Override
105       public void onStop() {
106           super.onStop();
107           Log.d(TAG, "onStop");
108       }
109
110       @Override
111       public void onActivityCreated(Bundle savedInstanceState) {
112           super.onActivityCreated(savedInstanceState);
113           Log.d(TAG, "onActivityCreated");
114       }
115
116   }
```

(1) 第 14 行声明 StaticFragment 继承自 Fragment 类，并声明在该类中实现 OnClickListener 接口。

(2) 在实现 Fragment 的子类中，不使用构造方法初始化，而是使用 Fragment 的生命周期回调方法 onCreateView()来实现初始化。其中第 25 行通过 inflate()方法实例化 Fragment 对象。注意，inflate()中的第三个参数一般使用 false。

(3) 第 39～54 行，实现 OnClickListener 接口的 OnClick()方法重写，当单击了 Fragment 界面中每个控件时，分别设置文本框显示的内容。

（4）第 15 行设置了本子类的日志 TAG 为 StaticFragment。

（5）第 56～114 行，重写了 Fragment 其他的生命周期回调方法，在这些方法内设置写日志操作。重写这些方法是为了验证 Fragment 中生命周期各方法的调用顺序，以及与宿主 Activity 之间的关系。

然后编写主逻辑代码。打开 java/ee. example. activity_staticfragment 包下 MainActivity. java 文件，并进行编辑，代码如下。

```
package ee.example.activity_staticfragment;

import androidx.appcompat.app.AppCompatActivity;
import android.os.Bundle;
import android.util.Log;

public class MainActivity extends AppCompatActivity {
    private static final String TAG = "FragmentStaticActivity";

    @Override
    protected void onCreate(Bundle savedInstanceState) {
        super.onCreate(savedInstanceState);
        setContentView(R.layout.activity_main);
        Log.d(TAG, "onCreate");
    }

    @Override
    protected void onDestroy() {
        super.onDestroy();
        Log.d(TAG, "onDestroy");
    }

    @Override
    protected void onStart() {
        super.onStart();
        Log.d(TAG, "onStart");
    }

    @Override
    protected void onStop() {
        super.onStop();
        Log.d(TAG, "onStop");
    }

    @Override
    protected void onResume() {
        super.onResume();
        Log.d(TAG, "onResume");
    }

    @Override
    protected void onPause() {
        super.onPause();
        Log.d(TAG, "onPause");
    }

}
```

（1）第 8 行设置本类的日志 TAG 为 FragmentStaticActivity。

（2）第 11～45 行，分别重写了 Activity 生命周期的各方法，同样，也是实施写日志操作。

运行结果：在 Android Studio 支持的模拟器上，运行 Activity_StaticFragment 项目。运行的初始界面如图 6-13(a)所示，其中浅绿色背景色区域是 Fragment 的显示界面。然后分别单击 Fragment 内部的文本、图片，会看到文本框的内容发生相应改变，如图 6-13(b)、(c)、(d)所示。

(a) 项目运行初始界面

(b) 单击了Fragment内的文本框

(c) 单击了Fragment内的第1幅图

(d) 单击了Fragment内的第2幅图

图 6-13 静态添加 Fragment 的运行效果

6.3.4 动态添加 Fragment

动态添加 Fragment 是指在运行时添加 Fragment。这种方式比较灵活，在 Activity 运行的任何时候，都可以将 Fragment 添加到 Activity 布局中，并且 AndroidX 提供一个 FragmentManager 类来管理 Fragment。在实际应用中，动态添加 Fragment 的开发需求更多。例如应用项目的轮播图、应用项目首页中各标签项指定的子页面等，都可以通过动态添加 Fragment 来实现，并且往往会与翻页控件 ViewPager 一起搭配使用。

与 ViewPager 一起使用，必须实现适配器，使用指定的适配器子类获取 Fragment 为 ViewPager 的页面项提供数据。这里可以使用的适配器是 FragmentStatePagerAdapter 和 FragmentPagerAdapter，它们都继承于 PagerAdapter。这两个适配器的卸载法基本一致，唯一的区别在于卸载 Fragment 时，它们的处理方式不同，FragmentStatePagerAdapter 在销毁 Fragment 时，Fragment 会被移除，但可在 onSaveInstanceState()中保存 Fragment 的实例状态信息，当用户切换回来时，新生成的 Fragment 会维持原有保存的实例状态。而 FragmentPagerAdapter 则是调用事务处理方法 detach()来处理 Fragment。也就是说，FragmentPagerAdapter 只是销毁了 Fragment 的视图，而在 FragmentManager 中还保留着 Fragment 实例。因此，FragmentPagerAdapter 中创建的 Fragment 永远都不会被真正销毁。可以看出，FragmentStatePagerAdapter 更节省内存。

下面学习 FragmentStatePagerAdapter 实现动态切换 Fragment 案例的编程。

【案例 6.12】 使用动态添加 Fragment 的方式开发应用项目的一组引导页。要求既可以顺序翻页浏览，也可以跳转页面浏览。

说明：引导页由几个页面构成，主要用于介绍应用系统的主要功能或操作规范等。引导页布局格式大致相似，往往只在最后页增加了进入系统的交互控件，通常用 Fragment 来实现。本例选择按钮控件作为最后页的交互控件，单击该按钮后弹出提示信息表示已进入应用系统。

引导页涉及多页显示和转换，使用 ViewPager＋Fragment 控件联合开发，适配器基类选择 FragmentStatePagerAdapter。

在引导页底部使用一排小圆点，作为引导页的指示器，当第几个引导页呈现时，则第几个小圆点高亮。本例设置高亮为红色。圆点指示器使用 RadioGroup 来实现，从而实现单击小圆点跳转页面的控制。

开发步骤及解析：过程如下。

1）创建项目

在 Android Studio 中创建一个名为 Activity_DynamicFragment 的 Android 项目。其包名为 ee. example. activity_dynamicfragment。

2）准备图片资源

将准备好的 5 张背景图片和用于圆点指示器的两色圆点图片 icon_point_c. png（红色圆点）与 icon_point_n. png（灰白色圆点）复制到本项目的 res/drawable 目录中。并且在该目录中创建 launch_guide. xml 文件，设置选中状态显示的圆点图片与未选中状态显示的圆点图片，代码如下。

```
<?xml version = "1.0" encoding = "utf - 8"?>
< selector xmlns:android = "http://schemas.android.com/apk/res/android">
    < item android:state_checked = "true" android:drawable = "@drawable/icon_point_c" />
    < item android:drawable = "@drawable/icon_point_n" />
</selector >
```

3）设计布局

本例要设计两个布局文件，一个是主布局文件，另一个是 Fragment 的 UI 布局文件。

首先设计主布局文件。打开 res/layout 目录下的 activity_main. xml，并进行编辑，代码如下。

```
1   <?xml version="1.0" encoding="utf-8"?>
2   <RelativeLayout xmlns:android="http://schemas.android.com/apk/res/android"
3       android:layout_width="match_parent"
4       android:layout_height="match_parent"
5       android:orientation="vertical">
6
7       <androidx.viewpager.widget.ViewPager
8           android:id="@+id/vp_gd"
9           android:layout_width="match_parent"
10          android:layout_height="match_parent" />
11
12      <LinearLayout
13          android:layout_width="match_parent"
14          android:layout_height="60dp"
15          android:background="#80FFFFFF"
16          android:gravity="center"
17          android:layout_alignParentBottom="true"
18          android:layout_centerHorizontal="true">
19
20          <RadioGroup
21              android:id="@+id/rg_indicate"
22              android:layout_width="wrap_content"
23              android:layout_height="match_parent"
24              android:gravity="center"
25              android:orientation="horizontal"/>
26
27      </LinearLayout>
28
29  </RelativeLayout>
```

（1）根布局是相对布局。在根布局下声明了两个控件，一个是 ViewPager，它撑满整个页面。另一个是 LinearLayout 子布局。

（2）第 12～27 行声明 LinearLayout 子布局内的 RadioGroup 控件。为什么要在 LinearLayout 子布局内设置 RadioGroup 呢？这是为了更好地指定 RadioGroup 控件的显示位置。

然后设计 Fragment 的 UI 布局文件。本例中引导页布局几乎一样，只是在最后一页多了个按钮，所以可以让多个 Fragment 共用一个布局文件。在 res/layout 目录下创建并编写 item_launch.xml 文件，代码如下。

```
<?xml version="1.0" encoding="utf-8"?>
<RelativeLayout xmlns:android="http://schemas.android.com/apk/res/android"
    android:layout_width="match_parent"
    android:layout_height="match_parent" >

    <ImageView
        android:id="@+id/iv_launch"
        android:layout_width="match_parent"
        android:layout_height="match_parent"
        android:scaleType="fitXY" />

```

```
        <Button
            android:id = "@ + id/btn_start"
            android:layout_width = "match_parent"
            android:layout_height = "wrap_content"
            android:layout_marginLeft = "100dp"
            android:layout_marginRight = "100dp"
            android:layout_centerInParent = "true"
            android:gravity = "center"
            android:text = "开始体验"
            android:textColor = "#1F2125"
            android:textSize = "20sp"
            android:visibility = "gone" />"
    </RelativeLayout>
```

在布局中先声明按钮控件，设置属性"android:visibility="gone""，即按钮不可见，当需要显示该按钮时，在Java代码中动态设置该属性为可见即可。

4）开发逻辑代码

本案例需要编写3个类的实现代码，一个是Fragment类的实现代码，另一个是FragmentStatePagerAdapter派生类的实现代码，第三个是主逻辑类MainActivity的代码。

首先来编写Fragment类的实现代码。在java/ee.example.activity_dynamicfragment包下创建GuideFragment.java文件，并进行编辑，代码如下。

```
package ee.example.activity_dynamicfragment;

import androidx.fragment.app.Fragment;

import android.content.Context;
import android.os.Bundle;
import android.view.LayoutInflater;
import android.view.View;
import android.view.View.OnClickListener;
import android.view.ViewGroup;
import android.widget.Button;
import android.widget.ImageView;
import android.widget.Toast;

public class GuideFragment extends Fragment {
    protected View mView;
    protected Context mContext;
    private int mPosition;
    private int mImageId;
    private int mCount;

    public static GuideFragment newInstance(int position, int image_id, int image_count) {
        GuideFragment fragment = new GuideFragment();
        Bundle bundle = new Bundle();
        bundle.putInt("position", position);
        bundle.putInt("image_id", image_id);
        bundle.putInt("image_count", image_count);
        fragment.setArguments(bundle);
        return fragment;
    }
```

```
31
32      @Override
33      public View onCreateView(LayoutInflater inflater, ViewGroup container,
34              Bundle savedInstanceState) {
35          mContext = getActivity();
36          if (getArguments() != null) {
37              mPosition = getArguments().getInt("position", 0);
38              mImageId = getArguments().getInt("image_id", 0);
39              mCount = getArguments().getInt("image_count", 0);
40          }
41          mView = inflater.inflate(R.layout.item_launch, container, false);
42          ImageView iv_launch = (ImageView) mView.findViewById(R.id.iv_launch);
43          Button btn_start = (Button) mView.findViewById(R.id.btn_start);
44
45          iv_launch.setImageResource(mImageId);
46          if (mPosition == mCount - 1) {
47              btn_start.setVisibility(View.VISIBLE);
48              btn_start.setOnClickListener(new OnClickListener() {
49                  @Override
50                  public void onClick(View v) {
51                      Toast.makeText(mContext, "欢迎进入本系统!",
                                                    Toast.LENGTH_SHORT).show();
52                  }
53              });
54          }
55          return mView;
56      }
57  }
```

(1) 适配器在获得 Fragment 的对象 fragment 时不是用构造方法，而是用 newInstance()方法，这是为了给 fragment 传递参数信息。第 22～30 行，定义 newInstance()方法的实现。其中第 28 行，调用了方法 setArguments(bundle)才能把请求的数据塞进 fragment 对象。

(2) 第 33～56 行重写 onCreateView()方法，调用 getArguments()方法得到请求的数据。调用 LayoutInflater 的 inflate(R. layout. item_launch，container，false)实例化一个视图对象 mView，该视图的布局取自于 item_launch. xml。然后将数据传到 mView 中并返回。期间要判断 mView 的所在页码位置，如果是最后一页，需设置按钮可见，并设置按钮的单击监听，重写 onClick()方法。

然后编写适配器子类的实现代码。在 java/ee. example. activity_dynamicfragment 包下创建 LaunchGuideAdapter. java 文件，并进行编辑，代码如下。

```
package ee.example.activity_dynamicfragment;

import androidx.fragment.app.Fragment;
import androidx.fragment.app.FragmentManager;
import androidx.fragment.app.FragmentStatePagerAdapter;

import java.util.List;

public class LaunchGuideAdapter extends FragmentStatePagerAdapter {
    private List<Fragment> mImageList;

```

```
12        public LaunchGuideAdapter(FragmentManager fm, List<Fragment> fragmentList) {
13            super(fm);
14            mImageList = fragmentList;
15        }
16
17        public int getCount() {
18            return mImageList.size();
19        }
20
21        public Fragment getItem(int position) {
22            return mImageList.get(position);
23        }
24
25    }
```

（1）第 12～15 行是构造方法。通过参数传递一个 Fragment 列表数据。

（2）第 21～23 行实现 getItem(int position)方法，获取当前适配页面的所在位置，即引导页的顺序号，该顺序号从 0 开始。

最后编写主逻辑代码。注意，动态添加到 Activity 页面，该 Activity 的实现类要么继承于 AppCompatActivity 类，要么继承于 FragmentActivity 类，不能继承于 Activity 类。

打开 java/ee.example.activity_dynamicfragment 包下 MainActivity.java 文件，并进行编辑，代码如下。

```
package ee.example.activity_dynamicfragment;

import androidx.fragment.app.Fragment;
import androidx.fragment.app.FragmentActivity;
import androidx.viewpager.widget.ViewPager;
import android.os.Bundle;
import android.widget.RadioButton;
import android.widget.RadioGroup;

import java.util.ArrayList;
import java.util.List;

public class MainActivity extends FragmentActivity implements ViewPager.OnPageChangeListener {
    private int[] launchImageArray = {
            R.drawable.bg01, R.drawable.bg02, R.drawable.bg03, R.drawable.bg04, R.drawable.bg05};
    private RadioGroup rg_indicate;
    private ViewPager vp_guide;
    private List<Fragment> mFragments;
    LaunchGuideAdapter mAdapter;

    @Override
    protected void onCreate(Bundle savedInstanceState) {
        super.onCreate(savedInstanceState);
        setContentView(R.layout.activity_main);

        mFragments = new ArrayList<Fragment>();
        int launchImagecount = launchImageArray.length; //获取 launchImageArray 数组的长度
        for(int i = 0; i < launchImagecount; i++)
```

```
29              mFragments.add ( GuideFragment. newInstance ( i,  launchImageArray [ i ],
    launchImagecount));
30
31          mAdapter = new LaunchGuideAdapter(getSupportFragmentManager(), mFragments);
32          vp_guide = (ViewPager) findViewById(R.id.vp_gd);
33          vp_guide.setAdapter(mAdapter);
34          vp_guide.addOnPageChangeListener(this);
35          vp_guide.setCurrentItem(0);
36          //动态设置单选组的单选按钮
37          rg_indicate = (RadioGroup) findViewById(R.id.rg_indicate);
38          for (int j = 0; j < launchImageArray.length; j++) {
39              RadioButton radiobtn = new RadioButton(this);
40              radiobtn.setLayoutParams(
                        new RadioGroup.LayoutParams(
                                RadioGroup.LayoutParams.WRAP_CONTENT,
                                RadioGroup.LayoutParams.WRAP_CONTENT));
41              radiobtn.setButtonDrawable(R.drawable.launch_guide);
                                                    //设置选中/未选中按钮的显示图标
42              radiobtn.setPadding(10, 10, 10, 10);
43              rg_indicate.addView(radiobtn);
44          }
45          ((RadioButton)rg_indicate.getChildAt(0)).setChecked(true);
46          rg_indicate.setOnCheckedChangeListener(new RadioGroup.OnCheckedChangeListener() {
47              @Override
48              public void onCheckedChanged(RadioGroup group, int checkedId) {
49                  vp_guide.setCurrentItem(checkedId - 1);
50              }
51          });
52
53      }
54
55      @Override
56      public void onPageScrolled(int position, float positionOffset, int positionOffsetPixels) {
57      }
58
59      @Override
60      public void onPageSelected(int position) {
61          ((RadioButton)rg_indicate.getChildAt(position)).setChecked(true);
62      }
63
64      @Override
65      public void onPageScrollStateChanged(int state) {
66
67      }
68  }
```

(1) 第 26～29 行创建一个 Fragment 类型的列表数组 mFragments，通过 add()方法将 Fragment 页添加进数组 mFragments，而 Fragment 页由 GuideFragment 类的 newInstance()方法提供；数组 mFragments 的长度由 launchImageArray 数组的长度确定。

(2) 第 31～35 行实例化适配器对象 mAdapter，并为 ViewPager 对象 vp_guide 设置适配器绑定，添加页面转换监听，设置初始引导页为第 1 页。

(3) 第 37～51 行向 RadioGroup 中动态创建 RadioButton 控件。添加个数由列表数组

mFragments 的长度决定；设置按钮的显示图标由 value/drawable 下的 launch_guide.xml 确定；第 45 行设置 RadioGroup 中第 1 个 RadioButton 为选中状态；第 46～51 行实现 OnCheckedChangeListener 监听。注意，onCheckedChanged()方法中的 checkedId 参数是被选中的位置，checkedId-1 才是 RadioGroup 中按钮的序号，因为序号从 0 开始。

(4) 第 13 行声明了实现 ViewPager.OnPageChangeListener 接口，在 6.2.4 节已经指出，实现 OnPageChangeListener 接口必须实现 3 个方法：onPageScrollStateChanged()、onPageScrolled()和 onPageSelected()方法。在 onPageSelected()方法内定义更改 RadioButton 按钮被选中的显示图标。

运行结果：在 Android Studio 支持的模拟器上，运行 Activity_DynamicFragment 项目。运行结果如图 6-14 所示。本案例的引导页既可以使用左右滑动的手势翻页浏览，也可以使用单击下端引导页圆点指示器跳跃式地翻看引导页。引导页在最后出现进入系统的按钮，本案例使用弹出提示信息的方式响应按钮的单击操作。

在 MainActivty.java 中，一次性加载了全部 Fragment 页到 ArrayList <Fragment>列表数组中。其实可以不用全部加载所有的 Fragment 页，可边执行边加载，以节省资源。例如，首次启动时只加载第 1 页和第 2 页；之后显示任一页时，只加载当前页的前、后两页；一旦页面变换了，其相邻的前后页就被加载，非相邻的页被回收。这样做的好处是节省了宝贵的系统空间。

(a) 初始界面显示第一张引导页　　(b) 向左滑动显示后一张引导页

图 6-14　动态添加 Fragment 引导页的运行效果

(c) 单击圆点指示器跳转到指定的引导页　　(d) 在最后一张引导页单击按钮进入

图 6-14　（续）

小结

本章较详细地介绍了 Android 中常用的容器类控件的功能和用法。大多数容器控件需要通过适配器来绑定基本控件，才能得以在屏幕展现，并通过用户操作来表现容器的交互功能优势。因此也要为大多数容器中 Item 项设置监听器，实现其事件响应。所以本章主要学习的是适配器与监听器的编程，对于不同容器控件不同的应用需求，使用不同的适配器和监听器。通常，对于 AutoCompleteTextView，使用 ArrayAdapter 适配器；对于 Spinne，使用 ArrayAdapter 和 SimpleAdapter 适配器；对于 ListView、GridView，使用 SimpleAdapter 和 BaseAdapter 适配器；对于 ViewPager，使用 PagerAdapter 适配器；对于 RecyclerView，使用 RecyclerView. Adapter 适配器；对于 Fragment，使用 FragmentStatePagerAdapter 和 FragmentPagerAdapter 适配器。对于有列表功能的列表和视图控件如 Sppinner、ListView、GridView 等，都有 OnItemSelectedListener、OnItemClickListener 监听接口，对于页面切换相关的控件如 ViewPager，有 OnPageChangeListener 监听器。通过案例向读者详解了它们的用法。特别是 Android 新增的 RecyclerView 集 ListView 和 GridView 等视图的优点，Fragment 与 ViewPager 相结合，可以更加灵活地开发出性能优良的应用。通过学习，相信大家已经能够开发出丰富多彩的页面了。

不难发现，本章的多个案例不止选择单一的一种容器控件来开发应用，要设计出炫酷的、灵活实用的、功能强大的活动页面，多数情况下需要多种容器控件联合使用。例如流行的微信、QQ界面、许多购物App，都大量使用了标签栏与标签页、导航栏与搜索页对话框等，都是多类控件的组合。我们将在第7章学习组合类控件的编程。

练习

1. 设计一个一周歌曲排行榜的列表。在列表的每行，显示歌曲原唱歌手的照片、姓名、歌曲名称。要求照片存储在res/drawable目录下，歌手姓名和歌曲名称存储在res/values下的strings.xml文件中。

2. 设计一组歌手的简介模块。使用两个Activity，第一个Activity以网格形式显示每个歌手的缩略图和姓名，单击其中任一歌手照片或姓名，即刻跳转到该歌手的详细介绍页面。第二个Activity是详细介绍歌手的页面，介绍页至少包括歌手照片、姓名、简介、代表歌曲4方面的信息。要求照片存储在res/drawable目录下，其他信息存储在res/values下的strings.xml文件中。

3. 为“我的音乐盒”的欢迎页设计一组横幅轮播图。轮播图位于屏幕的上半部，且高度不超过整个屏幕的1/4；欢迎页面的下半部是“我的音乐盒”的宣传文本介绍。要求轮播图存储在res/drawable目录下，其他信息存储在res/values下的strings.xml文件中。

第 7 章 Android组合控件

组合控件在Android应用项目(简称App)中表现为一个整体,而实际上是由多个控件构成的。例如标签栏、导航栏、横幅轮播条、对话框等。它们都是App的重要组成。本章将对这些组合控件的编程实现进行介绍。

7.1 标签栏

标签栏由背景条与标签按钮构成。标签按钮显示图标、文本或图标+文本,这些标签的风格一致,即宽度一致、被选择的高亮颜色一致。当一个标签被选中时,它的背景变亮,或者标签中的图像、文本高亮显示。同时,每个标签对应一个标签页,标签页是一个容器控件,放置页面视图控件。在标签栏中选择不同的标签,切换不同的页面视图。

标签栏一般出现在App界面的底部,顶部和中段的,有固定式、滑动式、下拉式,等等。位于底部和顶部的标签栏通常只用一行显示标签,一行不超过5个标签。使用标签栏几乎是当今各App的标配,可以从当前被广泛使用的微信、QQ、淘宝、天猫等App中看到标签栏。例如手机淘宝App,如图7-1所示。

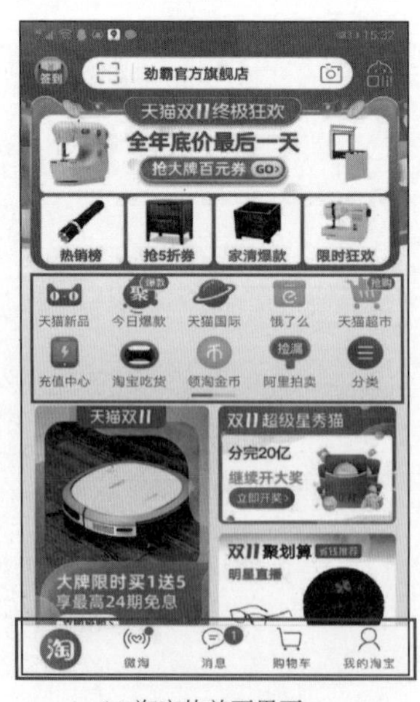

(a) 淘宝的首页界面

(b) 淘宝的消息页界面

图 7-1 手机淘宝 App 的界面

在手机淘宝 App 的首页中，底部是整个 App 各页面均可见的标签栏，中段是首页内的标签栏，有两行。消息页界面的主体是一个列表控件，在列表控件的上面是本页内的标签栏。

7.1.1 基于 FragmentTabHost 的标签栏设计

1. 标签按钮

标签栏中的按钮称为标签按钮。它有两个作用，一是能显示出被选中状态，二是被选中后能触发切换相应视图。标签栏中的标签按钮，有点像在一个 RadioGroup 中的 RadioButton 按钮。不过在标签栏中主要使用图标、文本或者图标＋文本作为标签按钮。图标的尺寸大约控制在 45×45 像素左右比较合适。

为了实现标签按钮特性，使用 TextView、ImageView 控件作为标签，相对于它们作为普通控件而言，需要额外进行属性设置，才能使得文本和图标具备高亮显示和单击监听的功能。

1）ImageView 控件属性设置

ImageView 控件用来设置标签栏的标签图标，为实现图片具备高亮显示，需要在 res/drawable 目录下准备两套图标资源，一套用于显示未被选中状态，另一套用于显示被选中状态，并编写图标被选中/未被选中两种状态下的图片资源描述文件。

例如，如果选中状态使用图片 icon_selected.jpg，未选中状态使用图片 icon_normal.jpg。则创建图片状态资源描述 XML 文件，代码如下。

```
<?xml version = "1.0" encoding = "utf - 8"?>
< selector xmlns:android = "http://schemas.android.com/apk/res/android">
    < item android:state_checked = "true" android:drawable = "@drawable/icon_selected" />
    < item android:drawable = "@drawable/icon_normal" />
</selector >
```

2）TextView 控件属性设置

TextView 控件用来设置标签栏的标签文本，为实现图片具备高亮显示，需要在 res/drawable 目录下编写被选中/未被选中两种状态下的文本颜色资源描述文件。例如，在 values/colors.xml 文件中已经声明了两种颜色，一个表示选中色 tab_txt_selected，另一个表示未选中色 tab_txt_normal。则在 res/drawable 目录下，要创建文本状态资源描述 XML 文件，代码如下。

```
<?xml version = "1.0" encoding = "utf - 8"?>
< selector xmlns:android = "http://schemas.android.com/apk/res/android">
    < item android:state_checked = "true" android:color = "@color/icon_selected" />
    < item android:color = "@color/icon_normal" />
</selector >
```

3）样式设置

为了保证标签按钮风格一致，这里把 TextView 控件的共同属性挑出来，将它们定义在

res/values 目录下的样式 styles.xml 中，把需要设置的共同属性定义在一个样式名中。通常定义的属性包括：控件的宽、高及边界间距，图片、文本居中，文本大小、格式、颜色，背景色，在控件中图片与文本的位置；等等。例如定义样式名 TabLable，代码片段如下。

```
<style name = "TabLable">
    <item name = "android:layout_width"> match_parent </item>
    <item name = "android:layout_height"> match_parent </item>
    <item name = "android:padding"> 5dp </item>
    <item name = "android:layout_gravity"> center </item>
    <item name = "android:gravity"> center </item>
    <item name = "android:background">@drawable/tab_bg_selector </item>
    <item name = "android:textSize"> 12sp </item>
    <item name = "android:textStyle"> normal </item>
    <item name = "android:textColor">@drawable/tab_text_selector </item>
    <item name = "android:drawableTop">@drawable/home </item>
</style>
```

其中，android:background 定义的控件背景由 res/drawable 中的 tab_bg_selector.xml 确定，tab_bg_selector.xml 用来描述当控件选中/未选中两种状态下的背景；android:textColor 定义的控件文本颜色由 res/drawable 中的 tab_text_selector.xml 确定，tab_text_selector.xml 用来描述当控件选中/未选中两种状态下的文本颜色；android:drawableTop 定义图标位于控件的上部，在此需要指定一张图片资源来占位。

2. FragmentTabHost

FragmentTabHost 是用于集成和管理 Fragment 页面的组件。使用 FragmentTabHost 与 Fragment 相结合，可以实现标签栏及页面切换的开发。

FragmentTabHost 位于 androidx.fragment.app.FragmentTabHost 包中，它为标签栏提供一组 Tab 标签，每个标签对应一个 Fragment 对象作为标签页的显示内容。FragmentTabHost 是 TabHost 派生类，专门用于加载 Fragment 对象作为标签页的显示内容。

FragmentTabHost 通过 addTab()方法定义每个标签按钮与对应的 Fragment 页面，而且可以自动处理单击事件，无须另外调用 setSelected()方法。使用 FragmentTabHost+Fragment 实现标签栏，一般执行步骤如下。

(1) 准备一组切换按钮的图片。

(2) 定义带有 FragmentTabHost 控件的布局文件，该布局为项目的主布局文件。

(3) 定义标签栏按钮的布局文件。

(4) 定义每个 Fragment 页面的布局文件。

(5) 定义每个 Fragment 的 Java 实现类。

(6) 定义主逻辑代码类。

下面通过案例来介绍如何使用 FragmentTabHost+ Fragment 实现标签栏的应用。

【案例 7.1】 使用 FragmentTabHost + Fragment 实现类似微信底部标签栏的应用，并且将 Activity 的信息传入 Fragment。

说明：本案例主要实现标签栏的显示以及标签页面控制。使用 TextView 控件作为标签按钮，定义样式描述标签显示外观属性。定义各标签页的 Fragment 并实现动态添加。

实现将 Activity 中的绑定信息传入 Fragment，从而完成 Activity 与 Fragment 的通信。

开发步骤及解析：过程如下。

1）创建项目

在 Android Studio 中创建一个名为 Activity_FragmentTabHost 的 Android 项目。其包名为 ee.example.activity_fragmenttabhost。

2）准备图片资源

将准备好的两组作为标签按钮图标的图片复制到本项目的 res/drawable 目录中。在此目录下创建设置图标、标签背景、标签文本颜色在选中/未选中两种状态的资源描述文件。可以从本案例完成后的目录结构中看到相关图片资源的文件，如图 7-2 所示。

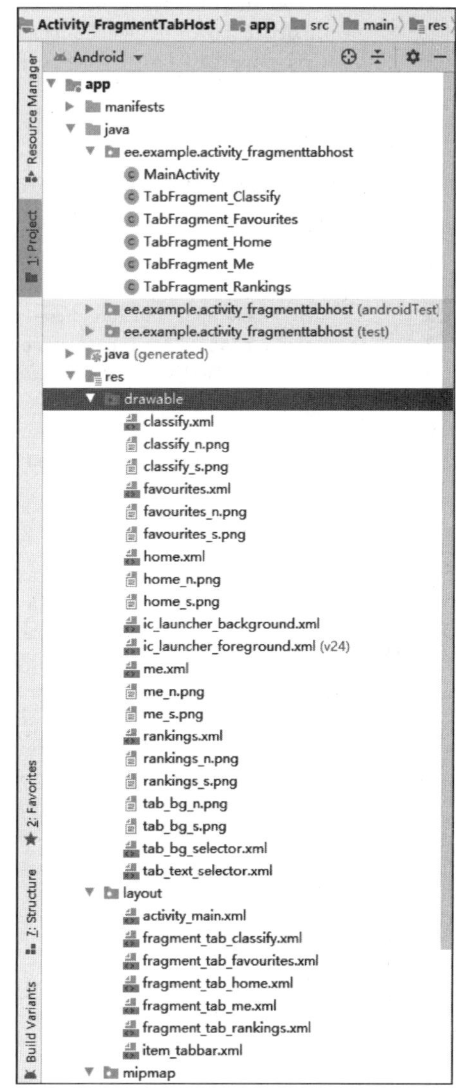

图 7-2　案例项目的目录结构

本案例准备的图片资源有两组，一组提供未选中状态下显示的图标和标签背景，另一组提供选中状态下显示的图标和标签背景，对于这两种状态，可以使用资源描述文件来声明，Java 代码中直接调用资源描述文件就可以实现两种状态的自动选择。本案例有多个这样的描述文件，描述代码一致，区别在于指定的图片资源名不同。下面以标签背景描述文件 tab_bg_selector.xml 为例，代码如下。

```
<selector
    xmlns:android=
        "http://schemas.android.com/apk/res/android">
    <item android:state_selected="true"
        android:drawable="@drawable/tab_bg_s" />
    <item android:drawable="@drawable/tab_bg_n" />
</selector>
```

同样，对于选中/未选中两种状态的文本颜色设置，也可以使用类似的描述声明。本案例创建描述文件 tab_text_selector.xml，代码如下。

```
<selector
    xmlns:android=
      "http://schemas.android.com/apk/res/android">
```

```
    <item android:state_selected = "true"
     android:color = "@color/tab_text_selected" />
    <item android:color = "@color/tab_text_normal" />
</selector>
```

3）准备样式资源

样式资源用于为作为标签的 TextView 控件设置统一的属性，并以样式名 TabLable 命名。打开本项目的 res/values 目录中的 styles. xml，代码如下。

```
<resources>
    <!-- Base application theme. -->
    <style name = "AppTheme" parent = "Theme.AppCompat.Light.DarkActionBar">
        <!-- Customize your theme here. -->
        <item name = "colorPrimary">@color/colorPrimary</item>
        <item name = "colorPrimaryDark">@color/colorPrimaryDark</item>
        <item name = "colorAccent">@color/colorAccent</item>
    </style>

    <style name = "TabLable">
        <item name = "android:layout_width">match_parent</item>
        <item name = "android:layout_height">match_parent</item>
        <item name = "android:padding">5dp</item>
        <item name = "android:layout_gravity">center</item>
        <item name = "android:gravity">center</item>
        <item name = "android:background">@drawable/tab_bg_selector</item>
        <item name = "android:textSize">12sp</item>
        <item name = "android:textStyle">normal</item>
        <item name = "android:textColor">@drawable/tab_text_selector</item>
        <item name = "android:drawableTop">@drawable/home</item>
    </style>
</resources>
```

4）准备字符串资源

字符串资源用于为标签提供显示文本。打开本项目的 res/values 目录中的 strings. xml，代码如下。

```
<resources>
    <string name = "app_name">Activity_FragmentTabHost</string>

    <string name = "tab_home">首页</string>
    <string name = "tab_classify">分类</string>
    <string name = "tab_rankings">排行</string>
    <string name = "tab_favourites">收藏</string>
    <string name = "tab_me">我的</string>

</resources>
```

5）准备颜色资源

颜色资源用于为标签栏及标签文本设置颜色。打开本项目的 res/values 目录中的 colors. xml，代码如下。

```
<?xml version = "1.0" encoding = "utf-8"?>
<resources>
    <color name = "colorPrimary">#6200EE</color>
```

```
    <color name = "colorPrimaryDark"> # 3700B3 </color>
    <color name = "colorAccent"> # 03DAC5 </color>

    <color name = "white"> # ffffff </color>
    <color name = "tab_text_normal"> # 000000 </color>
    <color name = " tab_text_selected "> # 07b613 </color>

</resources>
```

6）准备维度资源

维度资源用于设置标签栏的高。在本项目的 res/values 目录中创建 dimens. xml，代码如下。

```
<resources>

    <dimen name = "tabbar_height"> 72dp </dimen>

</resources>
```

7）设计布局

本案例要设计 7 个布局文件。1 个是主布局文件，1 个是标签按钮的布局文件，另外 5 个是 Fragment 的 UI 布局文件。

首先设计主布局文件。打开 res/layout 目录下的 activity_main. xml，并进行编辑，代码如下。

```
1   <?xml version = "1.0" encoding = "utf - 8"?>
2
3   <LinearLayout xmlns:android = "http://schemas.android.com/apk/res/android"
4       android:layout_width = "match_parent"
5       android:layout_height = "match_parent"
6       android:orientation = "vertical" >
7
8       <!--
9           把 FragmentLayout 放在 FragmentTabHost 上面,则标签页就在页面底部;
10          反之 FragmentLayout 在 FragmentTabHost 下面,则标签页就在页面顶部.
11      -->
12      <FrameLayout
13          android:id = "@ + id/tabcontent_page"
14          android:layout_width = "match_parent"
15          android:layout_height = "0dp"
16          android:layout_weight = "1" />
17
18      <androidx.fragment.app.FragmentTabHost
19          android:id = "@ + id/tabhost"
20          android:layout_width = "match_parent"
21          android:layout_height = "@dimen/tabbar_height" />
22
23  </LinearLayout>
```

（1）第 12～16 行声明一个 FrameLayout 布局。标签页的布局使用 FrameLayout，用于放置 Fragment 控件，每次只显示一个 Fragment 界面。

（2）第 18～21 行声明一个 FragmentTabHost 控件。用于放置标签栏。

设计标签按钮的布局文件 item_tabbar.xml，代码如下。

```
1   <?xml version = "1.0" encoding = "utf - 8"?>
2   <LinearLayout
3       xmlns:android = "http://schemas.android.com/apk/res/android"
4       android:layout_width = "match_parent"
5       android:layout_height = "match_parent"
6       android:orientation = "vertical">
7
8       <TextView
9           android:id = "@ + id/tv_item_tabbar"
10          style = "@style/TabLable"/>
11
12  </LinearLayout>
```

第8～10行声明一个TextView，作为标签项。该控件的样式由styles.xml中的TabLable定义。

设计Fragment的UI布局文件。本例有5个Fragment，其UI布局大致相同，这里不一一列出，以fragment_tab_home.xml为例，代码如下。

```
<?xml version = "1.0" encoding = "utf - 8"?>
<LinearLayout xmlns:android = "http://schemas.android.com/apk/res/android"
    android:layout_width = "match_parent"
    android:layout_height = "match_parent"
    android:background = "@color/white"
    android:orientation = "vertical"
    android:padding = "10dp" >

    <TextView
        android:id = "@ + id/tv_home"
        android:layout_width = "match_parent"
        android:layout_height = "match_parent"
        android:gravity = "bottom|center"
        android:textColor = " @color/tab_text_normal "
        android:textSize = "20sp" />

</LinearLayout>
```

8）开发逻辑代码

本案例需要编写6个类的实现代码，5个是Fragment类的实现代码，1个是主逻辑类MainActivity的代码。

本案例有5个Fragment类，其UI非常简单，只有一个文本框显示从主Activity传来的文本信息。这5个Fragment类的实现代码相似，在此仅以TabFragment_Home.java为例，其他的Fragment类的实现代码就不赘述了。TabFragment_Home.java的代码如下。

```
package ee.example.activity_fragmenttabhost;

import android.content.Context;
import android.os.Bundle;
import android.view.LayoutInflater;
import android.view.View;
import android.view.ViewGroup;
import android.widget.TextView;
```

```
9
10  import androidx.fragment.app.Fragment;
11
12  public class TabFragment_Home extends Fragment {
13      private static final String TAG = "TabFirstFragment";
14      protected View mView;
15      protected Context mContext;
16
17      @Override
18      public void onCreate(Bundle savedInstanceState) {
19          super.onCreate(savedInstanceState);
20      }
21
22      @Override
23      public View onCreateView (LayoutInflater inflater, ViewGroup container, Bundle savedInstanceState) {
24          mContext = getActivity();
25          mView = inflater.inflate(R.layout.fragment_tab_home, container, false);
26
27          String desc = String.format(" %s页面,来自%s.",
28                  getResources().getString(R.string.tab_home),getArguments().getString("tag"));
29          TextView tv_h = (TextView) mView.findViewById(R.id.tv_home);
30          tv_h.setText(desc);
31
32          return mView;
33      }
34
35      @Override
36      public void onPause() {
37          super.onPause();
38      }
39  }
```

（1）在 Fragment 实现类中一般只需要重写 onCreate()、onCreateView()和 onPause()三个方法，其中 onCreateView()实现 Fragment 的返回视图功能，非常重要（见第 23～33 行）。

（2）第 25 行实例化 mView 对象，通过 inflate ()方法，从 fragment_tab_home. xml 布局文件中获得一个 View 视图。

（3）第 27、28 行实现给字符串变量 desc 赋值，其中第一个"%s"是从 strings. xml 文件中的 tab_home 获取，获取 tab_home 中的字符串调用 getResources(). getString(R. string. tab_home)方法；第二个"%s"是从主 Activity 类中 Bundle 的 tag 信息中获取，获取该信息调用 getArguments(). getString("tag")方法，当然在 MainActivity. java 中要创建含有 tag 的绑定信息。

MainActivity. java 的代码如下。

```
package ee.example.activity_fragmenttabhost;

import androidx.appcompat.app.AppCompatActivity;
import androidx.fragment.app.FragmentTabHost;

import android.graphics.drawable.Drawable;
import android.os.Build;
```

```
import android.os.Bundle;
import android.view.View;
import android.widget.LinearLayout;
import android.widget.TabHost;
import android.widget.TextView;

public class MainActivity extends AppCompatActivity{
    private static final String TAG = "MainActivity";
    private Bundle mBundle = new Bundle();
    private FragmentTabHost mTabHost;

    @Override
    protected void onCreate(Bundle savedInstanceState) {
        super.onCreate(savedInstanceState);
        setContentView(R.layout.activity_main);
        Bundle mBundle = new Bundle();
        mBundle.putString("tag", TAG);

       //初始化 TabHost
       mTabHost = (FragmentTabHost) findViewById(R.id.tabhost);
       //将 TabHost 和 FrametLayout 关联
       mTabHost.setup(getApplicationContext(), getSupportFragmentManager(), R.id.
tabcontent_page);

        //添加 Tab 和其对应的 Fragment
        //addTab(标签,跳转的 Fragment,传递参数的 Bundle)
        mTabHost.addTab(
                getTabView(R.string.tab_home, R.drawable.home),
                TabFragment_Home.class,
                mBundle);
        mTabHost.addTab(
                getTabView(R.string.tab_classify, R.drawable.classify),
                TabFragment_Classify.class,
                mBundle);
        mTabHost.addTab(
                getTabView(R.string.tab_rankings, R.drawable.rankings),
                TabFragment_Rankings.class,
                mBundle);
        mTabHost.addTab(
                getTabView(R.string.tab_favourites, R.drawable.favourites),
                TabFragment_Favourites.class,
                mBundle);
        mTabHost.addTab(
                getTabView(R.string.tab_me, R.drawable.me),
                TabFragment_Me.class,
                mBundle);
        //设置 Tabs 之间的分隔线不显示
        mTabHost.getTabWidget().setShowDividers(LinearLayout.SHOW_DIVIDER_NONE);
    }

    private TabHost.TabSpec getTabView(int textId, int imgId) {
        String text = getResources().getString(textId);
        Drawable drawable = getResources().getDrawable(imgId);
        //必须设置图片大小,否则不显示
        drawable.setBounds(0, 0, drawable.getMinimumWidth(), drawable.getMinimumHeight());
        View view_tabitem = getLayoutInflater().inflate(R.layout.item_tabbar, null);
        TextView tv_item = (TextView) view_tabitem.findViewById(R.id.tv_item_tabbar);
```

```
64              tv_item.setText(text);
65              tv_item.setCompoundDrawables(null, drawable, null, null);
66              TabHost.TabSpec spec = mTabHost.newTabSpec(text).setIndicator(view_tabitem);
67              return spec;
68          }
69
70      }
```

（1）第 23、24 行创建一个 Bundle 对象 mBundle，并压入一个名为 tag 的键-值对数据。

（2）第 29 行初始化 FragmentTabHost 对象 mTabHost.，将布局文件中的 FrameLayout 与标签栏关联起来。

（3）第 33～36 行，添加第一个标签按钮和 Fragment 页。addTab()方法有三个参数，第一个是标签，第二个是跳转的 Fragment，第三个是传递 Bundle 参数。获得标签是通过调用自定义方法 getTabView()实现的。

（4）第 57～68 行实现 getTabView()方法。其中第 62 行实例化标签栏的按钮视图，该视图的布局来自布局文件 item_tabbar.xml。第 65 行调用 setCompoundDrawables()方法向 TextView 控件动态设置图标。其中 setCompoundDrawables()有 4 个参数，分别表示向控件的左、上、右、下四个方向插入图标。第 66 行将包含 TextView 控件的视图实例化为标签栏的标签。

运行结果：在 Android Studio 支持的模拟器上，运行 Activity_FragmentTabHost 项目。运行结果如图 7-3 所示。

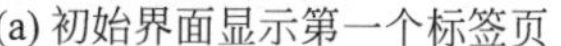
(a) 初始界面显示第一个标签页

(b) 单击第二个标签切换第二页

图 7-3　使用 FragmentTabHost 模仿微信标签栏的运行效果

思考一下，如果要把标签条放在屏幕的上方，该怎么做？

从案例的编程来看，实现一个标签栏和标签页的控制不是很难，但是标签的加载比较复杂，所以在 AndroidX 中已经将 TabHost 和 FragmentTabHost 废弃，取而代之的是 TabLayout。

7.1.2 基于 TabLayout 的标签栏设计

TabLayout 提供一个水平的布局，用来展示选项卡的标签。TabLayout 是在 Android 6.0(API 23)之后出现的，在 Android 10(API 29)及以上版本，Google 公司在把扩展库升级到 AndroidX 之后，将 TabLayout 迁移到 com.google.android.material.tabs.TabLayout 包中。

1. TabLayout 控件的属性和方法

TabLayout 控件是由 HorizontalScrollView 控件派生出来的，它具有 HorizontalScrollView 的属性和方法，同时也有新增的属性和方法。TabLayout 的属性除了有在 Android 命名空间中的属性外，还有在 App 命名空间中的属性。新属性大多集中在 App 命名空间中，常用的属性及说明见表 7-1。

表 7-1　TabLayout 常用属性及说明

属　性	说　明
app:tabBackground	指定标签的背景
app:tabIndicatorColor	指定标签下画线的颜色。在标签条中，被选中的标签项下面会出现一下画线
app:tabIndicatorFullWidth	指定标签是否充满整个屏幕宽度。默认为 true，充满屏幕宽度
app:tabIndicatorHeight	指定下画线的高度
app:tabRippleColor	指定单击标签时的渐变背景色，默认单击每个 tab 的时候，会出现渐变的背景色
app:tabGravity	指定对齐方式，有 fill 和 center 两个选项值
app:tabMode	指定标签的呈现模式。有两种模式。fixed(默认模式)：固定的选项卡标签；scrollable：可以横行滚动的选项卡标签
app:tabSelectedTextColor	指定被选中标签项的文本颜色
app:tabTextAppearance	指定标签文本的风格
app:tabTextColor	指定未被选中的其他标签项的文本颜色

当设置标签充满屏幕宽度时，标签下画线的宽度和标签文字的宽度不一致。如果需要等长度，那么需设置 tabIndicatorFullWidth 属性为 false。

单击标签时有渐变背景色是默认的属性。如果想要去掉这个单击时的背景，可以通过设置 tabRippleColor 属性值为一个透明的背景色。

标签的呈现模式属性，指的是一行标签栏中的标签项的呈现模式。通常在选项卡标签项较少、标签项排列总宽度之和小于屏幕宽度时使用 fixed 模式，一般不超过 5 个。如果当标签项排列总宽度超出屏幕宽度时，或者未确定选项卡数量的情况下使用 scrollable。该属性也可以在 Java 代码中动态设置,即调用方法 setTabMode()。除了 setTabMode()方法外,TabLayout 还有其他的操作标签的方法。常用的方法及说明见表 7-2。

表 7-2　TabLayout 常用方法及说明

方　法	说　明
addTab(TabLayout. Tab tab)	添加一个标签。TabLayout. Tab 是标签栏的标签类
getTabAt(int index)	获取指定位置的标签
getTabCount()	获取标签的总个数
newTab()	创建新标签。即创建了一个 TabLayout. Tab 的对象
setTabMode(int mode)	设置标签的呈现模式。有两种模式,使用系统参数:TabLayout. MODE_FIXED 和 TabLayout. MODE_SCROLLABLE
setTabTextColors(int normalColor,int selectedColor)	设置标签的颜色。第一个参数是未被选中标签项的文本颜色;第二个参数是被选中标签项的文本颜色
setupWithViewPager(ViewPager viewPager)	将 TabLayout 对象与一个 ViewPager 对象绑定
addOnTabSelectedListener(OnTabSelectedListener)	添加标签项的选中监听器
removeOnTabSelectedListener(OnTabSelectedListener)	移除标签项的选中监听器

在调用 addOnTabSelectedListener()方法添加了监听器后,需要实现 OnTabSelectedListener 接口的 3 个事件方法,分别如下。

onTabSelected(T tab)方法,在标签被选中时触发。

onTabUnselected(T tab)方法,在标签被取消时触发。

onTabReselected(T tab)方法,在标签被重新选中时触发。

从上述属性和方法来看,TabLayout 提供了较强的标签风格设计功能。通常情况下,使用 TabLayout 搭配 Fragment 和 ViewPager,是实现标签选项卡的完美组合。

2. TabLayout 控件的用法

使用 TabLayout 控件进行开发,需要做好三个环节:一是在模块级 build. gradle 中添加依赖配置;二是在布局文件中声明 TabLayout 控件;三是在 Java 代码中添加标签项内容。

1) 在 Gradle 中添加依赖

由于 TabLayout 控件被 Google 迁移到 material 包下,为了保证在 Android 设备上运行的兼容性,需要对项目的模块级 Gradle 添加依赖配置项。具体是在模块的 build. gradle 依赖中添加下列代码。

```
dependencies {
    ...
    implementation 'com.google.android.material:material:1.2.1'
    ...
}
```

修改了 build.gradle 配置之后，一般需要把新的 Gradle 配置与应用项目同步。操作步骤是依次选择 Android Studio 的菜单：File→Sync Project with Gradle Files。

2）在布局文件中声明 TabLayout

在布局文件中需要声明 TabLayout 控件，以设置标签栏的操作属性和显示风格。在该声明中有些属性来自 Android 命名空间，这些属性一般是 Android 控件的通用属性；更多关于 TabLayout 控件特有的属性则来自 App 命名空间。例如声明一个 TabLayout，代码片段如下。

```
1   <com.google.android.material.tabs.TabLayout
2           android:id="@+id/tablayout"
3           android:layout_width="match_parent"
4           android:layout_height="72dp"
5           app:tabBackground="@color/tab_bar"
6           app:tabRippleColor="@color/tab_clk"
7           app:tabGravity="fill"
8           app:tabIndicatorHeight="0dp"
9           app:tabMode="fixed"
10          app:tabSelectedTextColor="@color/tab_text_selected"
11          app:tabTextColor="@color/tab_text_normal"/>
```

（1）第 1 行，TabLayout 控件声明节点名必须写全路径。

（2）第 2 行，设置 android:id 属性，该属性必须设置，以供 Java 代码资源调用。

（3）设置标签项下画线的高度为 0，目的是不要出现下画线。

另外，由于 TabLayout 自带的标签栏很小，放图片和文字都不太好看，适配也很难做，通常的做法是，开发者自定义一个标签项布局设计，然后在 Java 代码中调用 setCustomView()方法将自定义的标签视图添加到标签。

3）在代码文件中添加标签项内容

首先，在 Java 代码文件前部，要加入“com.google.android.material.tabs.TabLayout;”。

如果标签项只是单纯的文本标题，可以通过 TabLayout 的 addTab()方法来添加文本，例如需要添加“tab1”文本，代码是“addTab(tabLayout.newTab().setText(“tab1”));”。

如果标签项既有图片，又有文本，常用的设计思路是：先设计一个 XML 的布局文件专门设置图片、文本的布局位置，然后在代码中调用 setCustomView()方法动态加载标签项内容。

下面通过案例来介绍如何使用 TabLayout + Fragment + ViewPager 实现标签栏的应用。

【案例 7.2】 使用 TabLayout + Fragment + ViewPager 实现类似微信底部标签栏的应用，并且将 Activity 的信息传入 Fragment。

说明：本案例通过 XML 布局文件实现标签项视图的自定义。在代码中调用 setCustomView()方法加载标签视图。

定义各标签页的 Fragment，并通过 ViewPagerAdapter 类的实现将 Fragment 页面加载到 ViewPager 中。

对于 TabLayout，通过实现 addOnTabSelectedListener()接口完成对 TabLayout 内各标签项的单击事件监听。

在 Activity 类的代码中调用 Fragment 的 setArguments(Bundle)方法实现将 Activity 中的绑定信息传入 Fragment，在 Fragment 类的代码中调用 getArguments()方法获取从 Activity 中传入的 Bundle 信息。从而实现 Activity 与 Fragment 的通信。

开发步骤及解析：过程如下。

1）创建项目

在 Android Studio 中创建一个名为 Activity_TabLayout 的 Android 项目。其包名为 ee.example.activity_tablayout。

2）准备图片资源

将准备好的两组作为标签按钮图标的图片复制到本项目的 res/drawable 目录中。在此目录下创建设置图标、标签文本颜色在选中/未选中两种状态的资源描述文件。

3）准备字符串资源

字符串资源用于为标签提供显示文本。strings.xml 代码与案例 7-1 中 strings.xml 完全一样，不再赘述。

4）准备颜色资源

颜色资源用于设置标签栏背景色、单击标签渐变色、文本的选中/未选中色等颜色。代码片段如下。

```
<color name="tab_bar">#F3F2F2</color>
<color name="tab_clk">#33B7E6BB</color>
<color name="tab_text_normal">#4a4a4a</color>
<color name="tab_text_selected">#07b613</color>
<color name="text">#f37301</color>
```

5）设计布局

本案例要设计 7 个布局文件。1 个是主布局文件，1 个是标签按钮的布局文件，另外 5 个是 Fragment 的 UI 布局文件。

首先设计主布局文件。打开 res/layout 目录下的 activity_main.xml，并进行编辑，代码如下。

```
<?xml version="1.0" encoding="utf-8"?>
<LinearLayout xmlns:android="http://schemas.android.com/apk/res/android"
    xmlns:app="http://schemas.android.com/apk/res-auto"
    android:layout_width="match_parent"
    android:layout_height="match_parent"
    android:orientation="vertical" >

    <androidx.viewpager.widget.ViewPager
        android:id="@+id/viewpager"
        android:layout_width="match_parent"
        android:layout_height="0dp"
        android:layout_weight="1"/>

    <com.google.android.material.tabs.TabLayout
        android:id="@+id/tablayout"
        android:layout_width="match_parent"
        android:layout_height="72dp"
        android:background="@color/tab_bar"
```

```
19            app:tabGravity = "fill"
20            app:tabIndicatorHeight = "0dp"
21            app:tabMode = "fixed"
22            app:tabSelectedTextColor = "@color/tab_text_selected"
23            app:tabTextColor = "@color/tab_text_normal" />
24    </LinearLayout >
```

(1) 第 8～12 行声明一个 ViewPager。该控件用于显示标签页。

(2) 第 14～23 行声明一个 TabLayout 控件。用于放置标签栏。

设计标签项的布局文件 tab_item. xml，代码如下。

```
<?xml version = "1.0" encoding = "utf - 8"?>
< LinearLayout xmlns:android = "http://schemas.android.com/apk/res/android"
    android:layout_width = "match_parent"
    android:layout_height = "match_parent"
    android:gravity = "center"
    android:orientation = "vertical">

    < ImageView
        android:id = "@ + id/iv_icon"
        android:layout_width = "wrap_content"
        android:layout_height = "wrap_content" />

    < TextView
        android:id = "@ + id/tv_title"
        android:layout_width = "wrap_content"
        android:layout_height = "wrap_content"
        android:textColor = "@drawable/tab_text_selector"/>

</LinearLayout >
```

设计 Fragment 的 UI 布局文件。本例有 5 个 Fragment，分别命名为 fragmentpage1. xml ～fragmentpage5. xml。其 UI 布局大致相同，这里不一一列出，以 fragmentpage1. xml 为例，代码如下。

```
<?xml version = "1.0" encoding = "utf - 8"?>
< LinearLayout xmlns:android = "http://schemas.android.com/apk/res/android"
    android:layout_width = "match_parent"
    android:layout_height = "match_parent"
    android:gravity = "center_vertical"
    android:orientation = "vertical">

    < ImageView
        android:id = "@ + id/tab_ImageView"
        android:layout_width = "match_parent"
        android:layout_height = "0dp"
        android:layout_weight = "1"
        android:scaleType = "fitCenter"
        android:layout_margin = "80dp"
        android:src = "@drawable/img_home" />

    < TextView
        android:id = "@ + id/tab_TextVie"
```

```
            android:layout_width = "wrap_content"
            android:layout_height = "wrap_content"
            android:layout_marginBottom = "50dp"
            android:textSize = "20sp"
            android:textColor = "@color/text" />

</LinearLayout >
```

6）开发逻辑代码

本案例需要编写 6 个类的实现代码，5 个是 Fragment 类的实现代码，1 个是主逻辑类 MainActivity 的代码。

本例的 5 个 Fragment 类，其 UI 非常简单，为了体现 Activity 与 Fragment 的通信，在程序中只对文本控件接收数据进行了处理，在 onCreateView()中完成。这 5 个 Fragment 类的实现代码相似，在此仅以 Fragment_1. java 为例，其他的 Fragment 类的实现代码就不赘述了。Fragment _1. java 的代码如下。

```
package ee.example.activity_tablayout;

import android.os.Bundle;
import android.view.LayoutInflater;
import android.view.View;
import android.view.ViewGroup;
import android.widget.TextView;

import androidx.fragment.app.Fragment;

public class Fragment_1 extends Fragment {
    @Override
    public void onCreate(Bundle savedInstanceState) {
        super.onCreate(savedInstanceState);
    }

   @Override
   public View onCreateView (LayoutInflater inflater, ViewGroup container, Bundle savedInstanceState) {
        View mview = inflater.inflate(R.layout.fragmentpage1,container, false);

        String desc = String.format(" %s 页面,来自 %s.",
                getResources().getString(R.string.tab_home), getArguments().getString("tag"));
        TextView tv_c = (TextView) mview.findViewById(R.id.tab_TextVie);
        tv_c.setText(desc);

        return mview ;
   }

    @Override
    public void onPause() {
        super.onPause();
    }

}
```

下面是 MainActivity.java，在代码中需要创建 Bundle 对象用于向 Fragment 传递信息，需要创建 Fragment 类型的列表数组，用于通过适配器向 ViewPager 提供数据；需要实现 FragmentPagerAdapter 的派生类，需要实现 addOnTabSelectedListener()接口，需要实现自定义方法完成向 TabLayout 加载自定义标签视图的功能。其代码如下。

```
package ee.example.activity_tablayout;

import androidx.appcompat.app.AppCompatActivity;
import androidx.fragment.app.Fragment;
import androidx.fragment.app.FragmentManager;
import androidx.fragment.app.FragmentPagerAdapter;
import androidx.viewpager.widget.ViewPager;

import android.content.Context;
import android.os.Bundle;
import android.view.LayoutInflater;
import android.view.View;
import android.widget.ImageView;
import android.widget.TextView;

import com.google.android.material.tabs.TabLayout;

import java.util.ArrayList;
import java.util.List;

public class MainActivity extends AppCompatActivity {
    private static final String TAG = "TabLayout_MainActivity";
    private TabLayout tabLayout;
    private ViewPager viewPager;

    private List<Fragment> list;
    private MyAdapter adapter;
    private int[] titles = {R.string.tab_home, R.string.tab_classify,R.string.tab_rankings,
                                    R.string.tab_favourites,R.string.tab_me};
    private int[] images = {R.drawable.home, R.drawable.classify, R.drawable.rankings,
                                    R.drawable.favourites, R.drawable.me};

    @Override
    protected void onCreate(Bundle savedInstanceState) {
        super.onCreate(savedInstanceState);
        setContentView(R.layout.activity_main);

        Bundle mBundle = new Bundle();
        mBundle.putString("tag", TAG);

        viewPager = (ViewPager) findViewById(R.id.viewpager);
        tabLayout = (TabLayout) findViewById(R.id.tablayout);
        //页面，数据源
        list = new ArrayList<>();
        list.add(new Fragment_1());
        list.add(new Fragment_2());
        list.add(new Fragment_3());
        list.add(new Fragment_4());
```

```
        list.add(new Fragment_5());
        //Activity 向 Fragment 传递信息
        for (int i = 0; i < list.size();i++)
            list.get(i).setArguments(mBundle);

        adapter = new MyAdapter(getSupportFragmentManager(), this); //ViewPager 的适配器
        viewPager.setAdapter(adapter);  //使用适配器将 ViewPager 与 Fragment 绑定在一起

        tabLayout.setupWithViewPager(viewPager);  //将 TabLayout 与 ViewPager 绑定

        InitTabBar(); //初始化自定义标签视图

        //添加标签监听
        tabLayout.addOnTabSelectedListener(new TabLayout.OnTabSelectedListener() {
            @Override
            public void onTabSelected(TabLayout.Tab tab) {//选中图片操作
                for (int i = 0; i < tabLayout.getTabCount(); i++) {
                    if (tab == tabLayout.getTabAt(i)) {
                        viewPager.setCurrentItem(i);
                    }
                }
            }

            @Override
            public void onTabUnselected(TabLayout.Tab tab) {
            }

            @Override
            public void onTabReselected(TabLayout.Tab tab) {
            }
        });
    }

    class MyAdapter extends FragmentPagerAdapter {
        private Context context;

        public MyAdapter(FragmentManager fm, Context context) {
            super(fm);
            this.context = context;
        }

        @Override
        public Fragment getItem(int position) {
            return list.get(position);
        }

        @Override
        public int getCount() {
            return list.size();
        }

    }
    //实现自定义标签视图的初始化
    public void InitTabBar() {
```

```
103          for (int i = 0; i < tabLayout.getTabCount(); i++) {
104              TabLayout.Tab tab = tabLayout.getTabAt(i);
105              if (tab != null) {
106                  View v = LayoutInflater.from(this).inflate(R.layout.tab_item, null);
107                  TextView textView = (TextView) v.findViewById(R.id.tv_title);
108                  ImageView imageView = (ImageView) v.findViewById(R.id.iv_icon);
109                  textView.setText(titles[i]);
110                  imageView.setImageResource(images[i]);
111                  tab.setCustomView(v); //为标签 tab 设置视图 v
112              }
113          }
114      }
115
116  }
```

(1) 第 44～49 行创建 List 集合类的对象 list，其每个元素是一个 Fragment，将之前定义的 Fragment_1～Fragment_5 类的对象一一加入进来。其中第 45 行中，new Fragment_1() 采用匿名的方式，通过 Fragment_1 类创建一个 Fragment 对象，然后将其添加到 list 中。

(2) 第 51～52 行，向每个 Fragment 对象传递 mBundle 信息。

(3) 第 57 行，实现 TabLayout 与 ViewPager 的关联绑定。

(4) 第 62～79 行实现对标签栏的监听接口。在其中重写了 onTabSelected()事件方法。

(5) 第 82～100 行实现 FragmentPagerAdapter 的派生类 MyAdapter。

(6) 第 102～114 行实现自定义标签的初始化。每个标签中的文本和图片分别来自前面第 28～31 行定义的数组。

运行结果：在 Android Studio 支持的模拟器上，运行 Activity_TabLayout 项目。运行结果如图 7-4 所示。

(a) 初始界面显示第一页

(b) 单击第三个标签切换第三页

(c) 向左滑动切换到下一页

图 7-4　使用 TabLayout 模仿微信标签栏的运行效果

本案例既可以使用单击下端标签栏中的标签来切换页面，也可以使用左右滑动的手势翻页浏览。实现与微信标签栏类似的功能。

7.2 导航栏

导航的主要作用是引导用户方便地访问App的页面、快速地查找所需要的内容。导航包括页面返回按钮、当前页面标题、搜索工具、菜单以及标签等功能，导航栏就是放置这些工具控件的容器。任何一个App几乎都离不开导航栏，它常被比喻为App的骨架，支撑着内容和功能组成的血肉。常见的导航栏位于App页面的顶部，例如微信的导航栏，如图7-5所示。也有位于底部的，例如7.1节中案例介绍的标签栏就是一种位于底部的导航栏，它们是以标签栏的形式完成导航功能的。

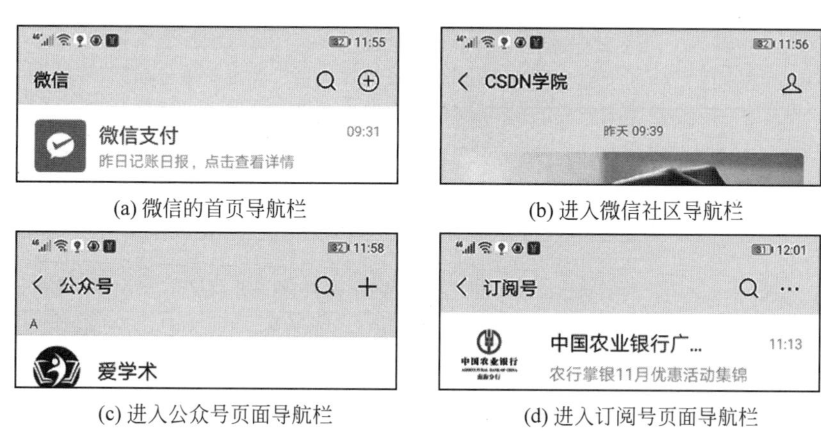

(a) 微信的首页导航栏　(b) 进入微信社区导航栏

(c) 进入公众号页面导航栏　(d) 进入订阅号页面导航栏

图7-5　手机微信App的导航栏

构成导航栏的常用控件有工具栏Toolbar、溢出菜单OverflowMenu、搜索框SearchView以及标签布局TabLayout等。下面分别介绍这些相关控件。

7.2.1 工具栏(Toolbar)

ToolBar是Android 5.0(API 21)推出的一个新的导航控件，用于取代之前的ActionBar。在Android 5.0之前，顶部导航栏主要使用ActionBar控件。但是使用ActionBar时，存在一大堆问题：文字能否定制？位置能否改变？图标的间距怎么控制？等等。暴露出ActionBar不灵活、难以扩展等缺陷，而ToolBar控件就是一个ViewGroup，具有高度的可定制性、灵活性，具有Material Design风格等优点，所以越来越多的App顶部导航栏使用ToolBar来代替ActionBar。

1. ToolBar的属性和方法

ToolBar类位于androidx.appcompat.widget.Toolbar包中。它是一个ViewGroup，可以包含一个导航按钮、一个Logo图标、一个标题和子标题、一到多个定制视图、一个菜单等。ToolBar之所以比ActionBar灵活，是因为它可提供多个属性用于设置外观风格。

ToolBar 除了常见的 Android 命名空间中的属性外，还有 App 命名空间中的特有属性，这些属性几乎都有对应的方法。ToolBar 常用的属性及对应方法见表 7-3。

表 7-3　ToolBar 常用的属性及对应方法说明

属　性	方　法	说　明
app:logo	setLogo(int)	设置工具栏的图标
app:title	setTitle(CharSequence)	设置标题文本
app:titleTextColor	setTitleTextColor(int)	设置标题文本颜色
app:titleTextAppearance	setTitleTextAppearance(Context,int)	设置标题的文本样式，样式定义在 styles. xml 中
app:subtitle	setSubtitle(CharSequence)	设置副标题文本。副标题在标题的下方
app:subtitleTextColor	setSubtitleTextColor(int)	设置副标题文本颜色
app:subtitleTextAppearance	setSubtitleTextAppearance(Context,int)	设置副标题文本样式
app:navigationIcon	setNavigationIcon(int)	设置左侧导航图标
无	setNavigationOnClickListener (View. OnClickListener)	设置导航图标的单击监听器
无	setOnMenuItemClickListener (Toolbar. OnMenuItemClickListener)	设置导航菜单项的单击监听器

ToolBar 本质上是一个 ViewGroup，所以在布局文件中，可以在 Toolbar 的元素内添加其他控件，如 TextView 控件、TabLayout 控件等。例如在 Toolbar 的元素内添加一个 TextView 控件，代码如下。

```
1    <androidx.appcompat.widget.Toolbar
2        android:id="@+id/toolbar"
3        android:layout_width="match_parent"
4        android:layout_height="?attr/actionBarSize">
5
6        <TextView
7            android:id="@+id/toolbar_txt"
8            android:layout_width="wrap_content"
9            android:layout_height="wrap_content"
10           android:text="标题"/>
11
12   </androidx.appcompat.widget.Toolbar>
```

这里，声明 ToolBar 的元素必须使用全路径名< androidx. appcompat. widget. Toolbar >。

第 4 行的"? attr/actionBarSize"是 AppCompatTheme 的一个自定义属性，指 ActionBar 的高度。

2. 样式的定义与配置设置

ToolBar 总是占据顶部导航栏的位置，而 ActionBar 也是占据顶部导航栏位置。为了避免冲突，使用 ToolBar 时需要关闭 ActionBar。方法是在 styles. xml 中为 ToolBar 设置风格样式，代码如下。

```
<style name="AppTheme.NoActionBar" parent="AppTheme">
```

或

```
<style name="ToolBarTheme" parent="Theme.AppCompat.Light.NoActionBar">
```

定义完 styles.xml 的新样式名元素后，还需要在 AndroidManifest.xml 中对包含 ToolBar 控件的 Activity 元素节点进行设置。添加 android:theme 属性，设置其值如下。

```
android:theme="@style/AppTheme.NoActionBar"
```

或

```
android:theme="@style/ToolBarTheme"
```

3. 调用 setSupportActionBar()方法

在实现 Activity 类的 onCreate()方法中，需要调用 setSupportActionBar()方法来设置当前的 ToolBar 对象，代码片段如下。

```
Toolbar mToolbar = (Toolbar) findViewById(R.id.toolbar);
setSupportActionBar(mToolbar);
```

7.2.2 溢出菜单(OverflowMenu)

在顶部导航栏的右边经常可以看到三个点图标，如图 7-5(d)所示。单击它后会弹出菜单。这三个点弹出的菜单称为溢出菜单 OverflowMenu，其含义是指导航栏放不下的、溢出来的选项菜单。实际上溢出菜单就是早期 Android 版本的选项菜单，不同的是溢出菜单多了 showAsAction 属性。

1. 菜单

菜单是许多应用类型中常见的用户界面组件。虽说在 Android 3.0 之后，手机应用弱化了菜单应用，但是在应用中仍然使用菜单，只是需要通过某些图标按钮才能调出菜单。在 Google 公司的 API 开发指南中推荐了三种基本菜单：选项菜单(OptionsMenu)、上下文菜单(ContextMenu)和弹出菜单(PopupMenu)。

1) 三种基本菜单

选项菜单是某个 Activity 的主菜单项，它一般提供对整个应用产生全局影响的操作。在 Android 3.0(API 11)之后，选项菜单被默认转移到 ActionBar 的 Overflow Menu 溢出菜单中。在工具栏的右侧有三个点图标，单击它可调出菜单项。

上下文菜单是用户长按某一控件元素时出现的浮动菜单，它提供的操作将影响所选内容或上下文框架。

弹出菜单将以垂直列表形式显示一系列菜单项，这些菜单项列表将锚定到调用该菜单的视图中。弹出菜单中的操作不会直接影响对应的 Activity 上下文，适用于与该 Activity 中的内容区域相关的扩展操作。

2）菜单的用法简述

通常情况下，都是在 res 目录下创建一个 menu 文件夹，在该文件夹内定义菜单项描述文件。然后，在相应的 Activity 里面，通过重写不同的方法来实现不同的菜单。

（1）在 Android 3.0（API 11）之后，选项菜单就是溢出菜单。实现该类菜单需要重写 onCreateOptionsMenu()和 onOptionsItemSelected()方法。具体使用方法在后续的（2）、（3）、（4）中详细介绍。

（2）实现上下文菜单，需要重写 onCreateContextMenu()和 onContextItemSelected()方法。例如，创建 ContextMenu，加载之前定义的菜单项描述文件 menu_main.xml，代码片段如下。

```
@Override
public void onCreateContextMenu(ContextMenu menu, View v, ContextMenu.ContextMenuInfo menuInfo) {
      super.onCreateContextMenu(menu, v, menuInfo);
      getMenuInflater().inflate(R.menu.menu_main, menu);
}
//当 ContextMenu 被选中的时候处理具体的响应事件
@Override
public boolean onContextItemSelected(MenuItem item) {
      switch (item.getItemId()){
          case R.id.action_1:
              Toast.makeText(mContext,"Option 1",Toast.LENGTH_SHORT).show();
              return true;
          case R.id.action_2:
              Toast.makeText(mContext,"Option 2",Toast.LENGTH_SHORT).show();
              return true;
          case R.id.action_3:
              Toast.makeText(mContext,"Option 3",Toast.LENGTH_SHORT).show();
              return true;
          default:
              //此处没有任何操作
      }
      return super.onContextItemSelected(item);
}
```

（3）实现弹出菜单，需要把 PopupMenu 相关逻辑封装到 showPopupMenu()方法中，包含 PopupMenu 的实例化、布局设置、显示、添加 MenuItem 的单击监听及响应等；然后与某个 View 绑定，当单击这个 View 的时候显示 PopupMenu。例如，之前定义了菜单项描述文件 menu_main.xml，单击 TextView 控件弹出菜单，TextView 在 XML 布局文件中的代码片段如下。

```
<TextView
      android:id = "@ + id/tv_popup_menu"
      android:layout_width = "160dp"
      android:layout_height = "60dp"
      android:padding = "20dp"
      android:text = "Popup Menu"
      android:longClickable = "true"
      android:gravity = "center"
      android:background = "@drawable/background"
      />
```

在相应的 Activity 的 Java 代码中，通常在 onCreate()方法内绑定该 TextView，单击显示，代码片段如下。

```
private TextView mPopupMenu;
mPopupMenu = findViewById(R.id.tv_popup_menu);
    mPopupMenu.setOnClickListener(new View.OnClickListener() {
        @Override
        public void onClick(View view) {
            showPopupMenu();
        }
    });
```

showPopupMenu()是实现 PopupMenu 相关逻辑封装的方法，代码片段如下。

```
private void showPopupMenu(){
    PopupMenu popupMenu = new PopupMenu(this,mPopupMenu);
    popupMenu.inflate(R.menu.menu_main);
    popupMenu.setOnMenuItemClickListener(new PopupMenu.OnMenuItemClickListener() {
        @Override
        public boolean onMenuItemClick(MenuItem menuItem) {
            switch (menuItem.getItemId()){
                case R.id.action_1:
                    Toast.makeText(mContext,"Option 1",Toast.LENGTH_SHORT).show();
                    return true;
                case R.id.action_2:
                    Toast.makeText(mContext,"Option 2",Toast.LENGTH_SHORT).show();
                    return true;
                case R.id.action_3:
                    Toast.makeText(mContext,"Option 3",Toast.LENGTH_SHORT).show();
                    return true;
                default:
                    …
                    //此处没有任何操作
            }
            return false;
        }
    });
    popupMenu.show();
}
```

2. 菜单项描述文件

定义 ToolBar 上的按钮项以及溢出菜单 Overflow Menu 里面的菜单项显示内容，需要使用菜单描述文件。Android 给出的规范是在 res/menu 目录下定义 XML 格式的菜单资源描述文件，该类描述文件声明的菜单项支持所有类型的菜单。res/menu 目录下的 XML 菜单资源描述文件包含以下几个元素。

(1) < menu >：定义一个 Menu，是一个菜单资源文件的根节点，里面可以包含一个或者多个< item >和< group >元素。

(2) < item >：创建一个 MenuItem，表示菜单中一个选项。

(3) < group >：对菜单项进行分组，可以以组的形式操作菜单项。

每个 item 元素对应一个菜单按钮项。<item>元素中的属性有支持 Android 命名空间的常规属性，如 id、icon、orderInCategory、title 等。其中，id 是该 item 项的唯一标识符，icon 用于指定该项的图标，title 用于指定该项可以显示的文字（在图标能显示的情况下，通常不会显示文字），orderInCategory 设置菜单项的优先级，值越大优先级越低。还有一个重要的属性是 App 命名空间下的属性 showAsAction，这个属性用来控制菜单项在导航栏上的展示位置。showAsAction 常用的属性值见表 7-4。

表 7-4 showAsAction 常用属性值及说明

属 性 值	说 明
always	无论是否溢出，总会显示在导航栏上
ifRoom	如果导航栏右侧有空间，该项就直接显示在导航栏上，不放入溢出菜单
never	从不在导航栏上直接显示，一直放在溢出菜单列表里面
withText	如果能在导航栏上显示，除了显示图标，还要显示该项的文本标题
collapseActionView	操作视图要折叠为一个视图，单击该按钮再展开操作视图，例如 SearchView

3. 加载菜单项

当创建好一个 XML 菜单资源描述文件之后，系统在启动 Activity 的时候，回调 onCreateOptionsMenu()方法，在其中调用 getMenuInflater(). inflate()方法，将 XML 菜单资源描述文件加载资源到菜单项上。例如下列代码。

```
@Override
public boolean onCreateOptionsMenu(Menu menu){
    getMenuInflater().inflate(R.menu.menu_main,menu);
    return true;
}
```

onCreateOptionsMenu()是用来初始化菜单的方法，它只在首次显示菜单时被调用。

4. 让 Overflow 中的菜单项显示图标

隐藏在 Overflow 中的菜单项一般只显示文字。如果希望 Overflow 中的菜单项也显示图标，可以使用 Method 类的 setOptionalIconsVisible 方法来确定。该设置在重写 onMenuOpened()方法内实现，代码片段如下。

```
@Override
public boolean onMenuOpened(int featureId,Menu menu){
    // 显示菜单项左侧的图标
    if (menu != null) {
        if (menu.getClass().getSimpleName().equalsIgnoreCase("MenuBuilder")) {
          try {
              Method method = menu.getClass().getDeclaredMethod("setOptionalIconsVisible",
Boolean.TYPE);
              method.setAccessible(true);
              method.invoke(menu, true);
          } catch (Exception e) {
              e.printStackTrace();
          }
```

```
            }
        }
        return super.onMenuOpened(featureId, menu);
    }
```

5. 实现菜单项被选中的响应事件

当菜单项被选中后，要执行相应的操作。这部分操作通过重写 onOptionsItemSelected()方法来实现响应事件。例如，加载之前定义的菜单项描述文件 menu_main.xml，编写菜单项被选中的响应事件，代码片段如下。

```
@Override
public boolean onCreateOptionsMenu(Menu menu) {
    getMenuInflater().inflate(R.menu.menu_main,menu);
    return true;
}
//当 OptionsMenu 被选中的时候处理具体的响应事件
@Override
public boolean onOptionsItemSelected(MenuItem item) {
    switch (item.getItemId()){
        case R.id.action_1:
            Toast.makeText(mContext,"Option 1",Toast.LENGTH_SHORT).show();
            return true;
        case R.id.action_2:
            Toast.makeText(mContext,"Option 2",Toast.LENGTH_SHORT).show();
            return true;
        case R.id.action_3:
            Toast.makeText(mContext,"Option 3",Toast.LENGTH_SHORT).show();
            return true;
        default:
            //此处没有任何操作
    }
    return super.onOptionsItemSelected(item);
}
```

7.2.3　搜索框(SearchView)

SearchView 是一个搜索控件，该控件提供用户输入查询字符内容并发送查询请求的界面，位于 androidx.appcompat.widget.SearchView 包中。SearchView 展开后有些属性及方法可以设置搜索框展开时的显示效果。常用的属性及对应方法见表 7-5。

表 7-5　SearchView 常用的属性及对应方法说明

属　性	方　法	说　明
android:iconified	setIconified(boolean)	设置为 true 时，只显示搜索按钮。这是搜索控件的默认显示模式； 设置为 false 时，搜索框直接展开。左侧搜索图标在搜索框中，右侧有叉叉。可以关闭搜索框

续表

属　性	方　法	说　明
android：iconifiedByDefault	setIconifiedByDefault(boolean)	设置为 true 时，搜索控件按默认模式显示；设置为 false 时，搜索框直接展开。搜索图标在搜索框外，右侧无叉叉，当输入内容后有叉叉。不能关闭搜索框
—	onActionViewExpanded()	设置搜索框为展开模式，搜索图标在搜索框内，右侧无叉叉，当输入内容后有叉叉。不能关闭搜索框
android：imeOptions	setImeOptions(int)	设置输入法搜索选项字段，默认是搜索，可以是：下一页、发送、完成等
android：inputType	setInputType(int)	设置输入类型
android：maxWidth	setMaxWidth(int)	设置最大宽度
android：queryHint	setQueryHint(CharSequence)	设置查询提示字符串

SearchView 可以单独使用，也可以出现在顶部导航栏中配合 Menu、ToolBar 一起使用。本节主要介绍 SearchView＋Menu＋ToolBar 的使用方法。

1. 创建菜单描述文件

将 SearchView 作为导航栏中的一个按钮项，需要将该项添加进菜单项中，即在 XML 菜单描述文件中添加一个 item。这个 item 跟普通 item 的差别在于，使用 app：actionViewClass 属性指定 SearchView 的所在类，代码片段如下。

```
<?xml version = "1.0" encoding = "utf - 8"?>
< menu xmlns:android = "http://schemas.android.com/apk/res/android"
    xmlns:app = "http://schemas.android.com/apk/res - auto"
    xmlns:tools = "http://schemas.android.com/tools">
    < item
        android:id = "@ + id/menu_search"
        android:orderInCategory = "100"
        android:title = "搜索"
        app:actionViewClass = " androidx.appcompat.widget.SearchView"
        app:showAsAction = "always"
        />
    ...
</menu >
```

app：actionViewClass 的属性值需要指明 SearchView 类所在包名的全路径，即"androidx. appcompat. widget. SearchView"。并且设置 app：showAsAction 属性为 always。

2. 在 onCreateOptionsMenu()中实例化 SearchView

当菜单在创建时会回调 Activity 中的 onCreateOptionsMenu(Menu menu)方法，通过该方法可以得到 Menu 对象，而 SearchView 是 Menu 中 item 的一个 actionView，actionView 可以通过 MenuItem. getActionView()获取，从而可以实例化 SearchView 对

象。例如，菜单描述文件为 search_view. xml，其中声明搜索项的 ID 为 menu_search，代码片段如下。

```
@Override
public boolean onCreateOptionsMenu(Menu menu) {
    getMenuInflater().inflate(R.menu.search_view, menu);
    MenuItem searchItem = menu.findItem(R.id.menu_search);
    //通过 MenuItem 得到 SearchView
    mSearchView = (SearchView) searchItem.getActionView();
    ...
    return super.onCreateOptionsMenu(menu);
}
```

3. 处理事件监听

SearchView 提供了丰富的事件监听。一般常用的有打开搜索框按钮的单击事件、清空或关闭搜索框按钮的单击事件、搜索框文字变化事件等。示例如下。

1）搜索框展开时后面叉叉按钮的单击监听接口实现

实现代码如下。

```
mSearchView.setOnCloseListener(new SearchView.OnCloseListener() {
    @Override
    public boolean onClose() {
        ...//定义关闭搜索框时触发的操作
        return false;
    }
});
```

当 onClose()方法返回 false 时，则表示执行默认的动作；返回 true 时，表示监听器要重写清除搜索文本输入区、解除搜索的默认操作动作。

2）搜索图标按钮的单击监听接口实现

实现代码如下。

```
mSearchView.setOnSearchClickListener(new View.OnClickListener() {
    @Override
    public void onClick(View v) {
        ...//定义打开搜索框时触发的操作
    }
});
```

3）搜索框文字变化监听接口实现

实现代码如下。

```
mSearchView.setOnQueryTextListener(new SearchView.OnQueryTextListener() {
    @Override
    public boolean onQueryTextSubmit(String s) {
        ...//定义在搜索框内输入字符发生变化后提交时触发的操作
        return false;
    }

    @Override
```

```
        public boolean onQueryTextChange(String s) {
            ...//定义在搜索框内输入字符发生变化时触发的操作
            return false;
        }
    });
```

onQueryTextSubmit()和onQueryTextChange()两个方法的返回值含义与上面的onClose()方法返回值含义类似，当返回false时，则表示执行默认的动作；返回true时，表示由监听器处理相应的操作动作。

下面将通过一案例来学习顶部导航栏的样式自定义，以此来满足人们的开发需求。

【案例7.3】 使用ToolBar + OverflowMenu + SearchView实现顶部导航栏的应用，并且简单地体现搜索操作。

说明：本例通过XML菜单描述文件来声明SearchView项。预置一些字符串到列表框，通过在搜索栏输入字符串来检索列表框中包含输入字串的项。并且使用一个列表框显示搜寻的结果。

使用ListView来预存搜索关键词，并通过ArrayAdapter类实现将一组String[]数组的数据与之适配绑定。

对于SearchView，通过实现SetOnQueryTextListener()接口完成对搜索框内文本内容变化的监听，需要重写onQueryTextChangel()方法。

开发步骤及解析：过程如下。

1）创建项目

在Android Studio中创建一个名为Activity_GuideBar的Android项目。其包名为ee.example.activity_guidebar。

2）准备图片资源

将准备好的导航栏返回按钮、应用的Logo和菜单项图标复制到本项目的res/mipmap-xhdpi目录中。在实际应用编程时，需要针对不同的显示密度准备不同尺寸的图片资源组，分别复制到mipmap-hdpi、mipmap-xhdpi和mipmap-xxhdpi等如今常见的几种密度目录中。

3）准备样式资源

在res/values目录下编写styles.xml文件，定义导航栏中使用ToolBar、屏蔽ActionBar及ToolBar的显示风格样式，代码如下。

```
<resources>
    <!-- Base application theme. -->
    <style name = "AppTheme" parent = "Theme.AppCompat.Light.DarkActionBar">
        <!-- Customize your theme here. -->
        <item name = "colorPrimary">@color/colorPrimary</item>
        <item name = "colorPrimaryDark">@color/colorPrimaryDark</item>
        <item name = "colorAccent">@color/colorAccent</item>
    </style>

    <style name = "AppTheme.NoActionBar" parent = "AppTheme">
        <item name = "windowActionBar">false</item>
        <item name = "windowNoTitle">true</item>
        <!-- 设置menu中item的图标颜色 -->
```

```
14              <item name="android:textColorSecondary">#ffffff</item>
15              <!-- 是否覆盖锚点,默认为 true,即盖住 Toolbar -->
16              <item name="overlapAnchor">false</item>
17          </style>
18
19          <!-- 标题与 NavigationIcon 的距离 -->
20          <style name="Toolbar.MyStyle" parent="Base.Widget.AppCompat.Toolbar">
21              <item name="contentInsetStart">0dp</item>
22              <item name="contentInsetStartWithNavigation">0dp</item>
23          </style>
24
25          <!-- Toolbar 标题文字大小 -->
26          <style name="Toolbar.TitleText" parent="TextAppearance.Widget.AppCompat.Toolbar.Title">
27              <item name="android:textSize">16sp</item>
28          </style>
29
30      </resources>
```

(1) 第 16 行设置是否覆盖锚点为 false,目的是让溢出菜单不遮挡导航栏。

(2) 第 20～23 行设置标题与导航按钮之间的间距为 0,这样的显示效果要好一些。在编程中也可以不采用该样式,试试显示效果如何。

4) 配置清单文件

因为需要对项目中的 Activity 的主题样式进行设置,以屏蔽 ActionBar,所以在 AndroidManifest.xml 中,需要对使用 ToolBar 的< activity >元素节点添加 android:theme 属性,设置其取值为 styles.xml 中定义的样式"@style/AppTheme.NoActionBar",代码片段如下。

```
<activity android:name=".MainActivity"
    android:screenOrientation="portrait"
    android:theme="@style/AppTheme.NoActionBar">
    <intent-filter>
        <action android:name="android.intent.action.MAIN" />
        <category android:name="android.intent.category.LAUNCHER" />
    </intent-filter>
</activity>
```

5) 准备菜单资源

在 res 目录下创建 menu 目录,并在该目录下创建 menu_main.xml 文件,并进行编辑,代码如下。

```
<?xml version="1.0" encoding="utf-8"?>
<menu xmlns:android="http://schemas.android.com/apk/res/android"
    xmlns:app="http://schemas.android.com/apk/res-auto"
    xmlns:tools="http://schemas.android.com/tools"
    tools:context=".MainActivity">

    <item android:id="@+id/menuitm_search"
        android:title="Search"
        android:orderInCategory="1"
        app:actionViewClass="androidx.appcompat.widget.SearchView"
        app:showAsAction="always"/>
```

```
12      <item android:id="@+id/menuitm_notifications"
13          android:title="Notifications"
14          android:icon="@mipmap/icon_notifications2"
15          android:orderInCategory="100"
16          app:showAsAction="never"/>
17      <item android:id="@+id/menuitm_signin"
18          android:title="Sign in"
19          android:icon="@mipmap/icon_sign2"
20          android:orderInCategory="100"
21          app:showAsAction="never"/>
22      <item android:id="@+id/menuitm_settings"
23          android:title="Set configuration"
24          android:icon="@mipmap/icon_setting2"
25          android:orderInCategory="100"
26          app:showAsAction="never"/>
27
28  </menu>
```

（1）第 7～11 行声明的是搜索项，第 10 行指定该项的全路径类名，第 11 行设置该项总是显示在工具栏中。

（2）第 12～26 行声明了三个菜单项，它们总是显示在溢出菜单中。

6）设计布局

打开 res/layout 目录下的 activity_main. xml，并进行编辑，代码如下。

```
1   <?xml version="1.0" encoding="utf-8"?>
2   <LinearLayout xmlns:android="http://schemas.android.com/apk/res/android"
3       xmlns:tools="http://schemas.android.com/tools"
4       xmlns:app="http://schemas.android.com/apk/res-auto"
5       android:layout_width="match_parent"
6       android:layout_height="match_parent"
7       android:orientation="vertical"
8       tools:context=".MainActivity">
9
10      <androidx.appcompat.widget.Toolbar
11          android:id="@+id/toolbar"
12          style="@style/Toolbar.MyStyle"
13          android:layout_width="match_parent"
14          android:layout_height="?attr/actionBarSize"
15          android:background="?attr/colorPrimary"
16          app:navigationIcon="@mipmap/gbtn"
17          app:popupTheme="@style/ThemeOverlay.AppCompat.Light"
18          app:titleTextAppearance="@style/Toolbar.TitleText"
19          app:titleTextColor="@android:color/white"/>
20
21      <ListView
22          android:id="@+id/listView"
23          android:layout_width="match_parent"
24          android:layout_height="match_parent"/>
25
26  </LinearLayout>
```

（1）第 12 行设置该节点属性“style="@style/Toolbar. MyStyle"”，使得导航按钮与标题的间距采用样式 Toolbar. MyStyle。

(2) 第 17 行设置溢出菜单的样式是系统设置的 Light 风格，即白底黑字。

(3) 第 18 行设置标题的样式风格。

(4) 由于 SearchView 是嵌入在 ToolBar 中的菜单项，所以没有单独声明。如果 SearchView 是独立使用的，就需要在布局文件中单独声明了。

7) 开发逻辑代码

打开 java/ee. example. activity_guidebar 包下的 MainActivity. java 文件，并进行编辑，代码如下。

```
package ee.example.activity_guidebar;

import androidx.appcompat.app.AppCompatActivity;
import androidx.appcompat.widget.SearchView;
import androidx.appcompat.widget.Toolbar;

import android.graphics.Color;
import android.os.Bundle;
import android.text.TextUtils;
import android.view.Menu;
import android.view.MenuItem;
import android.view.View;
import android.widget.ArrayAdapter;
import android.widget.ListView;
import android.widget.Toast;

import java.lang.reflect.Method;

public class MainActivity extends AppCompatActivity {

    private String[] mStrs = {"kk", "kks", "wskx", "wksx"};
    private SearchView mSearchView;
    private ListView lListView;

    @Override
    protected void onCreate(Bundle savedInstanceState) {
        super.onCreate(savedInstanceState);
        setContentView(R.layout.activity_main);

        lListView = (ListView) findViewById(R.id.listView);
        lListView.setAdapter(new ArrayAdapter<String>(MainActivity.this,
                                      android.R.layout.simple_list_item_1, mStrs));
        lListView.setVisibility(View.GONE);

        //设置导航图标、添加菜单单击事件要在 setSupportActionBar()方法之后
        Toolbar mToolbar = (Toolbar) findViewById(R.id.toolbar);
        setSupportActionBar(mToolbar);
        mToolbar.setNavigationIcon(R.mipmap.gbtn);
        mToolbar.setTitle(R.string.app_name);
        mToolbar.setTitleTextColor(Color.WHITE);
        mToolbar.setLogo(R.mipmap.logo);
        mToolbar.setSubtitle("Toolbar");
        mToolbar.setSubtitleTextColor(Color.WHITE);
        mToolbar.setOnMenuItemClickListener(new Toolbar.OnMenuItemClickListener() {
```

```
            @Override
            public boolean onMenuItemClick(MenuItem item) {
                lListView.setVisibility(View.GONE);
                switch (item.getItemId()) {
                    case R.id.menuitm_search:
                        break;
                    case R.id.menuitm_notifications:
                        Toast.makeText(MainActivity.this, "Notificationa !",
                                                            Toast.LENGTH_SHORT).show();
                        break;
                    case R.id.menuitm_signin:
                        Toast.makeText(MainActivity.this, "Sign in !",
                                                            Toast.LENGTH_SHORT).show();
                        break;
                    case R.id.menuitm_settings:
                        Toast.makeText(MainActivity.this, "Settings !",
                                                            Toast.LENGTH_SHORT).show();
                        break;
                }
                return true;
            }
        });
    }

    @Override
    public boolean onCreateOptionsMenu(Menu menu){
        getMenuInflater().inflate(R.menu.menu_main,menu);
        MenuItem searchItem = menu.findItem(R.id.menuitm_search);
        //通过 MenuItem 得到 SearchView
        mSearchView = (SearchView) searchItem.getActionView();
        mSearchView.setQueryHint("输入查询字符");

        mSearchView.setOnSearchClickListener(new View.OnClickListener() {
            @Override
            public void onClick(View v) {
                lListView.setVisibility(View.VISIBLE);
            }
        });

        mSearchView.setOnCloseListener(new SearchView.OnCloseListener() {
            @Override
            public boolean onClose() {
                lListView.setVisibility(View.GONE);
                return false;
            }
        });

        //设置搜索文本监听
        mSearchView.setOnQueryTextListener(new SearchView.OnQueryTextListener() {
            //当单击搜索按钮时触发该方法
            @Override
```

```
92                  public boolean onQueryTextSubmit(String query) {
93                      return false;
94                  }
95                  //当搜索内容改变时触发该方法
96                  @Override
97                  public boolean onQueryTextChange(String newText) {
98                      if (!TextUtils.isEmpty(newText)){
99                          lListView.setVisibility(View.VISIBLE);
100                         lListView.setTextFilterEnabled(true);
101                         lListView.setFilterText(newText);
102                     }else{
103                         lListView.clearTextFilter();
104                     }
105                     return false;
106                 }
107             });
108             return super.onCreateOptionsMenu(menu);
109         }
110 
111         //让菜单同时显示图标和文字
112         @Override
113         public boolean onMenuOpened(int featureId,Menu menu){
114             //显示菜单项左侧的图标
115             if (menu != null) {
116                 if (menu.getClass().getSimpleName().equalsIgnoreCase("MenuBuilder")) {
117                     try {
118                         Method method = menu.getClass().
                                    getDeclaredMethod("setOptionalIconsVisible", Boolean.TYPE);
119                         method.setAccessible(true);
120                         method.invoke(menu, true);
121                     } catch (Exception e) {
122                         e.printStackTrace();
123                     }
124                 }
125             }
126             return super.onMenuOpened(featureId, menu);
127         }
128 
129     }
```

(1) 第 35～42 行，实例化 ToolBar 对象 mToolbar，并设置图标、标题等属性。

(2) 第 43～62 行，添加对 mToolbar 中菜单的单击监听事件处理。注意，添加所有监听都必须放在 setSupportActionBar()方法之后。

(3) 第 66～109 行重写 onCreateOptionsMenu()方法，向导航栏中添加各菜单项；并对 SearchView 菜单项设置属性和添加监听事件处理。

(4) 第 113～127 行重写 onMenuOpened()方法，在方法中设置显示溢出菜单的图标和文字。

运行结果：在 Android Studio 支持的模拟器上，运行 Activity_GuideBar 项目。运行结果如图 7-6 所示。

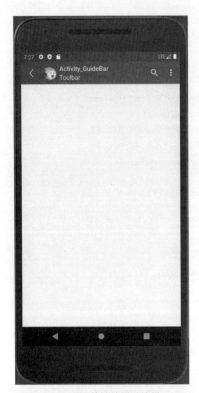

(a) ToolBar的初始显示效果

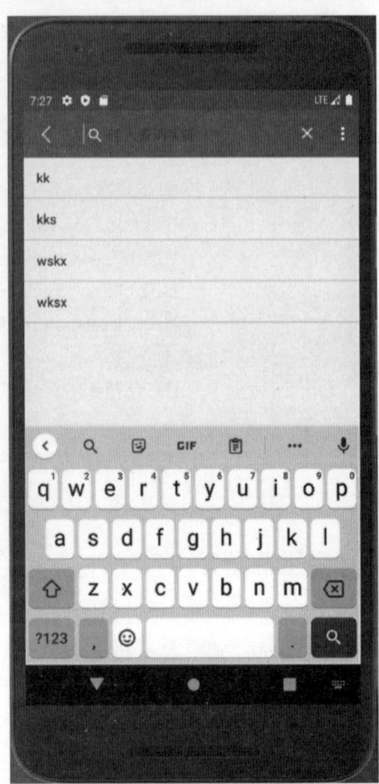

(b) 单击搜索按钮出现搜索框

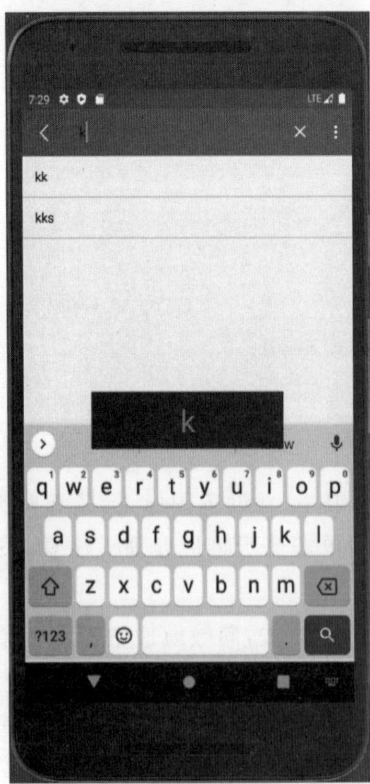

(c) 在搜索框中输入搜索关键字

(d) 单击溢出菜单按钮下拉出菜单

图 7-6　顶部导航栏的运行效果

在实际的应用开发中经常要用到标签栏、导航栏按钮及菜单、对话框。当用户执行了某些操作后，或应用收到系统的某些消息后，会以对话框或其他方式回馈信息。这样，可以让用户体验更完善，让程序功能更完备。

7.3　对话框

对话框(Dialog)是 Activity 运行时弹出的小窗口。例如，当用户要删除一个联系人时，会弹出一个对话框，让用户确认是否真的要删除。当显示对话框时，当前的 Activity 失去焦点进入可见状态，而由对话框负责所有的人机交互。使用对话框的主要目的是提示消息，或弹出一个与程序主进程直接相关的小程序。

Android 系统主要提供 4 类对话框：提示对话框(DialogFragment)、进度对话框(ProgressDialog)、日期选择对话框(DatePickerDialog)和时间选择对话框(TimePickerDialog)。另外还有一个简单的即时消息提示类 Toast，在前面的几个案例中已经使用过了。

7.3.1　提示消息(Toast)

Toast 类位于 android. widget. Toast 包中。它向用户提供一种快速的即时消息，消息内容简短。当 Toast 被显示时，悬浮于应用项目的最上层，没有焦点，停留几秒钟后便会自动消失。Toast 在程序中常用于某项操作执行后是否成功的消息提示。

Toast 对象的创建通过 makeText()方法实现。makeText()方法有两种格式。

格式一：makeText(Context context,int resId,int duration)。

格式二：makeText(Context context,String message,int duration)。

两种格式都有三个参数。其含义如下。

第一个参数是 Toast 对象当前的上下文引用。

第二个参数在格式一中是一个字符串的资源标识符，在格式二中是一个字符串，其字符串的内容是将要显示的消息内容。

第三个参数是指定 Toast 显示的时间长度，有两个常量，LENGTH_LONG 和 LENGTH_SHORT。LENGTH_LONG(值为 1)表示显示时间较长，LENGTH_SHORT(值为 0)表示显示时间较短。通常使用 LENGTH_LONG 常量多些。

在完成 Toast 对象创建后通过 show()方法即可将消息提示显示在屏幕上。Toast 的默认显示方式是在屏幕的下半部位置，且只有文本消息。前面章节已经有不少案例使用了 Toast 显示操作的回应消息。例如在案例 7.3 中，当单击了溢出菜单中的菜单项时，都会在屏幕下部显示短暂的提示消息。在 MainActivity. java 文件中有代码片段如下。

```
switch (item.getItemId()) {
    case R.id.menuitm_search:
        break;
    case R.id.menuitm_notifications:
        Toast.makeText(MainActivity.this, "Notificationa !", Toast.LENGTH_SHORT).show();
        break;
    case R.id.menuitm_signin:
```

```
8             Toast.makeText(MainActivity.this, "Sign in !", Toast.LENGTH_SHORT).show();
9             break;
10        case R.id.menuitm_settings:
11            Toast.makeText(MainActivity.this, "Settings !", Toast.LENGTH_SHORT).show();
12            break;
13    }
```

其中第5、8、11行都使用了Toast类的makeText()方法来创建匿名对象，然后直接调用show()方法显示提示消息。

当然，也可以显式创建Toast对象，然后通过Toast对象调用show()方法，分下面两条语句实现。

```
Toast mytoast = Toast.makeText(MainActivity.this, "Notificationa !", Toast.LENGTH_SHORT);
mytoast.show();
```

Toast消息默认显示在屏幕的下方位置。如果需要改变Toast的显示位置，必须显式创建Toast对象，然后调用setGravity()方法设置消息显示框位置。例如，将Toast显示在屏幕中部，可使用如下代码。

```
Toast mytoast = Toast.makeText(MainActivity.this, "Notificationa !", Toast.LENGTH_SHORT);
mytoast.setGravity(Gravity.CENTER, 0, 0);
mytoast.show();
```

setGravity()方法有三个参数，第一个参数使用系统的Gravity常量来指定消息框显示的位置。常用的常量有TOP(顶部)、CENTER(中部)、BOTTOM(底部)等；第二个参数表示水平方向位移；第三个参数表示垂直方向位移。但是，在Android 11(API 30)以上版本，setGravity()方法失效。

Toast是用来短暂显示提示信息的机制，它没有焦点，只显示几秒钟就会自动消失。而对话框则不同，它可以长时间呈现在UI界面的最上层显示提示信息，并且有选择按钮，直到用户单击了按钮才消失。下面介绍几种常用的对话框。

7.3.2 提示对话框(Dialog)

提示对话框是最常用的对话框，它一般有4个区域：图标区，标题区，内容区，按钮区。内容区可以是文本、单选按钮或复选框；按钮区一般由0～4个普通按钮构成，起到提示用户或引导用户做出选择的作用。常见的提示对话框有文本对话框、列表对话框、单选按钮对话框和复选对话框。下面介绍两种常见的对话框控件。

1. AlertDialog

AlertDialog是功能较强大的提示对话框，它位于android.app.AlertDialog包中。使用AlertDialog对话框需要创建AlertDialog.Builder对象。创建AlertDialog.Builder对象时需要经过如下步骤设置AlertDialog.Builder对象。

(1) 调用AlertDialog.Builder的setTitle()或setCustomTitle()方法设置标题，如果不设置标题则对话框没有标题。

(2) 调用AlertDialog.Builder的setIcon()方法设置图标，如果不设置图标则对话框不出现图标。

(3) 调用 AlertDialog. Builder 的 setMessage()等方法设置内容,这个设置不能省略。

(4) 调用 AlertDialog. Builder 的 setPositiveButton()、setNegativeButton()或 setNeutralButton()方法分别设置表示确定、取消或中立含义的按钮,一般至少要设置一个按钮。

设置完上述信息之后,AlertDialog. Builder 对象通过调用 create()方法得到 AlertDialog 对象,并通过 show()显示 AlertDialog;也可以直接对 AlertDialog. Builder 对象调用 show()方法。例如,当用户单击了删除某条信息时会弹出确认对话框,显示该对话框的代码片段如下。

```
AlertDialog aldialog = new AlertDialog.Builder(this)
    .setIcon(R.mipmap.ic_launcher)
    .setTitle("提示")
    .setMessage("是否确定要删除?")
    .setPositiveButton(R.string.ok, (dialog, which) -> removeItem(itemid))
    .setNegativeButton(R.string.cancel, null).create();
aldialog.show();
```

或

```
AlertDialog.Builder builder = new AlertDialog.Builder(this)
    .setIcon(R.mipmap.ic_launcher)
    .setTitle("提示")
    .setMessage("是否确定要删除?")
    .setPositiveButton(R.string.ok, (dialog, which) -> removeItem(itemid))
    .setNegativeButton(R.string.cancel, null);
builder.show();
```

上面两段代码都可以显示一个 AlertDialog 对话框,区别在于前面的代码创建的是 AlertDialo 对象,而后面的代码创建的是 AlertDialog. Builder 对象。

尽管有很多开发者经常使用 AlertDialog 对话框,但是它也存在一些不足。比如,当屏幕发生旋转时,AlertDialog 会随屏幕切换而消失,不能因屏幕大小的改变随之自动调整对话框大小,并且如果处理不当很可能引发异常,等等。在 Android 3.0(API 11)之前,提示对话框主要是由 AlertDialog 来实现的。随着 Fragment 类的引入,从 Android 3.0 开始,Google 官方推荐大家使用 DialogFragment 来代替传统的 AlertDialog。

2. DialogFragment

DialogFragment 实际上是对话框的容器,提供创建对话框并管理其外观所需的控件,高效地封装和管理对话框的生命周期,并让 Fragment 和它包含的对话框的状态保持一致。避免了原来 AlertDialog 对话框的不足。

DialogFragment 位于 androidx. fragment. app. DialogFragment 包中。使用 DialogFragment 创建提示对话框,有两种方法。

(1) 通过重写 onCreateDialog()方法,创建对话框。一般用于创建替代传统的 Dialog 对话框的场景,UI 相对简单,功能比较单一。

(2) 通过重写 onCreateView()方法,创建对话框。一般用于创建复杂内容弹窗或全屏展示效果的场景,UI、功能都会比较复杂。通常会有网络请求等异步操作。

对话框的内容可以通过一个 XML 布局文件来定义，通过一个继承 DialogFragment 的类来加载这个对话框，也可以定义一个继承 DialogFragment 的接口来实现对话框与 Activity 的通信。

下面通过一个案例来说明如何使用 DialogFragment 创建提示对话框。

【案例 7.4】 在主界面上定义两个按钮，单击第一个按钮，弹出一个普通的提示对话框，单击第二个按钮，从主 Activity 中传递提示的信息内容到对话框中，单击对话框中的按钮，可以返回被单击的按钮信息。

说明：第一个按钮调用一个简单提示对话框，使用 onCreateDialog()方法创建对话框；第二个按钮调用一个具有数据通信的提示对话框，使用 onCreateView()方法创建对话框，通过对话框实例的创建，绑定传递参数，通过 Activity 对接口的实现，实现从定义接口的对话框返回到主 Activity 的数据通信。

开发步骤及解析：过程如下。

1）创建项目

在 Android Studio 中创建一个名为 Activity_DialogFragment 的 Android 项目。其包名为 ee.example.activity_dialogfragment。

2）设计布局

本例设计两个布局文件，一个是主布局文件，另一个是对话框布局文件。

首先设计主布局文件。打开 res/layout 目录下的布局文件 activity_main.xml，设计根布局为纵向线性布局。声明两个纵向排列的按钮。第一个按钮设置“android:id="@+id/button1"”，“android:text="普通对话框"”；第二个按钮设置“android:id="@+id/button2"”，“android:text="传递参数对话框"”。

设计对话框布局文件。仍然在 res/layout 目录中新建 mydialogfragment.xml 文件，并进行编辑，代码片段如下。

```
<?xml version = "1.0" encoding = "utf - 8"?>
< LinearLayout xmlns:android = "http://schemas.android.com/apk/res/android"
    android:layout_width = "match_parent"
    android:layout_height = "match_parent"
    android:orientation = "vertical" >

    < TextView
        android:id = "@ + id/mytitle"
        android:layout_width = "180dp"
        android:layout_height = "wrap_content"
        android:layout_marginTop = "15dp"
        android:layout_marginLeft = "50dp"
        android:textSize = "20sp"
        android:text = "提示" />

    < TextView
        android:id = "@ + id/mymessage"
        android:layout_width = "wrap_content"
        android:layout_height = "wrap_content"
        android:layout_gravity = "center"
        android:layout_marginTop = "15dp"
```

```
            android:textSize = "15sp"
            android:text = "您确定要退出吗?" />

        <LinearLayout
            android:layout_width = "match_parent"
            android:layout_height = "wrap_content"
            android:layout_gravity = "right"
            android:layout_marginTop = "10dp"
            android:gravity = "right"
            android:orientation = "horizontal" >

            <Button
                android:id = "@ + id/no"
                android:layout_width = "wrap_content"
                android:layout_height = "wrap_content"
                android:background = "@null"
                android:text = "取消"
                android:textColor = "#ff009688"
                android:textSize = "13sp" />

            <Button
                android:id = "@ + id/yes"
                android:layout_width = "wrap_content"
                android:layout_height = "wrap_content"
                android:layout_marginRight = "5dp"
                android:background = "@null"
                android:text = "确定"
                android:textColor = "#ff009688"
                android:textSize = "13sp" />
        </LinearLayout>

    </LinearLayout>
```

3）开发逻辑代码

本例在 java/ee. example. activity_dialogfragment 包下需要编写 3 个类的实现代码，1 个是普通对话框的实现代码，1 个是具有通信功能的对话框的实现代码，第 3 个是主逻辑类 MainActivity 的代码。

首先编写加载普通对话框的逻辑代码。创建 AlertDialogFragment. java 文件，并进行编辑，代码如下。

```
package ee.example.activity_dialogfragment;

import androidx.fragment.app.DialogFragment;

import android.app.AlertDialog;
import android.app.Dialog;
import android.os.Bundle;
import android.view.LayoutInflater;
import android.view.View;
import android.widget.Button;
import android.widget.Toast;

```

```
13 public class AlertDialogFragment extends DialogFragment {
14     @Override
15     public Dialog onCreateDialog(Bundle savedInstanceState) {
16         View customView = LayoutInflater.from(getActivity()).inflate(R.layout.
mydialogfragment, null);
17         Button mBtnSure = (Button) customView.findViewById(R.id.yes);
18         Button mBtnCancel = (Button) customView.findViewById(R.id.no);
19         mBtnSure.setOnClickListener(new View.OnClickListener() {
20             @Override
21             public void onClick(View v) {
22                 Toast.makeText(getActivity(), "单击了确定", Toast.LENGTH_SHORT).show();
23                 dismiss();
24             }
25         });
26         mBtnCancel.setOnClickListener(new View.OnClickListener() {
27             @Override
28             public void onClick(View v) {
29                 Toast.makeText(getActivity(), "单击了取消", Toast.LENGTH_SHORT).show();
30                 dismiss();
31             }
32         });
33         return new AlertDialog.Builder(getActivity()).setView(customView).create();
34     }
35 }
```

(1) 第15～34行定义了onCreatDialog()方法，用于建立对话框。在onCreatDialog()中可以使用LayoutInflater来从XML布局文件中加载一个对话框。当然，从外观上来看，这样创建的对话框与创建一个AlertDialog对话框的效果完全一致。但是使用这种方式创建的对话框克服了AlertDialog对话框的缺点。可以把屏幕横过来，看看对话框是否会消失，是否能自动调整尺寸？

(2) 第16行，LayoutInflater.from(getActivity()).inflate(R.layout.mydialogfragment，null)把布局文件mydialogfragment.xml加载到customView对象中。

(3) 第22、29行，调用Toast的show()方法显示消息。

(4) 第33行，new AlertDialog.Builder(getActivity()).setView(customView)将customView对象新建为一个AlertDialog对话框对象。在onCreatDialog()方法，必须使用.create()创建并返回。

然后编写加载具有通信功能的对话框代码。在本包下创建DataTransmitDialogFragment.java文件，并进行编辑，代码如下。

```
package ee.example.activity_dialogfragment;

import androidx.fragment.app.DialogFragment;

import android.os.Bundle;
import android.view.LayoutInflater;
import android.view.View;
import android.view.ViewGroup;
import android.view.Window;
import android.widget.Button;
import android.widget.TextView;
```

```java

public class DataTransmitDialogFragment extends DialogFragment {
    //定义一个与 Activity 通信的接口,凡是使用该 DialogFragment 的 Activity 须实现该接口
    public interface DialogDataTrans{
        void showMessage(String message);
    }

    public static DataTransmitDialogFragment newInstance(String title, String message){
        //创建一个带有参数的 Fragment 实例
        DataTransmitDialogFragment fragment = new DataTransmitDialogFragment();
        Bundle bundle = new Bundle();
        bundle.putString("title", title);
        bundle.putString("message", message);
        fragment.setArguments(bundle); //把参数传递给该 DialogFragment
        return fragment;
    }

@Override
public View onCreateView(LayoutInflater inflater, ViewGroup container, Bundle savedInstanceState) {
        getDialog().requestWindowFeature(Window.FEATURE_NO_TITLE); //去掉标题
        View view = inflater.inflate(R.layout.mydialogfragment, container);

        Button mBtnSure = (Button) view.findViewById(R.id.yes);
        Button mBtnCancel = (Button) view.findViewById(R.id.no);
        TextView mTvTit = (TextView) view.findViewById(R.id.mytitle);
        TextView mTvMsg = (TextView) view.findViewById(R.id.mymessage);

        mBtnSure.setText("Yes");//设置按钮显示的内容
        mBtnCancel.setText("No");
        mTvTit.setText(getArguments().getString("title")); //把传递过来的数据设置给 TextView
        mTvMsg.setText(getArguments().getString("message"));
        mBtnSure.setOnClickListener(new View.OnClickListener() {
            @Override
            public void onClick(View v) {
                DialogDataTrans trans = (DialogDataTrans) getActivity();
                //对话框与 Activity 间通信,传递数据给实现了 DialogDataTrans 接口的 Activity
                trans.showMessage("You have clicked the 'Yes' button.");
                dismiss();
            }
        });
        mBtnCancel.setOnClickListener(new View.OnClickListener() {
            @Override
            public void onClick(View v) {
                DialogDataTrans trans = (DialogDataTrans) getActivity();
                trans.showMessage("You have clicked the 'No' button.");
                dismiss();
            }
        });

        return view;
    }

}
```

(1) 第 15～17 行定义一个接口 DialogDataTrans，接口中只定义一个 showMessage()方法，该方法将在与之通信的 Activity 中实现。

(2) 第 19～27 行，创建一个带有参数的 Fragment 实例。使用 Bundle 对象绑定参数给两个键-值对 title 和 message。第 25 行，把参数传递给该 DialogFragment 的对象 fragment 中。

(3) 第 30～62 行，使用 onCreatView()方法创建一个对话框。其中第 31 行，使用 Window.FEATURE_NO_TITLE 设置窗口不出现标题栏；第 39、40 行，为对话框的两个按钮重新设置显示文本；第 41、42 行，使用传递的键-值对的值为对话框的标题和文字赋值；第 46～48、55～56 行，分别创建一个接口对象，并通过调用接口中的方法传递信息到 Activity 中，实现对话框与 Activity 的通信；第 49、57 行，dismiss()从屏幕中删除 Dialog。

最后编写主逻辑代码 MainActivity.java 文件，代码如下。

```
package ee.example.activity_dialogfragment;

import androidx.appcompat.app.AppCompatActivity;
import androidx.fragment.app.FragmentTransaction;
import androidx.fragment.app.Fragment;

import android.os.Bundle;
import android.view.View;
import android.widget.Button;
import android.widget.Toast;

public class MainActivity extends AppCompatActivity
                              implements DataTransmitDialogFragment.DialogDataTrans{

    @Override
    protected void onCreate(Bundle savedInstanceState) {
        super.onCreate(savedInstanceState);
        setContentView(R.layout.activity_main);

        Button btn1 = (Button) findViewById(R.id.button1);
        btn1.setOnClickListener(new View.OnClickListener() {
            @Override
            public void onClick(View v) {
                showDialogFragment(0);
            }
        });
        Button btn2 = (Button) findViewById(R.id.button2);
        btn2.setOnClickListener(new View.OnClickListener() {
            @Override
            public void onClick(View v) {
                showDialogFragment(1);
            }
        });
    }

    public void showDialogFragment(int i){
        FragmentTransaction mFragTransaction = getSupportFragmentManager().beginTransaction();
```

```
37            Fragment fragment = getSupportFragmentManager().findFragmentByTag("dialogFragment");
38            if(fragment!= null){
39                //为了不重复显示 Dialog,在显示对话框之前移除正在显示的对话框
40                mFragTransaction.remove(fragment);
41            }
42            switch(i) {
43                case 0:
44                    AlertDialogFragment dialogFragment1 = new AlertDialogFragment();
45                    //显示一个 Fragment 并且给该 Fragment 添加一个 Tag,
                      //可通过 findFragmentByTag 找到该 Fragment
46                    dialogFragment1.show(mFragTransaction, "dialogFragment");
47                    break;
48                case 1:
49                    DataTransmitDialogFragment dialogFragment2 =
                          DataTransmitDialogFragment.newInstance("Hint","Which one do you chose?");
50                    dialogFragment2.show(mFragTransaction, "dialogFragment");
51                    break;
52                default:
53                    break;
54            }
55        }
56
57        @Override
58        public void showMessage(String message) {//实现 DialogDataTrans 接口重写的方法
59            Toast mytt = Toast.makeText(this, message, Toast.LENGTH_SHORT);
60            mytt.show();
61        }
62
63    }
```

(1) 第 12 行中的 implements DataTransmitDialogFragment.DialogDataTrans 表示在 MainActivity 类中实现接口 DialogDataTrans。

(2) 第 35～55 行，实现 showDialogFragment()方法。其中第 37 行，创建一个 Fragment 对象 fragment，并可通过 findFragmentByTag 找到该 Fragment 对象；第 38～41 行是为了不重复显示该 Fragment 对象所做的处理；第 44 行通过自定义的 AlertDialogFragment 类创建对话框对象 dialogFragment1；第 46 行，显示对话框对象 dialogFragment1 并且给该对象添加一个 Tag，Tag 为“dialogFragment”。第 49 行通过自定义的 DataTransmitDialogFragment 类创建对话框对象 dialogFragment2，并且传递参数给对话框对象。

(3) 第 58～61 行，实现 DialogDataTrans 接口中的 showMessage()方法。

运行结果：在 Android Studio 支持的模拟器上，运行 Activity_DialogFragment 项目。单击“普通对话框”按钮，弹出一个普通的提示对话框，如图 7-7(a)、(b)所示。旋转模拟器，即可看到对话框也会跟随调整方向，单击对话框中的“确定”按钮，可在屏幕的下方出现一个短暂的提示消息条，显示“单击了确定”文本串，如图 7-7(c)、(d)所示。

单击“传递参数对话框”按钮，弹出的提示对话框内的信息是显示从主 Activity 中传递来的内容，如图 7-7(e)所示。当单击对话框的“No”按钮后，由主 Activity 调用的提示信息来自对话框中的返回信息“You have clicked the ‘No’ button.”，如图 7-7(f)所示。

(a) 单击“普通对话框”按钮

(b) 弹出“提示”对话框

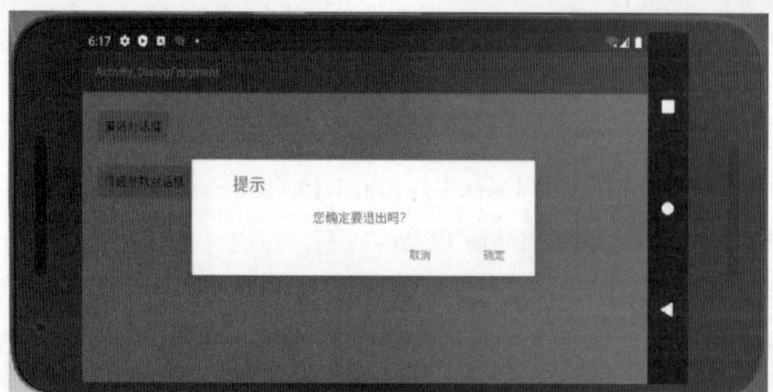

(c) 旋转模拟器，并单击“确定”按钮

(d) 显示“单击了确定”信息

图 7-7　提示对话框的运行效果

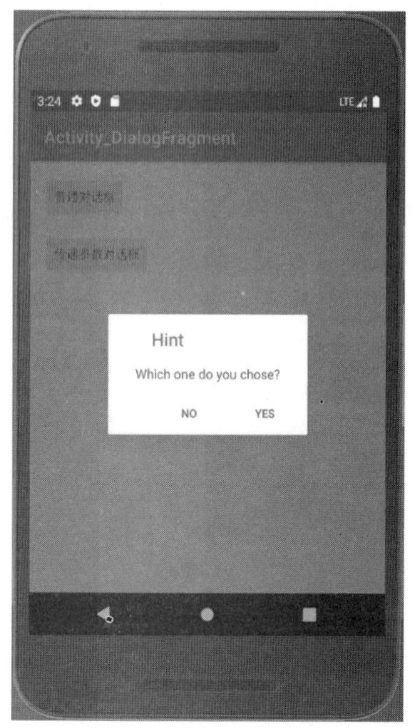

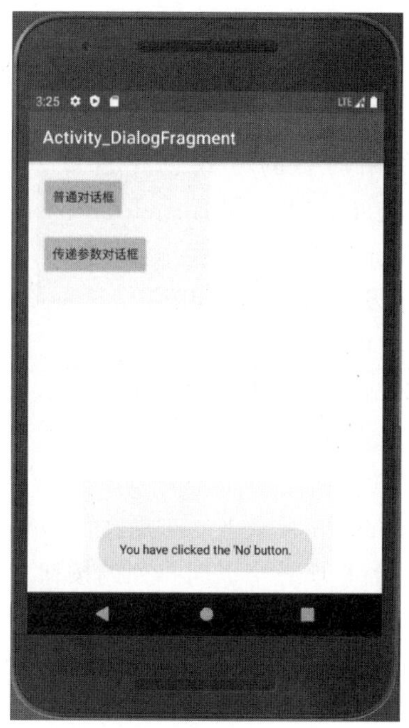

(e) 对话框的内容来自Activity　　(f) 显示的提示信息来自对话框类

图 7-7　（续）

7.3.3　进度对话框(ProgressDialog)

ProgressDialog 类位于 android. app. ProgressDialog 包中，用于显示进度的对话框。通常是在加载数据的时候弹出的一个对话框，显示加载的进度，并且在对话框中还可以像普通对话框一样设置其标题、图标、提示信息和按钮(按钮不超过三个)。

Android 进度条有两种样式，一种是圆形进度条，这是默认的样式，通常在不确定状态时使用，另一种是水平进度条，能够直观地反映出进度的程度。通过 setProgressStyle()方法可以设置进度条的样式，参数 ProgressDialog. STYLE_SPINNER 设置为圆形进度条样式，参数 ProgressDialog. STYLE_HORIZONTAL 设置为水平进度条样式。

但是，ProgressDialog 进度条对话框是一个弹出层，它遮挡了 Activity，用户只能等待，不能与 Activity 进行交互。从 Android 8. 0(API 26)之后，Google 官方废弃了这个类，推荐使用 ProgressBar 来取代之。ProgressBar 进度条是在页面中嵌入的一个组件，不是弹出的层。所以在显示进度条时，用户可以与 Activity 进行交互。ProgressBar 默认的进度样式也是圆形的。不过由于 ProgressDialog 使用起来比较方便，有时还会用到。在此通过案例来介绍其用法。

下面通过一个案例来说明 ProgressDialog 和 ProgressBar 的用法。

【案例 7.5】 在主界面上定义三个按钮，单击第一个按钮，弹出一个圆形的进度对话框，并在 5 秒后消失；单击第二个按钮，弹出一个水平进度对话框，进度条达 100%后消失；单击第三个按钮，显示一个进度条，并且同步显示进度的百分比。

说明：第一个按钮调用一个默认样式即圆形的进度对话框；第二个按钮调用一个水平进度条对话框；第三个按钮调用 ProgressBar 进度条，并且用 TextView 来显示 ProgressBar 的进度数据。

本案例使用动态的方式创建进度对话框。使用静态的方式在布局文件中定义 ProgressBar 进度条，并且设置 android:visibility 属性为“gone”，在其不显示时隐藏，不占屏幕位置。进度条的进度由线程进行控制。

开发步骤及解析：过程如下。

1）创建项目

在 Android Studio 中创建一个名为 Activity_ProgressDialog 的 Android 项目。其包名为 ee.example.activity_progressdialog。

2）设计布局

打开 res/layout 目录下的布局文件 activity_main.xml，并进行编辑。其根布局是一个纵向线性布局。声明三个纵向排列的按钮、一个 ProgressBar 控件和一个 TextView 控件。

其中第一个按钮设置 android:id＝"@＋id/pgdialog1"、android:text＝"圆形进度对话框"等属性；第二个按钮设置 android:id＝"@＋id/pgdialog2"、android:text＝"水平进度对话框"等属性；第三个按钮设置 android:id＝"@＋id/pgbar "、android:text＝"进度条"等属性。

ProgressBar 只是单纯的一个进度条，通常需要添加一个文本控件，用来显示进度条的进度数据信息。这里的 TextView 控件设置 android:id＝"@＋id/tvprogress"属性，在进度条未显示时设置 android:visibility＝"gone"属性。

声明 ProgressBar 的代码片段如下。

```
1    <ProgressBar
2        android:id = "@ + id/progress"
3        android:layout_width = "match_parent"
4        android:layout_height = "wrap_content"
5        android:layout_marginTop = "16dp"
6        android:layout_marginLeft = "16dp"
7        android:layout_marginRight = "16dp"
8        style = "@style/Widget.AppCompat.ProgressBar.Horizontal"
9        android:visibility = "gone"
10   />
```

第 8 行设置该 ProgressBar 为水平样式。ProgressBar 的默认显示样式是圆形，如果要定义为水平样式，必须设置其属性。

3）开发逻辑代码

打开 java/ee.example.activity_progressdialog 包下的 MainActivity.java 文件，并进行编辑，代码如下。

```
package ee.example.activity_progressdialog;

import androidx.appcompat.app.AppCompatActivity;

import android.app.ProgressDialog;
import android.os.Bundle;
import android.view.View;
import android.widget.Button;
```

```
import android.widget.ProgressBar;
import android.widget.TextView;

public class MainActivity extends AppCompatActivity implements View.OnClickListener{

    @Override
    protected void onCreate(Bundle savedInstanceState) {
        super.onCreate(savedInstanceState);
        setContentView(R.layout.activity_main);
        Button btn1 = (Button) findViewById(R.id.pgdialog1);
        btn1.setOnClickListener(this);
        Button btn2 = (Button) findViewById(R.id.pgdialog2);
        btn2.setOnClickListener(this);
        Button btn3 = (Button) findViewById(R.id.pgbar);
        btn3.setOnClickListener(this);
    }

  @Override
  public void onClick(View view) {
    switch (view.getId()) {
        case R.id.pgdialog1:
          final ProgressDialog progressDialog1 = new ProgressDialog(this);//创建ProgressDialog实例
          progressDialog1.setTitle("进度对话框"); //设置标题
          progressDialog1.setMessage("正在加载中,请稍等......"); //设置显示内容
          progressDialog1.setCancelable(true);     //设置可否用Back键关闭对话框
          progressDialog1.show();                  //将ProgessDialog显示出来
          new Thread(new Runnable() {
              @Override
              public void run() {
                  try {
                      Thread.sleep(5000);
                      //cancel()和dismiss()方法本质是一样的,都是从屏幕中删除Dialog
                      progressDialog1.cancel();
                  } catch (InterruptedException e) {
                      e.printStackTrace();
                  }
              }
          }).start();
          break;
        case R.id.pgdialog2:
          final ProgressDialog progressDialog2 = new ProgressDialog(this);
          progressDialog2.setProgressStyle(ProgressDialog.STYLE_HORIZONTAL);
                                                                        //设置水平样式
          progressDialog2.setTitle("提示");
          progressDialog2.setMessage("正在加载中,请稍等......");
          progressDialog2.setCancelable(true); //如果设置setCancelable(flase),则要
                                               //在数据加载
                                               //完成后调用dismiss()关闭对话框
          progressDialog2.setCanceledOnTouchOutside(false); //设置单击Dialog外部
                                                            //是否取消Dialog
          progressDialog2.setMax(100); //设置最大进度条的值
          progressDialog2.show();
          new Thread(new Runnable() {
              @Override
              public void run() {
                  int i = 0;
                  while (i < 100) {
```

```
63                         try {
64                             Thread.sleep(200);
65                             //更新进度条的进度,可以在子线程中更新进度条进度
66                             progressDialog2.incrementProgressBy(1);
67                             i++;
68                         } catch (Exception e) {
69                         // TODO: handle exception
70                         }
71                     }
72                     //在进度条走完时删除 Dialog
73                     progressDialog2.dismiss();
74                 }
75             }).start();
76             break;
77         case R.id.pgbar:
78             final ProgressBar bar = (ProgressBar) findViewById(R.id.progress);
79             final TextView tv = (TextView) findViewById(R.id.tvprogress);
80             bar.setProgress(0);
81             bar.setMax(100);
82             bar.setVisibility(View.VISIBLE); //显示 ProgressBar
83             tv.setVisibility(View.VISIBLE);
84             new Thread(new Runnable() {
85                 @Override
86                 public void run() {
87                     int i = 0;
88                     while (i < 100) {
89                         try {
90                             Thread.sleep(200);
91                             //更新进度条的进度,可以在子线程中更新进度条进度
92                             bar.setProgress(i);
93                             tv.setText("进度: " + i + " %");
94                             i++;
95                         } catch (Exception e) {
96                             // TODO: handle exception
97                         }
98                     }
99                     bar.setVisibility(View.INVISIBLE); //隐藏 ProgressBar
100                    tv.setVisibility(View.INVISIBLE);
101                }
102            }).start();
103            break;
104        default:
105            break;
106        }
107    }
108 }
```

(1) 第 12 行,使用外部类实现事件监听器接口的设计思想。因为本案例中有多个按钮,使用这种编程设计可以使得多个外部控件共享一个接口,即使用一个 onClick()方法就可以定义它们的回调操作,这样程序在结构上比较好。

(2) 第 27～107 行,定义了 onClick()方法。使用 switch()语句分别定义三个按钮的回调操作。其中,第 33、53 行设置进度对话框的 setCancelable(true),使得单击 Back 键时可以关闭对话框；第 55 行,设置进度对话框的 setCanceledOnTouchOutside(false),使得单击对话框的外部时不能关闭对话框。

(3) 第 41 行的 progressDialog1.cancel()；和第 73 行的 progressDialog2.dismiss()；都

是从屏幕中删除对话框的方法。它们的区别是：调用 cancel()方法会回调 DialogInterface.OnCancelListener，而调用 dismiss()方法则不会回调。

(4) 第 35～46 行，创建一个线程，在线程中实现对进度的控制。在应用中进度条的运用通常是为了监测某一耗时的操作的进展情况。实现在同一程序中多个顺序流的执行需要用到多线程的编程技术。启动线程有两种方法，一是写一个类继承自 Thread 类，然后重写里面的 run()方法，用 start()方法启动线程。二是写一个类实现 Runnable 接口，实现里面的 run()方法，用 new Thread(Runnable target). start()方法来启动。本案例采用第二方式启动线程。其中第 39 行，Thread. sleep(5000)表示线程休眠 5 秒钟。

(5) 第 69、96 行使用 TODO，这是 Android Studio 中的一种特殊注释，在编辑窗下状态信息栏左下角的 TODO 按钮，可以快速定位到这些注释代码块。在开发中，当有些代码需要完善改进时，可以在此处加上 TODO 注释。

运行结果：在 Android Studio 支持的模拟器上，运行 Activity_ProgressDialog 项目，初始运行界面如图 7-8(a)所示。分别单击三个按钮，显示相应的进度条，分别如图 7-8(b)、(c)、(d)所示。

(a) 初始运行显示界面

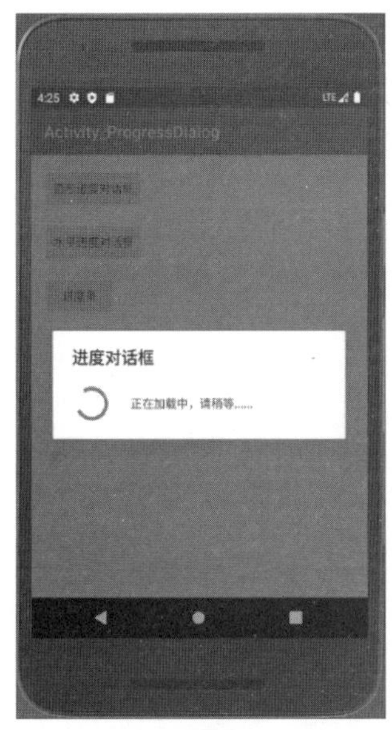

(b) 圆形进度对话框

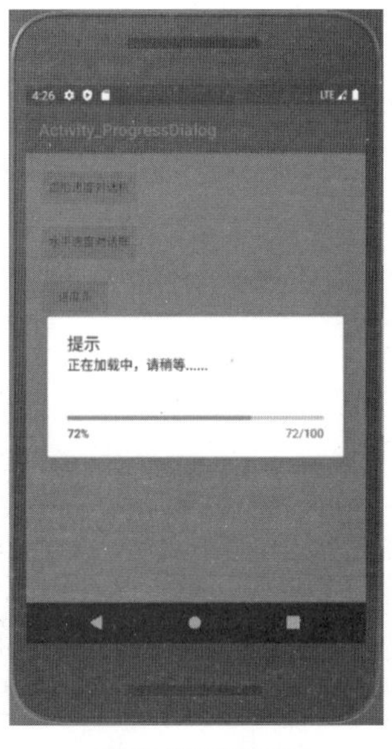

(c) 水平进度对话框

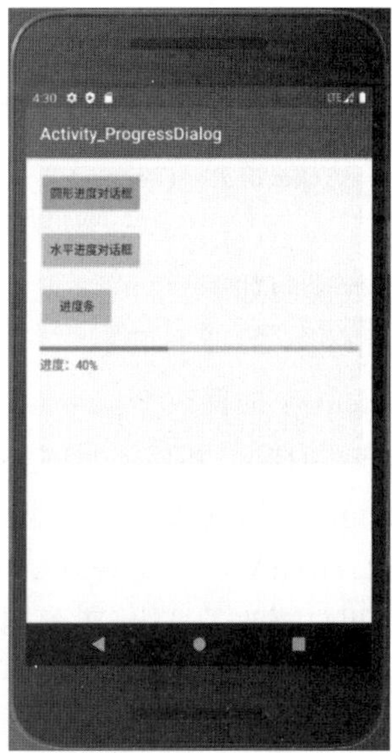

(d) ProgressBar进度条

图 7-8 进度对话框初始界面及依次单击三个按钮的运行效果

7.3.4 日期和时间选择对话框(DatePickerDialog & TimePickerDialog)

DatePickerDialog 用来显示日期对话框，位于 android. app. DatePickerDialog 包中。该对话框允许用户选择、修改日期。TimePickerDialog 用来显示时间对话框，位于 android. app. TimePickerDialog 包中。该对话框允许用户选择、修改时间。它们与 DatePicker 和 TimePicker 最大的区别在于：DatePicker 和 TimePicker 是直接显示在屏幕界面上的日期和时间控件，而 DatePickerDialog 和 TimePickerDialog 则是把日期和时间控件封装在一个对话框 Dialog 中。

1. 创建 DatePickerDialog

创建 DatePickerDialog 的语法如下。

```
DatePickerDialog( Context context, DatePickerDialog.OnDateSetListener callBack,
                  int year, int monthOfYear, int dayOfMonth)
```

参数说明如下。

context：当前上下文，一般指当前 Activity。

callback：OnDateSetListener 日期改变监听器。

year：日期控件初始显示的年。

monthOfYear：日期控件初始显示的月(从 0 开始计数，所以实际应用时需要加 1)。

dayOfMonth：日期控件初始显示的日。

当用户更改了 DatePickerDialog 里的年、月、日时，将触发 OnDateSetListener 监听器的 onDateSet()事件。

2. 创建 TimePickerDialog

创建 TimePickerDialog 的语法如下。

```
TimePickerDialog(Context context, TimePickerDialog.OnTimeSetListener listener,
                 int hourOfDay, int minute, boolean is24HourView)
```

参数说明如下。

context：当前上下文。

listener：时间改变监听器。

hourOfDay：初始显示的小时。

minute：初始显示的分钟。

is24HourView：是否以 24 小时显示时间。

当用户更改了 TimePickerDialog 里的时、分时，将触发 OnTimeSetListener 监听器的 onTimeSet()事件。

下面通过一个实例来说明 DatePickerDialog 和 TimePickerDialog 的用法。

【案例 7.6】 在主界面上定义两个按钮，单击第一个按钮，弹出日期选择对话框，单击第二个按钮，弹出时间选择对话框。

说明：在创建日期或时间选择对话框前，使用 Calendar 对象来获取当前的年、月、日、时、分的信息，并用当前的日期时间来初始化日期和时间控件。

开发步骤及解析：过程如下。

1）创建项目

在 Android Studio 中创建一个名为 Activity_DateTimeDialog 的 Android 项目。其包名为 ee.example.activity_datetimedialog。

2）设计布局

打开 res/layout 目录下的布局文件 activity_main.xml，设计根布局为纵向线性布局。声明两个纵向排列的按钮。第一个按钮设置“android:id="@+id/dtbtn"”，“android:text="单击触发弹出日期对话框"”；第二个按钮设置“android:id="@+id/tmbtn"”，“android:text="单击触发弹出时间对话框"”。

3）开发逻辑代码

打开 java/ee.example.activity_datetimedialog 包下的 MainActivity.java 文件，并进行编辑，代码如下。

```
package ee.example.activity_datetimedialog;

import androidx.appcompat.app.AppCompatActivity;

import android.app.DatePickerDialog;
import android.app.TimePickerDialog;
import android.os.Bundle;
import android.view.View;
import android.widget.DatePicker;
import android.widget.TimePicker;
import android.widget.Toast;

import java.util.Calendar;

public class MainActivity extends AppCompatActivity {

    @Override
    protected void onCreate(Bundle savedInstanceState) {
        super.onCreate(savedInstanceState);
        setContentView(R.layout.activity_main);

        findViewById(R.id.dtbtn).setOnClickListener(new BtnOnClick());
        findViewById(R.id.tmbtn).setOnClickListener(new BtnOnClick());
    }

    private class BtnOnClick implements View.OnClickListener{
      Calendar c = Calendar.getInstance(); //获取当前日期和时间
      @Override
      public void onClick(View v) {
        if (v.getId() == R.id.dtbtn){
         //创建日期对话框
         DatePickerDialog dpd = new DatePickerDialog(
             MainActivity.this,
             new DatePickerDialog.OnDateSetListener() {
```

```
35                  @Override
36                  public void onDateSet(DatePicker view, int year, int monthOfYear, int
    dayOfMonth) {
37                          Toast.makeText(MainActivity.this,
38                                  year + "-" + (monthOfYear + 1) + "-" + dayOfMonth,
39                                  Toast.LENGTH_SHORT).show();
40                  }
41              },c.get(Calendar.YEAR),c.get(Calendar.MONTH),c.get(Calendar.DAY_OF_MONTH)
42          );
43          //单击对话框之外的其他部分对话框不消失
44          dpd.setCancelable(false);
45          dpd.show();
46      }else if(v.getId() == R.id.tmbtn){
47          //创建时间对话框
48          TimePickerDialog tpd = new TimePickerDialog(
49              MainActivity.this,
50              new TimePickerDialog.OnTimeSetListener() {
51                  @Override
52                  public void onTimeSet(TimePicker view, int hourOfDay, int minute) {
53                      Toast.makeText(MainActivity.this,
54                              hourOfDay + ":" + minute ,
55                              Toast.LENGTH_SHORT).show();
56                  }
57              },c.get(Calendar.HOUR),c.get(Calendar.MINUTE),true
58          );
59          tpd.setCancelable(false);
60          tpd.show();
61      }
62    }
63  }
64
65 }
```

(1) 本例使用内部类实现事件监听器接口的设计思想。第 26～62 行，实现了内部类 BtnOnClick，该类是继承 OnClickListener 接口的。这样就可以使得两个按钮共享 BtnOnClick 类中的 onClick()方法。

(2) 第 27 行，获取当前日期时间给日期对象 c。

(3) 第 32～42 行，实例化 DatePickerDialog 对象 dpd，创建 dpd 有 5 个参数。其中，第 34～40 行定义了 OnDateSetListener()监听方法，重写了 onDateSet()方法；第 41 行通过 c.get()方法为 DatePickerDialog 的年、月、日赋值。

(4) 第 44 行，设置 dpd.setCancelable()为 false，使单击对话框之外的部分对话框不消失。

(5) 第 48～58 行，实例化 TimePickerDialog 对象 tpd，创建 tpd 也有 5 个参数。

运行结果：在 Android Studio 支持的模拟器上运行 Activity_DateTimeDialog 项目，运行结果如图 7-9(a)所示。

单击“单击触发弹出日期对话框”按钮时，弹出日期选择对话框，如图 7-9(b)所示。单击“单击触发弹出时间对话框”按钮时，弹出时间选择对话框，默认以刻度模式显示时间，如图 7-9(c)所示。单击对话框左下角的按钮，改为数字模式显示，如图 7-9(d)所示。

(a) 初始运行界面

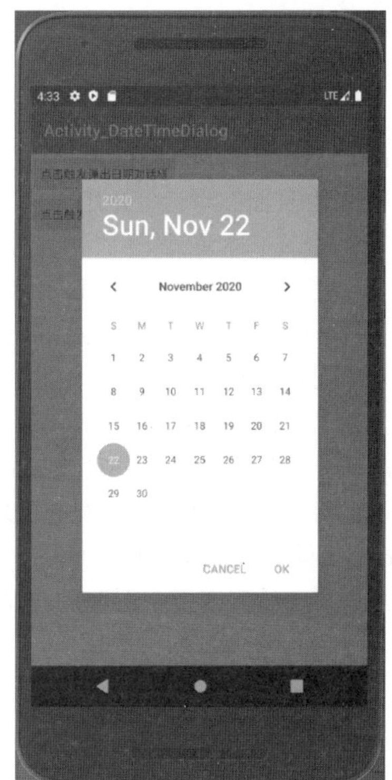

(b) 单击日期对话框按钮

(c) 时间对话框刻度显示模式

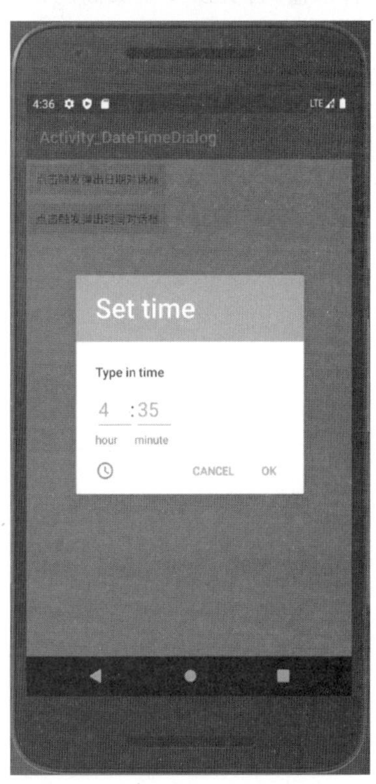

(d) 时间对话框数字显示模式

图 7-9　日期和时间对话框案例的运行效果

小结

在 Android 应用项目中，标签栏和导航栏是整个应用连接各功能的纽带，用户通过它们可抵达 App 的所有页面。对话框是用户执行了某些操作后的系统提示和反馈应答，需要用户对后续操作做出选择。本章介绍了 FragmentTabHost、TabLayout、ToolBar、OverflowMenu、SearchView 等控件，在 OverflowMenu 中简单介绍了菜单及用法，运用这些控件可以设计出各种标签栏、导航栏。介绍了 AlertDialog、DialogFragment、ProgressBar、ProgressDialog、DatePickerDialog、TimePickerDialog 等类的初始化实现，可以开发出各类对话框。在对话框中还简单介绍了 Toast 消息框，在应用编程中经常会使用到它。通过对这些控件和类的基本属性、方法及用法的学习，通过对典型的标签栏、导航栏以及常用对话框的案例解析，读者已经可以设计出当前主流 App 的大量用户界面了。

Android 应用除了使用系统提供的图片、文本、按钮、列表视图、表格视图等既有控件，还可以根据需求自已绘制图形视图和制作动画。第 8 章将介绍 Android 图形与动画技术，请读者继续学习。

练习

在"我的音乐盒"首页及一级页面的顶部，添加导航栏、标签栏。要求如下。

(1) 首页的导航栏包括：Logo 图标、搜索功能、溢出菜单。溢出菜单包括：专辑管理、歌手管理、歌曲管理、退出等菜单项；一级页面的导航栏基本上同首页，只是把 Logo 图标换为导航按钮，单击该导航按钮能够从一级页面返回到首页。

(2) 标签栏位于导航栏下面。标签栏包括：推荐、专辑、歌手、收藏等标签项。

第 8 章 Android图形与动画

图形与动画是为用户界面提供增值亮点的因素之一。Android 系统提供了绘画类以及动画显示技术，对前面章节中介绍的文本、图片进行加工处理，可以收到意想不到的效果。在实际应用中，也经常使用图形绘制和动画技术让用户界面熠熠生辉。本章将学习 2D、3D 的绘图案例以及图片过渡的淡入淡出和运动变化等动画制作技术。

8.1 2D、3D 图形

Android 系统的图形处理能力非常强大，它自定义了一系列 2D 图形(二维平面图形)处理类，这些类分别位于 android. graphics、android. graphics. drawable. shapes 包中。对于 3D 图形(三维立体图形)的处理，Android 集成了 OpenGL ES 提供的高效 3D 图形处理技术，这些类分别位于 javax. microedition. khronos. opengles 和 android. opengl 包中。下面分别介绍。

8.1.1 2D 图形相关类

Android 在其 android. graphics 包中提供了完整的本地的 2D 图形库。在 android. graphics 包中常用类有：Color 类，Paint 类，Canvas 类，Path 类和 Drawable 类。

1. Color 类

Android 中的颜色用 4 组数字表示，它们分别指定透明度、红色、绿色、蓝色(Alpha、Red、Green、Blue，即 ARGB)所占的比重，每组数字取值在 0～255 之间(如果使用二进制数表示，则占 8 位)。由于每个数字占 8 位，因此一种颜色通常需要 32 位整数来表示。为了编程方便，常常使用十六进制的数字来表示颜色。

红、绿、蓝的数字大小代表颜色的深浅度，数字越小颜色越深，数字越大颜色越浅。但是透明度则不然，透明度取 0 时表示完全透明，取 255 时表示完全不透明。

在开发中，如果可能的话，最好在一个 XML 资源文件中定义应用所需的颜色。这样，以后可以在一个地方轻松地更改这些颜色定义，就可以使得运用到这种颜色的地方发生改变而不需要到处对代码进行修改了。在前面的章节中已经多次使用 XML 颜色资源描述文件定义颜色。例如在XML文件中定义一个紫红色的名为aubergine的颜色，代码如下。

```
<?xml version = "1.0" encoding = "utf - 8"?>
< resources >
    < color name = "aubergine"> # 7fff00ff </color >
</resources >
```

这时，可在Java代码中通过名称来引用颜色，例如下述代码。

```
Int color = getResources().getColor(R.color.aubergine);
```

上述代码中，getResources()方法返回当前Activity的ResourceManager类对象，getColor()方法则要求管理器根据资源ID查找指定的颜色。

如果没有在XML文件中定义颜色，可以在Java代码文件中使用十进制数字来定义颜色，或使用系统预定义的标准颜色。系统预定义的标准颜色常量使用大写的英文单词表示相应颜色，代码如下。

```
color = Color.argb(127,255,0,255);  //使用十进制数表示紫红色
color = Color.BLUE;                 //使用系统预定的蓝色颜色值
```

2. Paint 类

Paint类是Android本地图形库中最重要的类之一。它包含样式、颜色以及绘制任何图形所需的信息。Paint类常用方法见表8-1，除了setTypeface()方法外，其余方法的返回值都是void。

表8-1　Paint类常用的方法及说明

方　法	说　明
setARGB(int a,int r,int g,int b)	设置Paint对象颜色
setAlpha(int a)	设置Alpha透明度，范围为0～255，0为完全透明
setColor(int color)	设置颜色，这里Android内部定义的Color类包含了一些常用颜色定义
setStrokeWidth(float width)	设置边线的粗细
setStyle(Paint.Style style)	设置Paint对象的填充样式。有三种样式。 Paint.Style.STROKE：只填充图形的边框线 Paint.Style.FILL：只填充图形内部 Paint.Style.FILL_AND_STROKE：既填充边框线也填充内部
setTextAlign(Paint.Align align)	设置绘制文本时的文本对齐方式
setTextSize(float textSize)	设置绘制文本时的文本大小
setTypeface(Typeface typeface)	设置绘制文本时的文本字体。返回值为Typeface类型，包括字体、粗细、风格样式等
setWordSpacing(float wordSpacing)	设置绘制文本时的文本的字间距

例如在Java代码中设置浅灰色的预定义颜色，可使用setColor()方法，代码如下。

```
myPaint.setColor(Color.LTGRAY);
```

3. Canvas 类

Canvas 类代表可以在其上绘制图形的画布。在画布启动之初，上面是没有任何内容的，就像一张白纸一样。利用 Canvas 类中的各种方法可以在画布上绘制线条、矩形、圆以及其他任意图形。

Android 中的显示屏幕是由 Activity 类的对象表现的，而 Activity 类的对象引用的是 View 类的对象，而 View 类的对象又是引用 Canvas 类的对象。这一系列的类引用，通过重写 View. onDraw()方法，可以实现在指定的画布上绘图。onDraw()方法只有一个参数，它用于指定所在的画布对象。Canvas 类常用的方法见表 8-2，这些方法的返回值都是 void。

表 8-2　Canvas 类常用的方法及说明

方　法	说　明
drawText (String text, float x, float y, Paint paint)	在屏幕上描绘文字，参数 text 是 String 类型的文本，参数 x 为水平轴坐标，参数 y 为垂直轴坐标，参数 paint 为画刷对象
drawTextOnPath(String text, Path path, float x, float y, Paint paint)	在屏幕上沿着图形的轨迹描绘文字
drawPoint(float x, float y, Paint paint)	画点，参数 x 为水平轴坐标，参数 y 为垂直轴坐标，参数 paint 为画刷对象
drawLine(float startX, float startY, float endX, float endY, Paint paint)	画线，参数 startX 为起始点的 x 坐标，参数 startY 为起始点的 y 坐标，参数 endX 为终点的 x 坐标，参数 eyndY 为终点的 y 坐标，参数 paint 为画刷对象
drawCircle(float cx, float cy, float radius, Paint paint)	画圆，参数 cx 是圆心点的 x 坐标，参数 cy 是圆心点的 y 坐标，参数 radius 是半径，参数 paint 为画刷对象
drawOval(RectF oval, Paint paint)	画椭圆，参数 oval 为一个区域
drawRect(RectF rect, Paint paint)	画矩形，参数 rect 为一个区域
drawPath(Path path, Paint paint)	画一个路径，参数 path 为路径对象

4. Path 类

Path 类包含一组矢量绘图命令，例如画线条、画矩形和画曲线等。例如画一个圆形，其圆心坐标为 x=160，y=180；半径为 118 像素；绘制方向为顺时针。实现的代码如下。

```
circle = new Path();
circle.addCircle(160,180,118,Direction.CW);
```

这里，Direction. CW 表示顺时针方向，而 Direction. CCW 表示逆时针方向。

5. Drawable 类

Android 中的 Drawable 类主要针对位图或纯色的可视元素，如按钮、视图背景等，也可以定义渐变色绘图。

1) Drawable 类支持的格式

Drawable 类支持的常见格式见表 8-3。

表 8-3 Drawable 类支持的格式及说明

格　式	说　明
Bitmap	位图，支持 PNG 或 JPEG 图片
NinePatch	九宫格图，一种可扩展的 PNG 图像，主要用作大小可调整的位图按钮的背景
Shape	形状，基于 Path 类的矢量绘图命令
Layers	图层，盛放子绘图区的容器
States	状态，一个容器，主要用于选择不同的按钮并设置按钮的焦点状态
Levels	级别，一个容器，主要用于电池或信号强度指示器
Scale	缩放，包含一个子绘图区的容器，能根据可绘图区的当前级别调整其大小。用于可缩放的图片查看器

可绘图区一般都在 XML 文件中定义。Shape 就是常用的通过 XML 绘制简单形状的子类。

2）Shape 的属性

Shape 在 res/drawable 文件夹下使用 XML 文件来绘制形状。一般可用于控件的背景，如按钮或者文本框背景，也经常用于布局的背景，其用法不难但是功能作用却很强大。Shape 能绘制出各种图形效果关键在于它的各种属性。

在 XML 文件中使用< shape >元素节点定义形状，其 android:shape 属性确定绘制的形状，属性值有 rectangle、line、oval、ring 四种，分别表示矩形、线形、椭圆、环形。默认为矩形 rectangle。

此外，shape 元素还有一些基本属性，每个基本属性实际上是子元素节点，它们各自也有属性。常用的基本属性有：corners、gradient、solid、stroke 等。

（1）corners。

< corners >子元素用于定义矩形圆角，其属性有以下几个。

android:radius="dimension"，用于定义全部的圆角半径。

android:topLeftRadius="dimension"，用于定义矩形左上角的圆角半径。

android:topRightRadius="dimension"，用于定义矩形右上角的圆角半径。

android:bottomLeftRadius="dimension"，用于定义矩形左下角的圆角半径。

android:bottomRightRadius="dimension"，用于定义矩形右下角的圆角半径。

以上属性都使用维度来定义圆角半径，以 dp 为单位。注意，radius 属性与其他四个属性不能共同使用。

（2）solid。

< solid >子元素用于指定形状内部的填充色。它只有一个属性：android:color="color"。

（3）gradient。

< gradient >子元素用于定义渐变色，可以定义两色渐变和三色渐变，及渐变样式，其属性有：

android:type="linear | radial | sweep"，指定渐变类型，共有 3 种，分别为，线性渐变（默认）、放射性渐变和扫描式渐变。

android:angle="integer"，指定渐变角度，必须为 45 的倍数，0 为从左到右，90 为从下到上。

android:centerX="float",当 type 为 radial 时有效,设置渐变中心的 X 坐标,取值区间[0,1],默认为 0.5,即中心位置。

android:centerY="float",当 type 为 radial 时有效,设置渐变中心的 Y 坐标,取值区间[0,1],默认为 0.5,即中心位置。

android:startColor="color",指定渐变开始点的颜色。

android:centerColor="color",指定渐变中间点的颜色,在开始与结束点之间。

android:endColor="color",指定渐变结束点的颜色。

android:gradientRadius="float",指定渐变的半径,只有当渐变类型为 radial 时才能使用。

android:useLevel="true | false",较少使用,一般设为 false,否则图形不显示。若使用 LevelListDrawable 时就要设置为 true。

(4) stroke。

< stroke >子元素用于定义描边属性,可以定义描边的宽度、颜色、虚实线等。

android:color="color",设置描边的颜色。

android:width="dimension",设置描边的宽度。

android:dashGap="dimension",设置虚线间隔。

android:dashWidth="dimension",设置虚线宽度。

例如,定义一个颜色从浅绿到果绿渐变的可绘图区,且渐变的方向是从上向下的。则在 XML 中代码如下。

```
<?xml version = "1.0" encoding = "utf - 8"?>
< shape xmlns:android = "http://schemas.android.com/apk/res/android">
    < gradient
        android:startColor = "#ffe9f5db"
        android:endColor = "#ffabdb77"
        android:angle = "270"/>
</shape >
```

这里,元素< gradient >定义渐变色,属性 startColor 为开始颜色,endColor 为结束颜色,angle 的值代表渐变方向,angle 的值实际上是一个角度值,举例如下。

0:表示开始色在左、结束色在右的横向渐变。

90:表示开始色在下、结束色在上的纵向渐变。

180:表示开始色在右、结束色在左的横向渐变。

270:表示开始色在上、结束色在下的纵向渐变。

前面的这段代码是定义绘图区。如果要使用这个绘图区可使用两种方式:一是在 XML 中以"android:background=属性"这种形式引用它。二是在视图的 onCreate()方法中调用 Canvas.setBackgroundResource()方法。

下面通过一个案例来说明如何利用 Graphis 类来完成 2D 图形和文字的应用。

【案例 8.1】 在渐变的背景上模拟一个印章刻板,在一个空心圆内以环形的方式逆序显示文字串。

说明:使用 XML 文件定义一个渐变色的绘图区,存放在 res/drawable 目录下。本案例的界面表现使用 Graphis 类及其子类实现,所以布局文件可以忽略。

开发步骤及解析:过程如下。

1）创建项目

在 Android Studio 中创建一个名为 Activity_2DGraphics 的项目。其包名为 ee.example.activity_2dgraphics。

2）准备颜色资源

在 res/values 目录下创建一个 colors.xml 文件，用于定义渐变背景色的开始和结束颜色。

3）创建背景资源

在图片资源目录 res/drawable 下创建一个 background.xml 文件，用于定义屏幕的背景色。前面有相关代码片段，在此就不赘述了。

4）开发逻辑代码

在 java/ee.example.activity_2dgraphics 包下的 MainActivity.java 是本案例的主要功能实现，代码如下。

```
package ee.example.activity_2dgraphics;

import androidx.appcompat.app.AppCompatActivity;

import android.os.Bundle;
import android.content.Context;
import android.graphics.Canvas;
import android.graphics.Color;
import android.graphics.Paint;
import android.graphics.Path;
import android.view.View;

public class MainActivity extends AppCompatActivity {

    @Override
    protected void onCreate(Bundle savedInstanceState) {
        super.onCreate(savedInstanceState);
        setContentView(new GraphicsView(this)); //隐式创建 GraphicsView 对象方式
    }

    static public class GraphicsView extends View {
        private static final String CIRCLETXT
                                = "Android应用开发教程(Android Studio版) - 2020.12 广州";
        private final Path circle;
        private final Paint cir_Paint;
        private final Paint txt_Paint;

        public GraphicsView(Context context) {
            super(context);
            circle = new Path();
            circle.addCircle(550, 780, 480, android.graphics.Path.Direction.CW);
            //定义画圆的相关属性：消锯齿、空心圆、颜色、线粗细
            cir_Paint = new Paint(Paint.ANTI_ALIAS_FLAG);
            cir_Paint.setStyle(Paint.Style.STROKE);
            cir_Paint.setColor(Color.argb(255, 202, 232, 170));
            cir_Paint.setStrokeWidth(8);
            //定义圆内环形文本的相关属性：消锯齿、实心字、颜色、字号
            txt_Paint= new Paint(Paint.ANTI_ALIAS_FLAG);
```

```
38                  txt_Paint.setStyle(Paint.Style.FILL_AND_STROKE);
39                  txt_Paint.setColor(Color.GRAY);
40                  txt_Paint.setTextSize(60f);
41                  setBackgroundResource(R.drawable.background); //定义渐变背景色
42              }
43              @Override
44              protected void onDraw(Canvas canvas) {
45                  canvas.drawPath(circle, cir_Paint);
46                  canvas.drawTextOnPath(CIRCLETXT, circle, 0, 80, txt_Paint);
47              }
48          }
49      }
```

(1) 第 18 行,setContentView()内的参数是 new GraphicsView(this),而不是指定布局文件。这里是指定界面由一个新创建的 GraphicsView 对象提供内容。GraphicsView 类是本子类中的一个自定义静态内部类。这里是隐式创建 GraphicsView 对象的写法,如果要显式创建 GraphicsView 对象,代码就改为:

```
GraphicsView ghview = new GraphicsView(this); //显式创建 GraphicsView 对象方式
setContentView(ghview);
```

(2) 第 21～48 行定义一个静态的内部类 GraphicsView,它继承自 View 类。这个类包含一个 Canvas。在这个类中实现了两个方法:GraphicsView()和 onDraw(),GraphicsView()是 GraphicsView 的构造方法,用于 GraphicsView 对象的初始化;onDraw()在 GraphicsView 对象初始化完成之后开始调用。

(3) 第 27～42 行定义的是 GraphicsView()方法。其中,第 29、30 行创建一个矢量图形对象 circle,这个 circle 是一个圆,其圆心坐标为 x=550,y=780;半径为 480 像素;绘制方向为顺时针。第 32～35 行设置 Paint 图形对象 cir_Paint 的若干属性值,分别设置消锯齿、空心圆、颜色、线粗细,这里的 Paint. ANTI_ALIAS_FLAG 表示生成的对象消除锯齿。第 37～40 行设置 Paint 文本对象 txt_Paint 的若干属性值,分别设置消锯齿、实心字、颜色、字号。第 41 行设置画布绘图区的背景色,由 res/drawable 目录下的 background. xml 文件定义。

(4) 第 44～47 行定义了 onDraw()方法。该方法在 GraphicsView 对象创建后会自动调用。第 45 行按照 cir_Paint 指定的属性画出 circle 来;第 46 行沿着 circle 的轨迹描绘文字,文字内容取自 CIRCLETXT 常量,且文本的属性由 txt_Paint 指定,文本的纵坐标值为 80,表示离 circle 边线的高度为 80,而前面定义文本的字号是 60,因此文本与圆的边线之间会有些间距。

图 8-1 本案例运行效果

运行结果:在 Android Studio 支持的模拟器上,运行 Activity_2DGraphics 项目,运行结果如图 8-1 所示。

8.1.2 3D图形编程

在开发 Android 应用，特别是游戏应用中经常要用到 2D、3D 技术。OpenGL 是一个高效简洁的开放图形库接口，Android 系统为此完全内置了 OpenGL ES。利用 OpenGL ES API 可以实现很多特别是 3D 应用的开发。由于 3D 编程涉及的知识非常多，这里无法一一涵盖，本小节只是对 OpenGL ES 的基本知识进行入门介绍。

1. OpenGL ES 简介

OpenGL 是个专业的 3D 图形软件接口标准，是由 SGI 公司开发的一套功能强大、调用方便的底层 3D 图形库。OpenGL ES 的英文全称为 OpenGL for Embedded System，是为适用于嵌入式设备而提供的一套跨平台图形处理 API，根据 OpenGL 规范进行裁剪后，形成的一套精简标准的子集，适用于手机、PAD 或其他移动终端的 3D 应用开发。其官方网址：http://www.khronos.org。

Android 支持多版 OpenGL ES API。其中 OpenGL ES 1.0 和 1.1 支持 Android 1.0 及更高版本；OpenGL ES 2.0 支持 Android 2.2(API 8)及更高版本；OpenGL ES 3.0 支持 Android 4.3(API 18)及更高版本；OpenGL ES 3.1 支持 Android 5.0(API 21)及更高版本。从 Android 2.0 版本之后图形系统的底层渲染均由 OpenGL 负责，OpenGL 除了负责处理 3D API 调用，还需负责管理显示内存及处理 Android SurfaceFlinger 或上层应用对其发出的 2D API 调用请求。OpenGL ES 1.0 API 版本(以及 1.1 扩展)、2.0 版本和 3.0 版本均可提供高性能图形界面，但是，OpenGL 2.0 向下兼容到 OpenGL 1.5，而 OpenGL ES 2.0 和 OpenGL ES 1.x 不兼容，是两种完全不同的实现，开发时要加以注意。

Android 提供基于 OpenGL ES 标准的三维图形库，它通过其框架 API 和原生开发套件（NDK）来支持 OpenGL，Android 框架中有两个基本类 GLSurfaceView 和 GLSurfaceView.Renderer，用于通过 OpenGL ES API 来创建和操控图形。

GLSurfaceView 是一个基本类，在 android.opengl.GLSurfaceView 包中。它是一种专用视图，实际上是一个视图容器，在该容器上可以绘制 OpenGL ES 图形。GLSurfaceView 可以将 OpenGL ES 图形整合到应用的全屏或接近全屏的图形视图上。如果希望将 OpenGL ES 图形整合到应用布局中的某一局部小区域，则不适合用 GLSurfaceView，而应该使用 TextureView 来实现。

GLSurfaceView.Renderer 是一个接口，在 android.opengl.GLSurfaceView.Renderer 包中。它负责在图形视图上的实际绘制操作控制，这种操纵控制被称为图形的渲染。在此接口中声明了绘制图形所需要的方法，它们是 onSurfaceCreated()、onDrawFrame()和 onSurfaceChanged()。这三个方法分别实现下列功能。

onSurfaceCreated(GL10 gl,EGLConfig config)：系统会在创建 GLSurfaceView 时调用一次此方法。使用此方法可执行仅需发生一次的操作，例如设置 OpenGL 环境参数或初始化 OpenGL 图形对象。

onDrawFrame(GL10 gl)：系统会在每次重新绘制 GLSurfaceView 时调用此方法。此方法是绘制(和重新绘制)图形对象的主要执行点。

onSurfaceChanged(GL10 gl,int width,int height)：系统会在 GLSurfaceView 几何图形发生变化时调用此方法。例如,GLSurfaceView 大小发生变化或设备屏幕方向发生变化时调用此方法。

这三个方法中都涉及了 GL10,GL10 就是 OpenGL ES 的绘图接口,它包含了 Java 程序语言为 OpenGL 绑定的核心功能,位于 javax. microedition. khronos. opengles. GL10 下。在 onSurfaceCreated()方法中经常使用的 GL10 方法见表 8-4,这些方法的返回值都是 void。

表 8-4　onSurfaceCreated()方法中常用的方法及说明

方　法	说　明
glEnable (int cap)	开启 OpenGL ES 某些特性。 参数 cap 表示各种特性,例如： GL_DITHER　抗抖动； GL_DEPTH_TEST　深度测试； GL_LIGHTING　光源阴影； GL_LIGHT0　0 号光源,OpenGL ES 可以设置从 0 到 7 号光源； GL_BLEND　引入的值与颜色缓冲区中的值混合
glDisable(int cap)	禁用 OpenGL ES 某些特性。与 glEnable ()功能相反。 例如关闭抗抖动,以提高性能。使用：glDisable(GL10. GL_DITHER)；
glHint (int target,int mode)	设置某些方面行为。参数： target　描述用以被控制的行为,初始值是 GL_DONT_CARE; mode　描述想要执行的行,允许的符号常量有： GL_FASTEST 选择最有效率的选项； GL_NICEST 选择最正确或质量最好的选项； GL_DONT_CARE 无任何倾向
glClearColor (float　red, float green,float blue,float alpha)	使用参数设定的颜色进行清屏。参数： red 指定红色的值,初始值为 0； green 指定绿色的值,初始值为 0； blue 指定蓝色的值,初始值为 0； alpha 指定透明度 alpha 的值,初始值为 0
glShadeModel (int mode)	设置阴影模式。参数： mode 指定阴影着色模式,允许的符号常量有： GL_FLAT　恒定着色模式, GL_SMOOTH　光滑着色模式,为默认值模式
glDepthFunc (int func)	设置深度测试的类型。 参数 func 表示测试类型,例如： GL_LESS 表示深度值<参考值,则通过测试, GL_LEQUAL 表示深度值≤参考值,则通过测试, GL_EQUAL 表示深度值＝参考值,则通过测试, GL_GREATER 表示深度值>参考值,则通过测试
glClearDepthf(float depth)	设置深度缓冲区的清除值。该值将被用于 glClear()清理深度缓冲区,初始值为 1

续表

方　法	说　明
glLightfv(int light, int pname, float[] params, int offset)	设置光源属性。参数： light 表示光源序号； pname 设置光源的属性，例如： GL_AMBIENT 环境光， GL_DIFFUSE 散射光， GL_POSITION 点光源， GL_SPECULAR 反射光； params 是一个 float 数组，为参数 2 提供相应的值； offset 是偏移量，一般设置为 0
glMaterialfv(int face, int pname, float[] params, int offset)	设置材质的相关属性。参数： face 设置材质能反光的面，例如 GL_FRONT_AND_BACK 设置正反面均可反射光； pname 设置光源的属性，大多数参数值与 glLightfv()方法的 pname 一样，在此多一些与反光有关的属性，例如 GL_SHININESS 设置高光反射区； params 对于环境光、散射光、镜面光，该参数设置一个一维四元的 float 数组，表示 R、G、B、A 等 4 个参数；对于高光反射区域，则设置一个参数，数越大越亮，越小越暗； offset 为数组中的偏移量，一般设置为 0
glBlendFunc(int sfactor, int dfactor)	用于颜色的混合运算，主要用于透明效果的设置

在 onSurfaceChange()方法中经常使用的 GL10 方法见表 8-5，这些方法的返回值都是 void。

表 8-5　onSurfaceChange ()方法中常用的方法及说明

方　法	说　明
glViewport(int x, int y, int width, int height)	设置 3D 视窗的位置和大小。参数： x　指定视窗矩形的左下角 x 坐标，初始值为 0； y　指定视窗矩形的左下角 y 坐标，初始值为 0； width 指定视窗的宽； height 指定视窗的高
glMatrixMode(int mode)	设置视图的矩阵模型。参数： mode　指定当前矩阵的模式，例如： GL_MODELVIEW 应用视图矩阵堆的后续矩阵操作； GL_PROJECTION 应用投射矩阵堆的后续矩阵操作； GL_TEXTURE 应用纹理矩阵堆的后续矩阵操作
glLoadIdentity()	初始化单位矩阵
glFrustumf(float left, float right, float bottom, float top, float zNear, float zFar)	设置透视投影的空间大小。参数： left 和 right　分别表示横向 x 轴的左、右坐标； bottom 和 top　分别表示纵向 y 轴有下、上坐标； zNear 和 zFar　分别表示 z 轴空间区域的最近、最远坐标

在 onDrawFrame ()方法中调用 GL10 方法开始绘制图形，经常使用的方法见表 8-6，这些方法的返回值都是 void。

表 8-6 onDrawFrame()方法中常用的方法及说明

方 法	说 明
glTranslatef(float x,float y,float z)	确定绘图中心点的位置。参数 x、y、z 分别指定 x、y、z 轴上的偏移坐标
glEnableClientState(int array)	启用客户端的某项功能。默认所有客户端功能禁用。 参数 array 表示启用某功能的矩阵，例如： GL_COLOR_ARRAY 启用颜色矩阵； GL_VERTEX_ARRAY 启用顶点矩阵； GL_NORMAL_ARRAY 启用法线矩阵； GL_TEXTURE_COORD_ARRAY 启用纹理坐标矩阵 启用这些矩阵后，当调用 glDrawArrays()或者 glDrawElements()方法时进行渲染
glDisableClientState (int array)	关闭客户端的某项功能。参数与 glEnableClientState()的相同
glVertexPointer(int size,int type,int stride,Buffer pointer)	指定顶点坐标矩阵，是在绘制图形时要读取的顶点坐标矩阵数据。参数： size 指定顶点的维度，顶点坐标为 3； type 顶点坐标的数据类型，由 GL10 常量表示，有 GL_BYTE、GL_SHORT、GL_FIXED 和 GL_FLOAT，初始值为 GL_FLOAT； stride 连续顶点间的位偏移，如果为 0，顶点被认为是紧密压入矩阵，初始值为 0； pointer 顶点坐标的缓冲区
glColorPointer(int size,int type,int stride,Buffer pointer)	指定颜色矩阵。是在绘制图形时要读取的颜色坐标矩阵数据。参数与 glVertexPointer()方法的相似，其中 size 为 4
glTexCoordPointer (int size, int type, int stride,Buffer pointer)	指定纹理数组。是在绘制图形时要读取的纹理矩阵数据。参数与 glVertexPointer()方法的相似，其中 size 为 2
glGenTextures(int n,int[] textures,int offset)	生成纹理对象。纹理可以理解为显示在一个面上的图片。参数： n 需要生成的纹理对象个数； textures 保存生成所有纹理对象的数组； offset 纹理对象数组的偏移，即指定生成的纹理从数组的什么位置开始赋值
glBindTexture(int target,int texture)	将一个指定的纹理与一个目标纹理绑定。参数： target 指定要绑定的目标纹理，其值必须是 GL_TEXTURE_2D； texture 指定的纹理名称
glTexParameterf(int target,int pname,float param)	设置纹理属性。参数： target：纹理单元目标类型，表示激活的纹理单元所对应的操作类型，比如 GL_TEXTURE_1D、GL_TEXTURE_EXTERNAL_OES 等； pname：属性名称； param：属性值

续表

方　法	说　明
glDrawArrays（int mode，int first，int count）	按顶点在坐标矩阵里的顺序绘制图形。参数： mode 指定绘制的图形类型，例如： GL_TRIANGLES 绘制三角形，如果顶点数量不是 3 的倍数，则忽略最后一个或两个顶点， GL_TRIANGLE_STRIP 按照顶点一定的顺序绘制由多个三角形构成的多边形， GL_TRIANGLE_FAN 以第一个顶点为中心点，其他顶点为边缘点，绘制一系列组成扇形的相邻三角形； first 指定开始绘制的顶点号； count 指定图形包含的顶点个数
glDrawElements(int mode，int count，int type，Buffer indices)	按重新指定的顶点顺序绘制图形。参数： mode 指定绘制的图形类型，例如： GL _ TRIANGLES，GL _ TRIANGLE _ STRIP，GL _ TRIANGLE_FAN 等； count 指定图形包含的顶点个数； type 指定数组元素的类型，例如： GL_UNSIGNED_BYTE　8 位无符号整数， GL_UNSIGNED_SHORT 16 位无符号整数， indices　设置存储数据的数组位置
glRotatef（float angle，float x，float y，float z）	控制图形旋转。参数： angle 指定旋转的角度； x、y、z 分别指定旋转向量的 x、y、z 坐标
glFinish()	结束绘制

2. 3D 开发基本要素

1）3D 图形的构成

构成 3D 图形的最基本的单位是顶点（Vertex），它代表空间中的一个点。通过 3 个以上点可以构成多边形，通过多边形又可以构成更复杂的空间物体。OpenGL 可以支持多种多边形，而 OpenGL ES 所支持的基本图形只有点（Point）、线（Line）和三角形（Triangle），任何其他的 3D 图形都通过这几种基本几何图形组合而成。

在 OpenGL ES 中，表示顶点由三个数值确定，分别表示 x、y、z 三个坐标值。直线由两个顶点坐标值表示。三角形由三个顶点坐标值表示。表示一个点的颜色时，由四个数值确定，分别表示色彩值 R、G、B、A 的值。

一般将构成空间物体的顶点的坐标值用顶点数组的形式给出。顶点数组包括 3D 场景中部分或全部的顶点坐标数据，其中每三个数组元素表示一个顶点的坐标。例如，场景中有三个顶点 A(1,2,3)、B(4,5,6)、C(7,8,9)，则其顶点数组为{1,2,3,4,5,6,7,8,9}。类似地，三角形、四边形、以及顶点颜色等都可以用数组来描述。

2）绘制 3D 图形的方法

OpenGL ES 提供了两类方法来绘制一个空间几何图形。一个是 glDrawArrays()，另一个是 glDrawElements()。这两个方法在使用中是有区别的。

glDrawArrays(int mode，int first，int count)是使用顶点在顶点坐标数组中的既定顺序来绘制图形的，其顶点的顺序由顶点数组中的数组元素的顺序指定。

glDrawElements(int mode，int count，int type，Buffer indices)，可以重新定义顶点的顺序，并且按照新定义的顶点顺序绘制图形。调用该方法，除了有顶点的坐标数组外，还需要另外定义一个顶点顺序数组，重新定义顶点的顺序。

这两个方法中都有一个 mode 参数，用来指定绘制图形的类型，例如下列参数。

GL_POINTS：绘制独立的点。

GL_LINE_STRIP：绘制一条线段。

GL_LINE_LOOP：绘制一条封闭线段，即首尾相连。

GL_LINES：绘制多条线段。

GL_TRIANGLES：绘制多个三角形，且两两不相邻。

GL_TRIANGLE_STRIP：绘制多个三角形，且两两相邻。

GL_TRIANGLE_FAN：以一个点为顶点绘制多个相邻的三角形。

在开发中，绘制图形与顶点的排列顺序有关系。如果在程序运行后得到的图形不是预先想要的结果，可以通过调整顶点的顺序来调试程序。

在开发中，除了图形之外，还可以对图形的颜色、纹理、材质、光效、透明度等特性进行设置，使得 3D 图形的渲染效果更加逼真。

3）3D 开发的关键实现

在 3D 应用开发中，利用 OpenGLES 技术编写程序，必须掌握以下几个关键实现代码。

(1) 创建 GLSurfaceView 对象并做相应设置。

在当前 Activity 的 onCreate()方法中，完成创建 GLSurfaceView 对象和相应设置需要以下四步骤。

首先，应该显式地实例化 GLSurfaceView 对象，要给该对象命名。

其次，给 GLSurfaceView 对象注册一个渲染器，通过调用 setRenderer()方法完成。GLSurfaceView 是一个视图，实际上是一个绘制图形的容器，图形的渲染操作是由 Randerer 接口的子类 MyGLRenderer 实现的。通常，Randerer 对象是通过调用 setRenderer()方法指定 Randerer 对象时创建的。该对象将完成 GLSurfaceView 里的图形绘制工作。

再次，需要设置 GLSurfaceView 的绘制模式，通过调用 setRenderMode()方法来完成。绘制模式有两种：RENDERMODE_CONTINUOUSLY 和 RENDERMODE_WHEN_DIRTY，其含义是持续呈现和点播(即呈现一次绘图结果)。默认情况下为持续呈现。为了确保系统的执行是持续呈现，还是建议在编程中显式设置该模式。

最后，将 GLSurfaceView 对象设置为当前上下文视图对象，作为 Activity 的显示内容呈现在屏幕上。

实现上述步骤的代码片段如下。

```
GLSurfaceView glsv = new GLSurfaceView(this);
```

```
glsv.setRenderer(new MyGLRenderer(this));
glsv.setRenderMode(GLSurfaceView.RENDERMODE_CONTINUOUSLY);
setContentView(glsv);
```

请注意，这几条代码的顺序存在前后逻辑关系，不可随意改变。

(2) 实现渲染器子类。

需要自定义 MyRenderer 子类实现 android.opengl.GLSurfaceView.Renderer 接口。在代码中要实现下列三个抽象方法。

```
public void onSurfaceCreated(GL10 gl, EGLConfig config)
public void onSurfaceChanged(GL10 gl, int width, int height)
public void onDrawFrame(GL10 gl)
```

这三个方法在绘制图形的渲染过程中起着至关重要的作用。在 GLSurfaceView 对象被创建时，系统自动回调 onSurfaceCreated()方法；在系统每次绘制图形时需要调用 onDrawFrame()方法；当 GLSurfaceView 对象发生大小或方向的改变时，系统自动回调 onSurfaceChanged()方法。

(3) 创建缓冲区。

在绘制图形中都会涉及大量数据，如顶点坐标数组、颜色坐标数组、纹理数组或顶点位置数组等，因此，在编程中采用创建缓冲区方式，事先将这些数组存储在其中，可以提高绘制效率。

在 Renderer 子类的实现中，一般需要自定义一些工具方法，将相关数组转换到 OpenGL ES 所需的缓冲区中。

下面通过几个案例来体会 3D 应用的编程实现，以便对前面学习内容的理解和运用。

3. 3D 编程案例

下面通过三个 3D 应用案例，让大家初步了解 3D 编程的方法，体会一下 3D 应用的效果。

【案例 8.2】 设计一个自动旋转的非透明彩色立方体，立方体的各顶点颜色不同。

说明：本案例不需要设计布局文件，只需要设计两个类，一个是 Activity 类，在其中的 onCreate()方法内，设置 GLSurfaceView 对象为上下文显示对象；另一个是实现一个继承 Renderer 的子类，在其中用于定义 3D 图形的绘制、渲染及其交互等操作。本案例的开发重点是逻辑代码。

开发步骤及解析：过程如下。

1) 创建项目

在 Android Studio 中创建一个名为 Activity_3DCube 的项目。其包名为 ee.example.activity_3dcube。

2) 开发逻辑代码

本案例需要在 java/ee.example.activity_3dcube 包下编写两个代码文件，一个用于实现 MainActivity 子类；另一个用于实现 3D 图形的渲染器类。

首先编写 MainActivity.java 代码，在 MainActivity 子类里，要创建 GLSurfaceView 对象并做相应设置，代码如下。

```
1    package ee.example.activity_3dcube;
2
3    import androidx.appcompat.app.AppCompatActivity;
4    import android.opengl.GLSurfaceView;
5    import android.os.Bundle;
6    import android.view.Window;
7    import android.view.WindowManager;
8
9    public class MainActivity extends AppCompatActivity {
10
11       GLSurfaceView GLview;
12
13       @Override
14       protected void onCreate(Bundle savedInstanceState) {
15           super.onCreate(savedInstanceState);
16
17           /* 设置窗体为全屏模式,无标题 */
18           getWindow().addFlags(WindowManager.LayoutParams.FLAG_FULLSCREEN);
19           getWindow().requestFeature(Window.FEATURE_NO_TITLE);
20
21           /* 创建一个 GLSurfaceView 对象并做相应设置 */
22           GLSurfaceView GLview = new GLSurfaceView(this);
23           //绑定 GLview 中的 MyGLRenderer 对象
24           GLview.setRenderer(new MyGLRenderer(this));
25           //设置 GLview 的工作模式
26           GLview.setRenderMode(GLSurfaceView.RENDERMODE_CONTINUOUSLY);
27           //设置为当前 Activity 的内容视图
28           setContentView(GLview);
29       }
30   }
```

(1) 第 18 行,设置显示窗口为全屏模式。

(2) 第 19 行,设置显示窗口不显示标题。

(3) 第 22～28 行,创建一个 GLSurfaceView 对象并做相应设置。其中第 22、24、28 行是 3D 开发不可缺少的步骤。

开发 3D 图形的渲染器代码：在 java/ee.example.activity_3dcube 包下创建 MyGLRenderer.java 文件,定义 Renderer 子类的实现,代码如下。

```
package ee.example.activity_3dcube;

import android.content.Context;
import android.opengl.GLSurfaceView.Renderer;
import android.opengl.GLU;
import java.nio.ByteBuffer;
import java.nio.ByteOrder;
import javax.microedition.khronos.egl.EGLConfig;
import javax.microedition.khronos.opengles.GL10;

public class MyGLRenderer implements Renderer {

    private ByteBuffer vertices;
    private ByteBuffer triangles;
```

```
    private ByteBuffer colors;
    private float anglex = 0f;
    private float angley = 0f;
    private float anglez = 0f;

    public MyGLRenderer(Context context) {
      createBuffers();
    }
    @Override
    public void onSurfaceCreated(GL10 gl, EGLConfig config) {
        //关闭抗抖动,颜色抖动据说可能严重影响性能
        gl.glDisable(GL10.GL_DITHER);
        //设置系统对透视进行修正
        gl.glHint(GL10.GL_PERSPECTIVE_CORRECTION_HINT, GL10.GL_FASTEST);
        //清除颜色缓冲区,并设置为黑色
        gl.glClearColor(0.0f, 0.0f, 0.0f, 1.0f);
        //设置阴影平滑模式
        gl.glShadeModel(GL10.GL_SMOOTH);
        //启用深度测试
        gl.glEnable(GL10.GL_DEPTH_TEST);
        //设置深度测试的类型
        gl.glDepthFunc(GL10.GL_LEQUAL);
    }

    @Override
    public void onSurfaceChanged(GL10 gl, int width, int height) {
        //计算透视视窗的宽高比
        float aspect = (float) width / (float) height;
        //设置透视视窗的空间大小,
        gl.glFrustumf(-aspect, aspect, -1, 1, 1, 10);
        //设置 3D 视窗的大小及位置
        gl.glViewport(0, 0, width, height);
        //设置当前矩阵堆栈为投影矩阵
        gl.glMatrixMode(GL10.GL_PROJECTION);
        //将矩阵重置为单位矩阵
        gl.glLoadIdentity();
        //使用透视投影方法来设置透视效果
        GLU.gluPerspective(gl, 50.0f, aspect, 0.1f, 200.0f);
        GLU.gluLookAt(gl, -5f, -5f, 5f, 0f, 0f, 0f, 0f, 0f, -1f);
    }

    @Override
    public void onDrawFrame(GL10 gl) {
        //清除颜色缓冲和深度缓冲
        gl.glClear(GL10.GL_COLOR_BUFFER_BIT | GL10.GL_DEPTH_BUFFER_BIT);
        //启用顶点数组
        gl.glEnableClientState(GL10.GL_VERTEX_ARRAY);
        //启用颜色数组
        gl.glEnableClientState(GL10.GL_COLOR_ARRAY);

        //设置当前矩阵堆栈为模型堆栈
        gl.glMatrixMode(GL10.GL_MODELVIEW);
        //重置堆栈,即随后的矩阵操作将应用到要绘制的模型上
        gl.glLoadIdentity();
```

```
        //设置绘图的中心点坐标
        gl.glTranslatef(0.0f, 0.0f, -3.0f);

        //设置图形旋转,将旋转矩阵应用到当前矩阵堆栈上,即旋转模型
        gl.glRotatef(anglez, 0, 0, 1);
        gl.glRotatef(angley, 0, 1, 0);
        gl.glRotatef(anglex, 1, 0, 0);
        //递增角度值,每个轴的递增值不同
        anglex += 0.1;
        angley += 0.2;
        anglez += 0.3;

        //设置顶点位置数据,顶点数据数组指针为 ByteBuffer 对象 vertices
        gl.glVertexPointer(3, GL10.GL_FLOAT, 0, vertices);
        //设置顶点颜色数据,顶点数据数组指针为 ByteBuffer 对象 colors
        gl.glColorPointer(4, GL10.GL_FIXED, 0, colors);
        //根据顶点数据绘制平面图形
        gl.glDrawElements(GL10.GL_TRIANGLE_STRIP,triangles.remaining(),
                GL10.GL_UNSIGNED_BYTE, triangles);

        //绘制结束
        gl.glFinish();
        //禁用顶点、颜色坐标数组
        gl.glDisableClientState(GL10.GL_VERTEX_ARRAY);
        gl.glDisableClientState(GL10.GL_COLOR_ARRAY);
    }

    private void createBuffers() {
        //创建顶点缓冲,顶点数组使用 float 类型,每个 float 长 4 字节
        vertices = ByteBuffer.allocateDirect(data_vertices.length * 4);
        //设置字节顺序为本机顺序
        vertices.order(ByteOrder.nativeOrder());
        // 通过一个 FloatBuffer 适配器,将 float 数组写入 ByteBuffer 中
        vertices.asFloatBuffer().put(data_vertices);
        // 重置 Buffer 的当前位置
        vertices.position(0);

        //创建三角形顶点顺序缓冲
        triangles = ByteBuffer.allocateDirect(data_triangles.length * 2);
        triangles.put(data_triangles);
        triangles.position(0);
        //创建颜色缓冲
        colors = ByteBuffer.allocateDirect(data_colors.length * 4);
        colors.order(ByteOrder.nativeOrder());
        colors.asIntBuffer().put(data_colors);
        colors.position(0);
    }


    private float[] data_vertices = {
            1.0f, 1.0f, 1.0f, 1.0f, -1.0f, 1.0f, -1.0f, -1.0f, 1.0f, -1.0f, 1.0f, 1.0f,
            1.0f, 1.0f, -1.0f, 1.0f, -1.0f, -1.0f, -1.0f, -1.0f, -1.0f, -1.0f, 1.0f, -1.0f
    };

```

```
122         final int one = 65535;
123         private int[] data_colors = {
124                 one, one, 0, one, one, 0, one, one, 0, one, one, one, one, 0, 0, one,
125                 0, 0, 0, one, 0, 0, one, one, 0, one, 0, one, one, one, one, one
126         };
127
128         private byte[] data_triangles = {
129                 0,1,2, 0,2,3, 0,3,7, 0,7,4, 0,4,5, 0,5,1,
130                 6,5,4, 6,4,7, 6,7,3, 6,3,2, 6,2,1, 6,1,5
131         };
132
133  }
```

（1）第 20～22 行，定义 MyGLRenderer 的构造方法，在其中调用创建缓冲的自定义方法 createBuffers()，该方法在第 96～115 行中定义，在其中定义了顶点、三角形顶点顺序和色彩三个缓冲区。

（2）第 24～37 行，重写抽象方法 onSurfaceCreated()，在其中设置 GL10 实例对象的初始特性。

（3）第 40～54 行，重写抽象方法 onSurfaceChanged()，在其中设置当显示屏幕发生改变时的相应视窗调整和透视效果调整。第 52 行，设置对称的透视投影矩阵，可以调整视窗视界的范围大小，使得图形呈现的大小更合适，有了这条代码，第 44 行代码可以省略，因为 GLU. gluPerspective()封装了 glFrustumf()的功能。第 53 行，GLU. gluLookAt()根据观察点、视线终点和观察方向的坐标来绘制图形，形成不同角度的透视效果。

图 8-2　自动旋转的彩色立方体

（4）第 57～94 行，重写抽象方法 onDrawFrame ()，在本方法中，依次执行清除相关缓冲区内容（第 59 行），启用客户端功能（第 61、63 行），重置绘图矩阵及绘图的中心点位置（第 66～70 行），定义图形的旋转模型（第 73～79 行），让 3D 图形动起来。在这些绘图环境设置完后，指定绘制图形元素的数据矩阵（第 82、84 行），并执行绘制（第 86～87 行）。结束绘制后要禁用某些客户端功能以释放内存占用资源。

运行结果：在 Android Studio 支持的模拟器上，运行 Activity_3DCube 项目，可在屏幕上看到一个八色渐变的彩色旋转正方体，运行结果如图 8-2 所示。

下面的案例实现一个纹理贴图的应用。

【案例 8.3】　设计一个自动旋转的半透明的贴图立方体，立方体的每面都贴着相同的图片，但各面的用光和前背景的色彩不一样。

说明：本案例与案例 8.2 的设计思想一样，不同之处在于定义 Renderer 子类时，增加了绘图纹理的处理和渲染，少了对顶点的颜色设置部分。

开发步骤及解析：过程如下。

1）创建项目

在 Android Studio 中创建一个名为 Activity_3DPicCube 的项目。其包名为 ee. example. activity_3dpiccube。

2）准备纹理资源

本案例将用一幅图片作为纹理贴图，将图片文件 tree. png 复制到本项目的 res/raw 目录中。如果 res 目录下不存在 raw 目录，则需要新建。

3）开发逻辑代码

在 java/ee. example. activity_3dpiccube 包下有两个代码文件。一个是 Activity 子类的实现代码 MainActivity. java，它与案例 8. 2 中的 MainActivity. java 几乎一致，在此不做赘述；另一个是 MyGLRenderer. java 文件，是开发 3D 效果渲染器的代码。其代码如下。

```
package ee.example.activity_3dpiccube;

import android.content.Context;
import android.graphics.Bitmap;
import android.graphics.BitmapFactory;
import android.opengl.GLSurfaceView.Renderer;
import android.opengl.GLU;
import android.opengl.GLUtils;
import java.io.IOException;
import java.io.InputStream;
import java.nio.ByteBuffer;
import java.nio.ByteOrder;
import javax.microedition.khronos.egl.EGLConfig;
import javax.microedition.khronos.opengles.GL10;

public class MyGLRenderer implements Renderer {

    private Context context;
    private ByteBuffer vertices;
    private ByteBuffer triangles;
    private ByteBuffer tvertices;
    private int texture;

    private float anglex = 0f;
    private float angley = 0f;
    private float anglez = 0f;

    public MyGLRenderer(Context context) {
        this.context = context;
        createBuffers();
    }

    public void onSurfaceCreated(GL10 gl, EGLConfig config) {

        boolean SEE_THRU = true;     //为设置透明效果的判断值

        /* 设置需要的 OpenGL 项 */
        gl.glDisable(GL10.GL_DITHER); //关闭抗抖动,颜色抖动据说可能严重影响性能
        gl.glHint(GL10.GL_PERSPECTIVE_CORRECTION_HINT, GL10.GL_FASTEST);
        gl.glClearColor(0.0f, 0.0f, 0.0f, 1.0f);
```

```
        gl.glShadeModel(GL10.GL_SMOOTH);
        gl.glEnable(GL10.GL_DEPTH_TEST);
        gl.glDepthFunc(GL10.GL_LEQUAL);
        gl.glClearDepthf(1f);
        gl.glEnableClientState(GL10.GL_VERTEX_ARRAY);

        //在位置(1,1,1)处定义光源
        float lightAmbient[] = new float[] { 0.3f, 0.3f, 0.3f, 1 };
        float lightDiffuse[] = new float[] { 1, 1, 1, 1 };
        float[] lightPos = new float[] { 1, 1, 1 };
        gl.glEnable(GL10.GL_LIGHTING);
        gl.glEnable(GL10.GL_LIGHT0);
        //设置环境光
        gl.glLightfv(GL10.GL_LIGHT0, GL10.GL_AMBIENT, lightAmbient, 0);
        //设置漫射光
        gl.glLightfv(GL10.GL_LIGHT0, GL10.GL_DIFFUSE, lightDiffuse, 0);
        //设置光源位置
        gl.glLightfv(GL10.GL_LIGHT0, GL10.GL_POSITION, lightPos, 0);

        //定义立方体材质
        float matAmbient[] = new float[] { 1, 1, 1, 1 };
        float matDiffuse[] = new float[] { 1, 1, 1, 1 };
        gl.glMaterialfv(GL10.GL_FRONT_AND_BACK, GL10.GL_AMBIENT,
                matAmbient, 0);
        gl.glMaterialfv(GL10.GL_FRONT_AND_BACK, GL10.GL_DIFFUSE,
                matDiffuse, 0);

        //设置透明效果
        if (SEE_THRU) {
            gl.glDisable(GL10.GL_DEPTH_TEST);
            gl.glEnable(GL10.GL_BLEND);
            gl.glBlendFunc(GL10.GL_SRC_ALPHA, GL10.GL_ONE);
        }

        //加载纹理帖图
        gl.glEnable(GL10.GL_TEXTURE_2D);
        loadTexture(gl);
    }

    public void onSurfaceChanged(GL10 gl, int width, int height) {

        gl.glViewport(0, 0, width, height); //设置 3D 视窗的大小及位置
        gl.glMatrixMode(GL10.GL_PROJECTION); //设置当前矩阵堆栈为投影矩阵
        gl.glLoadIdentity(); //将矩阵重置为单位矩阵

        float aspect = (float) width / (float) height; //计算透视视窗的宽高比
        GLU.gluPerspective(gl, 45.0f, aspect, 0.1f, 200.0f); //设置透视视窗的空间大小
        GLU.gluLookAt(gl, -20f, -20f, 20f, 0f, 0f, 0f, 0f, 0f, 1f);
    }

    public void onDrawFrame(GL10 gl) {
        gl.glClear(GL10.GL_COLOR_BUFFER_BIT | GL10.GL_DEPTH_BUFFER_BIT);
        gl.glEnableClientState(GL10.GL_VERTEX_ARRAY); // 启用顶点数组
        gl.glEnableClientState(GL10.GL_TEXTURE_COORD_ARRAY); //启用纹理坐标数组
```

```
        gl.glMatrixMode(GL10.GL_MODELVIEW); //设置当前矩阵堆栈为模型堆栈
        gl.glLoadIdentity(); //重置堆栈,即随后的矩阵操作将应用到要绘制的模型上
        gl.glTranslatef(0.0f, 0.0f, -3.0f); //设置绘图的中心点坐标

        gl.glFrontFace(GL10.GL_CW); //设置正面

        //将旋转矩阵应用到当前矩阵堆栈上,即旋转模型
        gl.glRotatef(anglez, 0, 0, 1);
        gl.glRotatef(angley, 0, 1, 0);
        gl.glRotatef(anglex, 1, 0, 0);
        anglex += 0.1; //递增角度值以便每次以不同角度绘制
        angley += 0.2;
        anglez += 0.3;

        gl.glVertexPointer(3, GL10.GL_FLOAT, 0, vertices);
        gl.glTexCoordPointer(2, GL10.GL_FLOAT, 0, tvertices); //设置纹理数组
        gl.glBindTexture(GL10.GL_TEXTURE_2D, texture); //绑定纹理
        gl.glDrawElements(GL10.GL_TRIANGLES, triangles.remaining(),
                GL10.GL_UNSIGNED_BYTE, triangles);

        //绘制结束
        gl.glFinish();
        gl.glDisableClientState(GL10.GL_VERTEX_ARRAY);
        gl.glDisableClientState(GL10.GL_TEXTURE_COORD_ARRAY);
    }

    private void createBuffers() {
        //创建顶点坐标缓冲,顶点数组使用 float 类型,每个 float 长 4 字节
        vertices = ByteBuffer.allocateDirect(data_vertices.length * 4);
        vertices.order(ByteOrder.nativeOrder());
        vertices.asFloatBuffer().put(data_vertices);
        vertices.position(0);

        //创建索引缓冲,索引使用 byte 类型,所以无须设置字节顺序,也无须写入适配
        triangles = ByteBuffer.allocateDirect(data_triangles.length * 2);
        triangles.put(data_triangles);
        triangles.position(0);
        //创建纹理缓冲
        tvertices = ByteBuffer.allocateDirect(data_tvertices.length * 4);
        tvertices.order(ByteOrder.nativeOrder());
        tvertices.asFloatBuffer().put(data_tvertices);
        tvertices.position(0);
    }

    private void loadTexture(GL10 gl) {
        InputStream bitmapStream = null;
        Bitmap bitmap = null;
        try {
            bitmapStream = context.getResources().openRawResource(R.raw.tree);
            //从流中加载并解码图片生成 Bitmap 对象
            bitmap = BitmapFactory.decodeStream(bitmapStream);

            int[] textures = new int[1];
```

```
            gl.glGenTextures(1, textures, 0); //生成一组纹理并把纹理的 ID 存入数组参数中
            texture = textures[0]; //获取纹理数组中的第一个纹理
            //将指定 ID 的纹理绑定到指定的目标中去
            gl.glBindTexture(GL10.GL_TEXTURE_2D, texture);

            //指定纹理在被缩小时使用的过滤方式
            gl.glTexParameterf(GL10.GL_TEXTURE_2D,
                    GL10.GL_TEXTURE_MIN_FILTER, GL10.GL_NEAREST);
            //指定纹理在被放大时使用的过滤方式
            gl.glTexParameterf(GL10.GL_TEXTURE_2D,
                    GL10.GL_TEXTURE_MAG_FILTER, GL10.GL_LINEAR);
            //设置在横向上平铺纹理，这里使用 REPEAT 即平铺贴图
            gl.glTexParameterf(GL10.GL_TEXTURE_2D,
                    GL10.GL_TEXTURE_WRAP_S, GL10.GL_REPEAT);
            //设置在纵向上平铺纹理，这里使用 REPEAT 即平铺贴图
            gl.glTexParameterf(GL10.GL_TEXTURE_2D,
                    GL10.GL_TEXTURE_WRAP_T, GL10.GL_REPEAT);
            //将 Bitmap 对象设置到纹理目录中
            GLUtils.texImage2D(GL10.GL_TEXTURE_2D, 0, bitmap, 0);

        } finally {
            if (bitmap != null)
                bitmap.recycle(); //生成纹理之后，回收图片

            if (bitmapStream != null)
                try {
                    bitmapStream.close(); //关闭图片流
                } catch (IOException e) {
                }
        }
    }

    private float[] data_vertices = {
            -5.0f, -5.0f, -5.0f, -5.0f, 5.0f, -5.0f, 5.0f, 5.0f, -5.0f, 5.0f, 5.0f, -5.0f,
            5.0f, -5.0f, -5.0f, -5.0f, -5.0f, -5.0f, -5.0f, -5.0f, 5.0f, 5.0f, -5.0f, 5.0f,
            5.0f, 5.0f, 5.0f, 5.0f, 5.0f, 5.0f, -5.0f, 5.0f, 5.0f, -5.0f, -5.0f, 5.0f,
            -5.0f, -5.0f, -5.0f, 5.0f, -5.0f, -5.0f, 5.0f, -5.0f, 5.0f, 5.0f, -5.0f, 5.0f,
            -5.0f, -5.0f, 5.0f, -5.0f, -5.0f, -5.0f, 5.0f, -5.0f, -5.0f, 5.0f, 5.0f, -5.0f,
            5.0f, 5.0f, 5.0f, 5.0f, 5.0f, 5.0f, 5.0f, -5.0f, 5.0f, 5.0f, -5.0f, -5.0f,
            5.0f, 5.0f, -5.0f, -5.0f, 5.0f, -5.0f, -5.0f, 5.0f, 5.0f, -5.0f, 5.0f, 5.0f,
            5.0f, 5.0f, 5.0f, 5.0f, 5.0f, -5.0f, -5.0f, 5.0f, -5.0f, -5.0f, -5.0f, -5.0f,
            -5.0f, -5.0f, 5.0f, -5.0f, -5.0f, 5.0f, -5.0f, 5.0f, 5.0f, -5.0f, 5.0f, -5.0f
    };

private byte[] data_triangles = { 0, 1, 2, 3, 4, 5, 6, 7, 8, 9, 10, 11, 12, 13, 14, 15, 16, 17, 18,
        19, 20, 21, 22, 23, 24, 25, 26, 27, 28, 29, 30, 31, 32, 33, 34, 35 };

    //设置纹理坐标
    private float[] data_tvertices = {
            1.0f, 1.0f, 1.0f, 0.0f, 0.0f, 0.0f, 0.0f, 0.0f, 0.0f, 1.0f, 1.0f, 1.0f,
```

```
    0.0f, 1.0f, 1.0f,
195             1.0f, 1.0f, 0.0f, 1.0f, 0.0f, 0.0f, 0.0f, 0.0f, 1.0f, 0.0f, 1.0f, 1.0f,
    1.0f, 1.0f, 0.0f,
196             1.0f, 0.0f, 0.0f, 0.0f, 0.0f, 1.0f, 0.0f, 1.0f, 1.0f, 1.0f, 1.0f, 0.0f,
    1.0f, 0.0f, 0.0f,
197             0.0f, 0.0f, 1.0f, 0.0f, 1.0f, 1.0f, 1.0f, 1.0f, 0.0f, 1.0f, 0.0f, 0.0f,
    0.0f, 0.0f, 1.0f,
198             0.0f, 1.0f, 1.0f, 1.0f, 1.0f, 0.0f, 1.0f, 0.0f, 0.0f, 0.0f, 0.0f, 1.0f};
199 }
```

(1) 第 48～58 行，设置 GL10 对象 gl 的用光的属性，包括光源、环境光、漫射光。

(2) 第 61～66 行，设置 3D 图形的材质对环境光、漫射光正反面都反光。

(3) 第 69～73 行，设置透明效果。

(4) 第 76、77 行，加载纹理贴图。其中第 77 行是调用加载纹理贴图的自定义方法 loadTexture(gl)，该方法在第 140～175 行中定义。在其中创建了一个位图对象 bitmap 并且获取图片(第 141～146 行)，然后生成一组纹理数组(第 148～152 行)，设置纹理贴图的过滤方式(155～161 行)，最后把位图 bitmap 设置到纹理中(第 163 行)。

设置纹理参数，这里设置以下 4 个参数。

GL_TEXTURE_MIN_FILTER 指定纹理在被缩小时使用的过滤方式，GL_TEXTURE_MAG_FILTER 指定纹理在被放大时使用的过滤方式，这里的方式为 GL_NEAREST(最近点)和 GL_LINEAR (线性插值)。GL_LINEAR 效果要比 GL_NEAREST 好，但是需要更多运算。

GL_TEXTURE_WRAP_S 和 GL_TEXTURE_WRAP_T 表示当贴图坐标不在 0.0～1.0 之间时如何处理，这里使用 GL_REPEAT，即平铺贴图。

运行结果：在 Android Studio 支持的模拟器上，运行 Activity_3DPicCube 项目，可在屏幕上看到一个自动顺时针旋转的贴图正方体，并且是透明的，可以透过正面看到背面。运行结果如图 8-3 所示。

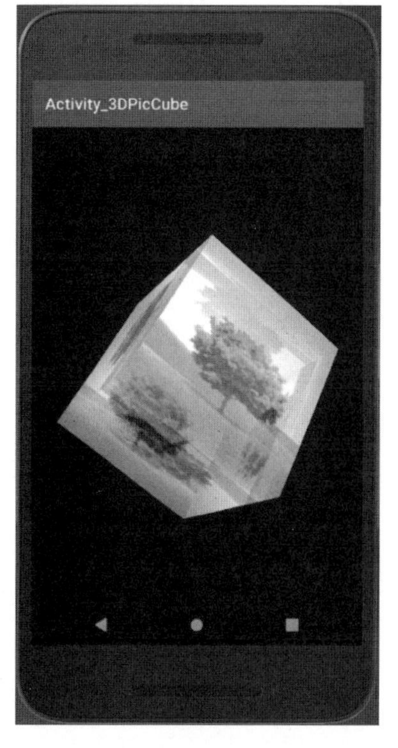

图 8-3 自动旋转透明贴图正方体

上面两个案例实现的是 3D 图形自动旋转应用。还可以编写程序实现使用触摸滑动来旋转图形的应用。

【案例 8.4】 设计一个立体多面体，使用触控笔可以旋转这个 3D 图形。

说明：本案例在 3D 图形上增加了触摸功能，需要在 GLSurfaceView 对象上添加一个 onTouchEvent() 的回调方法。本例的重点工作仍在开发逻辑代码上。

开发步骤及解析：过程如下。

1) 创建项目

在 Android Studio 中创建一个名为 Activity_3DTouch 的项目。其包名为 ee.example.activity_3dtouch。

2) 开发逻辑代码

在 java/ee.example.activity_3dtouch 包下有两个代码文件，一个是 Activity 子类的实

现代码 MainActivity. java，另一个是 MyGLSurfaceView. java 文件，用于定义可触摸的 3D 图形子类的实现。

MainActivity. java 文件代码如下。

```
1    package ee.example.activity_3dtouch;
2
3    import androidx.appcompat.app.AppCompatActivity;
4    import android.os.Bundle;
5
6    public class MainActivity extends AppCompatActivity {
7
8        MyGLSurfaceView myGLSurfaceView; //自定义 GLSurfaceView
9        @Override
10       public void onCreate(Bundle savedInstanceState) {//Activity 创建时被调用
11           super.onCreate(savedInstanceState);
12
13           myGLSurfaceView = new MyGLSurfaceView(this); //创建一个自定义的 MyGLSurfaceView
14           this.setContentView(myGLSurfaceView); //设置当前的用户界面
15           myGLSurfaceView.requestFocus(); //获得焦点
16           myGLSurfaceView.setFocusableInTouchMode(true); //设置可以触控
17       }
18       @Override
19       protected void onResume(){
20           super.onResume();
21           if(myGLSurfaceView != null){//当 myGLSurfaceView 不为空时
22               myGLSurfaceView.onResume();
23           }
24       }
25       @Override
26       protected void onPause(){
27           super.onPause();
28           if(myGLSurfaceView != null){//当 myGLSurfaceView 不为空时
29               myGLSurfaceView.onPause();
30           }
31       }
32   }
```

（1）第 13 行，创建 MyGLSurfaceView 对象 myGLSurfaceView。

（2）第 14 行，将 MyGLSurfaceView 设置为屏幕显示视图。在这里没有调用 setRenderer() 方法，该方法将在 MyGLSurfaceView. java 中调用。

（3）第 15 行，设置 myGLSurfaceView 对象可获得焦点，使得用户可以单击到屏幕上的某一触点。

（4）第 16 行，设置 myGLSurfaceView 视图上的内容是可触控的。

（5）第 19～24 行，重写了 onResume()方法，第 26～31 行重写了 onPause()方法。这样做的目的是当该应用从前台转到后台，再从后台变为前台后，屏幕上的 3D 图形能保持先前的状态。

MyGLSurfaceView. java 文件代码如下。

```
package ee.example.activity_3dtouch;

```

```
import java.nio.ByteBuffer;
import java.nio.ByteOrder;
import java.nio.IntBuffer;
import javax.microedition.khronos.egl.EGLConfig;
import javax.microedition.khronos.opengles.GL10;
import android.content.Context;
import android.opengl.GLSurfaceView;
import android.view.MotionEvent;

public class MyGLSurfaceView extends GLSurfaceView{
    MyRenderer myRenderer;                          //自定义的渲染器
    private IntBuffer mVertexBuffer;                //顶点坐标数据缓冲
    private IntBuffer mColorBuffer;                 //顶点着色数据缓冲
    private final float TOUCH_SCALE_FACTOR = 180.0f/320; //角度缩放比例
    private float mPreviousY;                       //上次的触控位置 Y 坐标
    private float mPreviousX;                       //上次的触控位置 X 坐标
    float yAngle = 0;                               //绕 y 轴旋转的角度
    float zAngle = 0;                               //绕 z 轴旋转的角度
    int vertexCount;                                //顶点的个数
    public MyGLSurfaceView(Context context){        //构造器
        super(context);
        myRenderer = new MyRenderer();              //创建渲染器
        this.setRenderer(myRenderer);               //设置渲染器
        this.setRenderMode(GLSurfaceView.RENDERMODE_CONTINUOUSLY); //设置渲染模式
        this.initVertexBuffer();                    //初始化顶点坐标数组
        this.initColorBuffer();                     //初始化颜色数组
    }
    @Override
    public boolean onTouchEvent(MotionEvent e){ //触摸事件的回调方法
        float x = e.getX();                         //得到 x 坐标
        float y = e.getY();                         //得到 y 坐标
        switch (e.getAction()) {
            case MotionEvent.ACTION_MOVE:           //触控笔移动
                float dy = y - mPreviousY;          //计算触控笔 Y 位移
                float dx = x - mPreviousX;          //计算触控笔 X 位移
                yAngle += dx * TOUCH_SCALE_FACTOR; //设置沿 y 轴旋转角度
                zAngle += dy * TOUCH_SCALE_FACTOR; //设置沿 z 轴旋转角度
                requestRender();                    //重绘画面
        }
        mPreviousY = y;                             //记录触控笔纵向位置
        mPreviousX = x;                             //记录触控笔横向位置
        return true;
    }
    private void initVertexBuffer(){                //初始化顶点坐标数据
        vertexCount = 15;                           //顶点的个数
        final int U = 10000;                        //创建像素单位
        int vertices[] = new int[]{
                0,0,0, -6*U,-6*U,0, -6*U,6*U,0, 0,0,0, -6*U,6*U,0, 0,12*U,0,
                0,0,0, 0,12*U,0, 6*U,6*U,0, 0,0,0, 6*U,6*U,0, 6*U,-6*U,0,
                0,0,0, 6*U,-6*U,0, -6*U,-6*U,0
        };
        //创建顶点坐标数据缓冲
        ByteBuffer vbb = ByteBuffer.allocateDirect(vertices.length*4);
        vbb.order(ByteOrder.nativeOrder());    //设置字节顺序
```

```
57          mVertexBuffer = vbb.asIntBuffer();      //转换为 int 型缓冲
58          mVertexBuffer.put(vertices);            //向缓冲区中放入顶点坐标数据
59          mVertexBuffer.position(0);              //设置缓冲区起始位置
60      }
61      private void initColorBuffer(){             //初始化颜色数组
62          final int one = 65535;
63          int colors[] = new int[]{               //顶点颜色值数组,每个顶点 4 个色彩值 RGBA
64                  one,one,0,0,                    //黄色
65                  0,0,one,0,                      //蓝色
66                  0,0,one,0, one,one,0,0, 0,0,one,0, 0,0,one,0,
67                  one,one,0,0, 0,0,one,0, 0,0,one,0, one,one,0,0,
68                  0,0,one,0, 0,0,one,0, one,one,0,0, 0,0,one,0, 0,0,one,0,
69          };
70          //创建顶点着色数据缓冲
71          ByteBuffer cbb = ByteBuffer.allocateDirect(colors.length * 4);
72          cbb.order(ByteOrder.nativeOrder());
73          mColorBuffer = cbb.asIntBuffer();
74          mColorBuffer.put(colors);
75          mColorBuffer.position(0);
76      }
77      //自定义的渲染器
78      private class MyRenderer implements Renderer{
79          @Override
80          public void onDrawFrame(GL10 gl) {      //绘制方法
81              //清除颜色缓存于深度缓存
82              gl.glClear(GL10.GL_COLOR_BUFFER_BIT|GL10.GL_DEPTH_BUFFER_BIT);
83              gl.glMatrixMode(GL10.GL_MODELVIEW); //设置当前矩阵为模式矩阵
84              gl.glLoadIdentity();                //设置当前矩阵为单位矩阵
85              gl.glTranslatef(0, 0f, -3f);
86              gl.glRotatef(yAngle, 0, 1, 0);      //沿 Y 轴旋转
87              gl.glRotatef(zAngle, 0, 0, 1);      //沿 Z 轴旋转
88              gl.glEnableClientState(GL10.GL_VERTEX_ARRAY); //启用顶点坐标数组
89              gl.glEnableClientState(GL10.GL_COLOR_ARRAY); //启用顶点颜色数组
90              gl.glVertexPointer(3,GL10.GL_FIXED,0, mVertexBuffer);
91              gl.glColorPointer(4,GL10.GL_FIXED,0, mColorBuffer);
92              gl.glDrawArrays(GL10.GL_TRIANGLES, 0, vertexCount); //绘制图形
93          }
94          @Override
95          public void onSurfaceChanged(GL10 gl, int width, int height) {
96              gl.glViewport(0, 0, width, height);
97              gl.glMatrixMode(GL10.GL_PROJECTION);
98              gl.glLoadIdentity();
99              float ratio = (float)width/height;
100             gl.glFrustumf(-ratio, ratio, -1, 1, 1, 10); //调用此方法计算产生透视投影矩阵
101         }
102         @Override
103         public void onSurfaceCreated(GL10 gl, EGLConfig config) {//创建时被调用
104             gl.glDisable(GL10.GL_DITHER);       //关闭抗抖动
105             gl.glEnable(GL10.GL_DEPTH_TEST);    //启用深度测试
106         }
107     }
108 }
```

(1) 第 22～29 行，定义了 MyGLSurfaceView 的构造方法，在其中创建并绑定了渲染器（第 24、25 行），并设置 MyGLSurfaceView 的渲染模式。本案例将这些设置放在 GLSurfaceView 子类中完成，与案例 8.2 和 8.3 的编程方式不同。

(2) 第 31～45 行，重写了 onTouchEvent()方法。在该方法中定义：当触摸笔上下移动时，物体沿 Z 轴旋转，当左右移动时，物体沿 X 轴旋转。

(3) 第 46～60 行，设置顶点坐标数组，并存入顶点坐标缓冲区。第 61～76 行设置颜色数组，并存入颜色缓冲区。

(4) 第 78～107 行，是一个内部类，定义 Renderer 子类 MyRenderer 的实现。

运行结果：在 Android Studio 支持的模拟器上，运行 Activity_3DTouch 项目，运行结果如图 8-4 所示。启动应用的初始界面是在屏幕上看到一个彩色 3D 多边形，如图 8-4(a)所示。当拖动该 3D 图形，可以看到它会旋转变形，如图 8-4(b)所示。

(a) 初始界面的图形

(b) 经过拖动旋转后的图形

图 8-4 触控旋转 3D 图形的运行效果

8.2 动画播放

在开发用户界面时，除了使用控件布局，或使用 2D、3D 图形外，还可以使用动画播放来提高用户的体验。本节将介绍 Android 中两种常见的动画播放技术：帧动画(Frame Animation)和补间动画(Tween Animation)。

8.2.1 帧动画

1. 帧动画简介

帧动画是连续地播放一系列的图片文件，形成动画。它是比较传统的动画方式，形成动画的主要要素有三个：多幅图片，播放顺序和持续时间。

帧动画的第一要素是多幅图片，一般不少于两幅。这些图片存放在图片资源 res/drawable 目录下。其次要素是播放的顺序及持续播放的时间，形成动画。Android 用一个 XML 动画资源文件来描述这三要素，该文件也存放在 res/drawable 目录中。在 XML 文件中定义帧动画，常用的元素和属性见表 8-7。

表 8-7　帧动画资源文件的元素属性说明

元素名	属性	说明
<animation-list>	android:oneshot：设置播放方式	<animation-list>是 Frame Animation 的根元素，包含若干个<item>。 如果 android:oneshot 为 true，则该动画只播放一次，然后停止在最后一帧；若为 false，则循环播放
<item>	android:drawable：图片帧的引用 android:duration：图片帧的停留时间 android:visible：图片帧是否可见	每个<item>标记定义一张图片帧，其中包含图片资源的引用等属性

一旦程序获得了帧动画资源文件后，会用一个 ImageView 对象展示出来。在代码中，可以调用 ImageView 对象的 setImageResource()方法，向该 ImageView 对象中加载帧动画，然后再调用 getDrawable()方法获得帧动画的实例。也可以调用 ImageView 对象的 setBackgroundResource()方法，作为 ImageView 对象的背景加载帧动画，然后调用 getBackground()方法获得帧动画的实例，呈现动画。

帧动画的实例由 AnimationDrawable 类生成，AnimationDrawable 是动画图形类，该类包含在 android.graphics.drawable 包下。每个帧动画都是一个 AnimationDrawable 对象，可通过 AnimationDrawable 类中的方法对动画进行操作控制。该类常用的方法见表 8-8。

表 8-8　AnimationDrawable 常用的方法及说明

方法	返回类型	说明
addFrame(Drawable frame, int duration)	void	向动画中添加一幅图片帧，并指定该帧的时间，单位是毫秒
getFrame(int index)	Drawable	从动画中获取指定 ID 号的图片
setOneShot(boolean oneShot)	void	设置是否只播放一次。 true 表示只播放一次，false 表示循环播放
isOneShot()	boolean	判断播放方式。 返回 true 表示只播放一次，返回 false 表示循环播放
isRunning()	boolean	判断是否正在播放中。返回 true 表示正在播放，否则没有播放
start()	void	开始播放
stop()	void	停止播放

2. 帧动画的应用实现

帧动画就像播放 GIF 格式的动态图，但是 Android 不支持直接播放 GIF 动态图，可以设计成帧动画，来表现动画效果。有了前面的知识，很容易实现 Frame Animation 的应用。下面通过一个案例来说明。

【案例 8.5】 设计一个能循环播放小狗图片的动画，动画通过按钮控制开始或停止。

说明：按照帧动画的三要素，首先需要准备一组图片，并且最好这些图片的尺寸一致。然后设计两个按钮，一个按钮控制开始动画，另一个按钮控制停止动画。

开发步骤及解析：过程如下。

1）创建项目

在 Android Studio 中创建一个名为 Activity_FrameAnim 的项目。其包名为 ee.example.activity_frameanim。

2）准备图片素材

收集并整理一套图片，将其尺寸裁剪一致，按照 p01.png、p02.png、…的规则命名。将准备好的图片复制到 res/drawable 目录中。

3）定义帧动画资源文件

在 drawable 目录下创建一个名为 frame_ani.xml 的文件，定义帧动画相关元素属性，代码如下。

```
1   <?xml version = "1.0" encoding = "utf - 8"?>
2   < animation - list xmlns:android = "http://schemas.android.com/apk/res/android"
3       android:oneshot = "false">
4       < item android:drawable = "@drawable/p01"
5           android:duration = "1000"
6           android:visible = "true"/>
7       < item android:drawable = "@drawable/p02"
8           android:duration = "1000"
9           android:visible = "true"/>
10      … <!-- 每幅图片的帧描述类似,在此省略 -->
⋮
55      < item android:drawable = "@drawable/p18"
56          android:duration = "1000"
57          android:visible = "true"/>
58  </animation - list >
```

(1) 第 3 行设置动画是循环播放方式。

(2) 每个< item >元素里设置一幅图的播放属性，包括指定图片的文件名；指定图片播放时间是停留一秒钟，这里的时间以毫秒为单位；设置图片可见。

4）设计布局

编写 res/layout 目录下的 activity_main.xml 文件，在其中声明一个 ImageView 控件，设置 android:id＝"@＋id/iv"、android:background＝"@drawable/frame_ani"等属性；声明一个嵌套线性布局，在其内声明两个横向排列的按钮，设置一个按钮的 ID 为"btn_start"，另一个按钮的 ID 为"btn_stop"，以及按钮的其他属性。

5）开发逻辑代码

在 java/ee.example.activity_frameanim 包下编写 MainActivity.java 程序文件，代码如下。

```
1    package ee.example.activity_frameanim;
2
3    import androidx.appcompat.app.AppCompatActivity;
4    import android.os.Bundle;
5    import android.graphics.drawable.AnimationDrawable;
6    import android.view.View;
7    import android.widget.Button;
8    import android.widget.ImageView;
9
10   public class MainActivity extends AppCompatActivity {
11       AnimationDrawable myanim;
12       @Override
13       protected void onCreate(Bundle savedInstanceState) {
14           super.onCreate(savedInstanceState);
15           setContentView(R.layout.activity_main);
16           ImageView myiv = (ImageView)findViewById(R.id.iv);
17           myiv.setImageResource(R.drawable.frame_ani);
18           myanim = (AnimationDrawable) myiv.getDrawable();
19           Button btnstart = (Button) findViewById(R.id.btn_start);
20           Button btnstop = (Button) findViewById(R.id.btn_stop);
21           btnstart.setOnClickListener(new View.OnClickListener() {
22               @Override
23               public void onClick(View v) {
24                   myanim.start(); //启动 AnimationDrawable
25               }
26           });
27           btnstop.setOnClickListener(new View.OnClickListener() {
28               @Override
29               public void onClick(View v) {
30                   if(myanim.isRunning())
31                       myanim.stop(); //停止 AnimationDrawable
32               }
33           });
34       }
35   }
```

(1) 第 17 行，设置 myiv 对象的图片动画源来自 drawable 目录中的 frame_ani.xml。

(2) 第 18 行，创建一个 AnimationDrawable 对象 myanim，该对象从 myiv 中获取帧图片。

(3) 第 24 行，使用 start()方法启动帧动画。

(4) 第 31 行，停止帧动画。

运行结果：在 Android Studio 支持的模拟器上，运行 Activity_FrameAnim 项目，运行结果如图 8-5 所示。启动应用的初始界面如图 8-5(a)所示。单击“开始动画”按钮，开始播放动画，每隔 1 秒更新图片，如图 8-5(b)所示。单击“停止动画”按钮，帧动画停止。如果再单击“开始动画”，将从第 1 幅图开始重新播放动画。

(a) 初始界面

(b) 正在播放动画

图 8-5　播放帧动画的效果图

8.2.2　补间动画

1. 补间动画简介

补间动画是通过一系列的指令，将一个 View 可视对象进行灰度（透明度）、位置、缩放、旋转等变换，形成动画。这个 View 对象既可以是一幅图片，也可以是其他的文本、按钮等可视对象。补间动画是一种平滑的渐变动画，与帧动画的表现方式不一样。

补间动画由 Animation 类或 AnimationSet 类生成，这些类都位于 android. view. animation 包下。补间动画有四个基本的动画方式：灰度（AlphaAnimation）、位移（TranslateAnimation）、缩放（ScaleAnimation）、旋转（RotateAnimation），它们继承于 Animation 类的子类，补间动画可以是单独的一种动画方式，也可以是由这四种动画中两种或两种以上的动画组合而成的动画方式。

补间动画是通过一些算法计算得到的动画。在可视对象的动画过程中，可以监听动画的过程。为此，Animation 提供了一个监听机制，使用 Animation. AnimationListener 接口，可以监听动画执行过程的通知消息。该接口需要实现三个方法。

onAnimationStart（Animation animation），在动画开始时触发。如果需要在动画开始时设置某些操作，可以在该方法中定义。

onAnimationEnd（Animation animation），在动画结束时触发。如果需要在动画结束时设置某些操作，可以在该方法中定义。

onAnimationRepeat（Animation animation），在动画重播时触发。如果需要在动画重播时设置某些操作，可以在该方法中定义。

Animation 的常用方法见表 8-9。表中的方法返回类型都是 void。

表 8-9 Animation 常用的方法及说明

方法	说明
setFillAfter(boolean fillAfter)	设置动画结束时是否保持结束时画面。 true 表示保持动画结束画面，false 表示动画结束回到起始画面
setRepeatMode(int repeatMode)	设置重播模式，默认为 Animation. RESTART。 Animation. RESTART 表示从头开始，Animation. REVERSE 表示倒过来开始
setRepeatCount(int repeatCount)	设置重播次数，默认为 0，表示只播放一次
setDuration(long durationMillis)	设置动画的持续时间，单位是毫秒
setInterpolator(Interpolator i)	设置动画的插值器，用于控制动画变换的速率

Animation 动画既可以在 Java 代码中设置，也可以通过 XML 资源文件声明定义。使用 XML 文件时，该资源文件应该存放在 res/anim 目录中，如果应用项目不存在 anim 目录，需要在 res 目录下新建。在 XML 资源文件中补间动画常用的元素及属性见表 8-10。

表 8-10 补间动画资源文件的元素属性说明

元素名	属性	说明
<set>		<set>是 Tween Animation 的根元素，是声明包含基础补间动画的容器，一个<set>内可以包含一个或多个基础补间动画
<alpha>	fromAlpha：起始透明度 toAlpha：终止透明度	设置透明度变换，取值为 0.0～1.0，其中 0.0 为全透明
<translate>	fromXDelta：X 起始位置 oXDelta：X 终止位置 fromYDelta：Y 起始位置 toYDelta：Y 终止位置	设置直线移动变换，以“%”结尾代表相对于自身的比例；以“%p”结尾代表相对于父控件的比例；不以任何后缀结尾代表绝对值
<scale>	fromXScale：X 的起始值 toXScale：X 的终止值 fromYScale：Y 的起始值 toYScale：Y 的终止值 pivotX：中心的 X 坐标 pivotY：中心的 Y 坐标	按动画对象的倍数设置缩放变换，其中 1.0 为原始大小
<rotate>	fromDegree：开始角度位置 toDegree：结束角度位置 pivotX：中心的 X 坐标 pivotY：中心的 Y 坐标	实现旋转变换，可以指定旋转定位点

表 8-10 中列出的是各元素特有的属性，在这些元素中有一些共有的属性，见表 8-11。

表 8-11 补间动画 XML 文件元素常用的公共属性说明

属性	说明
duration	变换持续的时间，以毫秒为单位
startOffset	设置延迟变换的开始时间，以毫秒为单位
fillAfter	设置为 true 时，动画结束后保持结束时的画面

续表

属　　性	说　　明
repeatCount	定义该动画重复的次数
interpolator	为每个子标记变换设置插值器，设置动画变换的速率。系统已经设置好一些插入器，可以在 R. anim 包下找到，例如： @android:anim/linear_interpolator：表示动画匀速变换； @android:anim/accelerate_interpolator：表示动画加速变换； @android:anim/accelerate_decelerate_interpolator：表示动画减速变换

2. 创建补间动画

在 Java 代码中创建一个补间动画实例，由 AlphaAnimation、TranslateAnimation、ScaleAnimation 和 RotateAnimation 四个基本动画构造而成，或由 AnimationSet 合并多个基本动画生成。四个基本动画子类的构造方法介绍如下。

1）AlphaAnimation

使用方法 AlphaAnimation(float fromAlpha，float toAlpha)构造灰度动画，透明度从 fromAlpha 变到 toAlpha。其中 0 为完全透明，1 为完全不透明。

例如：从透明到半透明的变换方法示例如下。

```
AlphaAnimation aa = new AlphaAnimation(0, 0.5f);
```

如果使用 XML 文件声明该灰度动画，代码如下。

```
<alpha
  android:fromAlpha = "0.0"
  android:toAlpha = "0.5"
/>
```

2）TranslateAnimation

使用方法 TranslateAnimation(float fromXDelta，float toXDelta，float fromYDelta，float toYDelta)构造从起点直线移动到终点的动画。前两个参数分别是 x 轴起点值和终点值，后两个参数分别是 y 轴的起点值和终点值。

使用方法 TranslateAnimation(int fromXType，float fromXValue，int toXType，float toXValue，int fromYType，float fromYValue，int toYType，float toYValue)构造相对某个参照物从起点直线移动到终点的动画。参照类型有：ABSOLUTE，表示绝对位置；RELATIVE_TO_SELF，表示相对自身位置；RELATIVE_TO_PARENT，表示相对上级位置。

例 1：为对象 myiv 创建移动动画，实现 myiv 从坐标点(10，20)直线移动到坐标点(150，140)，创建如下。

```
TranslateAnimation ta = new TranslateAnimation(10, 150, 20, 140);
```

如果使用 XML 文件声明移动动画，代码如下。

```
<translate
```

```
    android:fromXDelta = "10"
    android:toXDelta = "150"
    android:fromYDelta = "20"
    android:toYDelta = "140"
/>
```

例 2：为对象 myiv 创建移动动画，相对于 myiv 自己，如果 x 坐标为 X，起点传入 0.5f，则起点横坐标为 X+0.5myiv；终点传入 2，即终点横坐标为 X+2myiv；如果 y 坐标为 Y，起点传入 0.5f，则起点纵坐标为 Y+0.5myiv；终点传入 2，则终点纵坐标为 Y+2myiv。实现创建如下。

```
TranslateAnimation ta = new TranslateAnimation(Animation.RELATIVE_TO_SELF, 0.5f, Animation.
RELATIVE_TO_SELF, 2, Animation.RELATIVE_TO_SELF, 0.5f, Animation.RELATIVE_TO_SELF, 2);
```

如果使用 XML 文件声明移动动画，代码如下。

```
<translate
    android:fromXDelta = "50 % "
    android:toXDelta = "200 % "
    android:fromYDelta = "50 % "
    android:toYDelta = "200 % "
/>
```

3）ScaleAnimation

使用方法 ScaleAnimation(float fromX，float toX，float fromY，float toY)构造缩放动画。参数指定动画对象开始时的大小和结束时的大小，默认缩放中心点是左上角。

使用方法 ScaleAnimation（float fromX，float toX，float fromY，float toY，int pivotXType，float pivotXValue，int pivotYType，float pivotYValue)构造缩放动画，可指定缩放中心点。后四个参数指定动画对象缩放中心点。

例 1：为对象 myiv 创建缩放动画，横向宽度开始时是 myiv 原宽度的 0.1 倍，结束时是原宽度的 2 倍；纵向高度开始时是 myiv 原高度的 0.1 倍，结束时是原高度的 2 倍；缩放的中心点在 myiv 左上角。实现创建如下。

```
ScaleAnimation sa = new ScaleAnimation(0.1f, 2, 0.1f, 2);
```

例 2：为对象 myiv 创建缩放动画，横向宽度和纵向高度缩放设置与例 1 一样，不同的是改变缩放的中心点：传入的两个 0.5f，类型都是相对于自己 myiv，如果 myiv 左上角坐标为(X，Y)，则缩放的中心点坐标为(X+0.5myiv 宽度，Y+0.5myiv 高度）。实现创建如下。

```
ScaleAnimation sa = new ScaleAnimation(0.1f, 2, 0.1f, 2, Animation.RELATIVETOSELF, 0.5f,
Animation.RELATIVETOSELF, 0.5f);
```

如果使用 XML 文件声明例 2 中的动画，代码如下。

```
<scale
    android:interpolator = "@android:anim/accelerate_decelerate_interpolator"
    android:fromXScale = "0.1"
    android:toXScale = "2.0"
    android:fromYScale = "0.1"
    android:toYScale = "2.0"
```

```
    android:pivotX = "50 %"
    android:pivotY = "50 %"
/>
```

4）RotateAnimation

使用方法 RotateAnimation(float fromDegrees，float toDegrees)构造旋转动画，fromDegrees 为开始旋转角度，toDegrees 为结束旋转角度。

使用方法 RotateAnimation(float fromDegrees，float toDegrees，int pivotXType，float pivotXValue，int pivotYType，float pivotYValue)构造旋转动画，fromDegrees 为开始旋转角度，toDegrees 为结束旋转角度。

例 1：为对象 myiv 创建旋转动画，myiv 开始旋转的角度为 20 度，结束旋转的角度是 360 度，逆时钟旋转，旋转的圆心在 myiv 左上角。实现创建如下。

```
RotateAnimation ra = new RotateAnimation(20, - 360);
```

例 2：为对象 myiv 创建旋转动画，myiv 旋转的开始角度和结束角度与例 1 一样，不同的是改变旋转的圆心点：传入的两个 0.5f，类型都是相对于自己 myiv，如果 myiv 左上角坐标为(X，Y)，则圆心点坐标为(X+0.5myiv 宽度，Y+0.5myiv 高度)。实现创建如下。

```
RotateAnimation ra = new RotateAnimation(20, - 360, Animation.RELATIVE_TO_SELF, 0.5f,
Animation.RELATIVE_TO_SELF, 0.5f);
```

如果使用 XML 文件声明例 2 中的动画，代码如下。

```
<rotate
    android:fromDegrees = "20"
    android:toDegrees = " - 360"
    android:pivotX = "50 %"
    android:pivotY = "50 %"
  />
```

3. 补间动画的应用实现

前面介绍了两种方式来定义补间动画，一种是使用 XML 资源文件来定义补间动画，另一种是在 Java 代码中动态创建补间动画。下面通过一个案例来说明具体的应用实现。

【案例 8.6】 用两种方式来实现补间动画。方式一，使用 XML 资源文件设计一个多种动画效果组合的动画，包括从暗到亮、逐渐放大、绕中心，顺时针旋转；方式二，使用代码创建补间动画，能让用户选择动画的效果。

说明：在界面中设计两个按钮，一个按钮启动 XML 资源定义的动画，另一个按钮单击后给出一个下拉列表，预设几种动画效果选项，可以是单一的补间动画类型，也可以是组合的动画。默认播放列表框中第一项动画。

开发步骤及解析：过程如下。

1）创建项目

在 Android Studio 中创建一个名为 Activity_TweenAnim 的项目。其包名为 ee.example.activity_tweenanim。

2）准备图片素材

将准备好的图片复制到 res/drawable 目录中。

3）准备颜色资源

编写 res/values 目录下的 colors. xml 文件，声明 black 等颜色。

4）定义补间动画资源文件

在 res 目录下新建子目录 anim，在 res/anim 目录中创建 tween_anim. xml 文件，定义补间动画元素属性，代码如下。

```
1   <?xml version="1.0" encoding="utf-8"?>
2   <set xmlns:android="http://schemas.android.com/apk/res/android">
3       <!-- 透明度的变换 -->
4       <alpha
5           android:interpolator="@android:anim/accelerate_decelerate_interpolator"
6           android:fromAlpha="0.0"
7           android:toAlpha="1.0"
8           android:duration="5000"
9       />
10      <!-- 尺寸的变换 -->
11      <scale
12          android:fromXScale="0.0"
13          android:toXScale="1.0"
14          android:fromYScale="0.0"
15          android:toYScale="1.0"
16          android:pivotX="50%"
17          android:pivotY="50%"
18          android:fillAfter="false"
19          android:duration="9000"
20      />
21      <!-- 位置的变换 -->
22      <translate
23          android:fromXDelta="30"
24          android:toXDelta="0"
25          android:fromYDelta="30"
26          android:toYDelta="0"
27          android:duration="10000"
28      />
29      <!-- 旋转变换 -->
30      <rotate
31          android:fromDegrees="20"
32          android:toDegrees="360"
33          android:pivotX="50%"
34          android:pivotY="50%"
35          android:duration="10000"
36      />
37  </set>
```

(1) 第 2～37 行，设置了一个< set >元素，在该元素内定义了< alpha >、< scale >、< translate >和< rotate >四个动画变换。注意，每种变换都设置持续的时间，以毫秒计算。一般透明度变换时间最短，位置和旋转变换持续时间最长。

(2) 第 5 行，声明透明度变换是减速变换的。

5）设计布局

编写 res/layout 目录下的 activity_main. xml 文件。在该布局中声明一个 ImageView 控件用于动画的作用对象，设置“android:id="@+id/iv"”等属性；下面声明两个按钮，一个按钮的 ID 为“btn1”，另一个按钮的 ID 为“btn2”。然后还声明了 TextView，ID 为“sp_tv”，一个 Spinner，ID 为“sp_tween”，宽度占满剩余宽度，并且设置 TextView 和 Spinner 在初始运行时为不可见“gone”状态。

对于 Spinner 下拉选项的显示风格，可以自定义。本例在 res/layout 目录下创建 item_select. xml 文件，用于定义 Spinner 下拉列表的显示样式，代码如下。

```
1   <TextView xmlns:android = "http://schemas.android.com/apk/res/android"
2       android:id = "@android:id/text1"
3       style = "?android:attr/spinnerItemStyle"
4       android:singleLine = "true"
5       android:layout_width = "match_parent"
6       android:layout_height = "60dp"
7       android:ellipsize = "marquee"
8       android:gravity = "center"
9       android:textAlignment = "inherit"
10      android:textSize = "15dp"
11      android:textColor = "@color/black" />
```

(1) 第 7 行，设置超长文本跑马灯效果。实现这一效果需达到如下条件：TextView 必须单行显示，且内容必须超出 TextView 的宽度。

(2) 第 9 行，android:textAlignment 指定文本的对齐位置，可选值有 inherit、gravity、textStart、textEnd、center、viewStart、viewEnd。inherit 表示默认对齐方式。

6）开发逻辑代码

在 java/ee. example. activity_tweenanim 包下编写 MainActivity. java 程序文件，代码如下。

```
package ee.example.activity_tweenanim;

import androidx.appcompat.app.AppCompatActivity;
import android.os.Bundle;
import android.view.View;
import android.view.animation.AlphaAnimation;
import android.view.animation.Animation;
import android.view.animation.AnimationSet;
import android.view.animation.AnimationUtils;
import android.view.animation.RotateAnimation;
import android.view.animation.ScaleAnimation;
import android.view.animation.TranslateAnimation;
import android.widget.AdapterView;
import android.widget.ArrayAdapter;
import android.widget.Button;
import android.widget.ImageView;
import android.widget.Spinner;
import android.widget.TextView;
```

```java

public class MainActivity extends AppCompatActivity implements Animation.AnimationListener{
    private ImageView iv;
    TextView tv;
    Spinner sp;
    Button btn1,btn2;
    private Animation alphaAnim, translateAnim, scaleAnim, rotateAnim;
    private AnimationSet setAnim;

    @Override
    protected void onCreate(Bundle savedInstanceState) {
        super.onCreate(savedInstanceState);
        setContentView(R.layout.activity_main);
        iv = (ImageView) findViewById(R.id.iv);
        tv = (TextView)findViewById(R.id.sp_tv);
        sp = (Spinner) findViewById(R.id.sp_tween);
        btn1 = (Button)findViewById(R.id.btn1);
        btn2 = (Button)findViewById(R.id.btn2);
        btn1.setOnClickListener(new View.OnClickListener() {
            @Override
            public void onClick(View v) {
                tv.setVisibility(View.GONE);
                sp.setVisibility(View.GONE);
                btn2.setVisibility(View.VISIBLE);
                ImageView iv = (ImageView)findViewById(R.id.iv);
                iv.setImageDrawable(getResources().getDrawable(R.drawable.android01));
                Animation animation =
                        AnimationUtils.loadAnimation(MainActivity.this, R.anim.tween_anim);
                iv.startAnimation(animation); //启动动画
            }
        });
        btn2.setOnClickListener(new View.OnClickListener() {
            @Override
            public void onClick(View v) {
                btn2.setVisibility(View.GONE);
                tv.setVisibility(View.VISIBLE);
                sp.setVisibility(View.VISIBLE);
                iv.setImageDrawable(getResources().getDrawable(R.drawable.android02));
                initAnim();
                initTweenSpinner();
            }
        });
    }

    private void initAnim() {
        alphaAnim = new AlphaAnimation(1.0f, 0.1f);
        alphaAnim.setDuration(5000);
        alphaAnim.setFillAfter(true);

        translateAnim = new TranslateAnimation(-380f, 380f, 0.0f, 0.0f);
        translateAnim.setDuration(5000);
```

```
            translateAnim.setFillAfter(true);

            scaleAnim = new ScaleAnimation(0.2f, 1.0f, 0.2f, 1.0f);
            scaleAnim.setDuration(5000);
            scaleAnim.setFillAfter(true);

            rotateAnim = new RotateAnimation(0f, 360f, Animation.RELATIVE_TO_SELF,
                                            0.5f, Animation.RELATIVE_TO_SELF, 0.5f);
            rotateAnim.setDuration(5000);
            rotateAnim.setFillAfter(true);

            setAnim = new AnimationSet(true);
            setAnim.addAnimation(new ScaleAnimation(0.5f, 1.0f, 0.5f,
                  1.0f,Animation.RELATIVE_TO_SELF, 0.5f, Animation.RELATIVE_TO_SELF, 0.5f));
            setAnim.addAnimation(new TranslateAnimation(-380f, 380f, 1.0f, 1.0f));
            setAnim.setDuration(5000);
            setAnim.setFillAfter(true);
        }

        private String[] tweenArray = {"灰度动画", "平移动画", "缩放动画", "旋转动画", "平移放大"};
        private void initTweenSpinner() {
            ArrayAdapter<String> tweenAdapter =
                                new ArrayAdapter<String>(this, R.layout.item_select, tweenArray);
            sp.setAdapter(tweenAdapter);
            sp.setOnItemSelectedListener(new TweenSelectedListener());
            sp.setSelection(0);
        }

        class TweenSelectedListener implements AdapterView.OnItemSelectedListener {
            public void onItemSelected(AdapterView<?> arg0, View arg1, int arg2, long arg3) {
                if (arg2 == 0) {
                    iv.startAnimation(alphaAnim);
                    alphaAnim.setAnimationListener(MainActivity.this);
                } else if (arg2 == 1) {
                    iv.startAnimation(translateAnim);
                    translateAnim.setAnimationListener(MainActivity.this);
                } else if (arg2 == 2) {
                    iv.startAnimation(scaleAnim);
                    scaleAnim.setAnimationListener(MainActivity.this);
                } else if (arg2 == 3) {
                    iv.startAnimation(rotateAnim);
                    rotateAnim.setAnimationListener(MainActivity.this);
                }else if (arg2 == 4) {
                    iv.startAnimation(setAnim);
                    setAnim.setAnimationListener(MainActivity.this);
                }
            }

            public void onNothingSelected(AdapterView<?> arg0) {
```

```
115             }
116         }
117
118         @Override
119         public void onAnimationStart(Animation animation) {
120         }
121
122         @Override
123         public void onAnimationEnd(Animation animation) {
124
125             if (animation.equals(scaleAnim)) {
126                 Animation scaleAnim2 = new ScaleAnimation(1.0f, 0.2f, 1.0f, 0.2f);
127                 scaleAnim2.setDuration(3000);
128                 scaleAnim2.setFillAfter(true);
129                 iv.startAnimation(scaleAnim2);
130             }
131         }
132
133         @Override
134         public void onAnimationRepeat(Animation animation) {
135         }
136
137     }
```

(1) 第 20 行，在定义 MainActivity 子类中实现 Animation. AnimationListener 接口，所以需要实现 onAnimationStart()、onAnimationEnd() 和 onAnimationRepeat() 方法。第 123～131 行，在 onAnimationEnd()方法中只定义了从大到小的收缩动画。

(2) 第 45 行，调用 AnimationUtils. loadAnimation()方法从 tween_anim. xml 文件中加载动画定义；第 46 行对 ImageView 对象 iv 开始执行动画。

(3) 第 56 行，调用自定义方法 initAnim()，该初始化方法定义了多种补间动画类型（见第 62～84 行）。其中第 79～83 行定义一个组合动画，先后添加了缩放补间变换和移动补间变换。注意，如果组合动画多个补间动画的开始坐标不同，那么添加补间动画的前后顺序不同，动画的效果也会不同。由于在 initAnim()中定义了各类动画设置，所以 onAnimationStart()方法无须重复定义。

(4) 第 87～92 行，自定义方法，用于初始化控件。

(5) 第 94～116 行，实现对 Spinner 各选项对应动画启动的监听类定义，在该内部类中，完成对 Spinner 各选项对应的启动动画的指定。

运行结果：在 Android Studio 支持的模拟器上，运行 Activity_TweenAnim 项目，运行结果如图 8-6 所示。启动应用的初始界面如图 8-6(a)所示。单击"静态实现补间动画"按钮，开始播放 XML 资源文件定义的动画，然后开始从暗到亮、逐渐放大、绕中心，顺时针旋转的小机器人，如图 8-6(b)所示。单击"动态实现补间动画，可选择动画类型"按钮，出现下拉列表，并且默认的选项是"灰度动画"项，并执行图片由暗到明的渐变动画，如图 8-6(c)所示。单击下拉按钮，下拉出动画选项，如图 8-6(d)所示。单击"缩放动画"，执行从左上方到中心放大，然后从中心到左上方缩小的动画，如图 8-6(e)所示。单击"平移动画"，执行从左向右的移动动画，如图 8-6(f)所示，等等。

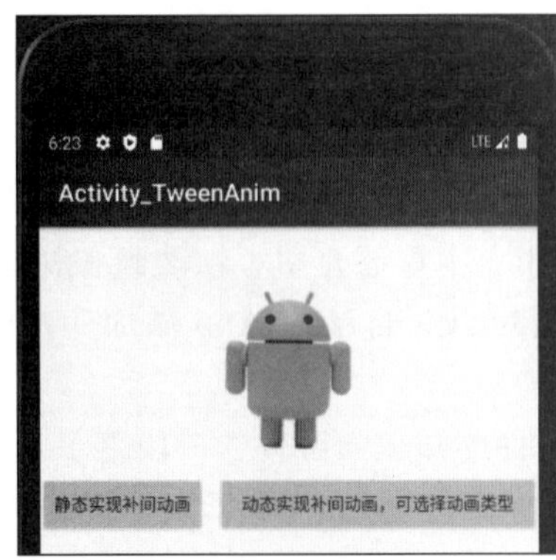

(a) 初始界面

(b) 播放XML文件定义的动画

(c) 单击右边按钮后的界面

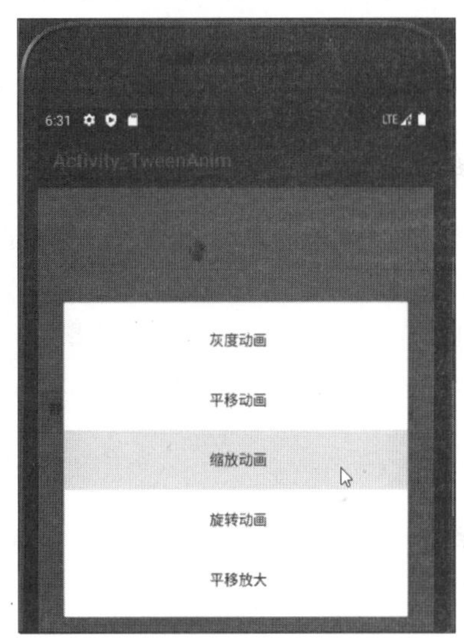

(d) 选择下拉列表框

(e) 选择缩放动画

(f) 选择平移动画

图 8-6 播放补间动画的效果图

小结

Android 提供了丰富的绘制图形的方法，本章简单介绍了 Color 类、Paint 类、Canvas 类、Path 类和 Drawable 类中的常用方法，并通过案例介绍了在画布上绘制 2D 图形，使用 OpenGL ES 的 GL10 接口绘制 3D 动态图形应用。本章还介绍了帧动画和补间动画两种常用的动画的编程应用。通过对本章的学习，读者可以为自己的 App 添加一些图形动画，可以使得用户界面增值加分。

至本章，对 Android 系统提供的屏幕显示控件的知识学习就告一段落了。通过学习，读者已经具备了设计出各种各样 App 需要的用户界面的能力，基本可以实现各页面的逻辑关联、简单的数据通信传输。接下来需要进阶学习 Android 应用项目的内容编程技术，包括数据存储、消息线程机制与服务、多媒体应用、手机功能应用、网络通信、第三方 SDK 应用以及开发 Android 应用项目的完整实现等知识，才能够全面掌握 Android 应用项目的开发技术。

练习

1. 设计“我的音乐盒”中用户界面的登录框的背景。要求背景为一圆角白色的矩形。

2. 设计“我的音乐盒”的歌手介绍应用。要求在页面中，设计歌手照片以圆形区域呈现，并按顺时针方向旋转的循环动画效果。

图书资源支持

感谢您一直以来对清华版图书的支持和爱护。为了配合本书的使用，本书提供配套的资源，有需求的读者请扫描下方的“书圈”微信公众号二维码，在图书专区下载，也可以拨打电话或发送电子邮件咨询。

如果您在使用本书的过程中遇到了什么问题，或者有相关图书出版计划，也请您发邮件告诉我们，以便我们更好地为您服务。

我们的联系方式：

地　　址：北京市海淀区双清路学研大厦 A 座 714

邮　　编：100084

电　　话：010-83470236　010-83470237

客服邮箱：2301891038@qq.com

QQ：2301891038（请写明您的单位和姓名）

资源下载：关注公众号“书圈”下载配套资源。

资源下载、样书申请

书圈

获取最新书目

观看课程直播